光盘使用说明

运行光盘

将光盘放入电脑光驱中，稍等片刻，系统将会自动运行光盘（如果自动运行失败，可以在“我的电脑”中找到西北工业大学音像电子出版社社标，单击鼠标右键，在弹出的快捷菜单中选择“打开”命令，打开光盘文件夹，并双击图标运行应用程序，即可播放光盘），片头过后自动进入光盘主界面，如图 1 所示。

图1 主界面

功能键介绍

主界面中的每个按钮代表一个内容模块，单击任意一个内容模块按钮，可进入相应内容界面。其中，“实例欣赏”部分以全语音视频形式演示书中所有实例的制作过程，进入该内容界面后即可自动打开第一个实例的视频演示，如图 2 所示。要观看其他实例的视频，只须单击“实例演示菜单”中的“开/关”按钮，在出现的实例控制按钮界面中单击相应的实例名即可打开并进行观看。“精彩展示”部分展示了书中所有实例的效果图，如图 3 所示。“源文件及素材”提供了书中所有实例的源文件及所要用到的素材。“电子教案”提供了 PPT 格式的电子教案，以方便读者学习使用。

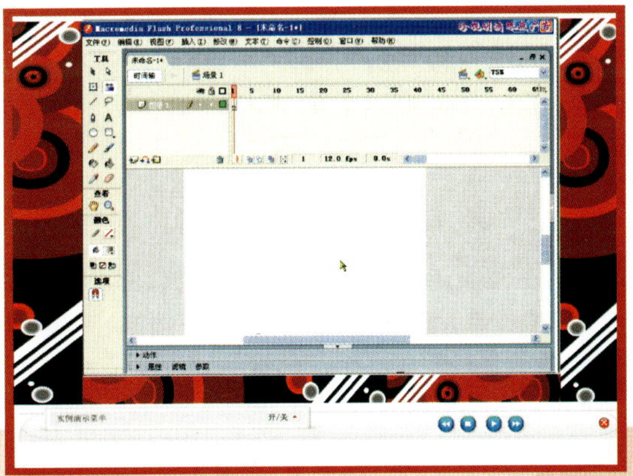

图2 实例演示界面

各功能键的作用

- 播放：用于播放演示。
- 暂停：用于在播放过程中暂时停止。
- 后退：用于视频播放的后退。
- 快进：用于视频播放的快进。
- 返回：返回到主界面。

图3 精彩展示界面

原创动画招募广告

为了帮助用户更好地了解产品的外观、性能和使用方法等，开发商可以使用 Flash 等软件制作广告，并将其嵌入到公司的宣传品中，以促进产品的推广和销售。在该实例的制作过程中，首先制作旋转的背景和文本的缩放效果，然后出现广告主题以及联系方式，最后将文本与图片组合在一起，组成一个绚丽的动画招募广告。

快乐购物频道片头

片头是一段图、文、声融合在一起的动态视频，随着信息产业的高速发展，片头已成为影视及多媒体作品的重要组成部分，它在十几秒甚至更短的时间里浓缩了作品的内容。本实例的制作过程中将涉及背景的制作、文本的制作、线条的绘制、声音的添加、元件的调用等内容，可使读者熟练掌握片头的制作方法与技巧。

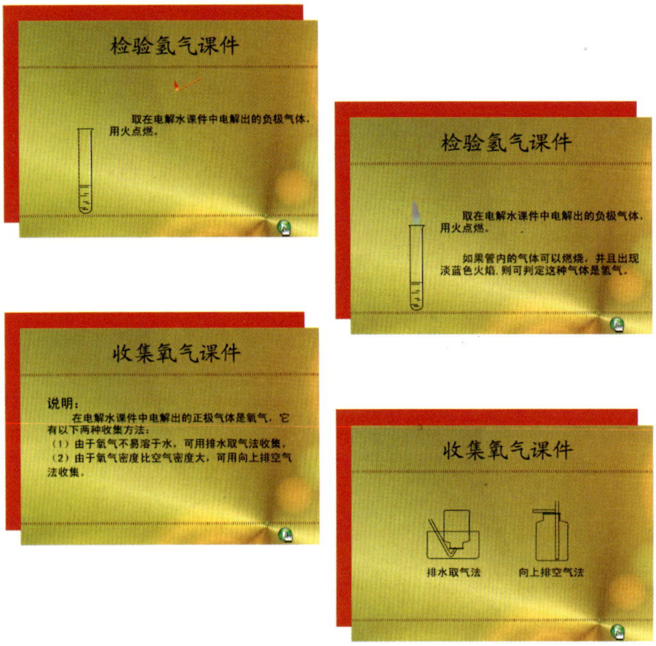

课件制作

使用 Flash 制作的教学课件，具有缩放自如、小巧灵活、兼容性好、交互性强等特点，因此，被广泛应用于现代化教学中，以使教学内容更加直观，容易被学生掌握。本实例的制作过程中将涉及背景的制作、文本的添加、按钮的制作、音乐的添加以及元件的调用等内容，可使读者熟练掌握课件的制作方法和技巧。

使用 Flash 开发的游戏，与其他各类游戏相比，具有体积小、灵活方便、互动性强等特点，受到广大游戏爱好者的青睐。本实例的制作过程中将涉及背景的制作、文本的添加、按钮的添加以及动作代码的添加等内容，可使读者熟练掌握 Flash 游戏的制作方法以及动作代码的添加方法。

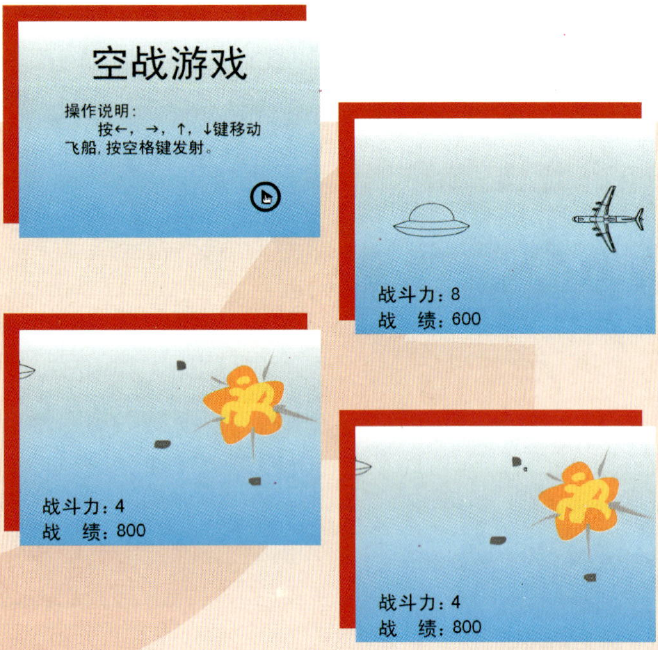

空战游戏

21世纪国家计算机技能型紧缺人才标准培养教材

金版

中文 Flash 8 标准教程

刘鹰 编

光盘内容为所有范例的视频教学演示、素材及最终效果文件

西北工业大学音像电子出版社

【内容提要】本书为光盘《中文 Flash 8 标准教程》的配套使用说明。书中由浅入深地介绍了 Flash 8 的功能及其使用方法，并以独特的编写风格，将它的基本功能和重要特性展现在用户面前，同时还配有大量的实例和习题，使用户在学习和工作中更加得心应手，做到学以致用。

本书思路全新，图文并茂，练习丰富，可作为各大中专院校及培训中心的 Flash 课程教材，也可供 Flash 动画制作初、中级用户参考。

光盘名称：中文 Flash 8 标准教程
文本著作：刘　鹰
出版发行：西北工业大学音像电子出版社
通信地址：西安市友谊西路 127 号　邮编：710072
电　　话：029-88493844　88491757
网　　址：www.nwpup.com
电子邮箱：yxb@nwpup.com
光盘制作：西安新科教育科技有限公司
光盘生产：四川省蓥山数码科技文化发展有限公司
文本印刷：陕西向阳印务有限公司
版　　次：2007 年 8 月第 1 版　2013 年 9 月第 2 次
经　　销：各地新华书店、软件连锁店
版 本 号：ISBN 978-7-900701-27-5
定　　价：44.00 元（1CD+手册）

前　言

Flash 8 是 Macromedia 公司推出的动画制作软件，该软件采用了流技术和矢量技术，所生成的动画文件较小，便于传输和下载并支持交互。目前，Flash 8 已成为网络动画的标准格式。为了帮助广大用户快速掌握 Flash 8 的使用方法，我们研究了不同层次的学习对象并总结多位动画高手的经验，编写了这本《中文 Flash 8 标准教程》。

内容介绍

本书在内容的取舍和章节的安排上充分考虑了用户的学习和实际需求，详细地介绍了 Flash 的使用方法。同时，书中还列举了大量的实例、技巧和经验，可以让读者快速掌握使用 Flash 8 制作动画的方法与技巧。本书共分为 13 章，具体介绍如下：

章　节	内　容	目　的
第 1 章	Flash 8 概述	让初学者了解 Flash 8
第 2 章	Flash 8 工具的使用	学会各种工具的使用
第 3 章	Flash 8 的文本操作	掌握文本的创建与编辑
第 4 章	元件与实例	掌握元件、实例的创建方法
第 5 章	动画制作	掌握层、帧及各种简单动画的制作方法
第 6 章	声音与视频	掌握常见动画的制作方法
第 7 章	模板与组件	掌握模板与组件的使用方法
第 8 章	ActionScript 编程基础	了解 ActionScript 语言
第 9 章	发布与导出动画	掌握动画的发布与导出方法
第 10 章	广告设计行业应用实例	掌握 Flash 广告的制作方法
第 11 章	片头制作行业应用实例	掌握片头的制作方法
第 12 章	教学课件行业应用实例	掌握教学课件的制作方法
第 13 章	游戏开发行业应用实例	掌握 Flash 游戏的制作方法

主要特色

1. 反映最新最流行的实用技术

本书在策划和编写时，选取市场上最新、最易掌握的中文版软件，以满足广大读者的普遍需求，与时代接轨。

2. 理论与实践相结合

本书从自学与教学的角度出发，将精简的理论与丰富实用的范例相结合，让读者边学边练，快速掌握所学知识。

3．注重与实际工作相结合

本书紧紧围绕“短期培训”的目标，以“实用、够用”为原则，最大限度地体现技能培训教材的特色。

4．内容新颖、全面，编写风格独特

本书以岗位技能培训为重点，内容系统、全面，从易到难，循序渐进，将实例融入到每个知识点中，使读者在了解理论知识的同时，同步提高实践能力。本书版式独特，章节结构清晰，重点突出，图文并茂，操作步骤详略得当，是一套适用性很强的技能型培训类丛书。

5．配套光盘精美、实用

本书配有精美的光盘，光盘中包括实例中使用到的素材、源文件及实例配音视频讲解等，为读者学习和练习实例操作提供方便。

本书约定

注意：补充说明操作步骤和可能出现的问题，引导读者避免各种错误及陷阱。

提示：提醒操作中应注意的问题以及需要进一步学习的内容，避免发生错误，并引导读者深入学习。

技巧：总结操作中的各种快捷方式和操作技巧，是使用软件的金钥匙。

本手册用“+”连接两个或三个键，表示组合键或快捷键，在操作时应同时按下这些键。

读者定位及用途

（1）本书内容简洁、实用，由浅入深，结构清晰，可供中、高级用户及计算机软件爱好者学习参考，也可作为各类计算机培训班和大中专院校相关专业的教材使用。

（2）通过对本书的学习，能够使读者熟练掌握 Flash 8 的使用方法和技巧，并轻松自如地将其应用于不同的行业中。

由于编者水平有限，疏漏之处在所难免，敬请读者朋友批评指正。

编　者

目　录

第三节　填色工具的使用 42
一、墨水瓶工具 42

第一章 Flash 8 概述

本章要点

- ☑ Flash 8 简介
- ☑ Flash 8 的安装、激活与卸载
- ☑ Flash 8 的新增功能
- ☑ Flash 的应用
- ☑ Flash 8 的工作界面
- ☑ Flash 8 的基础操作

学习目标

本章将对 Flash 8 的新增功能、安装、激活、工作界面以及基本操作进行介绍。通过本章的学习，用户应对 Flash 8 有基本的了解，并熟练掌握一些最基本的操作。

第一节 Flash 8简介

Flash的前身是Futuresplash，即早期流行的矢量动画插件，后来被Macromedia公司收购并改名为Flash 2，发展至今，其最新版本为Flash 8。Flash与Macromedia公司的另外两个产品——Dreamweaver和Fireworks，合称为“网页三剑客”，随着功能的增加和性能的完善，Flash已经成为网页动画的标准，一种新兴的技术发展方向。作为一款动画制作软件，它与传统动画软件相比，有着很多独特的地方，下面进行简单介绍。

（1）动画体积小。众所周知，由于网络带宽的限制，在网页上不能放置太大的动画文件，而Flash是基于矢量的图形系统，所绘制的矢量图形占用的存储空间比较小，并且任意缩放不影响其质量，有利于在网络上进行传播。

（2）使用流式播放技术。流式播放技术使得动画可以边下载边播放，从而减少网页浏览者的等待时间。

（3）支持交互。使用传统动画软件制作出的动画只能按顺序播放，不能实现交互，而使用Flash制作的动画可以通过ActionScript实现交互。

（4）独特的过渡动画效果。过渡动画效果指由用户编辑两个关键帧的内容，中间的过渡过程由系统自动生成，这样可以大大减少工作量，缩减文件的大小。

（5）允许声音和视频的导入。Flash允许导入多种格式的声音和视频，可以使动画作品更加生动、丰富多彩。除此之外，Flash还支持从外部调用声音和视频文件，可以大大缩短输出时间。

（6）支持遮罩。在Flash中恰当地使用遮罩，可以创建独特的动画透视效果。

（7）可以直接嵌入到网页的任意位置。Flash与当今最流行的网页设计工具Dreamweaver配合默契，所制作的动画可以直接嵌入到网页的任意位置，非常方便。

第二节 Flash 8的安装、激活与卸载

在安装Flash 8之前，须要检查计算机是否达到了配置要求，由于现在使用较多的是Windows系统，只有少数用户使用Macintosh系统，下面介绍Windows系统下的最低配置。

（1）CPU：至少600 MHz PIII以上的处理器。

（2）操作系统：Windows 98 SE，Windows 2000或Windows XP。

（3）内存：至少128 MB内存，建议使用256 MB或更高。

（4）硬盘空间：至少190 MB可用硬盘空间。

（5）显示器：分辨率支持800×600 VGA或更高的显示器，建议使用1 024×768 VGA。

一、Flash 8的安装

在达到配置要求的计算机上可以安装Flash 8，下面给出它在Windows XP操作系统下的整个安装过程。

（1）将Flash 8的安装光盘放入光驱，双击光盘中的安装文件，进入“正在解压缩文件”界面（见

图 1.2.1）。稍等片刻，系统会进入“欢迎使用 Macromedia Flash 8 InstallShield Wizard”界面，显示一些欢迎信息，如图 1.2.2 所示。

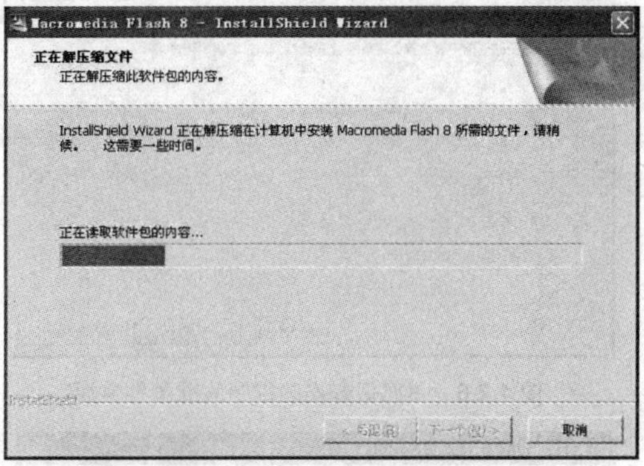

图 1.2.1 “正在解压缩文件”界面

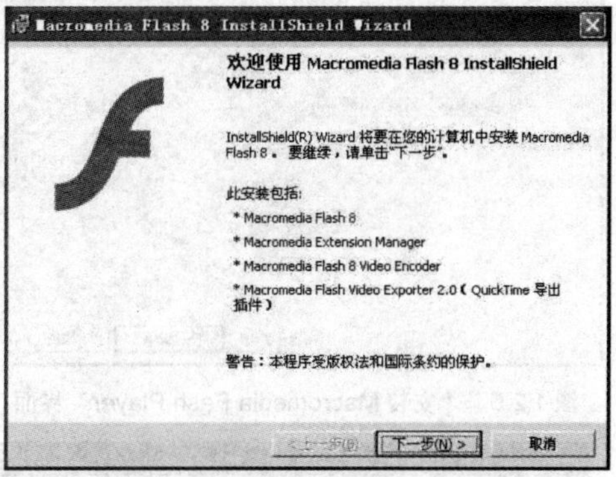

图 1.2.2 “欢迎使用 Macromedia Flash 8 InstallShield Wizard”界面

（2）单击 下一步(N) > 按钮，进入“许可证协议”界面（见图 1.2.3），显示该软件的许可证协议，用户可以使用键盘中的 Page Down 键翻页浏览，如果要安装 Flash 8 就必须接受该协议。

（3）单击 下一步(N) > 按钮，进入“目的地文件夹”界面，显示该软件的安装路径。在默认情况下，安装路径为“C:\Program Files\Macromedia\Flash 8\”，如果用户不使用默认路径，可以单击 更改(C)... 按钮，在弹出的 **选择文件夹** 对话框中选择安装路径，这里使用“D:\ProgramFiles\Macromedia\Flash 8\”，如图 1.2.4 所示。

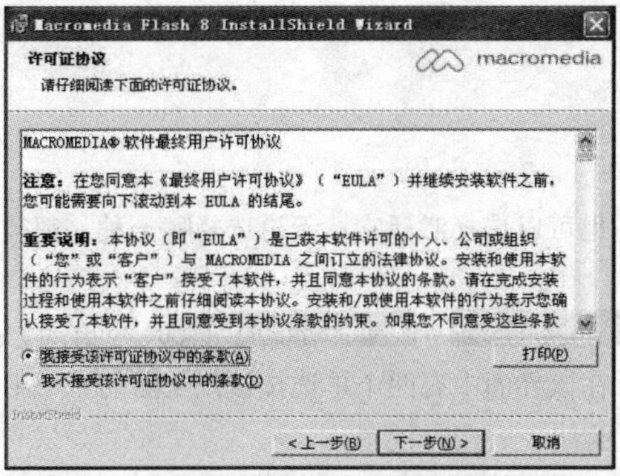

图 1.2.3 “许可证协议”界面

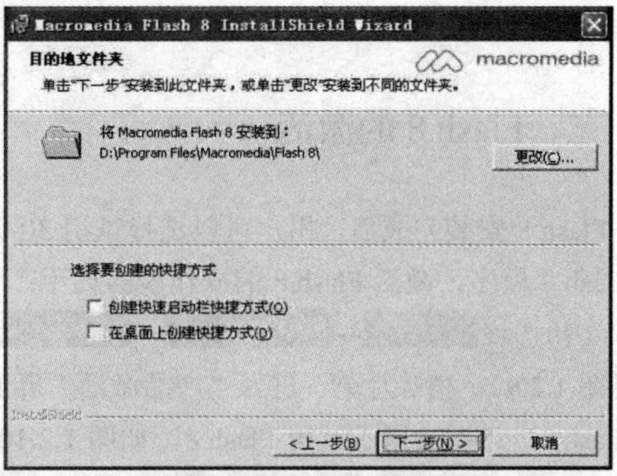

图 1.2.4 “目的地文件夹”界面

（4）单击 下一步(N) > 按钮，进入“安装 Macromedia Flash Player”界面（见图 1.2.5），询问用户是否安装 Flash Player。在默认情况下，☑ 安装 Macromedia Flash Player(I) 复选框处于选中状态。

（5）单击 下一步(N) > 按钮，进入“已做好安装程序的准备”界面（见图 1.2.6），显示 Flash 8 的安装信息，如果用户须要更改安装设置，可以单击 < 上一步(B) 按钮，返回到前面的安装界面进行更改。

（6）单击 安装(I) 按钮，进入“正在安装 Macromedia Flash 8”界面（见图 1.2.7），显示复制进程和文件复制情况，大约需要几分钟时间。

（7）复制完毕后，进入“InstallShield Wizard 完成”界面（见图 1.2.8），提示用户 Flash 8 已成功安装，并询问用户是否在安装结束后查看自述文件，如果用户不希望系统在安装后自动显示该文件，可以取消选中 ☐ 显示自述文件 复选框，然后单击 完成(F) 按钮完成安装。

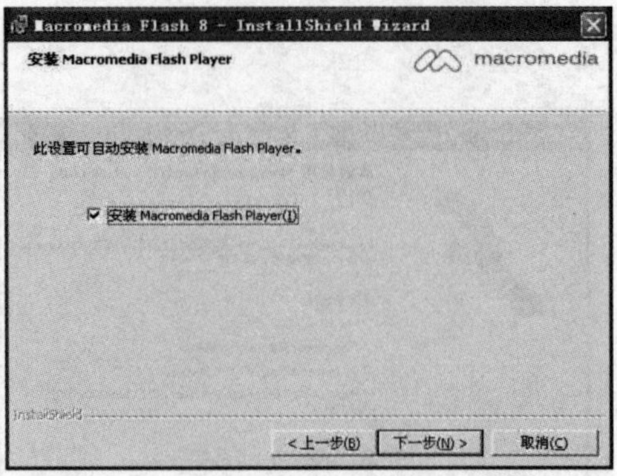

图 1.2.5 “安装 Macromedia Fash Player”界面

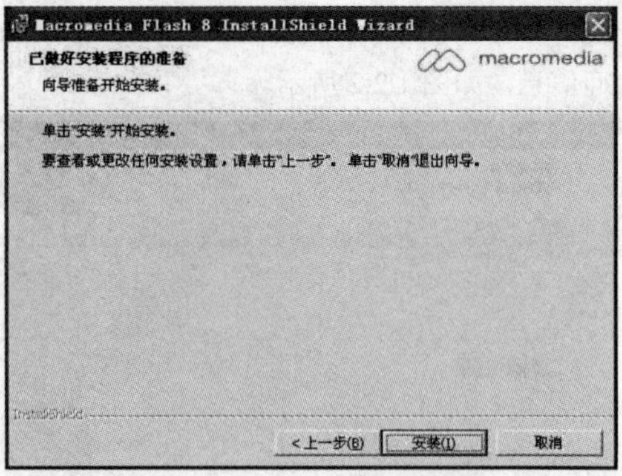

图 1.2.6 “已做好安装程序的准备”界面

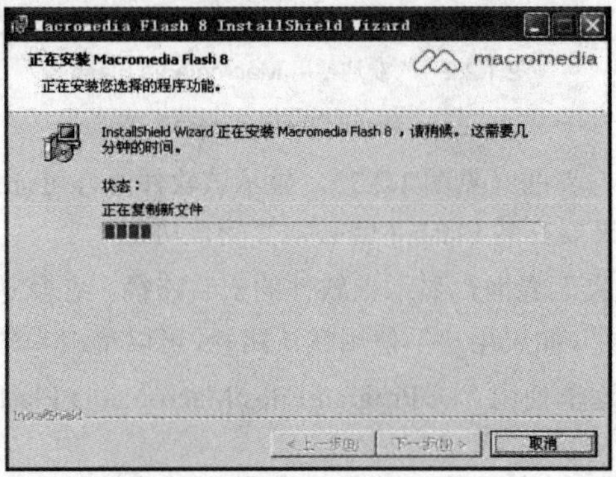

图 1.2.7 “正在安装 Macromedia Flash 8”界面

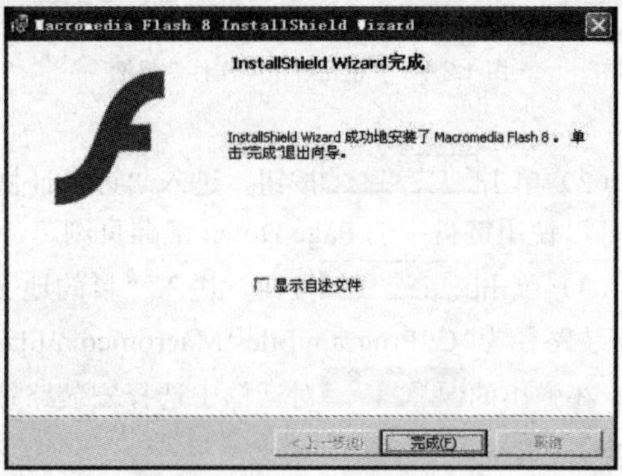

图 1.2.8 “InstallShield Wizard 完成”界面

二、Flash 8 的激活

Flash 8 安装完成后，用户可以选择试用 30 天，也可以选择激活它，无论选择哪一种，都须要启动 Flash 8 程序，激活 Flash 8 的操作步骤如下：

(1)选择 开始 → 所有程序(P) → Macromedia → Macromedia Flash 8 命令启动 Flash 8（见图 1.2.9），稍等片刻，进入“产品激活”界面，在该界面中有两个单选按钮，上面的一个用于激活 Flash 8，下面的用于试用 Flash 8，如图 1.2.10 所示。

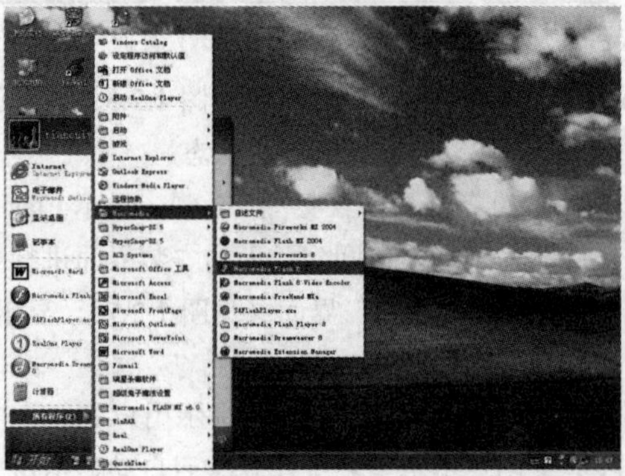

图 1.2.9 启动 Flash 8

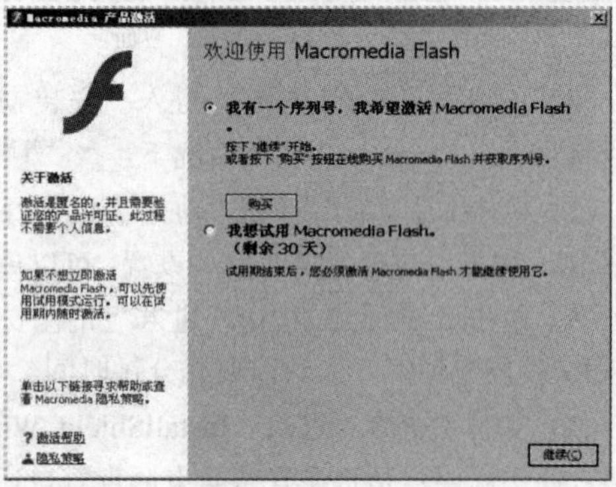

图 1.2.10 “产品激活”界面

(2) 如果用户已经从软件销售商那里获得了序列号，单击 继续(C) 按钮，进入“输入您的序列号”界面，将它输入到文本框中，此时，在文本框的后面会出现✔符号。

（3）单击 继续(C) 按钮，进入“已成功激活”界面，输入用户的相关信息（见图 1.2.11），然后单击 注册(E) 按钮激活 Flash 8 软件。

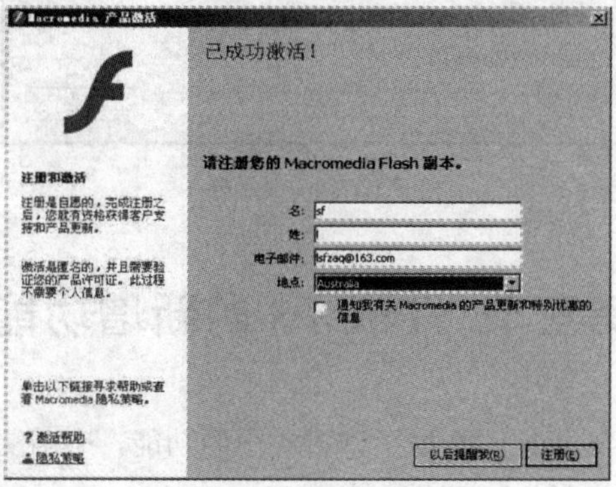

图 1.2.11 “已成功激活”界面

三、Flash 8 的卸载

当用户不再使用 Flash 8 时，可以将其卸载，以节约磁盘空间，但 Flash 8 的卸载绝不是简单地将 Flash 8 所在的文件夹删除，因为删除后配置文件将仍然保留在系统中，会对系统的运行速度产生影响，所以正确地卸载是对计算机资源的保护。卸载 Flash 8 的操作步骤如下：

（1）选择 开始 → 控制面板(C) 命令，打开 控制面板 窗口，如图 1.2.12 所示。

（2）选中“添加或删除程序”图标，双击鼠标左键，进入 添加或删除程序 窗口，选择 Flash 8 软件，如图 1.2.13 所示。

图 1.2.12 “控制面板”窗口

图 1.2.13 “添加或删除程序”窗口

（3）单击 删除 按钮，弹出 添加或删除程序 对话框（见图 1.2.14），要求用户确认是否卸载 Flash 8 应用程序。

图 1.2.14 “添加或删除程序”对话框

（4）单击 是(Y) 按钮进行卸载，系统将弹出如图 1.2.15 所示的提示框进行卸载进度的提示。

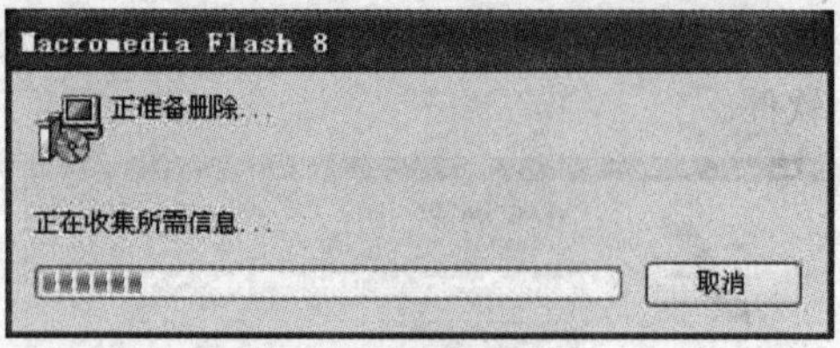

图 1.2.15 提示框

第三节 Flash 8 的新增功能

Flash 8 与以前发布的版本相比，新增了许多实用的功能，有着更为人性化的设计和更突出的性能。

（1）Flash 8 内建了投影、模糊、发光、斜角等多种滤镜，可以对文本、影片剪辑和按钮进行实时渲染，如图 1.3.1 所示。

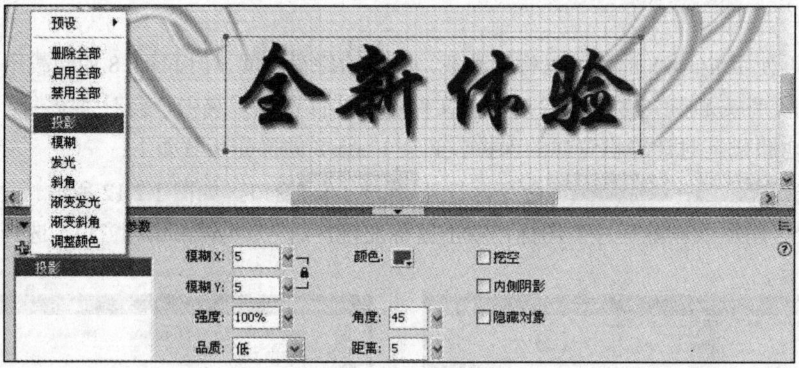

图 1.3.1 实时渲染文本

（2）在使用铅笔工具和刷子工具绘图时，Flash 8 采用了新的曲线算法，允许用户在属性面板中设置平滑度，从而通过增加平滑度的数值减少曲线的点数，最终减小文件。

（3）Flash 8 新增了位图缓存功能，允许用户通过属性面板或 ActionScript 将影片剪辑指定为一个位图，从而提高动画播放的速度，如图 1.3.2 所示。

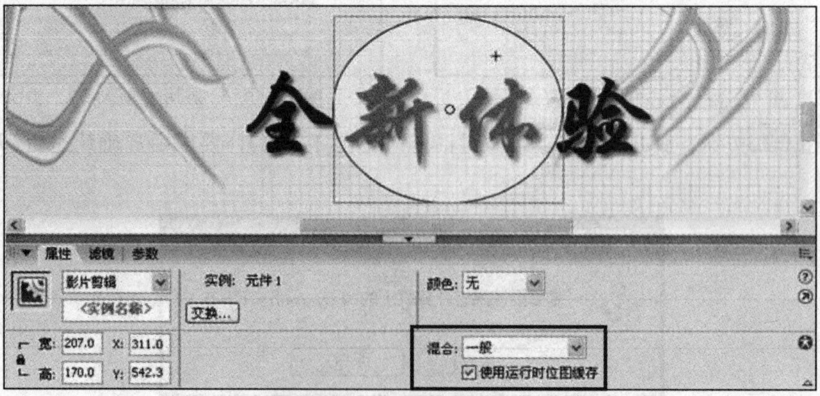

图 1.3.2 启动位图缓存功能

（4）Flash 8 提供了自定义缓入/缓出功能，允许用户直观地控制动作补间动画的属性，例如对动画对象的位置、旋转、大小、颜色、速率等进行调整，如图 1.3.3 所示。

（5）Flash 8 对工作区（即舞台周围的灰色区域）进行了扩展，使用户能够使用该区域存储更多的图形和其他对象，而在播放时不会显示它们。

（6）在 Flash 8 中，允许用户向渐变添加 15 种颜色（见图 1.3.4），因此，可以对舞台上的对象添加更复杂的渐变效果。

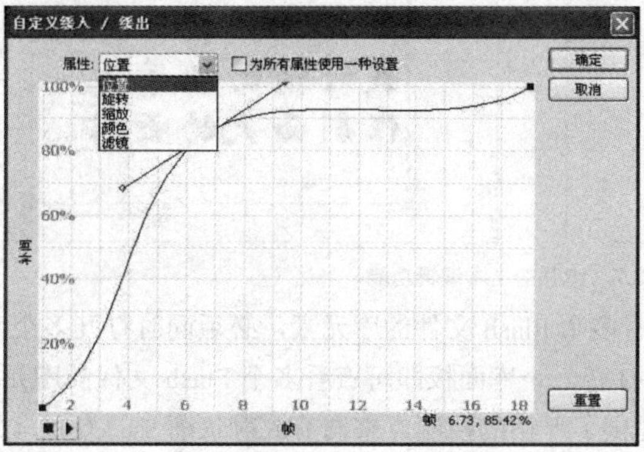

图 1.3.3　自定义缓入/缓出功能

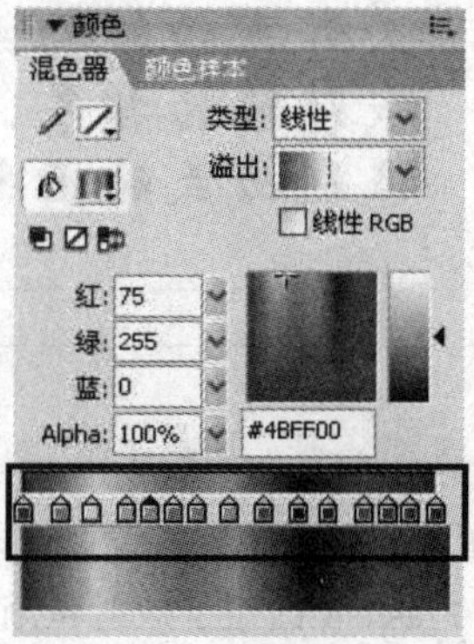

图 1.3.4　混色器面板

（7）Flash 8 新增了脚本助手——标准模式 2.0，可以极大地提高开发人员和设计师输入代码的效率。

（8）Flash 8 新增了对象绘制模型，当在该模型下绘制图形时，新图形不会改变位于它下面的其他图形，如图 1.3.5 所示。

图 1.3.5　对象绘制模型下的图形不相互影响

提示

在以前发布的版本中，Flash 使用合并绘制模型绘制图形，新图形会自动合并与之重叠的部分，如果移动该图形，将会改变位于其下面的图形，如图 1.3.6 所示。

图 1.3.6　合并绘制模型下的图形相互影响

（9）Flash 8 包含了更新的模板，可用于创建演示文稿、应用程序、广告以及其他常用的 Flash 文件。

（10）Flash 8 中的文本编辑功能有所增强，用户可以从左边或右边调整文本框的大小，如图 1.3.7 所示。

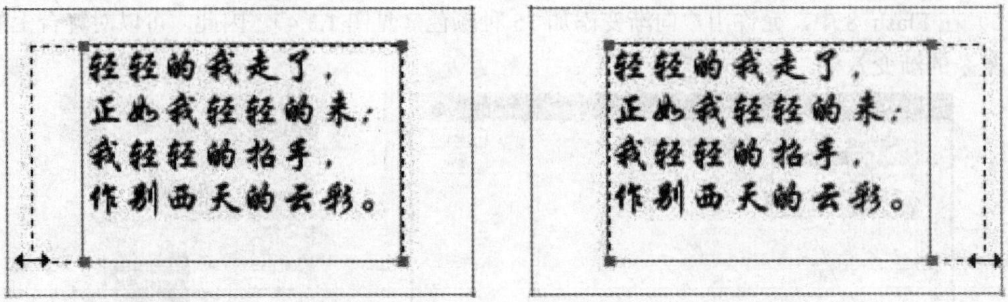

图 1.3.7　增强的文本编辑功能

（11）在以前发布的版本中，若要查看多个 Flash 文件的库元素，必须同时打开多个库面板，而 Flash 8 对库面板进行了集成设计，即只须打开一个库面板即可查看多个 Flash 文件的库元素。

（12）Flash 8 改进了放射状渐变，提供了严格的控制点来调节放射状渐变的方向与大小，如图 1.3.8 所示。

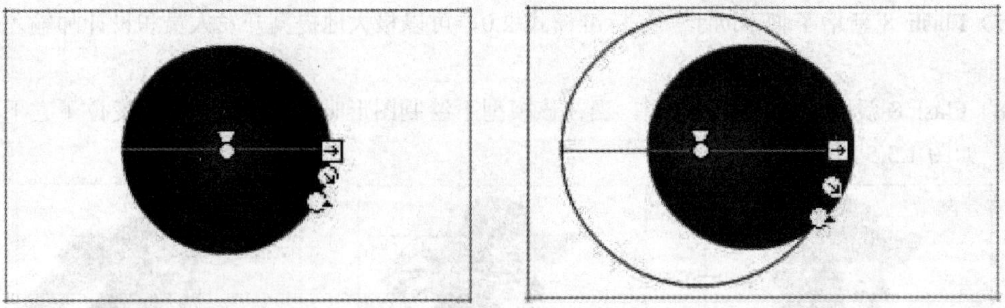

图 1.3.8　改进的放射状渐变功能

（13）Flash 8 提供了一般、图层、变暗、色彩增殖、变亮、荧屏、叠加、强光、差异、反转、Alpha 和擦除等多种混合模式，使用它们可以改变多个对象的透明度和颜色关系，从而创建独特的混合效果，如图 1.3.9 所示。

（14）在 Flash 8 中，Flash Player 在视频、脚本等方面的运行性能提升了 2～5 倍。

原图　　变暗混合模式效果　　差异混合模式效果

图 1.3.9　混合模式

（15）在以前发布的版本中，若要进行撤销操作，会一步一步地将所有的代码和对象撤销，而 Flash 8 提供了两种撤销方式：一种是文档级别的撤销，如只撤销输入的代码；一种是对象级别的撤销，如只撤销场景中的对象操作，如图 1.3.10 所示。

（16）Flash 8 增强了查找和替换功能，用户可以查找和替换文字、字体、颜色、元件、声音、视频和导入的位图等多种对象，如图 1.3.11 所示。

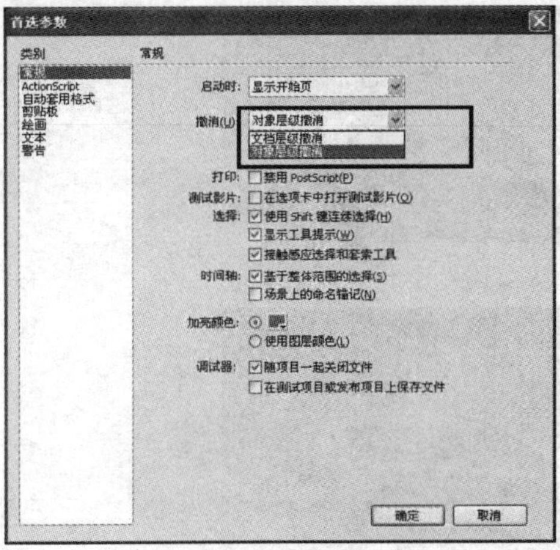

图 1.3.10　两种撤销方式

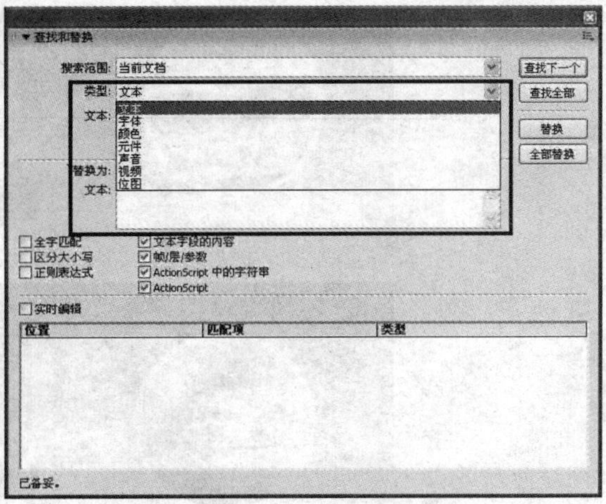

图 1.3.11　增强的查找和替换功能

第四节　Flash 的应用

由于新版的 Windows 操作系统预装了 Flash 插件，使 Flash 得到了迅速发展，它主要应用于以下几个方面：

（1）网站广告动画。目前，Flash 已成为网站广告动画的主要形式，如新浪、搜狐等大型门户网站都很大程度地使用了 Flash 动画，图 1.4.1 所示的为搜狐网站中雪花啤酒的广告动画。

图 1.4.1　搜狐网站中雪花啤酒的广告动画

（2）MTV。由于 Flash 支持 MP3 音频，而且能够边下载边播放，大大节省了下载的时间和所占用的带宽，因此被广泛应用于 MTV 的制作，如图 1.4.2 所示。

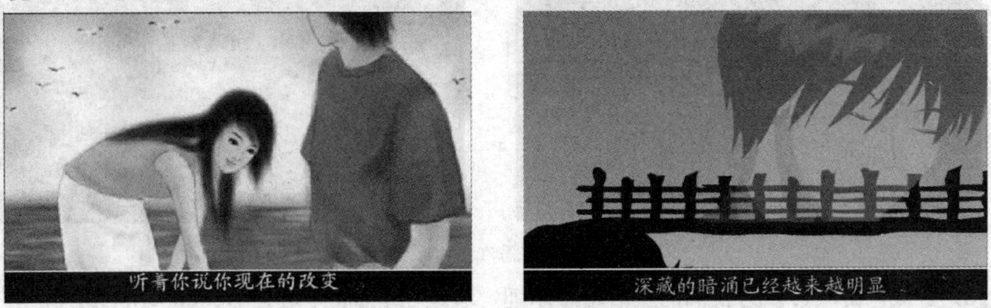

图 1.4.2　MTV

（3）产品功能演示。在产品被开发出来后，为了让人们了解它的功能，开发商常常用 Flash 制作一个演示片，以便能全面地展示产品的特点，图 1.4.3 所示的为一个汽车演示动画。

图 1.4.3 汽车演示动画

（4）教学课件。对于教师们来说，Flash 是个好的教学帮手，由它开发的教学课件操作简单、文件小、交互性强，非常有利于教学的互动。

（5）故事片。提到故事片，相信大家可以举出一大堆经典的 Flash 故事片，如三国系列、春水系列、流氓兔系列等，制作故事片，需要较好的手绘功底。

（6）网站导航。由于 Flash 能够响应鼠标单击、双击等事件，因此被用于制作具有独特风格的网站导航条。

（7）网站片头。为了使浏览者对自己的网站过目不忘，现在多数个人网站或设计类网站都有网站片头动画，图 1.4.4 所示的为锐志汽车的片头动画。

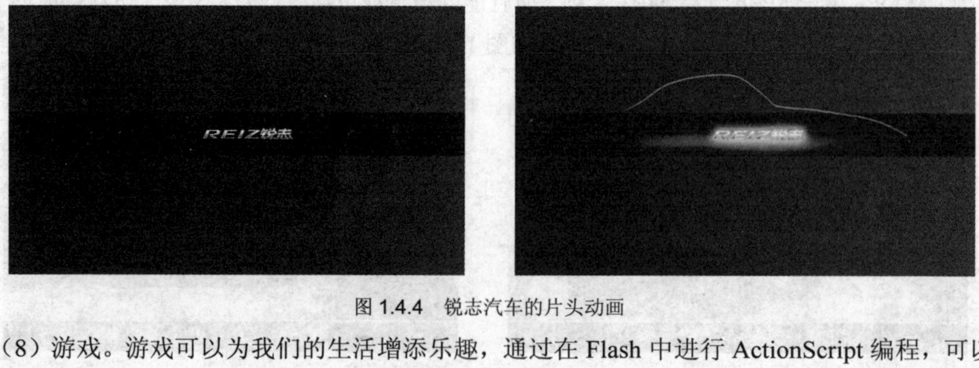

图 1.4.4 锐志汽车的片头动画

（8）游戏。游戏可以为我们的生活增添乐趣，通过在 Flash 中进行 ActionScript 编程，可以制作出小而有趣的游戏。

第五节 Flash 8 的工作界面

选择 开始 → 所有程序(P) → Macromedia → Macromedia Flash 8 命令启动 Flash 8，打开其工作界面。Flash 8 的工作界面与大多数工具软件的一样，最上面的是标题栏和菜单栏，左侧是工具箱，右侧和底部是各种面板，如图 1.5.1 所示。

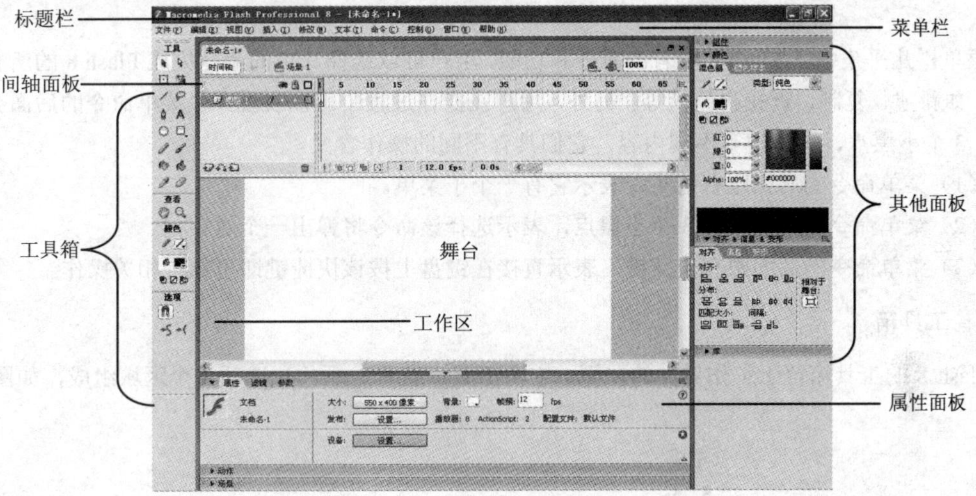

图 1.5.1 Flash 8 的工作界面

一、工作界面简介

Flash 8 的工作界面主要由标题栏、菜单栏、工具箱、时间轴面板、舞台与工作区、属性面板以及其他面板组成，下面对它们进行简单介绍，以使用户对它们的功能有个初步了解。

1．标题栏

标题栏位于工作界面的最上面，用于显示 Flash 8 的程序图标、软件和当前文件的名称、“最小化”按钮、“最大化”按钮（或“还原”按钮）和“关闭”按钮，如图 1.5.2 所示。

图 1.5.2 标题栏

（1）程序图标：单击该图标，将弹出一个下拉菜单，用户可以选择对 Flash 程序窗口进行还原、最大化、最小化或移动等操作。

（2）Macromedia Flash Professional 8 - [未命名-1*]：显示软件和当前文件的名称。

（3）“最小化”按钮：单击该按钮，将 Flash 8 窗口以图标的形式显示在 Windows 的任务栏中，如图 1.5.3 所示。

图 1.5.3 Windows 的任务栏

（4）“最大化”按钮（或“还原”按钮）：这是一对开关按钮，单击“最大化”按钮将 Flash 8 窗口最大化显示，此时，“最大化”按钮将变为“还原”按钮，若单击“还原”按钮，将恢复 Flash 8 窗口为原始尺寸。

（5）“关闭”按钮：单击该按钮，将关闭所有文件并退出 Flash 8。

2．菜单栏

菜单栏位于标题栏的下方，它包含文件(F)、编辑(E)、视图(V)、插入(I)、修改(M)、文本(T)、命令(C)、控制(O)、窗口(W)和帮助(H) 10 个菜单项，如图 1.5.4 所示。

图 1.5.4 菜单栏

菜单栏几乎集中了 Flash 8 所有的命令和功能，用户可以选择其中的命令完成 Flash 8 的所有常规操作，如新建、复制、查找和替换等。另外，用户在操作过程中可以发现，在菜单命令的后面会跟有箭头、3 个小黑点、快捷键等不同内容，它们具有不同的操作含义。

（1）菜单命令的后面跟有箭头，表示它有一个子菜单。

（2）菜单命令的后面跟有 3 个小黑点，表示选择该命令将弹出一个对话框。

（3）菜单命令的后面跟有快捷键，表示直接在键盘上按该快捷键即可执行相关操作。

3．工具箱

Flash 8 的工具箱位于工作界面的左侧，它由工具、查看、颜色和选项 4 个区域组成，如图 1.5.5 所示。

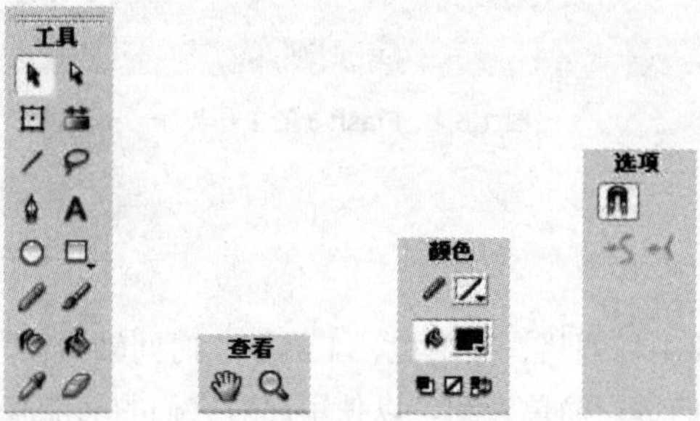

图 1.5.5 工具箱的 4 个组成区域

（1）工具：该区域提供了多种工具，用户可以单击鼠标将它们激活，然后绘制各种图形和对象。

（2）查看：该区域中的手形工具用于移动编辑画面的观察位置，缩放工具用于改变舞台及舞台中对象的显示比例。

（3）颜色：该区域用于设置笔触颜色和填充颜色。

（4）选项：该区域用于设置当前工具的附加选项。

4．时间轴面板

时间轴面板是 Flash 最重要的工具之一，用它可以查看每一帧的情况，调整动画播放的速度，安排帧的内容，改变帧与帧之间的关系等，从而实现不同效果的动画，如图 1.5.6 所示。

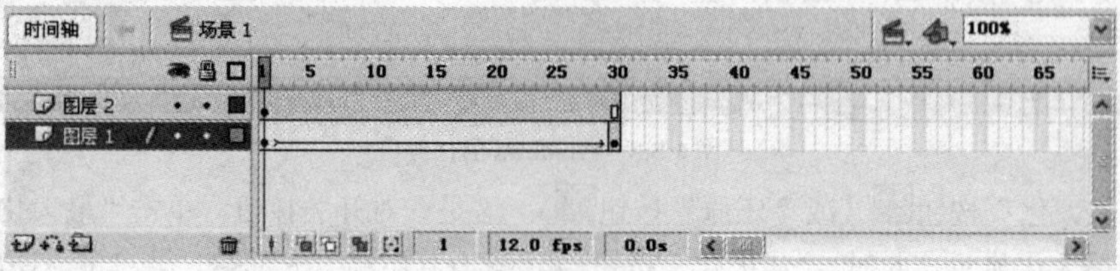

图 1.5.6 时间轴面板

5．舞台与工作区

舞台是绘制和编辑图形的矩形区域，在这里可以直接绘图，或者导入外部图形文件。在使用 Flash Player（Flash 动画的播放器）播放时，舞台中的内容将予以显示，如图 1.5.7 所示。

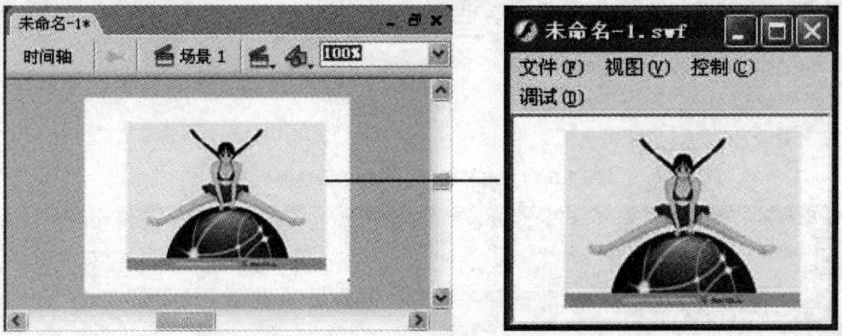

图 1.5.7　舞台中的内容在播放时予以显示

工作区是舞台周围的灰色区域，用于存放在创作时需要，但不希望出现在最终作品中的内容。在使用 Flash Player 播放时，工作区中的内容将不予显示，如图 1.5.8 所示。

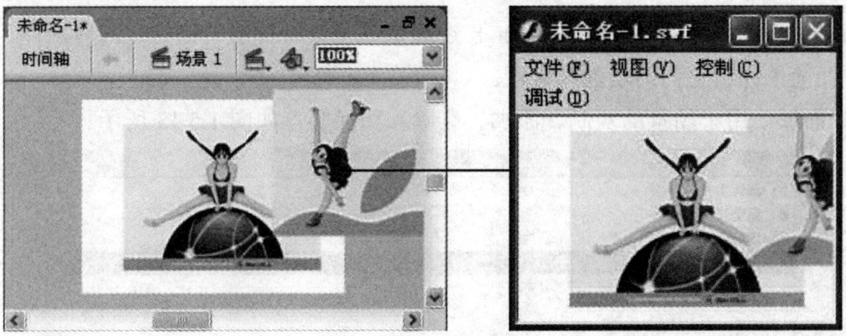

图 1.5.8　工作区中的内容在播放时不予显示

6．属性面板

属性面板也叫属性检查器，在默认情况下，显示的是文件的基本属性，如大小、背景色和帧频等，如图 1.5.9 所示。

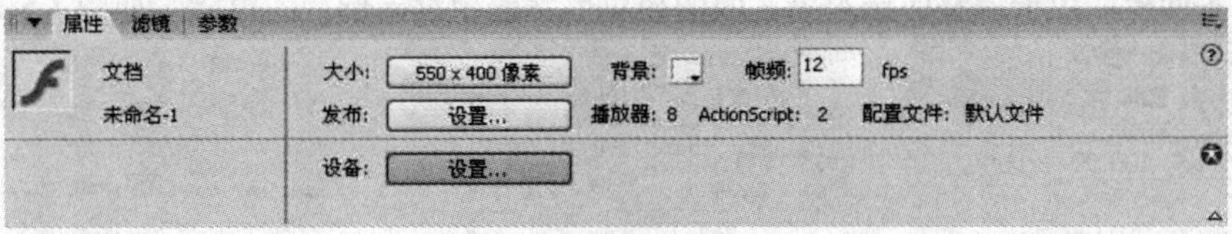

图 1.5.9　属性面板

注意 单击属性面板中的“折叠”按钮△，可以折叠属性面板，使之仅显示最常用的属性，此时，“折叠”按钮△会相应地变成▽形状，如图 1.5.10 所示。

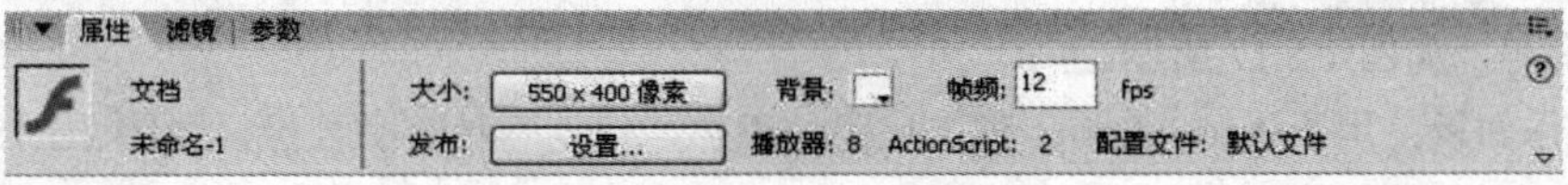

图 1.5.10　折叠状态下的属性面板

当用户选中某工具或对象时，属性面板上的内容会根据所选对象的不同而发生相应的改变。例如选择工具箱中的椭圆工具时，属性面板如图 1.5.11 所示，显示了椭圆的颜色、粗细、缩放等属性；选择一张位图时，属性面板如图 1.5.12 所示，显示了位图的大小、名称等属性。

图 1.5.11　选择椭圆工具时的属性面板

图 1.5.12　选择位图时的属性面板

7. 其他面板

除了时间轴面板和属性面板以外，Flash 8 还提供了场景、变形、信息、对齐、库、动作和混色器等面板，下面简单介绍它们的功能与外观。

（1）场景面板：用于场景的复制、添加、删除和切换等，如图 1.5.13 所示。

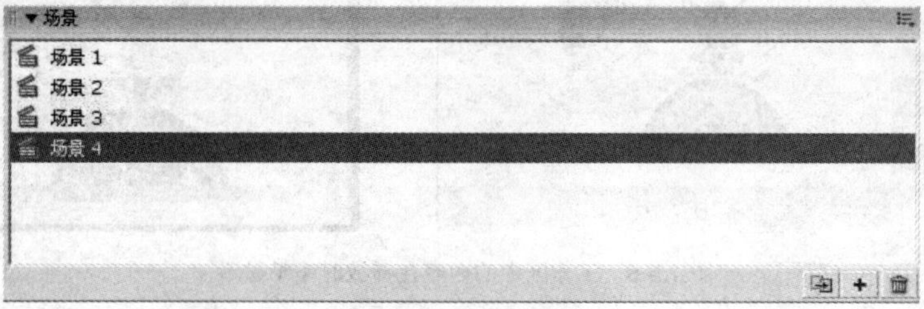

图 1.5.13　场景面板

（2）变形面板：用于变形对象，包括缩放大小、旋转、倾斜等，如图 1.5.14 所示。

（3）信息面板：用于显示所选对象的大小、位置和颜色等，如图 1.5.15 所示。

（4）对齐面板：用于调整所选对象之间的相对位置或相对于舞台的位置，如图 1.5.16 所示。

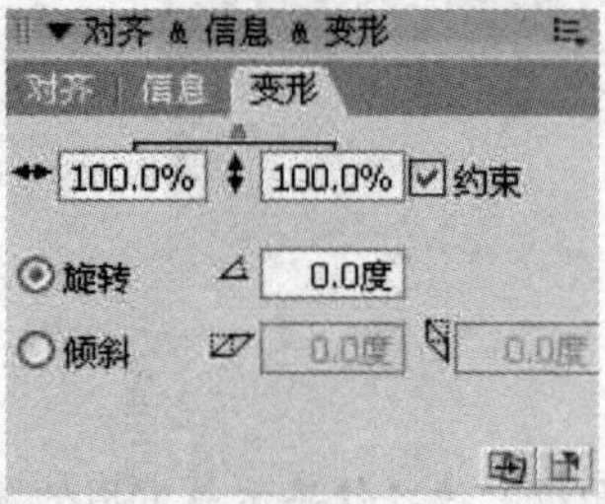

图 1.5.14　变形面板

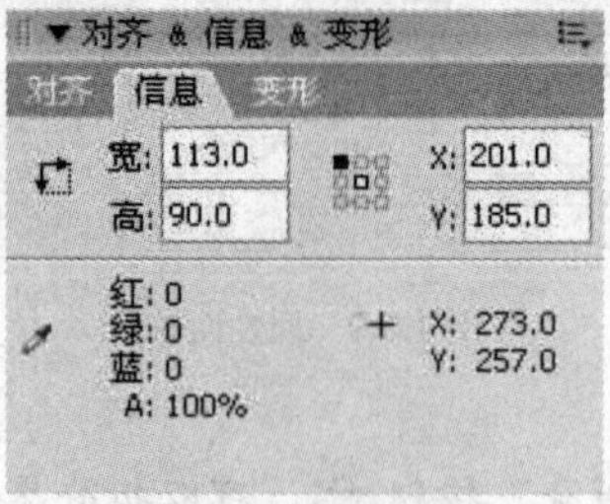

图 1.5.15　信息面板

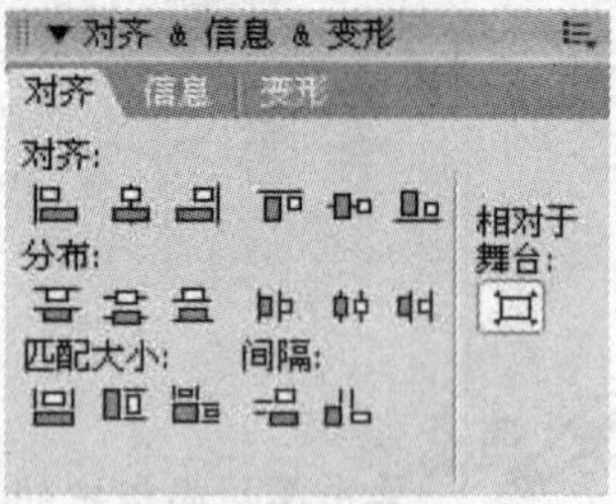

图 1.5.16　对齐面板

（5）库面板：用于存放和组织可重复使用的 Flash 对象，包括绘制的图形、创建的元件、导入的位图和声音等，如图 1.5.17 所示。

（6）动作面板：用于 ActionScript 脚本代码的添加，使动画具有交互性，如图 1.5.18 所示。

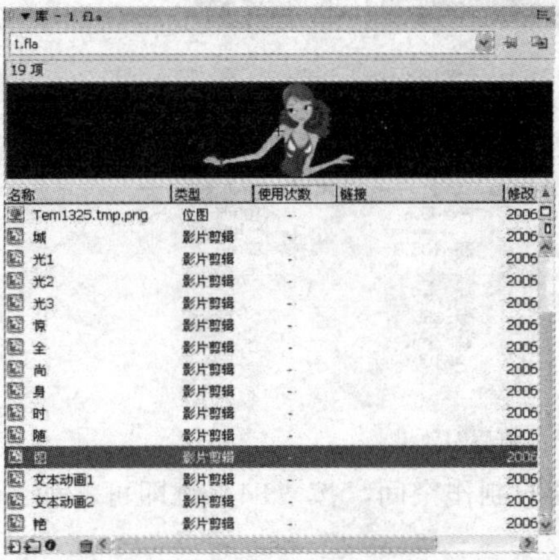

图 1.5.17　库面板

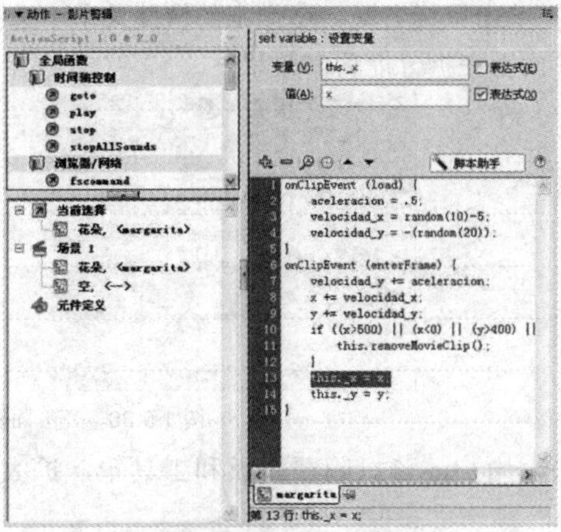

图 1.5.18　动作面板

（7）混色器面板：用于设置颜色，当在 类型: 下拉列表中选择不同选项（纯色、线性、放射状和位图），其外观也将不同，如图 1.5.19 所示。

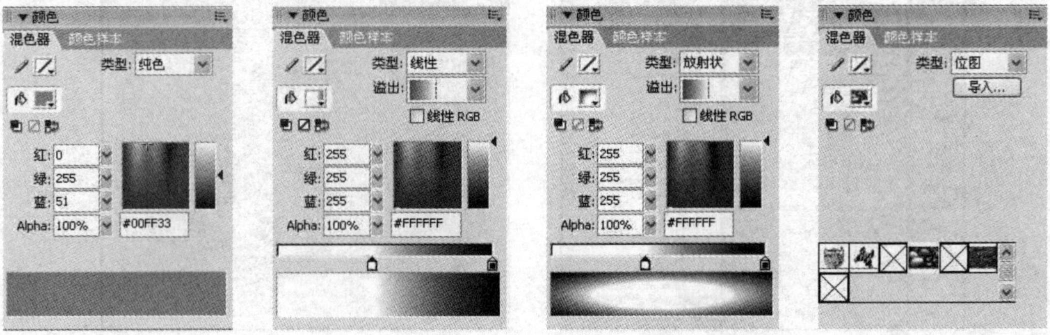

选择“纯色”时　　选择“线性”时　　选择“放射状”时　　选择“位图”时

图 1.5.19　混色器面板

二、自定义工作界面

图 1.5.1 所示的为 Flash 8 的默认工作界面，为了让它更符合自己的工作习惯，用户可以对其进行自定义，例如自定义工具箱、面板及面板组、时间轴面板等。

1．自定义工具箱

在默认情况下，工具箱嵌入在工作界面的左边缘，用户可以移动工具箱，将其定义为浮动式的，操作步骤如下：

（1）将鼠标指针置于工具箱中按钮和图标外的任意位置。

（2）按住并拖动工具箱到其他位置，然后释放鼠标左键即可。

2．自定义面板及面板组

在 Flash 8 中，大多数面板是组合在一起的，如变形、对齐和信息面板被组合在 ▸ 对齐 & 信息 & 变形 面板组中，用户可以将某一面板从面板组中拆分出来，操作步骤如下：

（1）将鼠标指针置于要拆分面板的标签上。

（2）单击鼠标右键，在弹出的快捷菜单中选择将变形组合至→新组合面板命令，图 1.5.20 所示的为变形面板在拆分前后的效果。

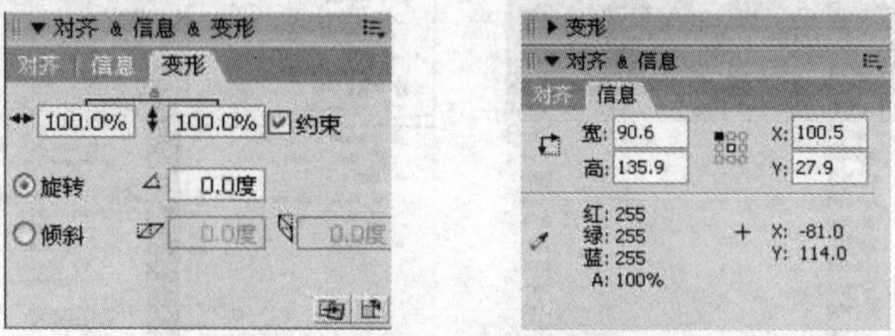

图 1.5.20 变形面板在拆分前后的效果

另外，用户还可以隐藏面板和工具箱，扩大动画的制作空间，按“F4”键即可，如图 1.5.21 所示。

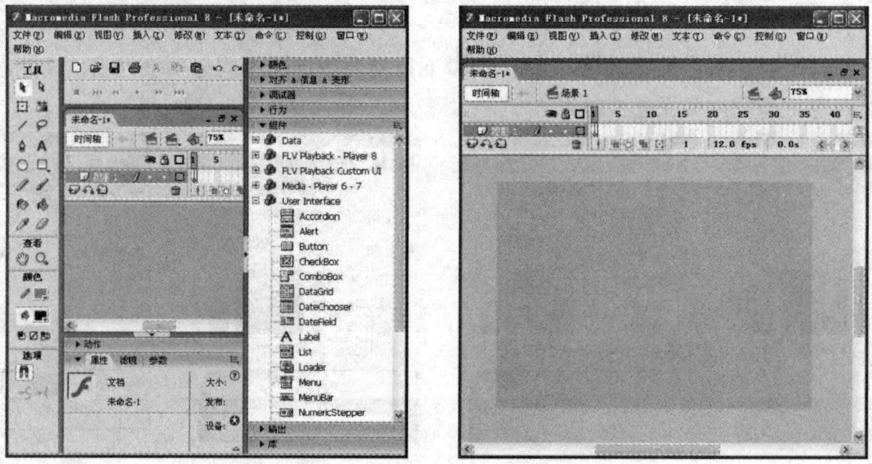

图 1.5.21 隐藏面板和工具箱前后的工作界面

3. 自定义时间轴面板

在默认情况下，时间轴面板嵌入在舞台的上面、菜单栏的下面，同样，用户也可以将其定义为浮动式的，如图 1.5.22 所示。

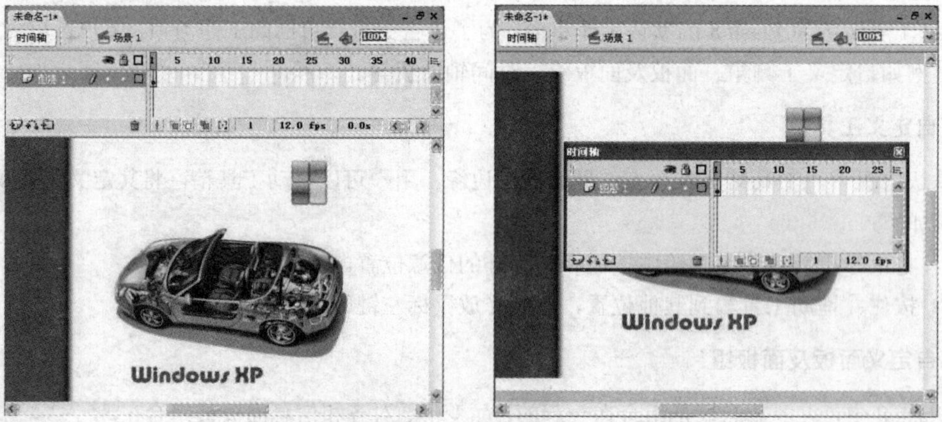

嵌入式的时间轴面板　　　　浮动式的时间轴面板

图 1.5.22 自定义时间轴面板

在定义好工作界面之后，可以选择窗口(W)→工作区布局(W)→保存当前...(S)命令（见

图 1.5.23），在弹出的保存工作区布局对话框中输入要保存的名称（见图 1.5.24），然后单击确定按钮，将当前的设置情况保存下来。

图 1.5.23 选择“保存当前”命令

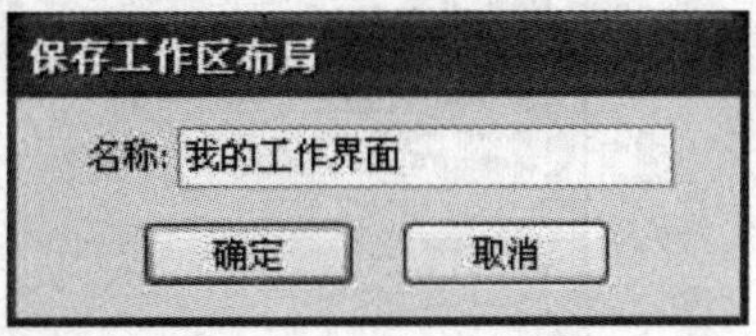

图 1.5.24 “保存工作区布局”对话框

第六节 Flash 8 的基础操作

Flash 8 的基础操作包括文件操作、设置舞台属性、启动辅助设置等，下面分别进行介绍。

一、文件操作

在 Flash 8 中有两种文件：一种是以.swf 为后缀名的动画文件；一种是以.fla 为后缀名的源文件。文件操作是动画制作的基本操作，包括新建、打开、保存和导出文件等。

1. 新建文件

用户新建的文件都是以.fla 为后缀名的源文件，新建文件主要有以下 4 种方法：

（1）从开始页新建。启动 Flash 8 软件，打开开始页，单击创建新项目选项组中的 Flash 文档选项，如图 1.6.1 所示。

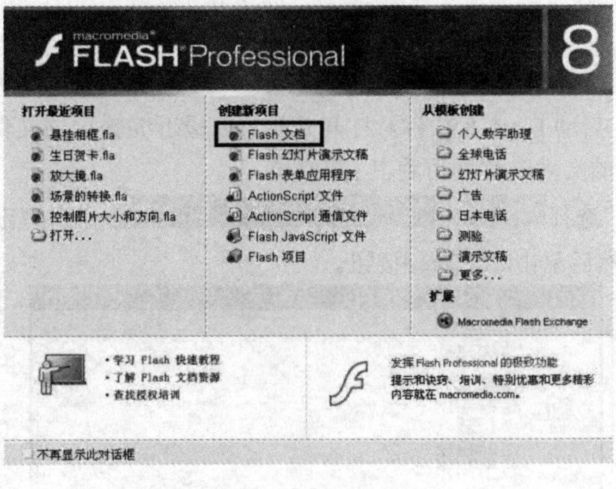

图 1.6.1 从开始页新建文件

技巧 如果希望在下次启动 Flash 8 时不出现开始页，可以选中不再显示此对话框复选框。

（2）从菜单栏新建。选择文件(F)→新建(N)... Ctrl+N命令，弹出新建文档对话框，在类型(T):选项组中选择Flash 文档选项（见图 1.6.2），然后单击确定按钮。

（3）通过快捷键新建。按“Ctrl+N”键，弹出新建文档对话框，然后按照方法（2）继续操作。

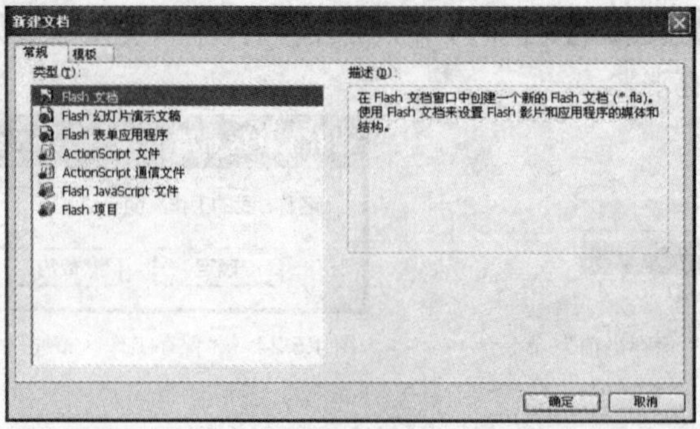

图 1.6.2 “新建文档”对话框

（4）从模板新建。单击新建文档对话框中的模板标签，此时，新建文档对话框将变为如图 1.6.3 所示的从模板新建对话框，在类别(C):选项组中选择文件的类型，在模板(T):选项组中选择文件的样式，然后单击确定按钮。

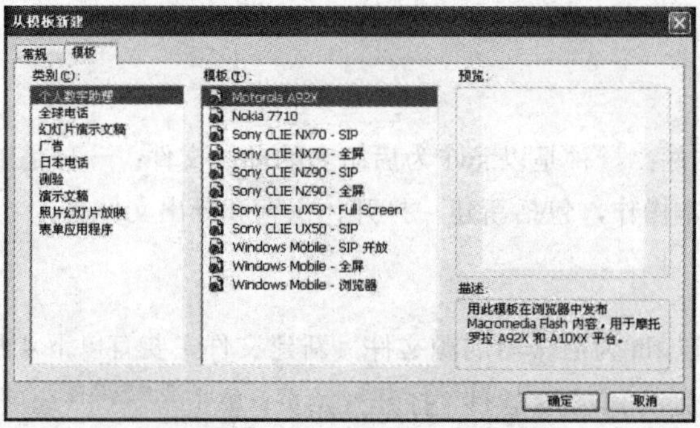

图 1.6.3 “从模板新建”对话框

2．打开文件

启动 Flash 8 后，用户可以打开以前保存过的文件，打开文件主要有以下 3 种方法：

（1）从开始页打开。启动 Flash 8 软件，打开开始页，最近编辑过的文件会显示在**打开最近项目**选项组中，用鼠标单击相应的文件名称即可将其打开。

（2）从菜单栏打开。选择文件(F)→打开(O)... Ctrl+O命令，弹出打开对话框，选择要打开的文件（见图 1.6.4），然后单击打开(O)按钮。

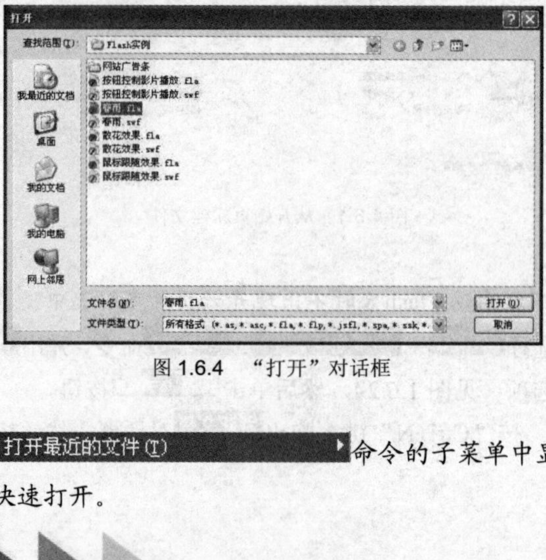

图 1.6.4 “打开”对话框

技巧 在文件(F)→打开最近的文件(T)命令的子菜单中显示了最近编辑过的文件，用户可以单击鼠标将它们快速打开。

（3）通过快捷键打开。按“Ctrl+O”键，弹出打开对话框，然后按照方法（2）继续操作。

3．保存文件

动画完成后须要将其保存起来，Flash 8 提供了保存(S) Ctrl+S、另存为(A)... Ctrl+Shift+S、保存并压缩(M)、另存为模板(T)...和全部保存 5 个保存命令。

（1）保存(S) Ctrl+S：保存当前文件，并将新增信息追加到该文件中。

（2）另存为(A)... Ctrl+Shift+S：将当前文件以新的名称保存到不同的位置。

（3）保存并压缩(M)：保存当前文件，并对文件数据进行压缩。

（4）另存为模板(T)...：将当前文件保存为模板。选择该命令将弹出另存为模板对话框（见图 1.6.5），用户可以在名称(N):文本框中输入模板的名称；在类别(C):下拉列表中选择一个模板类别；在描述(D):文本框中输入对模板的说明（见图 1.6.6），然后单击保存(S)按钮。

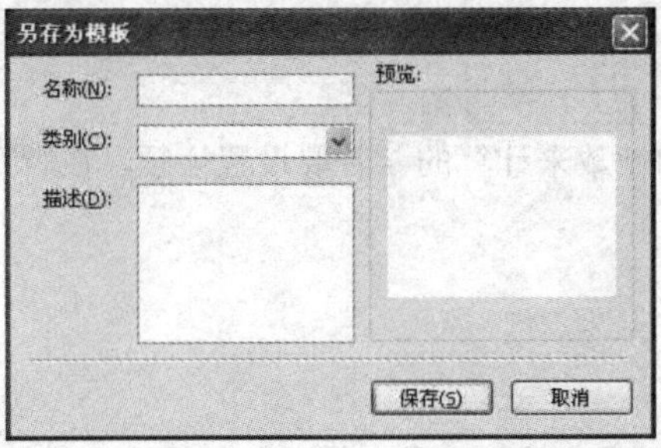

图 1.6.5 “另存为模板”对话框

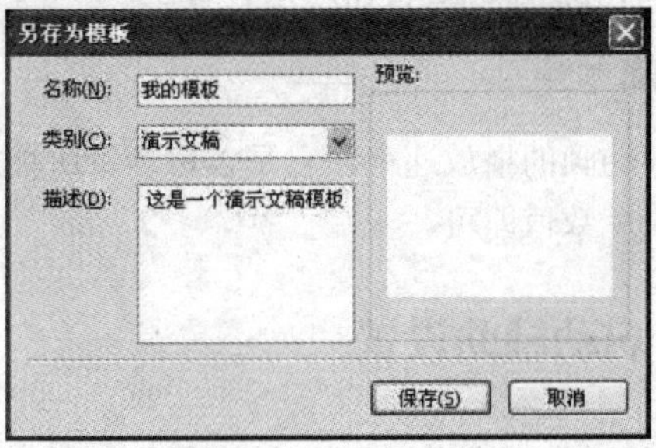

图 1.6.6 输入模板信息

（5）全部保存：将当前打开的所有文件一次性全部保存。

4．导出文件

选择文件(F)→导出(E)→导出图像(E).../导出影片(M)... Ctrl+Alt+Shift+S命令，可以将当前动画导出为某种格式的图像或动画。

二、设置舞台属性

由于舞台中的内容是动画播放的所有内容，因此设置舞台的属性，也就是设置动画文件的属性，包括大小、背景颜色和帧频等。

1．设置大小

在默认情况下，舞台的大小为 550 px×400 px，如果要改变舞台的大小，可以执行以下操作。

（1）选择修改(M)→文档(D)... Ctrl+J命令，弹出文档属性对话框，如图 1.6.7 所示。

（2）在尺寸(I):文本框中输入数值。

（3）单击确定按钮应用设置。

2．设置背景颜色

在默认情况下，舞台的颜色为白色（因此动画的背景颜色也是白色的），如果要改变舞台的背景颜色，可以执行以下操作。

（1）在文档属性对话框中单击背景颜色(B):后的“颜色”按钮，在打开的颜色列表中选择颜色，如图 1.6.8 所示。

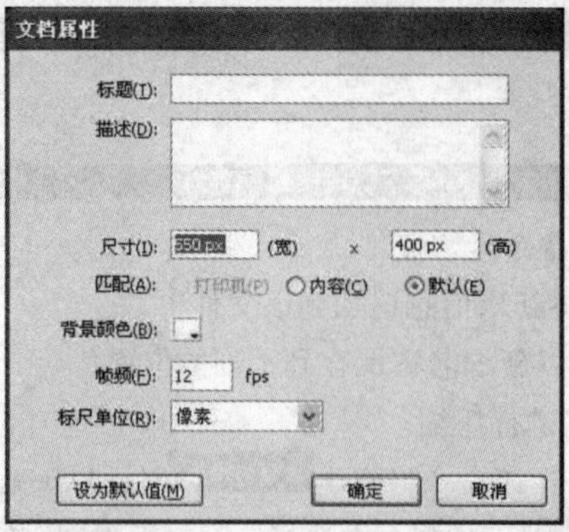

图 1.6.7 “文档属性”对话框

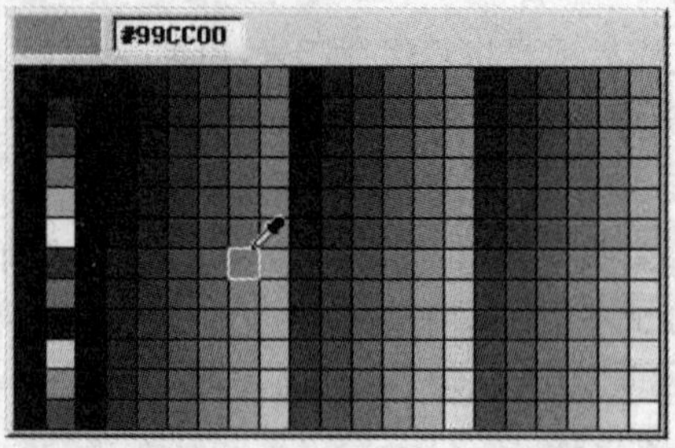

图 1.6.8 颜色列表

（2）单击 确定 按钮应用设置。

3．设置帧频

帧频即动画的播放速率，它是以每秒钟所播放的帧数来计算的，若要设置帧频，在 帧频(F): 文本框中输入一个数值即可。

三、启动辅助设置

Flash 8 提供了许多好用的辅助设置，包括手形工具、缩放工具、标尺、辅助线和网格等，用户可以根据需要进行设置，以使创作更加得心应手。

1．手形工具

手形工具用于移动舞台及舞台中的内容，操作步骤如下：

（1）选择工具箱中的手形工具。

（2）将鼠标指针移至舞台上，然后按住并拖动鼠标即可。

手形工具操作的结果是将舞台及舞台中的内容相对于场景窗口进行整体移动，但并不改变舞台中内容的相对位置，如图 1.6.9 所示。

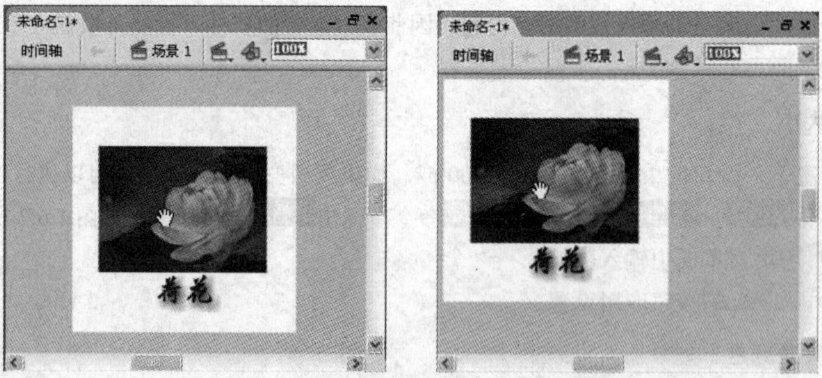

图 1.6.9 使用手形工具移动舞台及舞台中的内容

技巧 如果要将整个舞台居中并全部显示在场景窗口中，直接双击“手形工具”按钮即可。

2. 缩放工具

缩放工具用于缩放舞台及舞台中的内容，操作步骤如下：

（1）选择工具箱中的缩放工具，在选项栏中将显示该工具的两个附加选项：“放大”按钮和“缩小”按钮。

（2）根据需要选择“放大”按钮或“缩小”按钮，在默认情况下，“放大”按钮处于选中状态。

（3）将鼠标指针移至舞台上，然后单击鼠标左键即可成倍缩放舞台及舞台中的内容，如图 1.6.10 所示。

原图　　缩小一倍的效果　　放大一倍的效果

图 1.6.10　使用缩放工具缩放舞台及舞台中的内容

技巧　按住键盘上的空格键不放，可以快速切换到手形工具。

3. 标尺

标尺能帮助用户大致计算出对象的大小，还能精确地了解对象的位置，从而有利于整个动画的统筹规划，选择 视图(V) → 标尺(R) Ctrl+Alt+Shift+R 命令，或者在舞台空白处单击鼠标右键，在弹出的快捷菜单中选择 标尺(R) 命令，可以显示标尺（见图 1.6.11），再次选择即可将其隐藏。

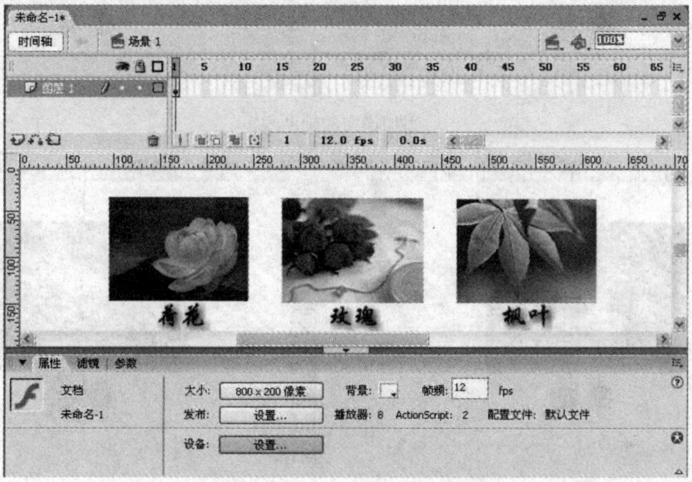

图 1.6.11　显示标尺

标尺以舞台的左上角为坐标原点，有水平和垂直两个方向上的标尺，其中，水平标尺以 X 轴向右方向坐标为正；垂直标尺以 Y 轴向下方向坐标为正。在默认情况下，标尺使用的单位是像素，如果要修改单位，可以执行以下操作。

（1）选择 修改(M) → 文档(D)... Ctrl+J 命令，弹出 文档属性 对话框，如图 1.6.12 所示。

（2）在 标尺单位(R): 下拉列表中选择其他的单位，例如“厘米”。

（3）单击 确定 按钮应用设置，如图 1.6.13 所示。

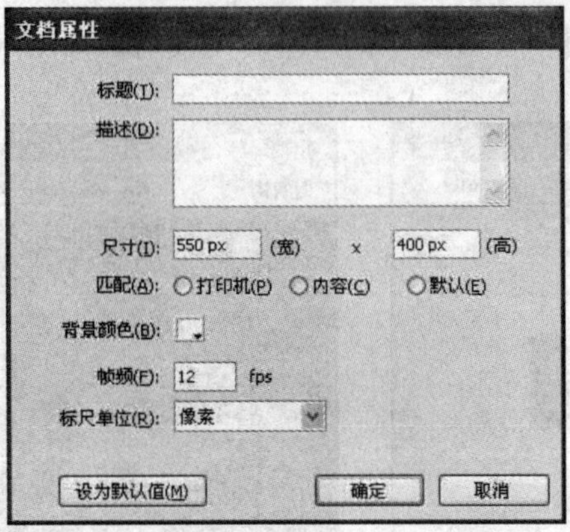

图 1.6.12 “文档属性”对话框

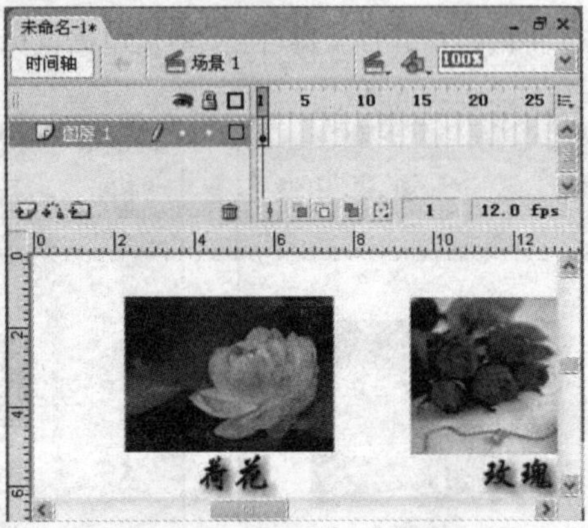

图 1.6.13 标尺单位为厘米时的效果

4．辅助线

打开标尺后，在标尺上按住鼠标左键，鼠标指针将呈现 或 形状，然后按住并拖动鼠标到舞台中，可以添加横向或纵向的辅助线，如图 1.6.14 所示。

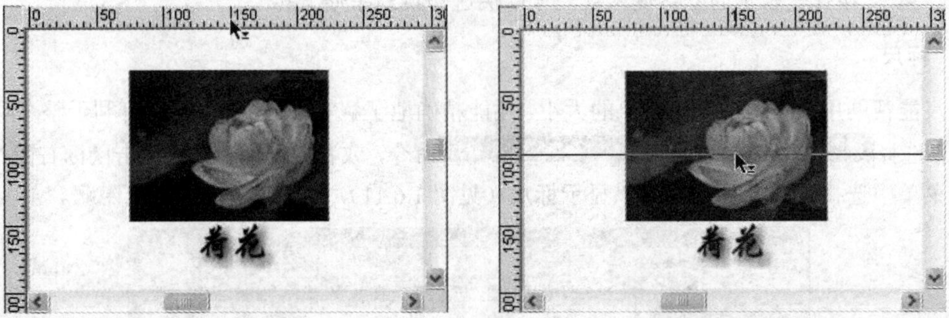

添加横向的辅助线

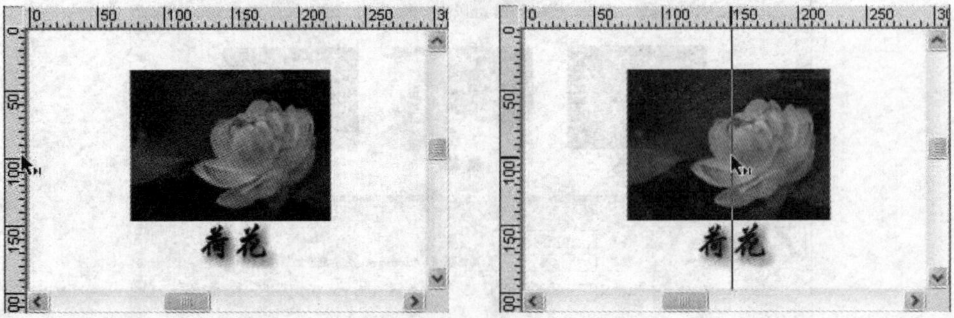

添加纵向的辅助线

图 1.6.14 添加辅助线

为了防止在操作过程中不小心移动了辅助线，可以将辅助线锁定在某个位置上，选择视图(V)→辅助线(E)→锁定辅助线(K) Ctrl+Shift+;命令即可。如果要删除辅助线，最简单的方法就是使用选择工具将辅助线直接拖至水平或垂直标尺上。

另外，用户还可以选择视图(V)→辅助线(E)→编辑辅助线... Ctrl+Alt+Shift+G命令，在弹出的辅助线对话框中自定义辅助线的属性，如图 1.6.15 所示。

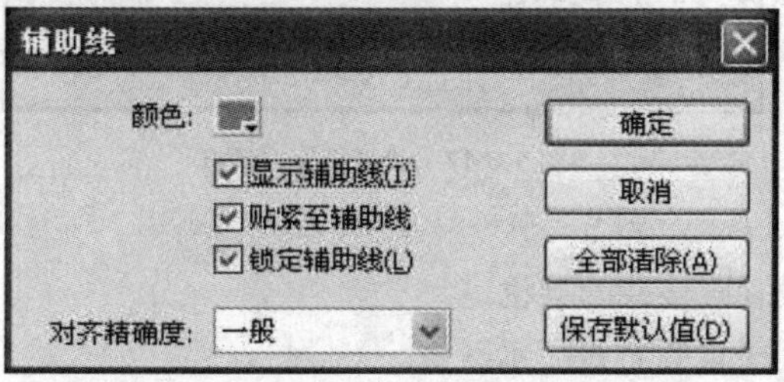

图 1.6.15 “辅助线”对话框

对其中各项说明如下：

（1）颜色:：用于设置辅助线的颜色。

（2）显示辅助线(I)：用于设置是否显示辅助线。

（3）贴紧至辅助线：用于设置是否使对象对齐辅助线。

（4）锁定辅助线(L)：用于设置是否固定辅助线。

（5）对齐精确度:：用于设置对象对齐辅助线的方式。

（6）确定：应用所设置的辅助线属性，并关闭辅助线对话框。

（7）取消：取消对辅助线属性的设置，并关闭辅助线对话框。

（8）全部清除(A)：清除创建的所有辅助线。

（9）保存默认值：将设置保存为默认值。

5. 网格

Flash 中的网格不是图像，只是辅助绘图的工具，由一组水平线和垂直线组成，在动画输出时将不予显示，选择视图(V)→网格(D)→显示网格(D) Ctrl+'命令，可以显示网格（见图 1.6.16），再次选择则将其隐藏。

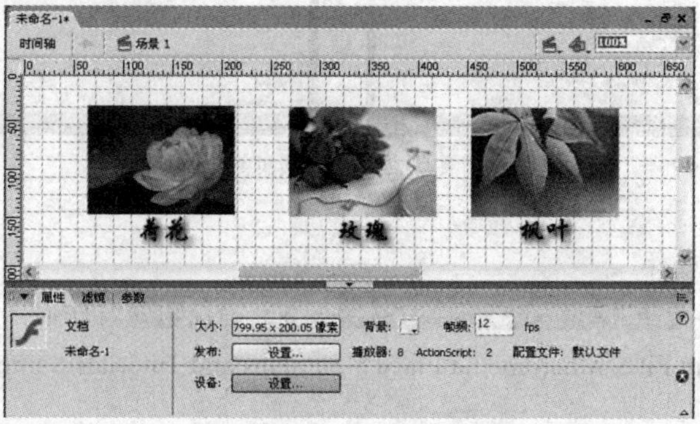

图 1.6.16 显示网格

用户还可以选择视图(V)→网格(D)→编辑网格(E)... Ctrl+Alt+G命令，在弹出的网格对话框中自定义网格的属性，如图 1.6.17 所示。

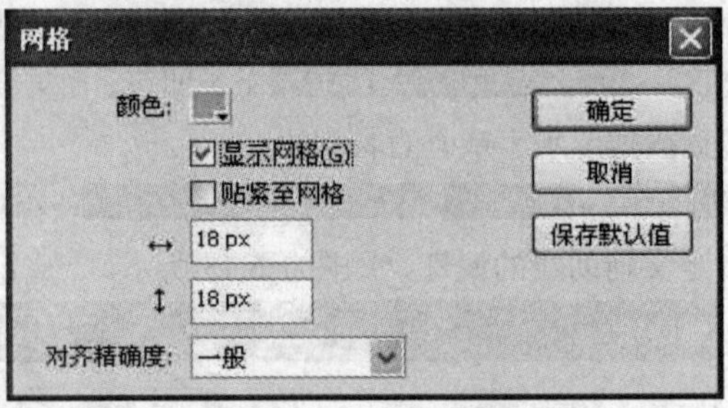

图 1.6.17 “网格”对话框

对其中各项说明如下：

（1）颜色:：用于设置网格线的颜色。

（2）显示网格(G)：用于设置是否显示网格。

（3）贴紧至网格：用于设置是否使对象对齐网格线。

（4）↔ 18 px 和 ↕ 18 px：用于设置网格在水平方向和垂直方向上的间隔。

（5）对齐精确度:：用于设置对象对齐网格的方式。

（6）确定：应用所设置的网格属性，并关闭网格对话框。

（7）取消：取消对网格属性的设置，并关闭网格对话框。

（8）保存默认值：将设置保存为默认值。

第七节 上机实战

下面练习文件的打开和保存，效果如图 1.7.1 所示。

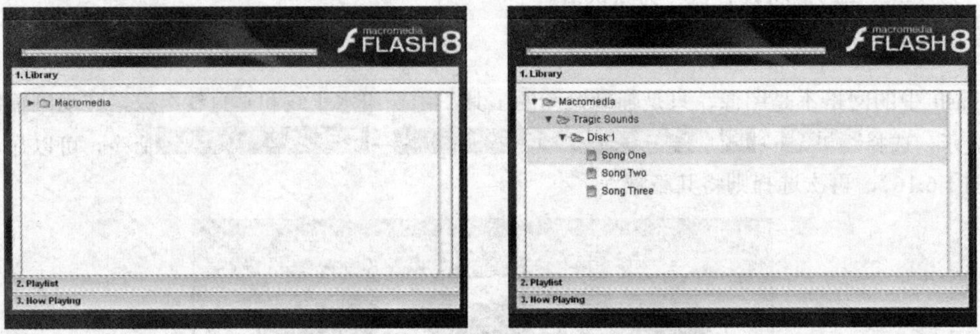

图 1.7.1 最终效果图

其操作步骤如下：

（1）启动 Flash 8 软件。

（2）选择文件(F)→打开(O)... Ctrl+O命令，弹出打开对话框，在查找范围(I):下拉列表中选择路径为“C:\Program Files\Macromedia\Flash 8\Samples and Tutorials\Samples\Components\Jukebox\jukebox.fla”的文件。

（3）单击打开(O)按钮将其打开，如图 1.7.2 所示。

（4）选择文件(F)→另存为(A)... Ctrl+Shift+S命令，在弹出的另存为对话框中单击桌面按钮，将路径切换至桌面，如图 1.7.3 所示。

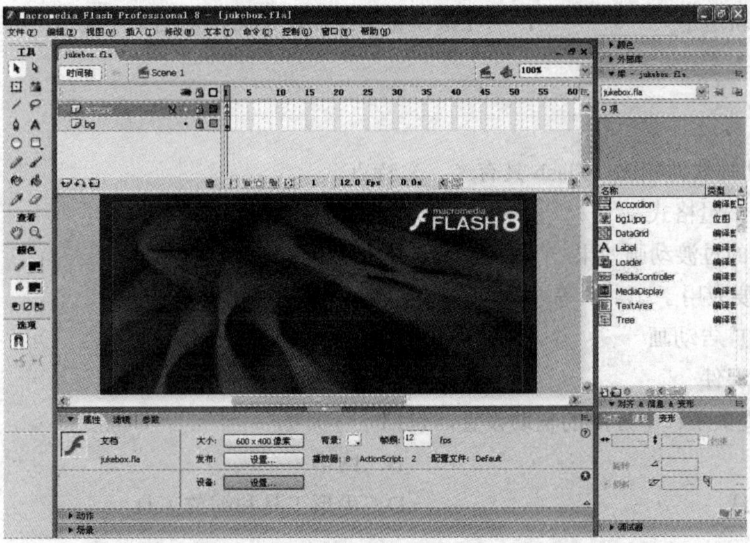

图 1.7.2　打开文件

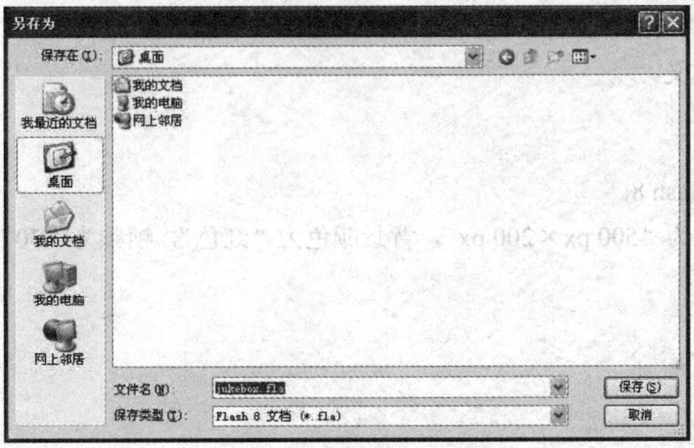

图 1.7.3　“另存为”对话框

（5）单击 保存(S) 按钮完成操作。

（6）按“Ctrl+Enter”键，测试动画，最终效果如图 1.7.1 所示。

本章小结

本章介绍了 Flash 8 的基础知识，包括其安装与卸载、新增功能、应用、工作界面以及基础操作等，希望用户熟练掌握，为以后更系统深入地学习 Flash 8 打下坚实的基础。

习 题 一

一、填空题

1．Flash 的前身是__________，即早期流行的矢量动画插件。

2．__________使得动画可以边下载边播放，从而减少网页浏览者的等待时间。

3．Flash 8 新增了___________，当在该模型下绘制图形时，新图形不会改变位于它下面的其他图形。

二、选择题

1．与传统动画软件相比，Flash 具有（　）特点。

A．采用矢量格式　　B．支持交互

C．独特的过渡动画效果　　D．使用流式播放技术

2．Flash 主要应用于（　）等方面。

A．网站广告动画　　B．产品功能演示

C．教学课件　　D．MTV

3．Flash 8 提供了许多好用的辅助设置，包括（　）。

A．标尺　　B．网格

C．辅助线　　D．手形工具和缩放工具

三、简答题

1．简述 Flash 8 中的两种文件。

2．简述帧频的定义。

四、上机操作题

1．安装并卸载 Flash 8。

2．创建一个尺寸为“500 px×200 px”，背景颜色为“红色”，帧频为“30”，名称为“a”的动画文件。

第二章 Flash 8 工具的使用

本章要点

- ☑ 绘图工具的使用
- ☑ 编辑工具的使用
- ☑ 填色工具的使用

学习目标

Flash 8 提供了多种工具，使用它们可以绘制需要的图形，从而为后期的动画制作奠定良好的基础。本章将对 Flash 8 中的绘图工具、编辑工具以及填充工具进行详细介绍，通过本章的学习，用户应学会使用各种不同的工具绘制或编辑图形。

第一节　绘图工具的使用

在 Flash 8 中，绘图工具包括直线工具、铅笔工具、钢笔工具、椭圆工具、矩形工具、多角星形工具和刷子工具，下面分别进行介绍。

一、直线工具

使用直线工具可以绘制各种不同方向的直线，如图 2.1.1 所示。

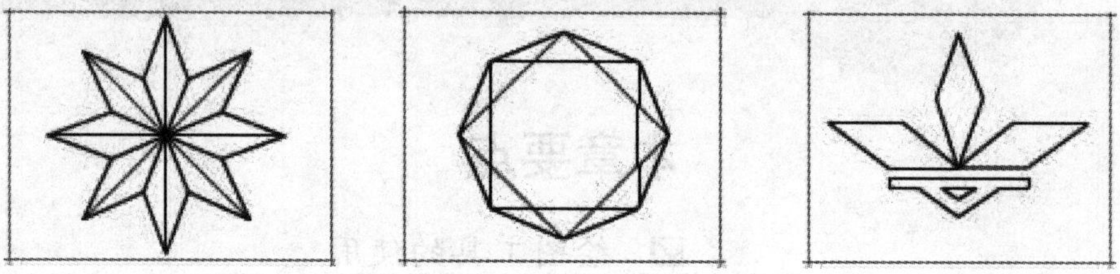

图 2.1.1　使用直线工具绘制的图形

使用直线工具绘制直线的操作步骤如下：

（1）选择工具箱中的直线工具。

（2）在属性面板中设置其颜色、粗细和样式等，如图 2.1.2 所示。

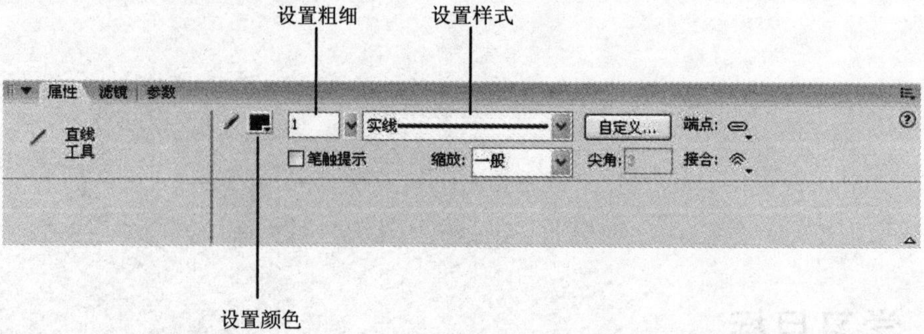

图 2.1.2　“直线工具”属性面板

1）：单击其右下角的黑色小三角，将弹出如图 2.1.3 所示的颜色列表，用户可以通过单击其中的颜色小方格设置直线的颜色。

2）：在该下拉列表中输入 0.1～200 之间的任意数值，设置直线的粗细。

3）：在该下拉列表中提供了多种直线的样式供用户选择，如图 2.1.4 所示。

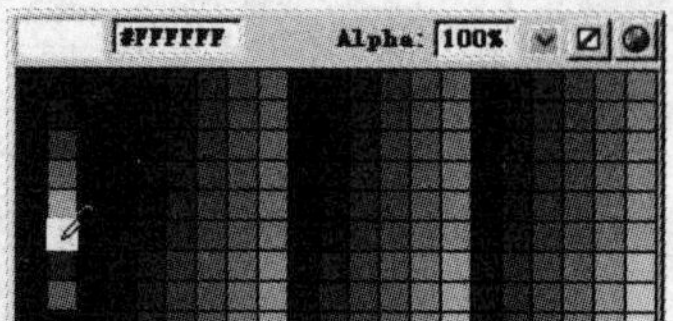

图 2.1.3　颜色列表

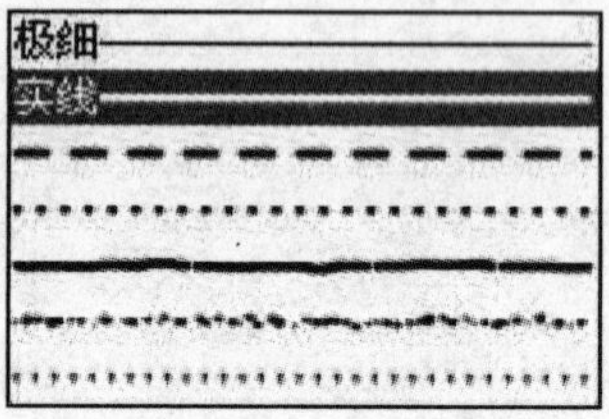

图 2.1.4　直线的样式

4）：单击该按钮，将弹出如图 2.1.5 所示的笔触样式对话框，用户可以在其中自定义直线的样式。在类型(Y):下拉列表中选择一种样式，例如选择“斑马线”选项，然后对其参数进行设置，如图 2.1.6 所示。

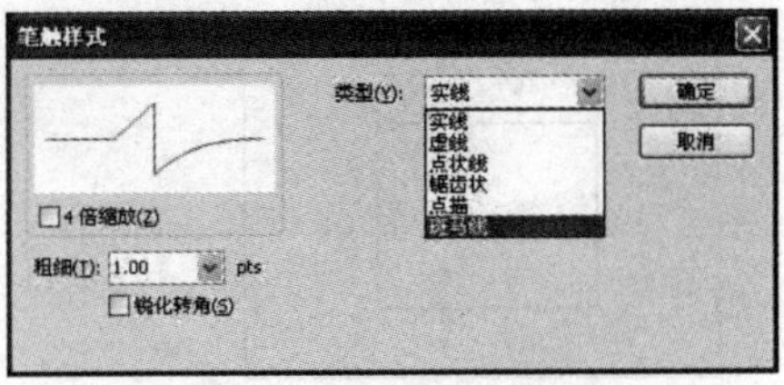

图 2.1.5 “笔触样式”对话框

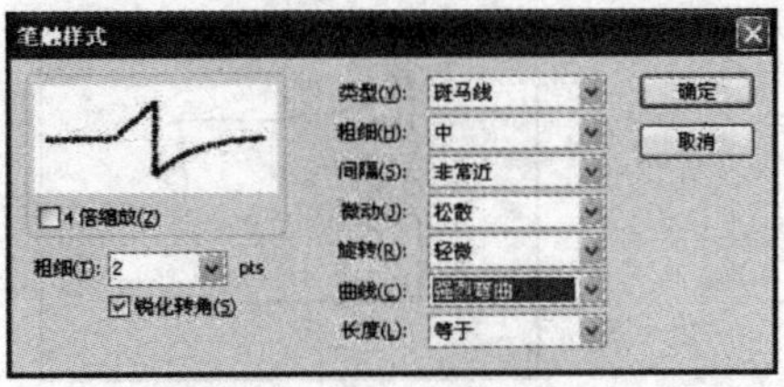

图 2.1.6 自定义直线的样式

5）端点:：单击其右下角的黑色小三角，将弹出一个下拉菜单，用于选择直线端点的形状，如图 2.1.7 所示。

3 种样式　“无”效果　“圆角”效果　“方型”效果

图 2.1.7 3 种样式及其效果

6）笔触提示：若选中该复选框，将启动笔触提示功能，避免直线显示模糊的现象。

7）缩放:：设置直线在播放器中的笔触缩放方式。

8）尖角:：设置直线在接合处的倾斜限制。

9）接合:：单击其右下角的黑色小三角，将弹出一个下拉菜单，用于选择直线的相接方式，如图 2.1.8 所示。

3 种方式　“尖角”效果　“圆角”效果　“斜角”效果

图 2.1.8 3 种方式及其效果

（3）设置完毕后，在舞台上直线的起点处按住鼠标左键，然后拖动鼠标到另一点后释放，在两点之间绘制直线。

二、铅笔工具

使用铅笔工具可以绘制各种直线和曲线，如图 2.1.9 所示。

图 2.1.9 使用铅笔工具绘制图形

使用铅笔工具绘制直线或曲线的操作步骤如下：

（1）选择工具箱中的铅笔工具。

（2）单击工具箱选项区中的“铅笔模式”按钮，在弹出的下拉菜单中选择一种绘画模式。

1）伸直模式：在该模式下，可将近似于椭圆、三角形、正方形和矩形的图形转换为标准的几何图形，如图 2.1.10 所示。

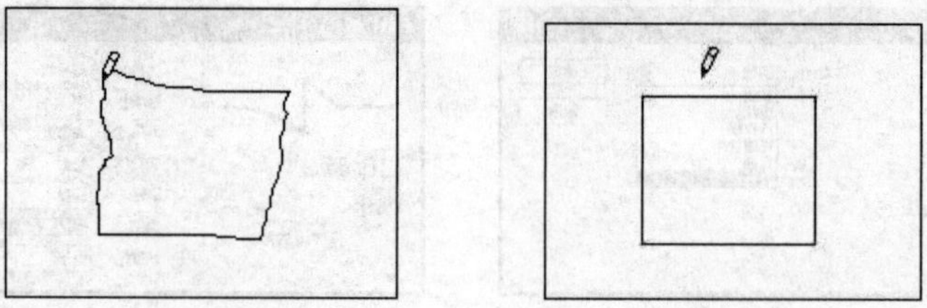

绘制中　　　　绘制后

图 2.1.10　在“伸直”模式下绘制图形

2）平滑模式：在该模式下，绘制的线条将被轻微调节，如图 2.1.11 所示。

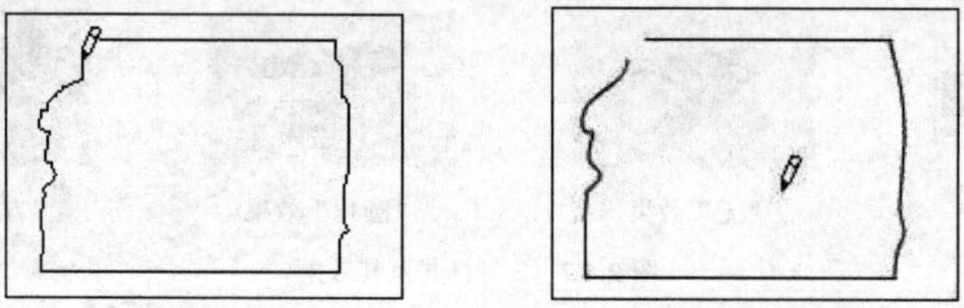

绘制中　　　　绘制后

图 2.1.11　在“平滑”模式下绘制图形

3）墨水模式：在该模式下，绘制的线条将更加平滑，如图 2.1.12 所示。

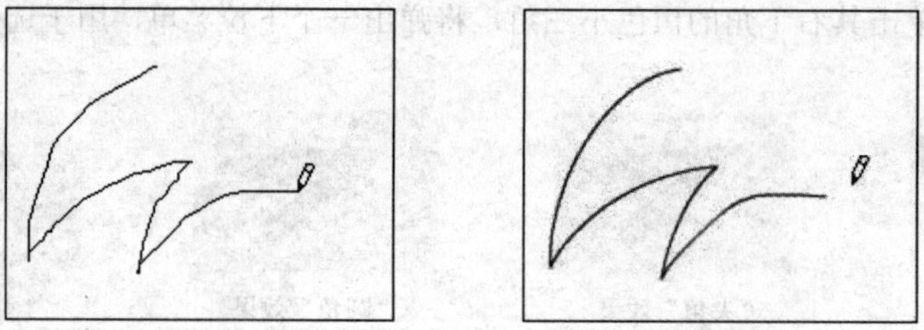

绘制中　　　　绘制后

图 2.1.12　在“墨水”模式下绘制图形

（3）在属性面板中设置其颜色、粗细和样式等，如图 2.1.13 所示。

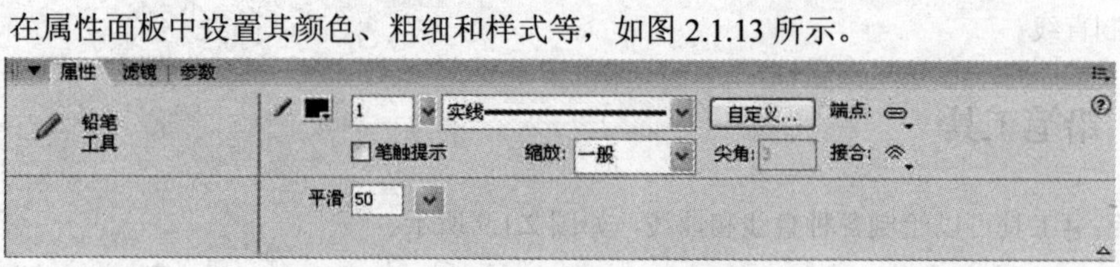

图 2.1.13　“铅笔工具”属性面板

图 2.1.13 与图 2.1.2 相比，界面稍有变化，即多了一个平滑选项，用户可以在其中输入数值，设置铅笔笔触在“平滑”模式下的平滑程度，取值范围为 0～100。

（4）设置完毕后，在舞台上按住鼠标左键不放并拖动即可绘制任意线条。

三、钢笔工具

钢笔工具又叫贝塞尔曲线工具，利用它可以精确地绘制路径，如图 2.1.14 所示。

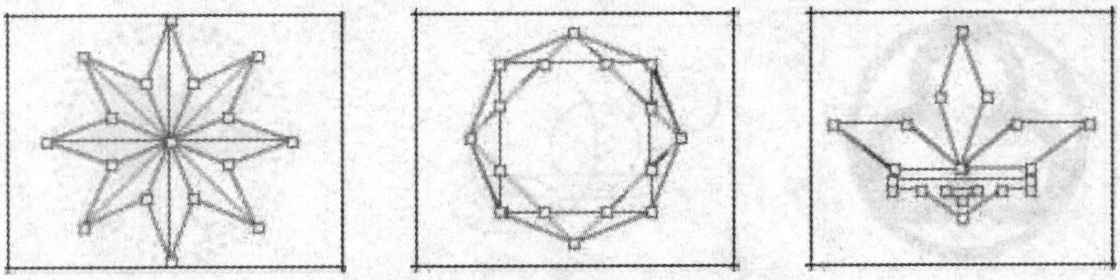

图 2.1.14　使用钢笔工具绘制的路径

使用钢笔工具可以绘制两种类型的点：一种叫锚点，是曲线之间的点；一种叫拐点，是直线之间的点，通常将它们统称为节点。在绘制曲线时，鼠标拖动的距离和方向决定了相应节点处曲线的曲率和方向。

使用钢笔工具绘制路径的操作步骤如下：

（1）选择工具箱中的钢笔工具。

（2）在属性面板中设置其颜色、粗细和样式等（见图 2.1.15），由于钢笔工具的选项与直线工具的选项完全相同，这里就不再赘述。

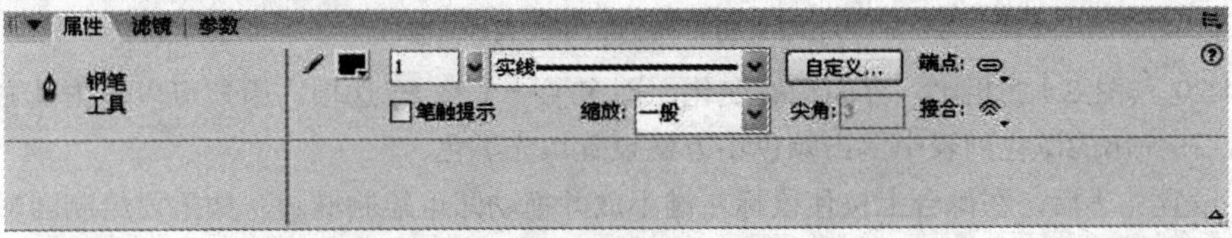

图 2.1.15　“钢笔工具”属性面板

（3）设置完毕后，即可在舞台上绘制路径。

1）绘制直线路径：在舞台上移动鼠标并连续单击，可以绘制直线路径，如图 2.1.16 所示。

2）绘制曲线路径：在舞台上单击鼠标确定第一个点后，在其他位置按住鼠标左键并拖动，然后单击确定第 2 个点，如此重复操作将绘制出一条曲线，如图 2.1.17 所示。

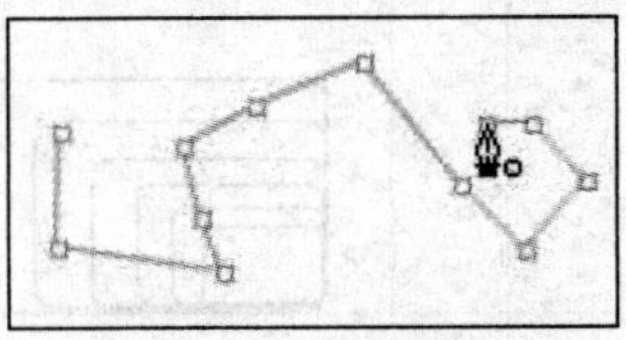

图 2.1.16　绘制直线路径

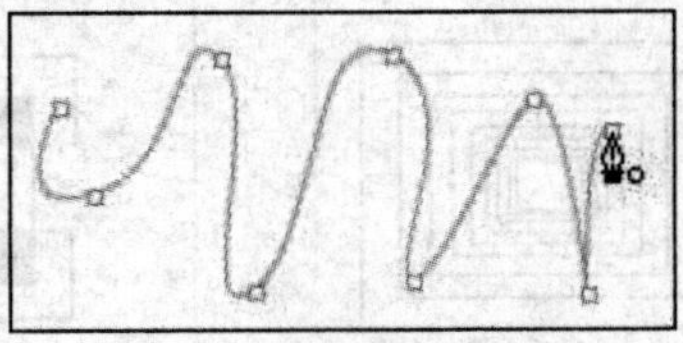

图 2.1.17　绘制曲线路径

3）绘制闭合路径：单击直线或曲线路径的起点，可以将它们闭合，如图 2.1.18 所示。

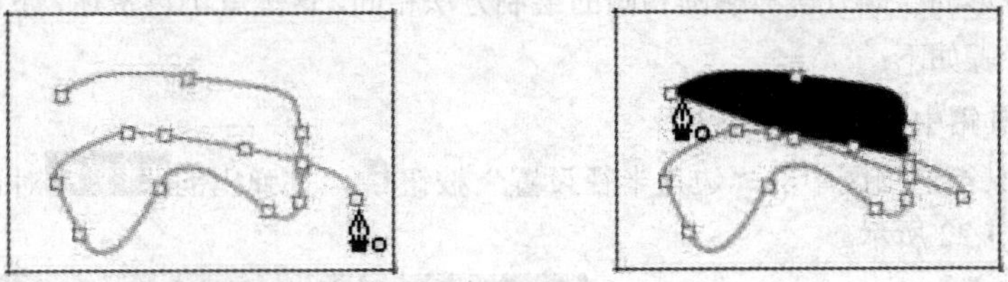

图 2.1.18　绘制闭合路径

四、椭圆工具

使用椭圆工具可以绘制椭圆和圆，如图 2.1.19 所示。

图 2.1.19 使用椭圆工具绘制的图形

使用椭圆工具绘制图形的操作步骤如下：

（1）选择工具箱中的椭圆工具。

（2）在属性面板中设置其颜色、粗细和样式等，如图 2.1.20 所示。

图 2.1.20 “椭圆工具”属性面板

图 2.1.20 与图 2.1.2 相比，界面稍有变化，即多了一个选项，用户可以单击其右下角的黑色小三角，在弹出的颜色列表中单击颜色小方格设置填充颜色。

（3）设置完毕后，在舞台上按住鼠标左键不放并拖动即可绘制椭圆，如果要绘制圆形，在绘制的同时，按住“Shift”键即可。

五、矩形工具

使用矩形工具可以绘制长方形、正方形和圆角矩形，如图 2.1.21 所示。

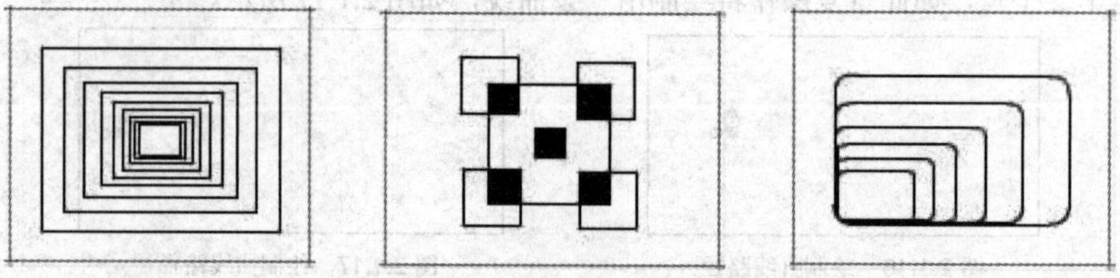

图 2.1.21 使用矩形工具绘制的图形

长方形和正方形的绘制方法与椭圆和圆的绘制方法相同，这里就不再赘述，下面介绍圆角矩形的绘制方法，操作步骤如下：

（1）选择工具箱中的矩形工具。

（2）单击工具箱选项区中的“边角半径设置”按钮，在弹出的矩形设置对话框中设置矩形的边角半径，如图 2.1.22 所示。

图 2.1.22 设置矩形的边角半径

（3）在属性面板中设置其颜色、粗细和样式等（见图 2.1.23），由于矩形工具的选项与椭圆工具的选项完全相同，这里就不再赘述。

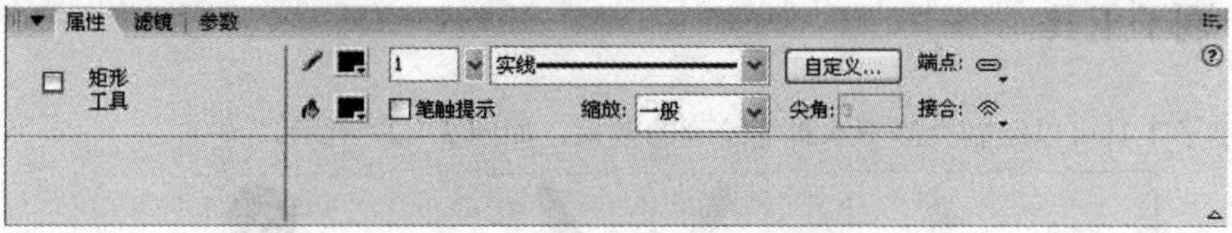

图 2.1.23　“矩形工具”属性面板

（4）设置完毕后，在舞台上按住鼠标左键不放并拖动即可绘制圆角矩形。

六、多角星形工具

使用多角星形工具可以绘制多边形和星形，如图 2.1.24 所示。

图 2.1.24　使用多角星形工具绘制的图形

使用多角星形工具绘制图形的操作步骤如下：

（1）在矩形工具上按住鼠标左键不放，在弹出的下拉列表中选择“多角星形工具”选项，即可选择多角星形工具。

（2）多角星形工具的属性面板如图 2.1.25 所示。

图 2.1.25　“多角星形工具”属性面板

图 2.1.25 与图 2.1.23 相比，界面稍有变化，即多了一个“选项...”按钮，单击该按钮，将弹出如图 2.1.26 所示的“工具设置”对话框，用户可以在其中设置图形的样式、边数以及星形顶点的深度。

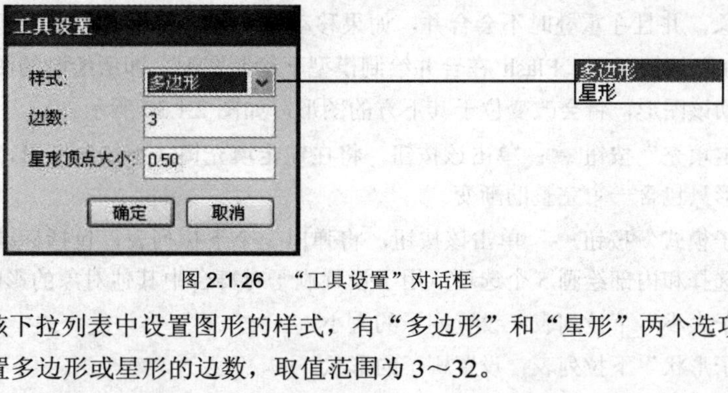

图 2.1.26　“工具设置”对话框

1）样式：在该下拉列表中设置图形的样式，有“多边形”和“星形”两个选项。

2）边数：设置多边形或星形的边数，取值范围为 3～32。

3）星形顶点大小：设置星形顶点的深度，取值范围为 0～1 之间的小数。

（3）单击“确定”按钮关闭对话框。

（4）在舞台上按住鼠标左键不放并拖动即可进行绘制。

七、刷子工具

使用刷子工具可以绘制类似于水彩笔绘画的效果，如图 2.1.27 所示。

图 2.1.27　使用刷子工具绘制的图形

使用刷子工具绘制图形的操作步骤如下：

（1）选择工具箱中的刷子工具。

（2）此时，在工具箱的选项栏中将出现刷子工具的附加选项，包括“对象绘制”按钮、“锁定填充”按钮、“刷子模式”按钮、“刷子大小”和“刷子形状”下拉列表，如图 2.1.28 所示。

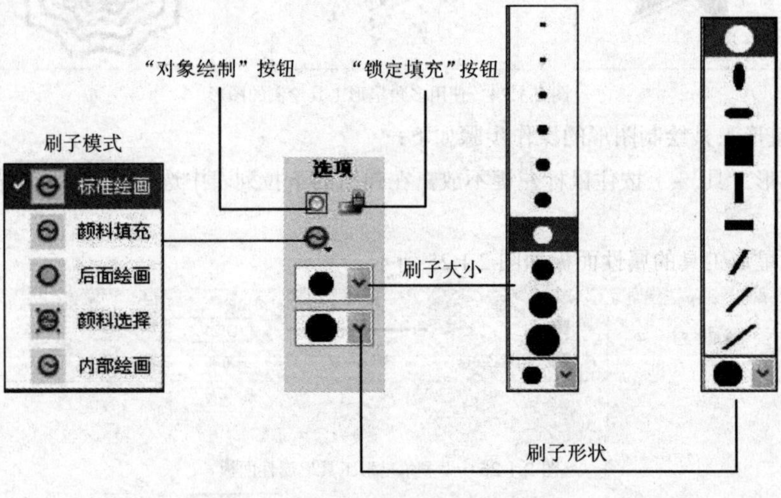

图 2.1.28　刷子工具的附加选项

1）“对象绘制”按钮：单击该按钮，将在对象绘制模型下绘制图形，即所绘制的图形是一个个独立的对象，并且在重叠时不会合并，如果移动该图形，将不会改变位于其下方的图形，如图 2.1.29 所示。在默认情况下，Flash 在合并绘制模型下绘制图形，即所绘制的图形会自动合并重叠的部分，如果移动该图形，将会改变位于其下方的图形，如图 2.1.30 所示。

2）“锁定填充”按钮：单击该按钮，将在锁定填充模式下绘制图形，即当绘制渐变过渡图形时，整个图形只包含一个完整的渐变。

3）“刷子模式”按钮：单击该按钮，将弹出一个下拉列表，包括标准绘画、颜料填充、后面绘画、颜料选择和内部绘画 5 个选项，用于设置刷子对舞台中其他对象的影响。

4）“刷子大小”下拉列表：设置刷子的大小。

5）“刷子形状”下拉列表：设置刷子的形状。

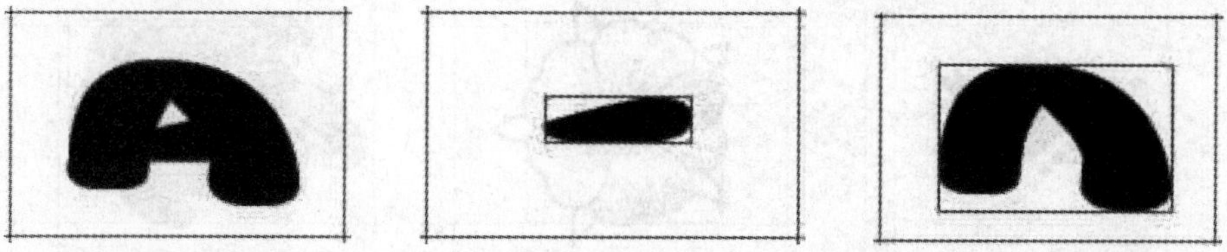

图 2.1.29　移动在对象绘制模型下绘制的图形

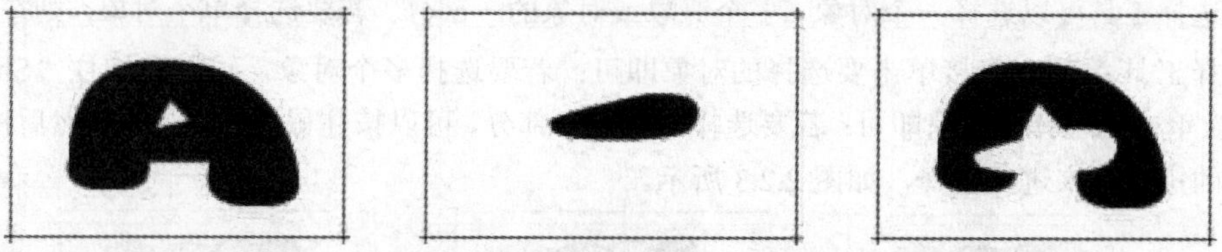

图 2.1.30　移动在合并绘制模型下绘制的图形

（3）在属性面板中设置其填充颜色和笔触平滑程度，如图 2.1.31 所示。

图 2.1.31　“刷子工具”属性面板

（4）设置完毕后，在舞台上按住鼠标左键不放并拖动即可进行绘制。

第二节　编辑工具的使用

在 Flash 8 中，编辑工具包括选择工具、套索工具、部分选取工具、任意变形工具和橡皮擦工具，下面分别进行介绍。

一、选择工具

选择工具是工具箱中最常用的工具，它具有选择、移动、变形和复制对象等多种功能。

1．选择对象功能

选择对象是选择工具的主要功能。如果选择的对象是线条和图形，它们将以网格方式显示，如图 2.2.1 所示；如果选择的对象是组、实例和文本块，对象上将显示淡蓝色的实线框，如图 2.2.2 所示。

图 2.2.1　以网格方式显示

图 2.2.2　以淡蓝色的实线框显示

使用选择工具可以选择一个对象、多个对象或对象的一部分。若要选择单个对象，则在选择工具箱中的选择工具后，直接单击要选择的对象即可；若要选择多个对象，可以在按住“Shift”键的同时，依次单击要选择的对象即可；若要选择对象的一部分，可以按住鼠标左键不放，然后拖动鼠标，用拖曳出的矩形框来进行选择，如图 2.2.3 所示。

选择单个对象　　选择多个对象　　选择对象的一部分

图 2.2.3　使用选择工具选择对象

2．移动对象功能

选择工具具有移动对象的功能，在选择工具箱中的选择工具后，将鼠标指针移至要移动的对象上，当其呈现形状时，按住并拖动鼠标到需要的位置，然后释放鼠标左键即可，如图 2.2.4 所示。

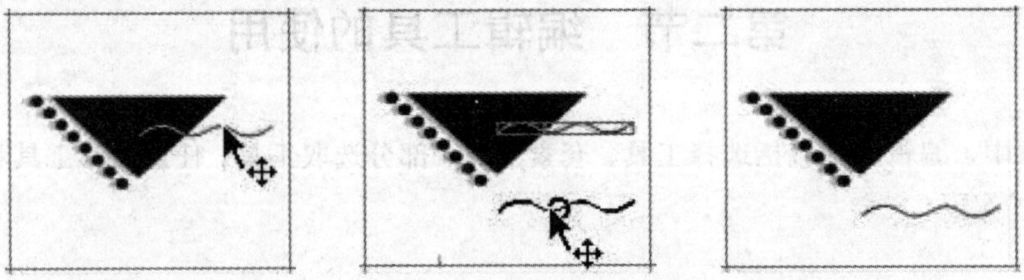

图 2.2.4　使用选择工具移动对象

3．变形对象功能

选择工具还具有变形对象的功能，在选择工具箱中的选择工具后，将鼠标指针移至对象的边缘，当其呈现或形状时，按住并拖动鼠标即可对其进行变形，如图 2.2.5 所示。

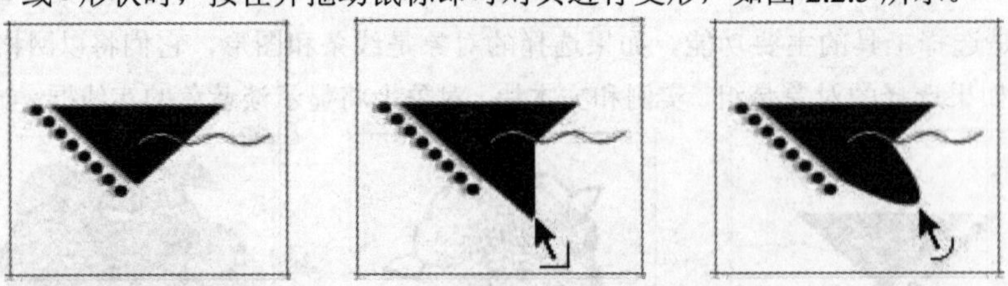

图 2.2.5　使用选择工具变形对象

4．复制对象功能

选择工具还具有复制对象的功能，在按住“Ctrl”键的同时，拖动选中的对象到需要的位置，然后释放鼠标左键，即可将其复制，如图 2.2.6 所示。

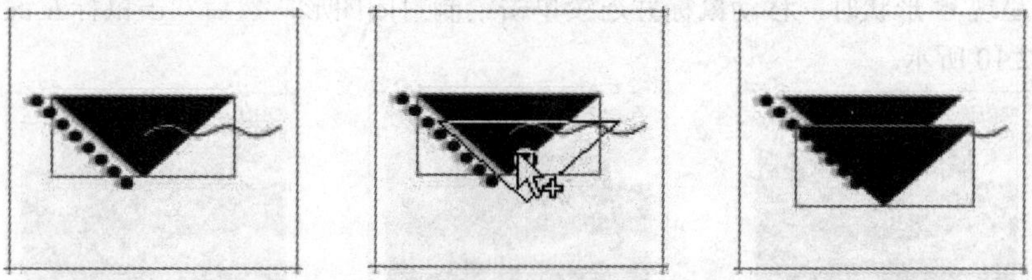

图 2.2.6　使用选择工具复制对象

二、套索工具

套索工具用于选择不规则形状的区域。选择工具箱中的套索工具后，在工具箱的选项栏中将出现其附加选项，包括“魔术棒”按钮、“魔术棒设置”按钮和“多边形模式”按钮，如图 2.2.7 所示。

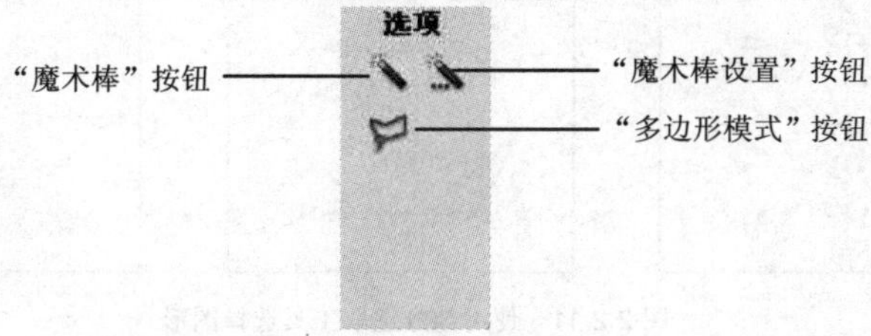

图 2.2.7　套索工具的附加选项

（1）“魔术棒”按钮：单击该按钮，将进入魔术棒模式。在该模式下，移动鼠标指针到图形上，当其呈现形状时，按住并拖动鼠标绘制封闭曲线，然后释放鼠标左键即可选择一个区域，如图 2.2.8 所示。另外，用户可以单击“魔术棒设置”按钮，在弹出的魔术棒设置对话框中设置魔术棒的属性，如图 2.2.9 所示。

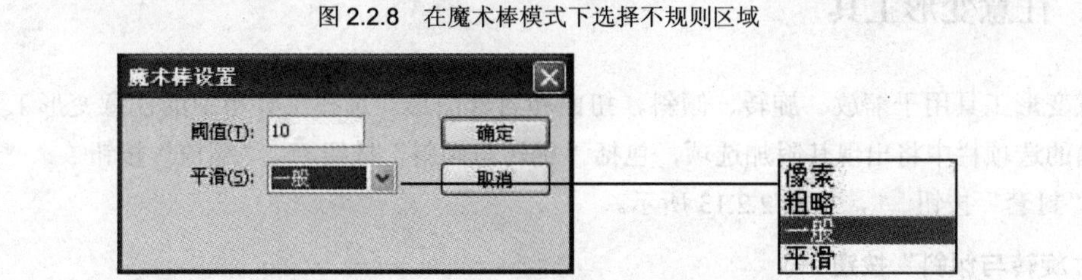

图 2.2.8　在魔术棒模式下选择不规则区域

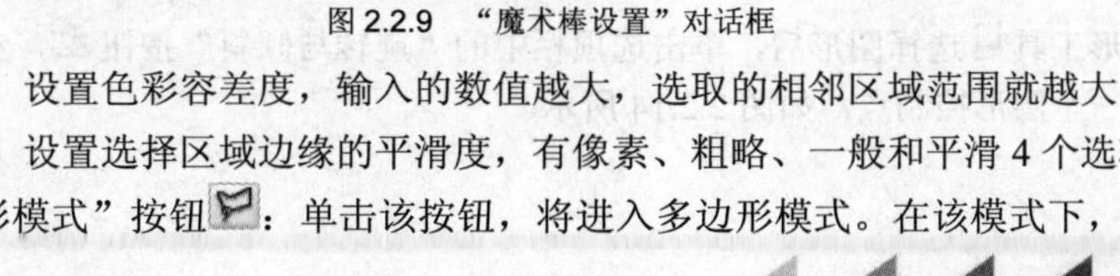

图 2.2.9　“魔术棒设置”对话框

1）阈值(T)：设置色彩容差度，输入的数值越大，选取的相邻区域范围就越大。

2）平滑(S)：设置选择区域边缘的平滑度，有像素、粗略、一般和平滑 4 个选项。

（2）“多边形模式”按钮：单击该按钮，将进入多边形模式。在该模式下，移动鼠标指针到图形上，当其呈现形状时，移动鼠标并连续单击绘制封闭图形，然后双击鼠标左键即可选择一个区域，如图 2.2.10 所示。

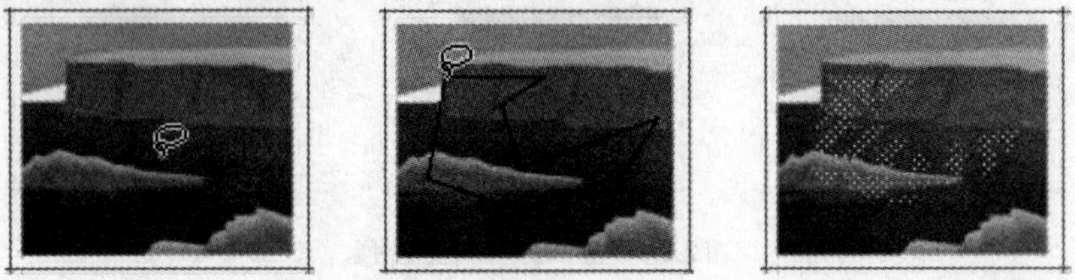

图 2.2.10　在多边形模式下选择不规则区域

三、部分选取工具

当使用部分选取工具选择图形时，在其周围将显示许多节点（见图 2.2.11），因此，在 Flash 8 中，可以将图形的边框看作是线段和节点的组合。

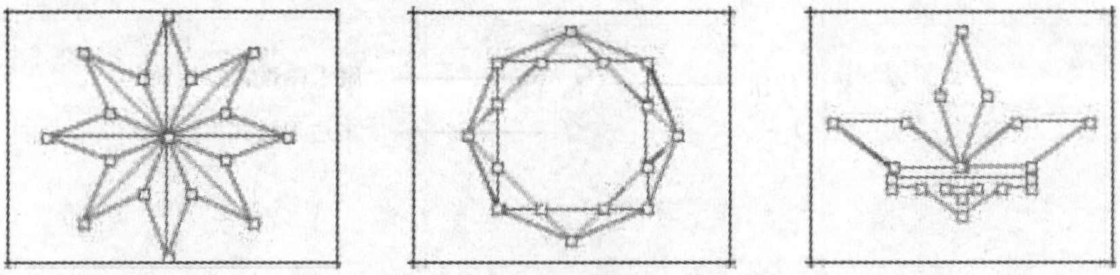

图 2.2.11　使用部分选取工具选择图形

若要改变图形的形状，可以通过移动节点来实现，操作步骤如下：

（1）选择工具箱中的部分选取工具。

（2）选中要移动的节点，此时，该节点将以实心矩形显示。

（3）按住鼠标左键并拖动节点到需要的位置，然后释放鼠标左键即可，如图 2.2.12 所示。

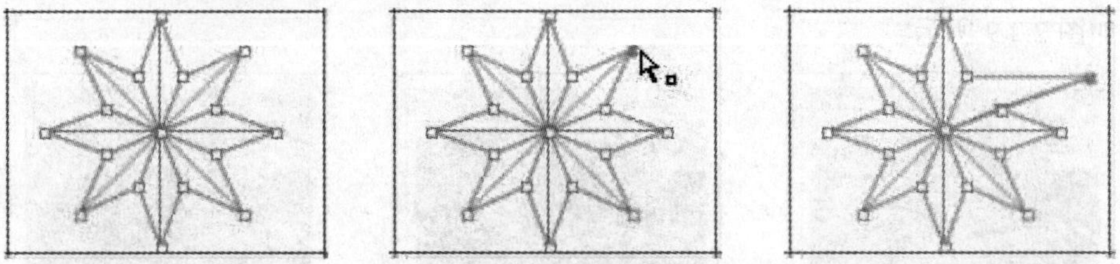

图 2.2.12　移动节点改变图形的形状

四、任意变形工具

任意变形工具用于缩放、旋转、倾斜、扭曲和封套图形。选择工具箱中的任意变形工具后，在工具箱的选项栏中将出现其附加选项，包括“旋转与倾斜”按钮、“缩放”按钮、“扭曲”按钮和“封套”按钮，如图 2.2.13 所示。

1.“旋转与倾斜”按钮

使用任意变形工具选择图形后，单击选项栏中的“旋转与倾斜”按钮，在图形上会出现 8 个矩形控制点和一个圆形控制点，如图 2.2.14 所示。

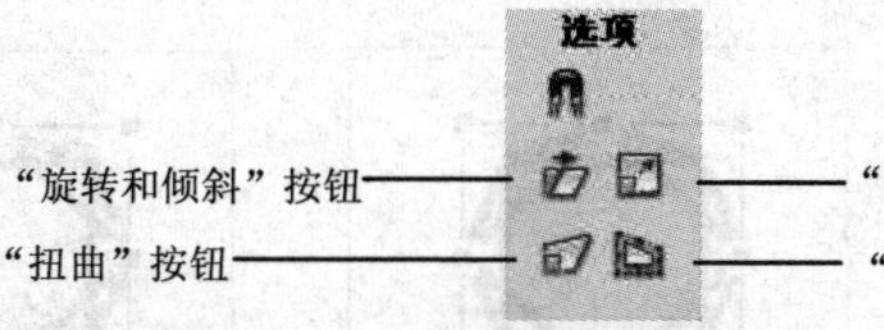

图 2.2.13 任意变形工具的附加选项

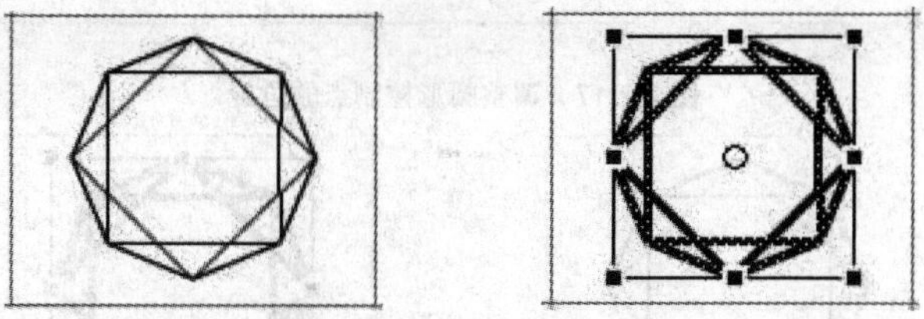

图 2.2.14 显示控制点

若要旋转图形，将鼠标指针置于角部的控制点上，当其呈现↶形状时，按住并拖动鼠标即可；若要在水平方向或垂直方向上倾斜图形，将鼠标指针置于边线上（除控制点外），当其呈现⇋或⇅形状时，按住并拖动鼠标即可，如图 2.2.15 所示。

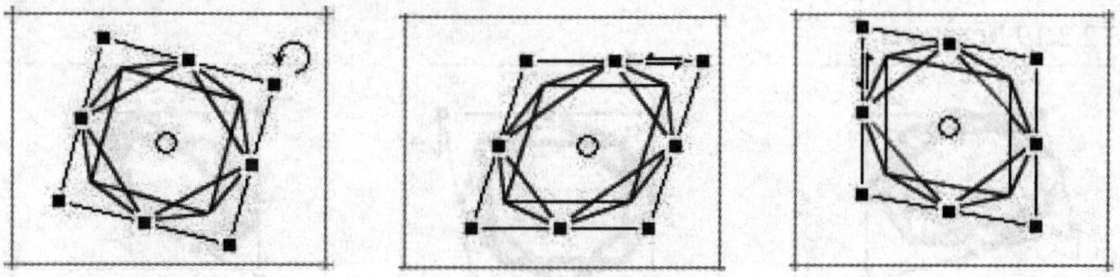

旋转图形　　在水平方向上倾斜图形　　在垂直方向上倾斜图形

图 2.2.15 旋转和倾斜图形

2．“缩放”按钮

使用任意变形工具选择图形后，单击选项栏中的“缩放”按钮，在图形上会出现 8 个矩形控制点和一个圆形控制点，如图 2.2.14 所示。

若要等比例缩放图形，将鼠标指针置于角部的控制点上，当其呈现⤢形状时，按住并拖动鼠标即可；若要在水平或垂直方向上缩放图形，将鼠标指针置于边线中心的控制点上，当其呈现↔或↕形状时，按住并拖动鼠标即可，如图 2.2.16 所示。

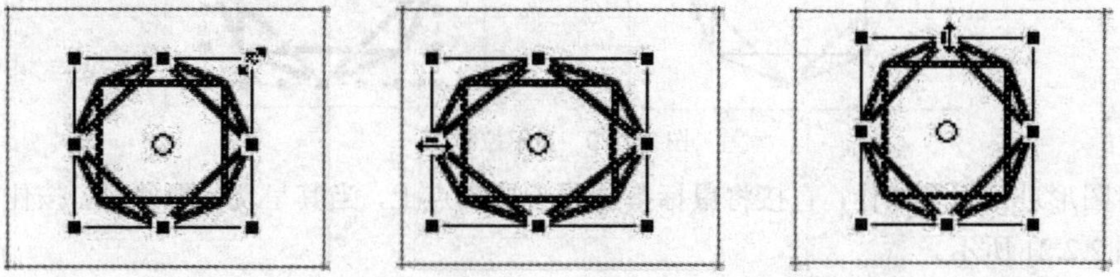

等比例缩放图形　　在水平方向上缩放图形　　在垂直方向上缩放图形

图 2.2.16 缩放图形

另外，用户还可以先调整圆形控制点的位置（见图 2.2.17），然后再进行缩放操作。

3．“扭曲”按钮

使用任意变形工具选择图形后，单击选项栏中的“扭曲”按钮，在图形上会出现 8 个矩形控制点，如图 2.2.18 所示。

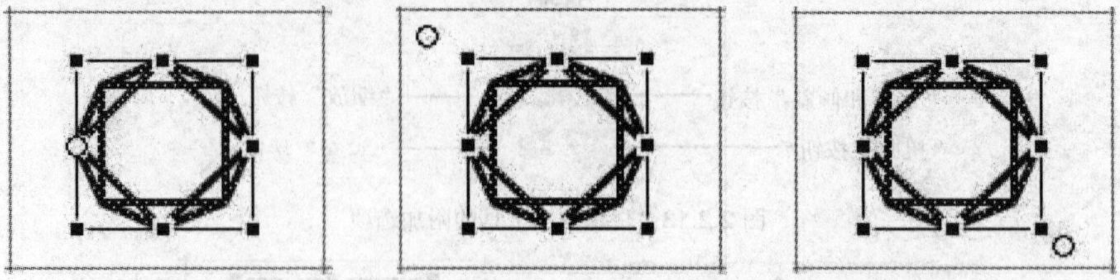

图 2.2.17　调整圆形控制点的位置

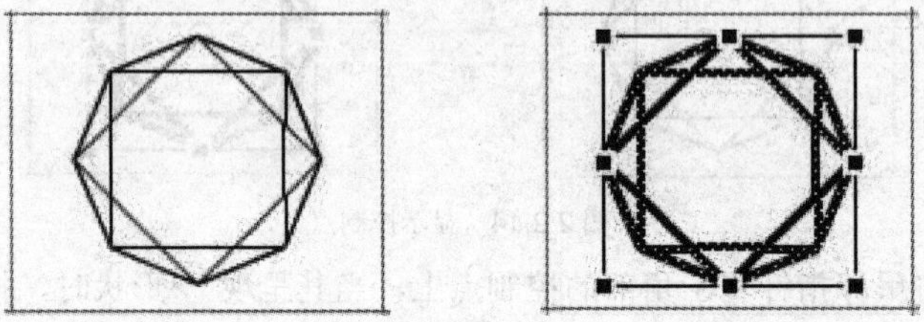

图 2.2.18　显示控制点

若要对图形进行扭曲操作，直接将鼠标指针置于控制点上，当其呈现形状时，按住并拖动鼠标即可，如图 2.2.19 所示。

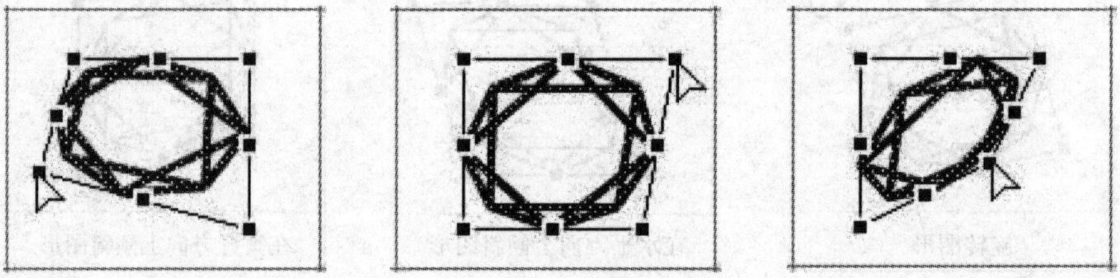

图 2.2.19　扭曲图形

4．“封套”按钮

使用任意变形工具选择图形后，单击选项栏中的“封套”按钮，在图形上会出现 8 个矩形控制点和 16 个圆形控制点，如图 2.2.20 所示。

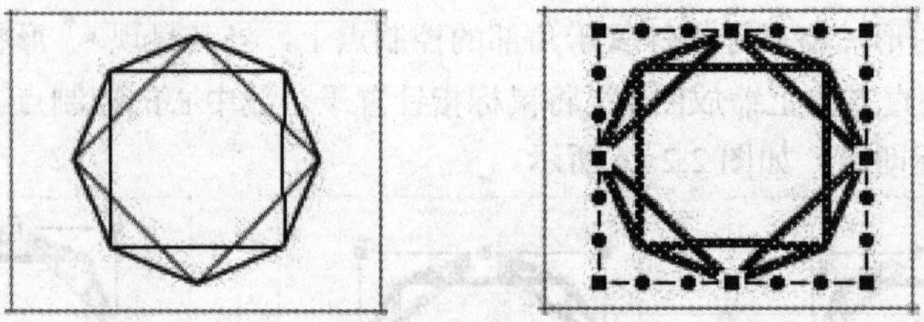

图 2.2.20　显示控制点

若要对图形进行封套操作，直接将鼠标指针置于控制点上，当其呈现形状时，按住并拖动鼠标即可，如图 2.2.21 所示。

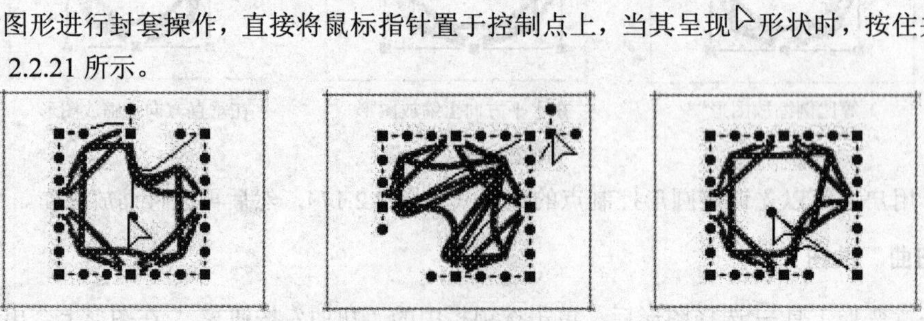

图 2.2.21　封套图形

五、橡皮擦工具

橡皮擦工具用于擦除舞台上的对象。选择工具箱中的橡皮擦工具后，在工具箱的选项栏中将出现其附加选项，包括“橡皮擦模式”按钮、“水龙头”按钮和“橡皮擦形状”下拉列表，如图 2.2.22 所示。

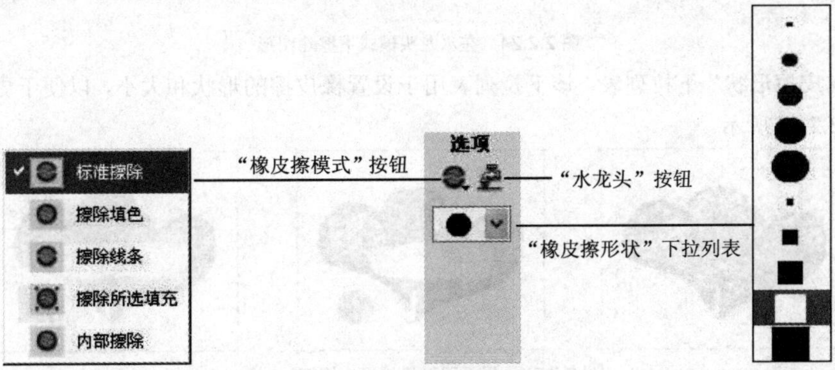

图 2.2.22　橡皮擦工具的附加选项

（1）“橡皮擦模式”按钮：单击该按钮将弹出一个下拉菜单，包括标准擦除、擦除填色、擦除线条、擦除所选填充和内部擦除 5 个选项，对它们的功能介绍如下：

1）标准擦除：擦除橡皮擦经过的所有线条和填充。

2）擦除填充：只擦除橡皮擦经过的填充部分，对线条没有影响。

3）擦除线条：只擦除橡皮擦经过的线条，对填充部分没有影响。

4）擦除所选填充：只擦除选区的填充部分。

5）内部擦除：只对封闭图形内部进行擦除，在该模式下，橡皮擦的起点必须在封闭图形的内部，否则将不擦除任何内容。

图 2.2.23 所示的为橡皮擦工具在 5 种模式下的擦除效果。

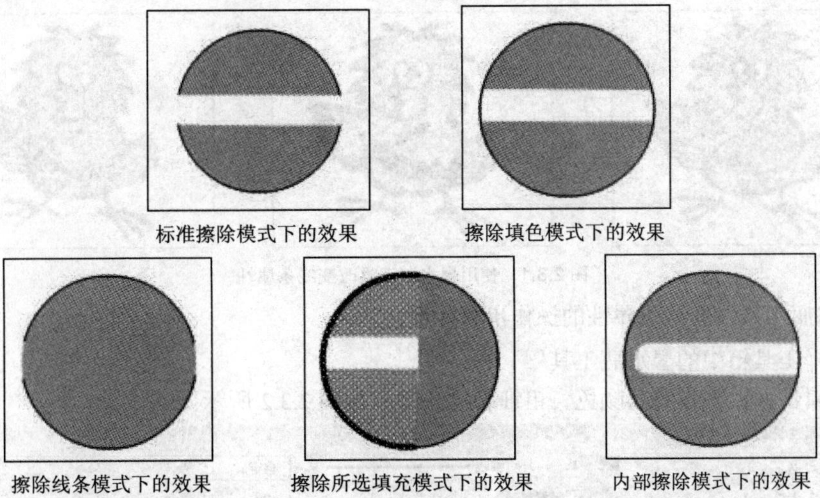

标准擦除模式下的效果　擦除填色模式下的效果

擦除线条模式下的效果　擦除所选填充模式下的效果　内部擦除模式下的效果

图 2.2.23　橡皮擦工具在 5 种模式下的擦除效果

（2）“水龙头”按钮：单击该按钮进入水龙头模式，鼠标指针会呈现形状，此时可以单击鼠标一次性擦除封闭区域内的填充色，如图 2.2.24 所示。

图 2.2.24　在水龙头模式下擦除图形

（3）“橡皮擦形状”下拉列表：该下拉列表用于设置橡皮擦的形状和大小，以便于更准确地擦除图形，如图 2.2.25 所示。

图 2.2.25　用不同形状的橡皮擦擦除图形

第三节　填色工具的使用

在 Flash 8 中，填色工具包括墨水瓶工具、颜料桶工具、滴管工具和填充变形工具，下面分别进行介绍。

一、墨水瓶工具

墨水瓶工具用于改变已存在线条的颜色、粗细和样式，如图 2.3.1 所示。

图 2.3.1　使用墨水瓶工具改变线条属性

使用墨水瓶工具改变线条属性的操作步骤如下：

（1）选择工具箱中的墨水瓶工具。

（2）在属性面板中设置其颜色、粗细和样式等，如图 2.3.2 所示。

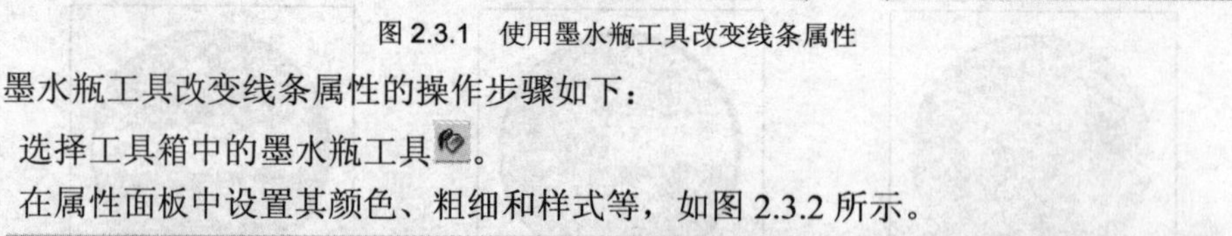

图 2.3.2　“墨水瓶工具”属性面板

（3）将鼠标指针移至舞台上，鼠标指针呈现形状，单击图形中的线条即可修改其属性。

注意 在使用墨水瓶工具改变线条属性时，该线条不能处于选中状态，否则，墨水瓶工具将不能对其进行操作。

二、颜料桶工具

颜料桶工具用于为封闭图形填充纯色、渐变色或位图图像，如图 2.3.3 所示。

图 2.3.3 使用颜料桶工具填充图形

使用颜料桶工具填充图形的操作步骤如下：

（1）选择工具箱中的颜料桶工具。

（2）此时，在工具箱的选项栏中将出现颜料桶工具的附加选项，包括“空隙大小”按钮和“锁定填充”按钮，如图 2.3.4 所示。

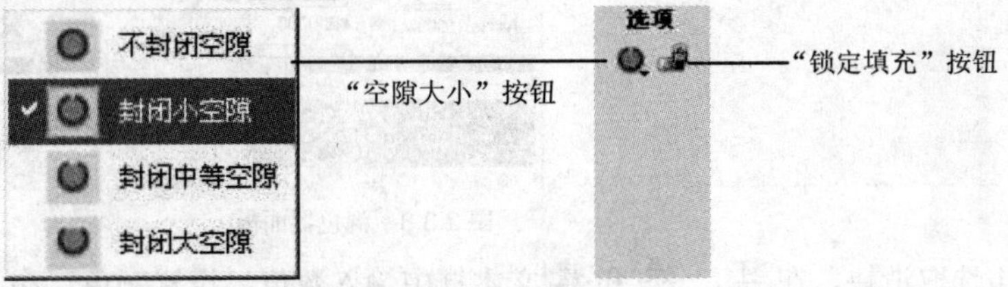

图 2.3.4 颜料桶工具的附加选项

单击“空隙大小”按钮会弹出一个下拉列表，包括不封闭空隙、封闭小空隙、封闭中等空隙和封闭大空隙 4 个选项，对它们的功能介绍如下：

1）不封闭空隙：若选择该选项，将填充完全封闭的图形。

2）封闭小空隙：若选择该选项，将填充缺口较小的未封闭图形。

3）封闭中等空隙：若选择该选项，将填充缺口稍大的未封闭图形。

4）封闭大空隙：若选择该选项，将填充缺口较大的未封闭图形，如图 2.3.5 所示。

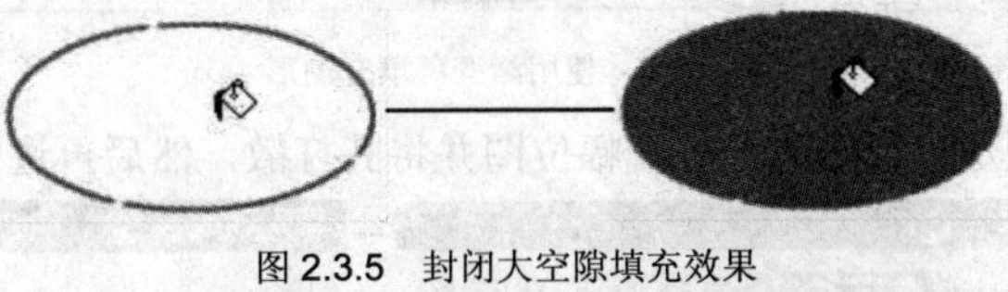

图 2.3.5 封闭大空隙填充效果

（3）若用纯色填充图形，选择 窗口(W) → 属性(P) → 属性(P) Ctrl+F3 命令，打开如图 2.3.6 所示的属性面板，单击“填充颜色”按钮，在弹出的颜色列表中选择要填充的颜色，然后将鼠标指针移至要填充的图形上，单击鼠标左键即可，如图 2.3.7 所示。

图 2.3.6 “颜料桶工具”属性面板

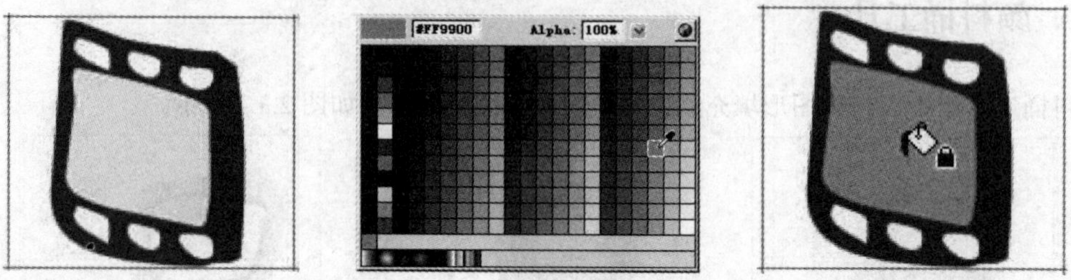

图 2.3.7 使用纯色填充图形

（4）若用线性渐变色填充图形，选择窗口(W)→混色器(X) Shift+F9命令，打开混色器面板，在“填充样式”下拉列表中选择“线性”或“放射状”选项，混色器面板将发生改变，如图 2.3.8 所示。

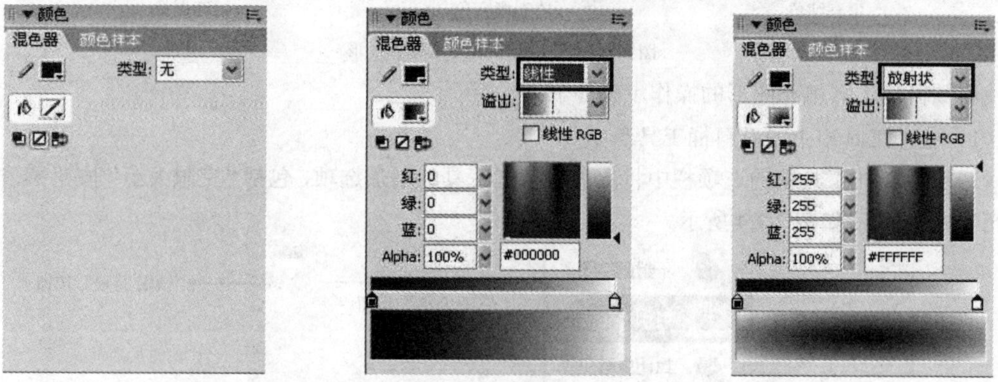

图 2.3.8 混色器面板

单击选取滑块，在红:、绿:和蓝:文本框中输入数值，设置颜色，在Alpha:文本框中输入数值，设置颜色的透明度，然后将鼠标指针移至要填充的图形上，单击鼠标左键进行填充，如图 2.3.9 所示。

图 2.3.9 使用渐变色填充图形

（5）若用位图填充图形，须要先导入一幅位图并将其打散，然后再进行填充，操作步骤如下：

1）选择文件(F)→导入(I)→导入到舞台(I)... Ctrl+R命令，在弹出的导入对话框中选择一幅位图，单击打开(O)按钮，将其导入到舞台中，如图 2.3.10 所示。

2）选中位图，按“Ctrl+B”键将其打散，如图 2.3.11 所示。

3）选择工具箱中的滴管工具，将其移至打散的位图上，当其呈现形状时，单击鼠标左键吸取颜色。

4）将鼠标指针移至要填充的图形上，单击鼠标左键进行填充，如图 2.3.12 所示。

图 2.3.10　导入位图

图 2.3.11　打散位图

图 2.3.12　用位图填充图形

三、滴管工具

滴管工具用于采集已有的线条、文本、矢量图或位图的属性。滴管工具在没有经过任何对象时，呈现为形状；当经过线条时，呈现为形状；当经过文本时，呈现为形状；当经过矢量图或位图时，呈现为形状，如图 2.3.13 所示。

经过线条　　经过文本　　经过矢量图或位图

图 2.3.13　滴管工具的不同形状

将鼠标指针移至要采集属性的对象上，单击鼠标获取与该对象一致的属性，此时，滴管工具将自动转换为其他工具。例如，若单击的对象是线条，将转换为墨水瓶工具；若单击的对象是文本，将转换为文本工具；若单击的对象是矢量图或位图，将转换为颜料桶工具。

四、填充变形工具

填充变形工具用于调整渐变色或填充位图的尺寸、角度及中心点等。选择工具箱中的填充变形工具，单击要调整的渐变色或位图填充区域，在该区域上将会出现不同外观的控制手柄，如图 2.3.14 所示。

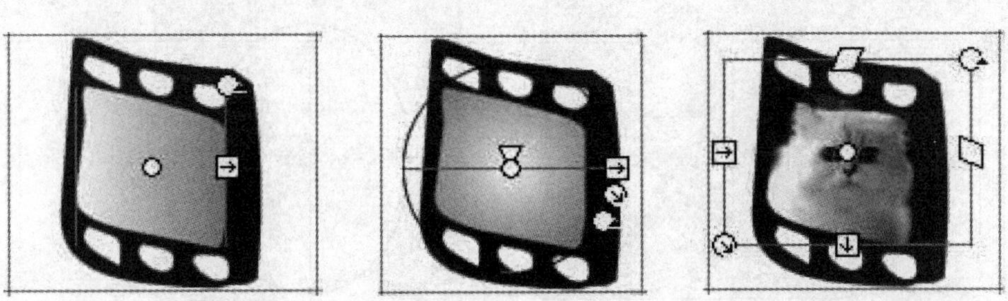

单击线性渐变填充区域　　单击放射状渐变填充区域　　单击位图填充区域

图 2.3.14　不同外观的控制手柄

（1）调整尺寸：将鼠标指针置于形状为 ⊟、⊡ 或 的手柄上，按住并拖动鼠标到其他位置，可以调整渐变色或位图的填充尺寸。

（2）调整角度：将鼠标指针置于形状为 的手柄上，按住并拖动鼠标到其他位置，可以调整渐变色或位图的填充角度。

（3）调整中心点：将鼠标指针置于形状为 ○ 或 的手柄上，按住并拖动鼠标到其他位置，可以调整填充中心点的位置。

第四节　上机实战

下面练习花朵的绘制，最终效果如图 2.4.1 所示。

图 2.4.1　最终效果图

其操作步骤如下：

（1）启动 Flash 8 软件，新建一个文件。

（2）按“Ctrl+J”键，弹出文档属性对话框，设置尺寸(I):为“400 px×300 px”，背景颜色(B):为“白色”，帧频(F):为“12”，单击确定按钮。

（3）选择工具箱中的椭圆工具，在舞台中绘制一个椭圆，并用粉红到白色的放射状渐变色填充，然后删除其轮廓线，如图 2.4.2 所示。

（4）选择工具箱中的填充变形工具，改变它的填充效果，如图 2.4.3 所示。

图 2.4.2　绘制椭圆

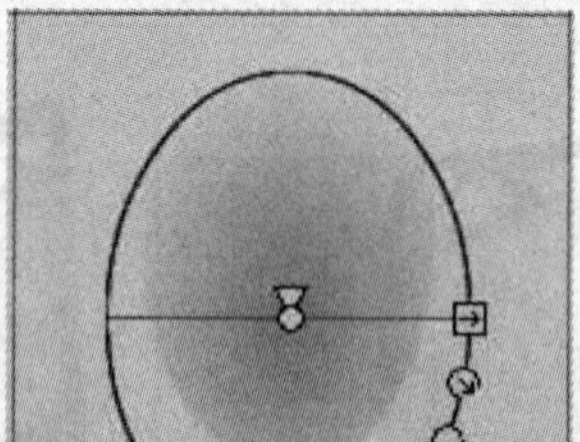

图 2.4.3　改变椭圆的填充效果

（5）选择工具箱中的部分选取工具，将椭圆修改成花瓣的形状，如图 2.4.4 所示。

（6）在花瓣上绘制一个图形，如图 2.4.5 所示。

（7）选中所有图形，然后选择工具箱中的任意变形工具，拖动变形中心点到如图 2.4.6 所示的位置。

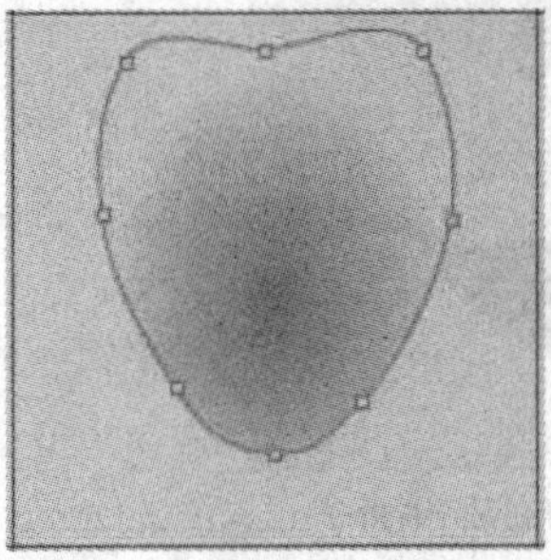

图 2.4.4 修改椭圆成花瓣形状

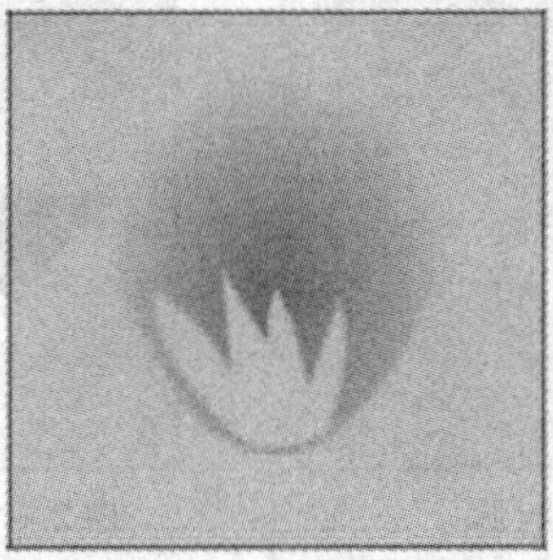

图 2.4.5 绘制图形

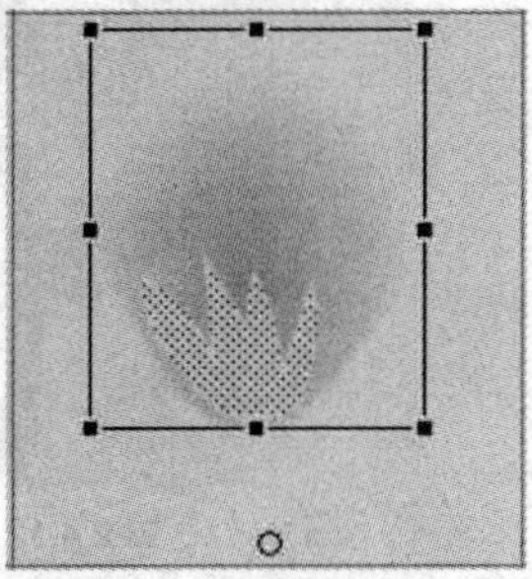

图 2.4.6 改变变形中心点的位置

（8）选择 窗口(W) → 变形(T) Ctrl+T 命令，打开变形面板，选中 旋转 单选按钮，在其后的文本框中输入“45”，然后单击“复制并应用变形”按钮 7 次，将花瓣旋转并复制成如图 2.4.7 所示的图形。

（9）选择工具箱中的椭圆工具，在属性面板中设置笔触颜色为“无”，填充颜色为“#FFCC00”，然后在花瓣的中心绘制一个圆形，如图 2.4.8 所示。

图 2.4.7 旋转并复制花瓣

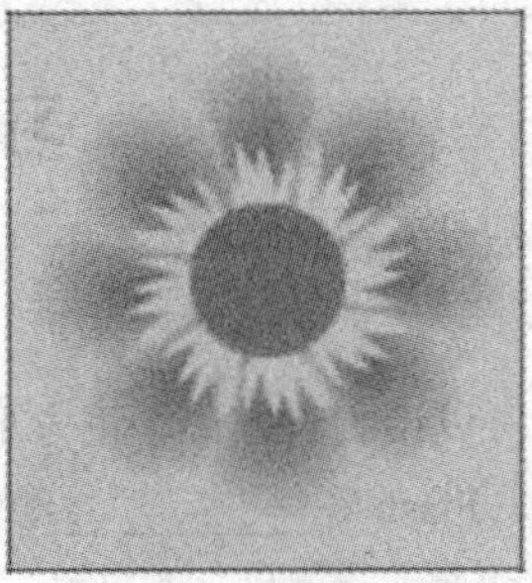

图 2.4.8 绘制圆形

（10）选择工具箱中的任意变形工具，将所有图形在垂直方向上进行压缩，如图 2.4.9 所示。

（11）选择工具箱中的矩形工具，在属性面板中设置笔触颜色为“无”，填充颜色为“#009900”，绘制一个细长的矩形，然后使用选择工具调整它的形状及弧度，得到花茎部分，如图 2.4.10 所示。

（12）选择工具箱中的椭圆工具，绘制一个椭圆，然后使用选择工具调整它的形状及弧度，得到叶子，如图 2.4.11 所示。

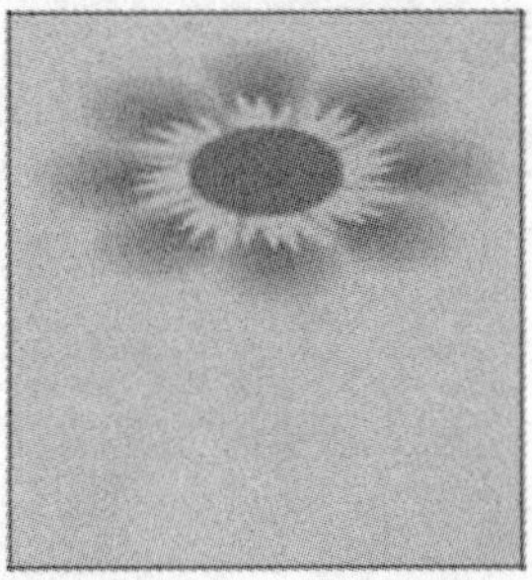

图 2.4.9 垂直压缩所有图形

图 2.4.10 绘制花茎

图 2.4.11 绘制叶子

（13）选择工具箱中的铅笔工具，设置笔触颜色为“#006600”，绘制叶脉，如图 2.4.12 所示。

（14）选中整个叶子，将其复制并水平翻转，然后移动到如图 2.4.13 所示的位置。

（15）按“Ctrl+Enter”键，测试动画，最终效果如图 2.4.1 所示。

图 2.4.12　绘制叶脉

图 2.4.13　得到另一片叶子

本章小结

本章介绍了 Flash 8 中各种工具的使用，包括绘图工具、编辑工具和填色工具，希望用户能够熟练掌握，并能使用它们绘制 Flash 动画中需要的图形素材。

习 题 二

一、填空题

1. 使用矩形工具可以绘制长方形、正方形和__________。
2. 在默认情况下，Flash 在__________绘制模型下绘制图形。

二、选择题

1. 填色工具包括（　）。

　A. 墨水瓶工具　　B. 颜料桶工具

　C. 滴管工具　　D. 填充变形工具

2. 在 Flash 8 中，用户可以使用（　）填充图形。

　A. 纯色　　B. 线性渐变色

　C. 放射状渐变色　　D. 位图

三、简答题

1. 选择工具是工具箱中最常用的工具，它具有哪些功能？
2. 任意变形工具具有哪些功能？

四、上机操作题

1. 练习绘制小鸟。
2. 练习绘制向日葵。

第三章 Flash 8 的文本操作

本章要点

- ☑ 创建文本
- ☑ 设置文本属性
- ☑ 编辑文本

学习目标

文本是 Flash 动画中不可缺少的一部分，通过它能够准确、迅速地传递信息。通过本章的学习，用户应熟练掌握 Flash 中各种不同类型文本的创建，并能对创建的文本进行编辑处理。

第一节 创建文本

文本能够准确、迅速地传递信息，因此，用户常常将其添加到 Flash 动画中，以便突出动画的主题。在 Flash 8 中，文本分为静态文本、动态文本和输入文本 3 种类型，下面介绍它们的创建方法。

一、文本的输入状态

文本的创建是在文本框中进行的，所有的文本都被限定在文本框中，文本框包括自动调节列宽文本框、限定列宽文本框和限定列宽的可编辑文本框 3 种类型。

（1）自动调节列宽文本框：该文本框是 Flash 8 的默认文本框类型，其宽度随输入文本的多少自动调节，在其右上角有一个小圆圈（动态文本和输入文本的在右下角），如图 3.1.1 所示。当在自动调节列宽文本框中输入文本时，文本不会自动换行，如果要换行必须按“Enter”键。

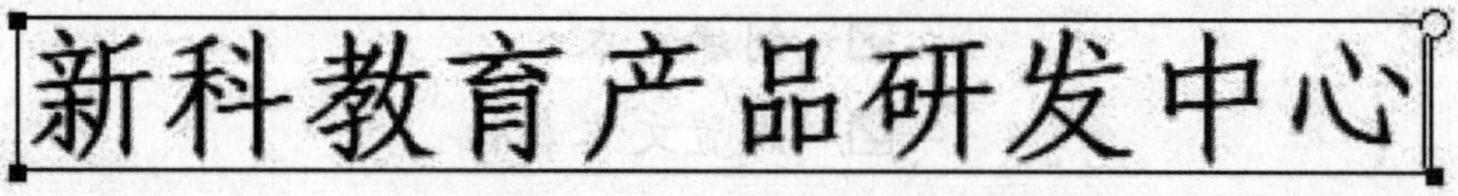

图 3.1.1 自动调节列宽文本框

（2）限定列宽文本框：该文本框的宽度是一定的，不随输入文本的多少而变化，在其右上角有一个小矩形（动态文本和输入文本的在右下角），如图 3.1.2 所示。当在限定列宽文本框中输入文本时，如果输入的文本超过了文本框，将自动换行。

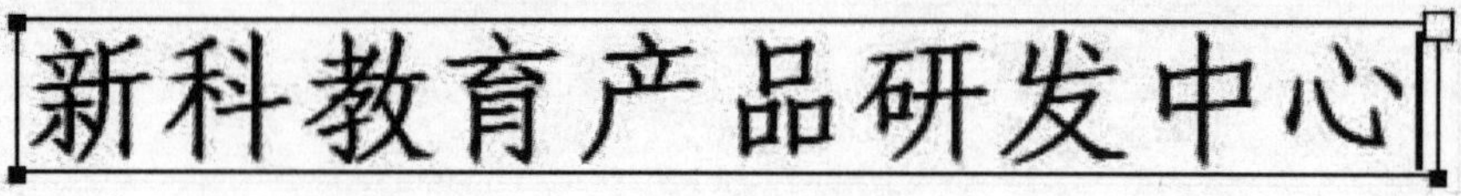

图 3.1.2 限定列宽文本框

（3）限定列宽的可编辑文本框：该文本框是创建输入文本时所用到的文本框，可以在动画中接受用户的信息，其右下角有一个小矩形，如图 3.1.3 所示。

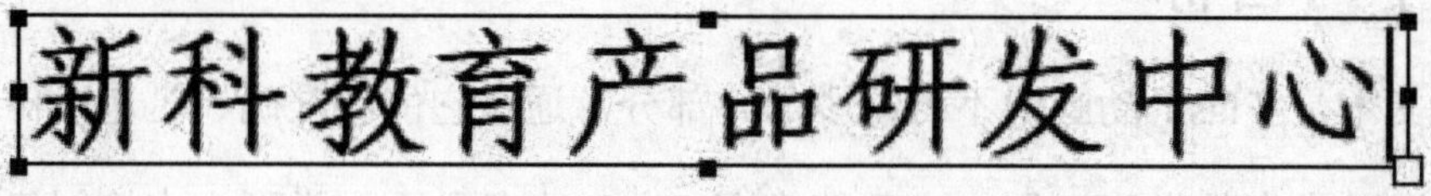

图 3.1.3 限定列宽的可编辑文本框

二、创建静态文本

所谓静态文本是指在动画制作阶段创建，在动画播放阶段不能改变的文本，它是 Flash 8 的默认文本格式。创建静态文本的操作步骤如下：

（1）选择工具箱中的文本工具 A，将鼠标指针移动到舞台上，鼠标指针呈现 +A 形状，表明该工具已经被激活。

（2）在“文本类型”下拉列表中设置文本的类型为 静态文本，属性面板如图 3.1.4 所示。

1）“文本类型”下拉列表：设置文本的类型。

图 3.1.4　“静态文本”属性面板

2）仿宋_GB2312：设置静态文本的字体。

3）40：设置静态文本的字号。

4）：设置静态文本的颜色。

5）B I：设置静态文本为粗体或斜体。

6）：设置静态文本的对齐方式。

7）¶：设置静态文本的缩进、行距和边距。

8）：设置静态文本的方向。

9）0：设置字符之间的距离。

10）一般：设置静态文本为上标或下标。

11）使用设备字体：设置字体的呈现方法。

12）：设置是否允许浏览者选择动画中的文本。

13）自动调整字距：设置是否启用自动调整字距功能。

14）：设置超级链接。

（3）在属性面板中设置静态文本的属性。

（4）在舞台中输入文本，然后用鼠标单击舞台的空白处结束操作，如图 3.1.5 所示。

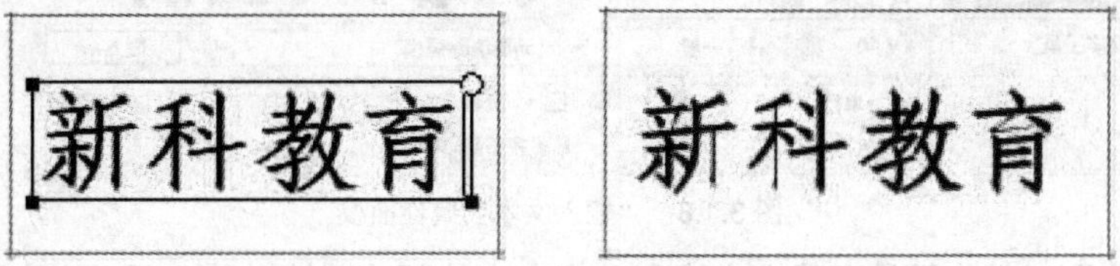

图 3.1.5　创建静态文本

三、创建动态文本

动态文本是一种交互式的文本对象，会随着文本的输入而不断更新，这种文本允许用户随时进行更新（即使在作品完成后也可以）。创建动态文本的操作步骤如下：

（1）选择工具箱中的文本工具，将鼠标指针移动到舞台上，鼠标指针呈现形状，表明该工具已经被激活。

（2）在“文本类型”下拉列表中设置文本的类型为动态文本，属性面板如图 3.1.6 所示。对于动态文本而言，除了具有静态文本的属性之外，还具有以下属性：

1）多行：设置动态文本的排列方法，包括单行、多行和多行不换行 3 个选项。

2）：设置是否以 HTML 标记形式显示动态文本。

3）：设置是否在动态文本的周围增加一个边框。

（3）在属性面板中设置动态文本的属性。

图 3.1.6 “动态文本”属性面板

（4）在舞台中输入文本，然后用鼠标单击舞台的空白处结束操作，如图 3.1.7 所示。

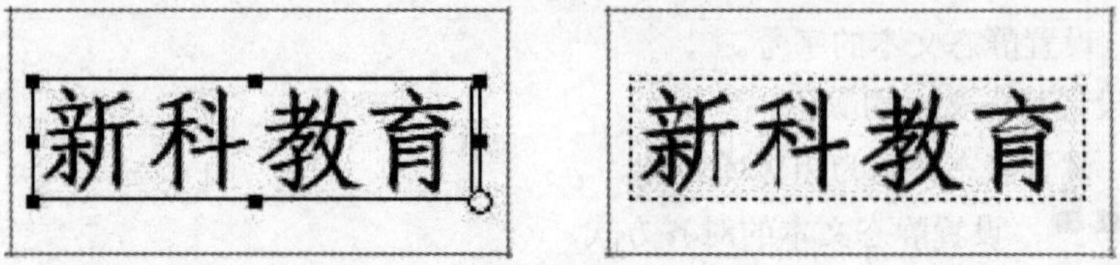

图 3.1.7 创建动态文本

四、创建输入文本

输入文本指在动画播放阶段可以接受用户的输入操作，产生交互功能的文本，如用户名、密码、邮件地址、搜索关键词等，常用于表单和调查表中。创建输入文本的操作步骤如下：

（1）选择工具箱中的文本工具 A，将鼠标指针移动到舞台上，鼠标指针呈现 +A 形状，表明该工具已经被激活。

（2）在“文本类型”下拉列表中设置文本的类型为 输入文本，属性面板如图 3.1.8 所示。

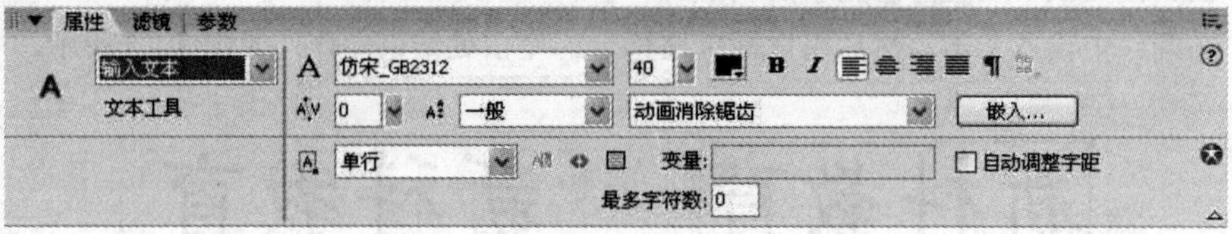

图 3.1.8 “输入文本”属性面板

对于输入文本而言，除了具有静态文本和动态文本的部分属性以外，还可以在 最多字符数: 0 文本框中输入一个数值，限制用户所输入字符的个数，若输入的数值为“0”，则表示不限制输入字符的个数。

（3）在属性面板中设置输入文本的属性。

（4）在舞台中输入文本，然后用鼠标单击舞台的空白处结束操作，如图 3.1.7 所示。

五、文本类型的转换

文本类型的转换指将文本在不同类型之间进行切换，转换文本类型的操作步骤如下：

（1）选中须要转换类型的文本。

（2）在属性面板的“文本类型”下拉列表中选择其他文本类型，如图 3.1.9 所示。

图 3.1.9 选择其他文本类型

（3）用鼠标单击舞台的空白处结束操作即可。

第二节 设置文本属性

文本属性包括字体、字号、样式、颜色、字符间距、字符位置、对齐方式、缩进、行距和边距等，本节以静态文本为例来介绍文本属性的设置。

一、设置字体、字号、样式和颜色

字体、字号、颜色和样式是文本最基本的属性，是文本的字体属性，如图 3.2.1 所示。

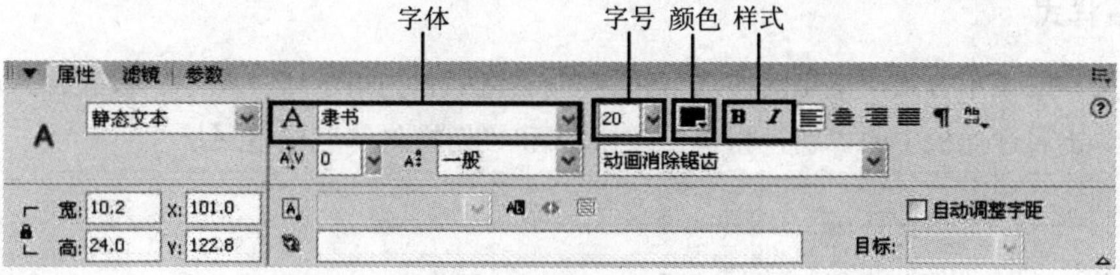

图 3.2.1　文本的字体属性

1. 设置字体

在 Flash 8 中，用户可以通过属性面板和菜单命令来设置字体。

（1）通过属性面板设置字体。单击 A 隶书 右侧的小三角按钮，在弹出的下拉列表中进行选择即可，如图 3.2.2 所示。

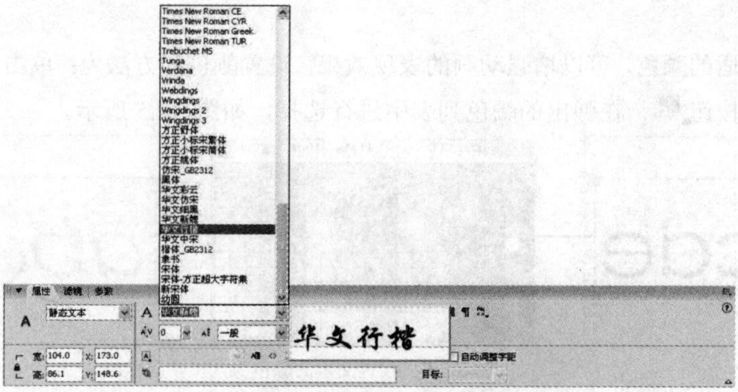

图 3.2.2　通过属性面板设置字体

（2）通过菜单命令设置字体。选择 文本(T) → 字体(F) 命令，在弹出的"字体"子菜单中进行选择即可。

提示 如果用户在 A 隶书 下拉列表或"字体"子菜单中找不到需要的字体，还可以从控制面板中安装其他字体，这里就不再赘述。

2. 设置字号

字号即文本的大小，用户同样可以通过属性面板和菜单命令来对它进行设置。

（1）通过属性面板设置字号。在属性面板的"字体大小"文本框 40 中输入介于 0～2 500 之间的数值，或者单击它右侧的小三角按钮，在弹出的滑动条中拖动滑块进行设置，如图 3.2.3 所示。

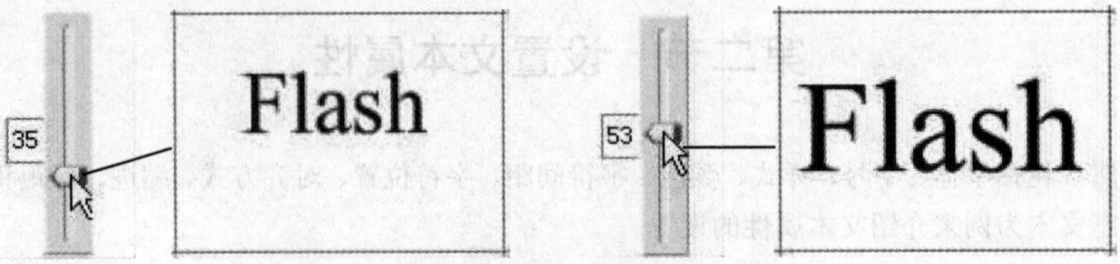

图 3.2.3　拖动滑块设置字号

（2）通过菜单命令设置字号。选择文本(T) → 大小(S)命令，在弹出的“大小”子菜单中进行选择即可。

3．设置样式

样式指文本的显示方式，常见的样式有粗体和斜体两种，如图 3.2.4 所示。设置样式的方法为：选中文本，单击属性面板中的“切换粗体”按钮 **B** 和“切换斜体”按钮 *I*。

选中文本　　粗体效果　　斜体效果

图 3.2.4　设置样式

4．设置颜色

为文本设置合适的颜色，可以增强动画的表现效果，设置颜色的方法为：单击属性面板中的“文本（填充）颜色”按钮，在弹出的颜色列表中进行选择，如图 3.2.5 所示。

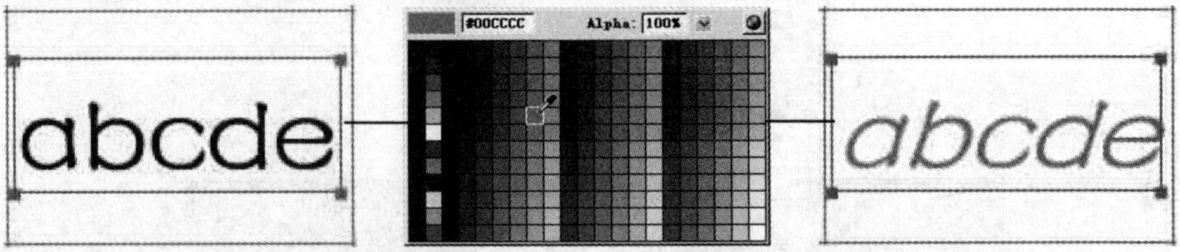

图 3.2.5　设置文本的颜色

如果用户对颜色列表中的颜色不满意，可以单击颜色列表中的“颜色”按钮，在弹出的颜色对话框中自定义颜色，如图 3.2.6 所示。

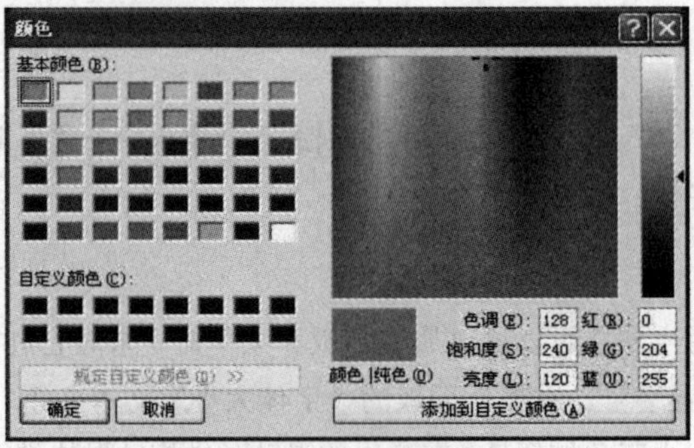

图 3.2.6　“颜色”对话框

二、设置字母间距和字符位置

通过属性面板，用户可以设置文本的字母间距和字符位置，如图 3.2.7 所示。

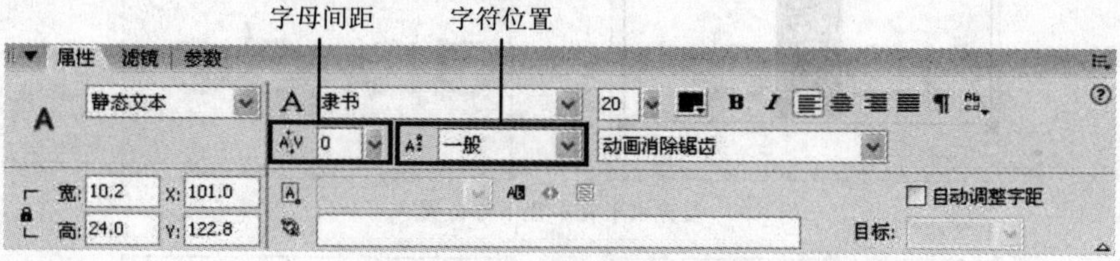

图 3.2.7　设置字母间距和字符位置

1．设置字母间距

字母间距指字符之间的距离，设置字母间距的方法为：选中文本，在属性面板的“字母间距”文本框中输入介于－60～60 之间的数值，或者单击它右侧的小三角按钮，在弹出的滑动条中拖动滑块进行设置，如图 3.2.8 所示。

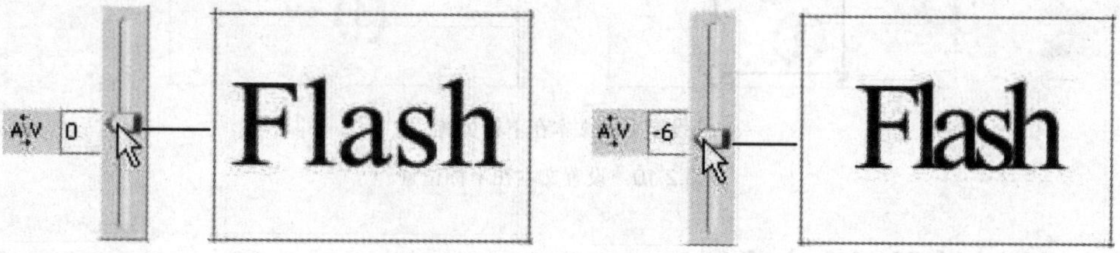

图 3.2.8　拖动滑块设置字母间距

2．设置字符位置

在属性面板的“字符位置”下拉列表中有一般、上标和下标 3 个选项，通过它们可以设置字符的位置。

（1）一般：选择该项，将正常显示文本。

（2）上标：对于水平文本而言，选择该项，将把文本缩小并上升到基线之上；对于垂直文本而言，选择该项，将把文本缩小并放到基线的右边，如图 3.2.9 所示。

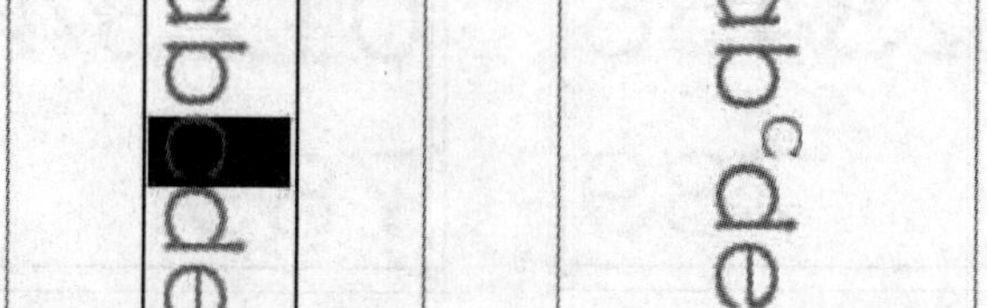

设置水平文本在上标位置

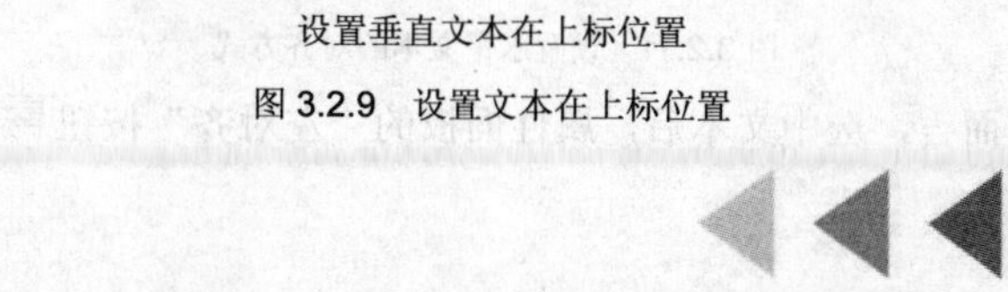

设置垂直文本在上标位置

图 3.2.9　设置文本在上标位置

（3）下标：对于水平文本而言，选择该项，将把文本缩小并上升到基线之下；对于垂直文本而言，选择该项，将把文本缩小并放到基线的左边，如图 3.2.10 所示。

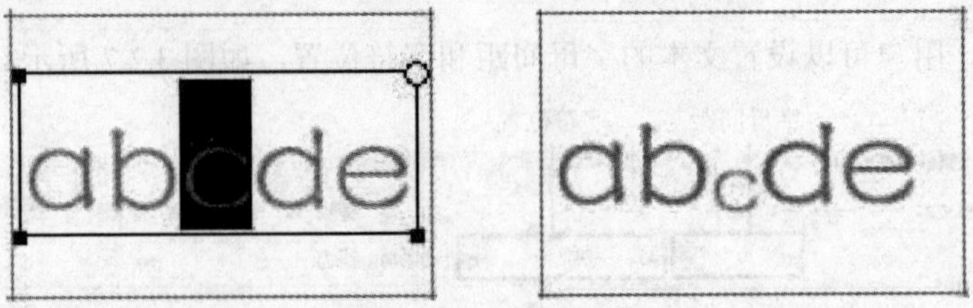

设置水平文本在下标位置

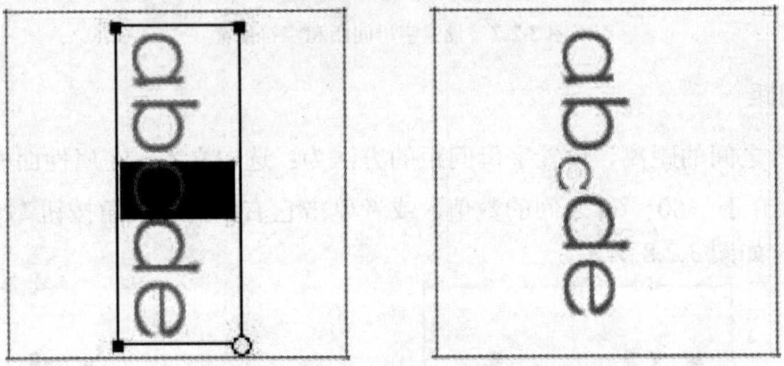

设置垂直文本在下标位置

图 3.2.10　设置文本在下标位置

三、设置文本的对齐方式

对齐方式指文本相对于文本框边缘的位置，设置文本对齐方式的方法如下：

（1）对于水平文本而言，选中文本后，分别单击属性面板的“左对齐”按钮，“居中对齐”按钮，“右对齐”按钮或“两端对齐”按钮即可，效果如图 3.2.11 所示。

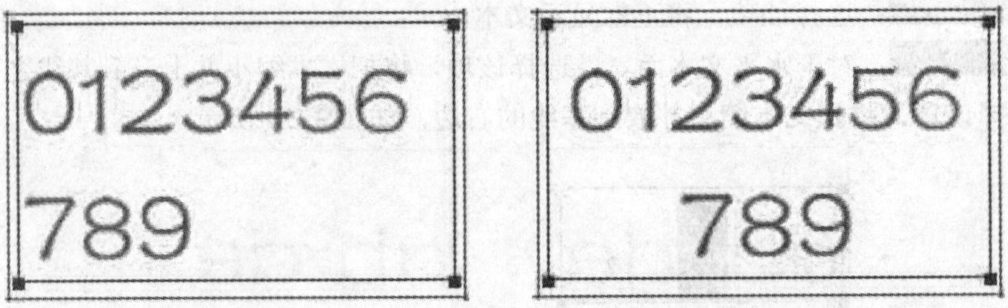

左对齐　　居中对齐

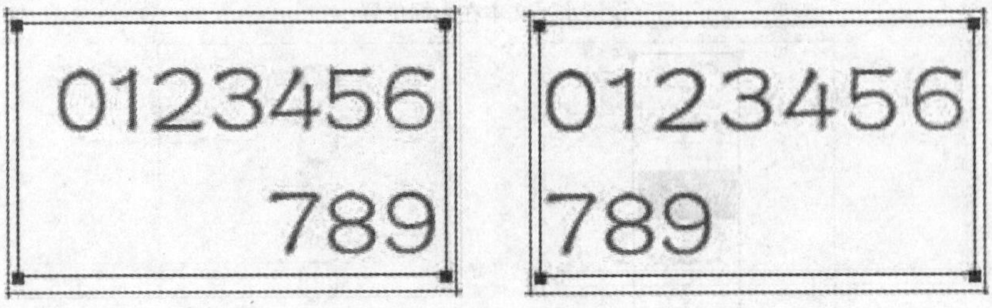

右对齐　　两端对齐

图 3.2.11　设置水平文本的对齐方式

（2）对于垂直文本而言，选中文本后，属性面板的“左对齐”按钮，“居中对齐”按钮，

“右对齐”按钮和“两端对齐”按钮将变为“顶对齐”按钮，“居中对齐”按钮，“底对齐”按钮和“两端对齐”按钮，分别单击它们即可设置相应的对齐方式。

四、设置缩进、行距和边距

缩进、行距和边距是文本的段落属性，用户可以通过格式选项对话框设置它们，操作步骤如下：

1．设置缩进

缩进指首行文本与段落边界之间的距离，设置缩进的方法为：选中文本，单击属性面板的“编辑格式选项”按钮¶，弹出格式选项对话框，在缩进:文本框中输入数值，如图 3.2.12 所示。

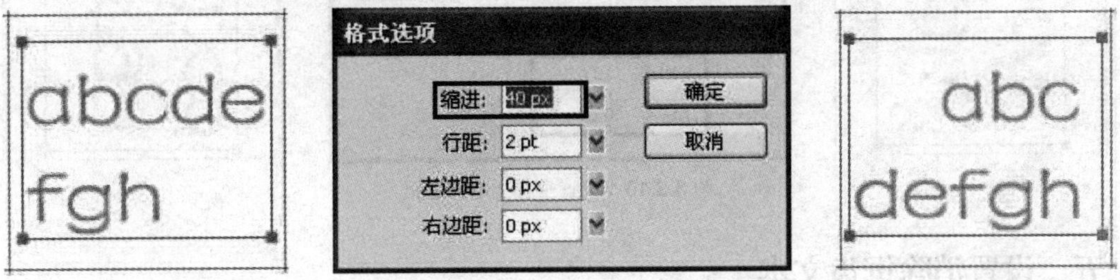

图 3.2.12　“格式选项”对话框

2．设置行距

行距指相邻行之间的距离，设置行距的方法为：选中文本，单击属性面板的“编辑格式选项”按钮¶，弹出格式选项对话框，在行距:文本框中输入水平文本的行间距；在列间距:文本框中输入垂直文本的列间距，如图 3.2.13 和图 3.2.14 所示。

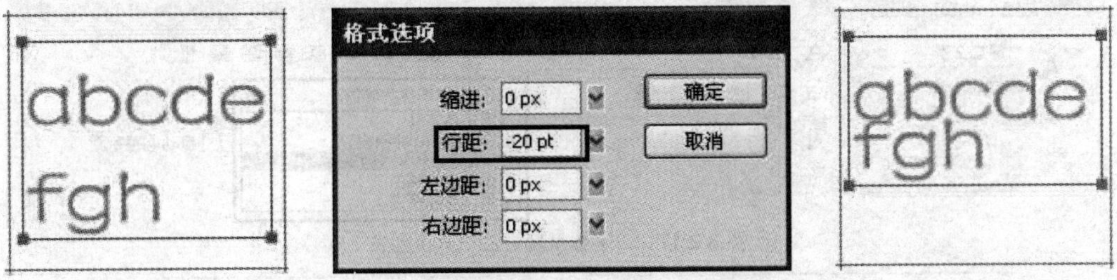

图 3.2.13　设置水平文本的行间距

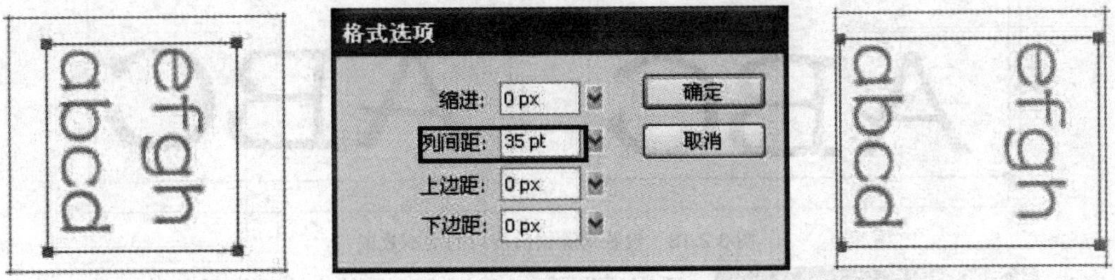

图 3.2.14　设置垂直文本的列间距

3．设置边距

边距指文本框与段落边界之间的距离，设置边距的方法为：选中文本，单击属性面板的“编辑格式选项”按钮¶，弹出格式选项对话框，在左边距:和右边距:文本框中输入水平文本的边距；在上边距:和下边距:文本框中输入垂直文本的边距，如图 3.2.15 和图 3.2.16 所示。

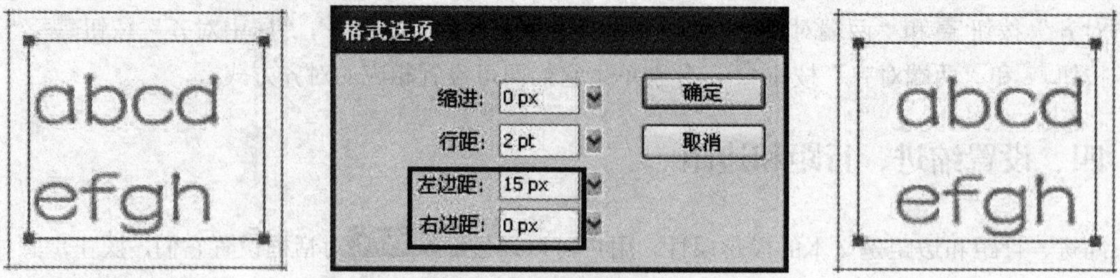

图 3.2.15　设置水平文本的边距

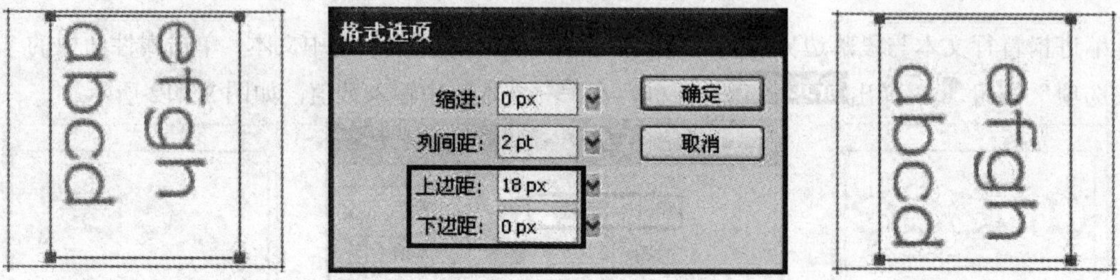

图 3.2.16　设置垂直文本的边距

五、设置消除锯齿文本

Flash 8 改进了文本消除锯齿功能，能够使文本在屏幕上显示得更加清晰，设置消除锯齿文本的方法为：选中文本，在属性面板的“字体呈现方法”下拉列表中选择动画消除锯齿、可读性消除锯齿或自定义消除锯齿...选项（见图 3.2.17），设置消除锯齿前后的文本效果如图 3.2.18 所示。

图 3.2.17　“字体呈现方法”下拉列表

图 3.2.18　设置消除锯齿前后的文本效果

（1）动画消除锯齿：适用于设置 10 磅以上字号的文本为消除锯齿文本。

（2）可读性消除锯齿：适用于创建高清晰的文本，即使在字号较小时也非常清晰。但是，它的动画效果较差。

（3）自定义消除锯齿...：选择该项，将弹出自定义消除锯齿对话框，用户可以自定义文本的消除锯齿属性，如图 3.2.19 所示。

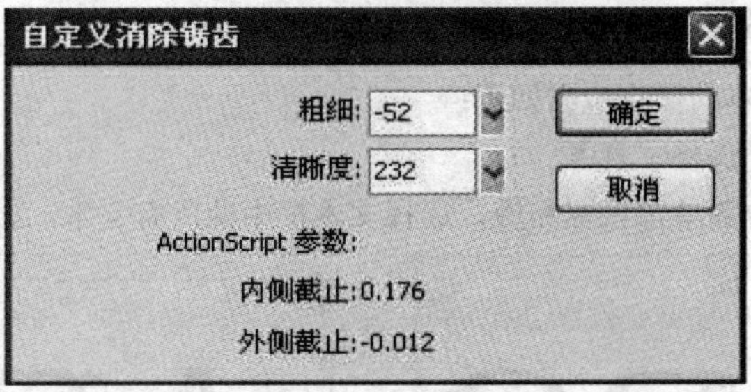

图 3.2.19 自定义消除锯齿效果

“字体呈现方法”下拉列表还提供了使用设备字体和位图文本(未消除锯齿)两个选项，其中，使用设备字体用于强制指定 SWF 文件使用本地计算机上安装的字体来显示文本；位图文本(未消除锯齿)用于关闭消除锯齿功能。

六、设置文本超链接

在播放动画时，单击设置了超链接的文本可以跳转至相应文件，设置文本超链接的操作步骤如下：

（1）选中要设置超链接的文本。

（2）在属性面板的文本框中输入链接文件的 URL 地址，例如输入“http://www.163.com”，如图 3.2.20 所示。

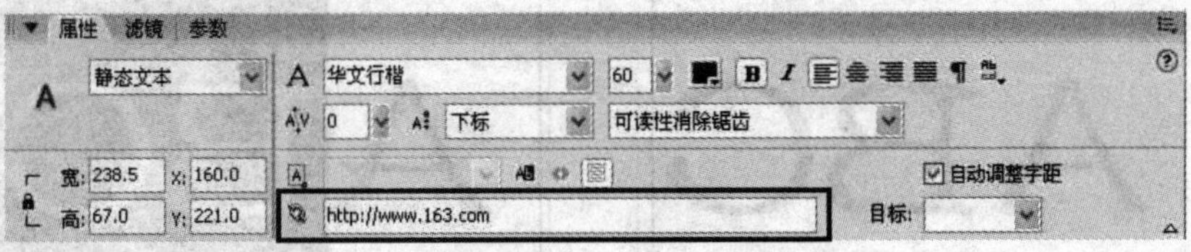

图 3.2.20 设置文本超链接

（3）在目标:下拉列表中选择链接网页的打开方式，有_blank，_parent，_self 和_toop 4 个选项。

1）_blank：在一个新的浏览器窗口显示链接文件。

2）_parent：在当前窗口的父窗口中显示链接文件。

3）_self：在当前窗口中显示链接文件。

4）_toop：在级别最高的窗口中显示链接文件。

第三节 编辑文本

在 Flash 8 中，用户可以对文本进行各种编辑操作，例如分离、填充、分散到图层、应用滤镜和时间轴特效等，下面分别进行介绍。

一、选择文本

选择文本是对文本进行编辑操作的前提条件，在 Flash 8 中，用户可以使用选择工具或文本工具选择文本。

1．使用选择工具选择文本

使用选择工具选择文本的操作步骤如下：

（1）选择工具箱中的选择工具。

（2）在文本的任意位置单击鼠标左键，选择文本框中的所有文本，如图 3.3.1 所示。

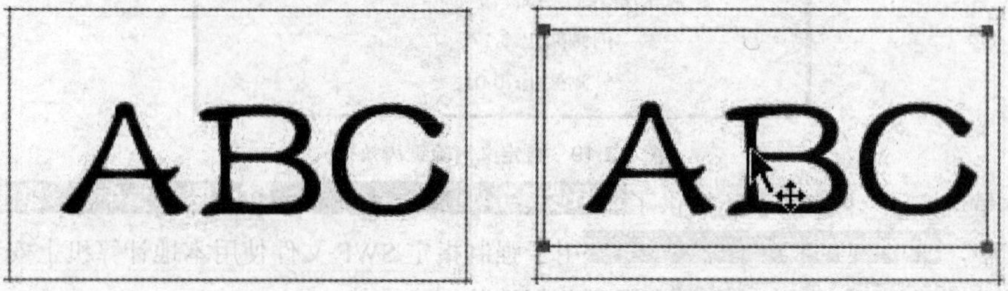

图 3.3.1　选择文本框中的所有文本

2．使用文本工具选择文本

使用文本工具选择文本的操作步骤如下：

（1）选择工具箱中的文本工具。

（2）在文本的任意位置单击鼠标左键，使其变为可编辑状态，如图 3.3.2 所示。

（3）按住鼠标左键并拖动，选择文本框中的部分或所有文本，如图 3.3.3 所示。

图 3.3.2　文本变为可编辑状态

图 3.3.3　选择文本

二、分离文本

分离文本指将文本框中的每个字符迅速置于一个个单独的文本框中，如果将分离后的文本再次分离，文本将转换为组成它的线条和填充块，即转换为矢量图，分离文本的操作步骤如下：

（1）选中要分离的文本。

（2）如果选中文本的字数等于 1，按一次“Ctrl+B”键即可将文本彻底分离，如图 3.3.4 所示。

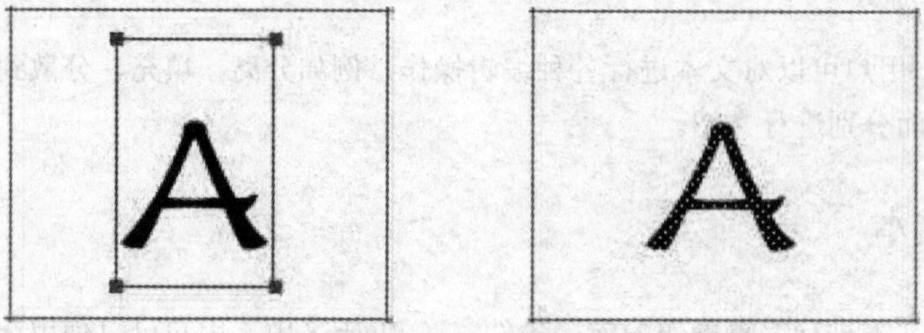

图 3.3.4　分离单字文本

（3）如果选中文本的字数大于 1，按两次“Ctrl+B”键才能将文本彻底分离，如图 3.3.5 所示。

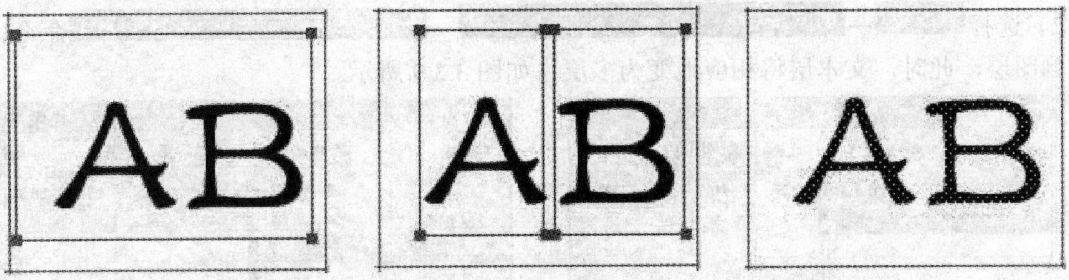

图 3.3.5　分离多字文本

三、为文本填充渐变色或位图

将文本转换为矢量图后，就可以为其填充渐变色或位图了，操作步骤如下：

（1）选择工具箱中的颜料桶工具。

（2）在混色器面板中设置填充渐变色或位图，如图 3.3.6 所示。

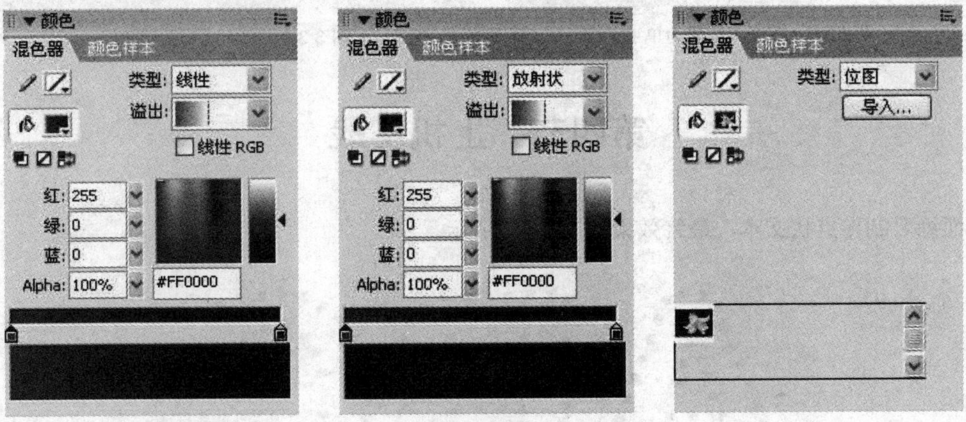

线性渐变色　　放射状渐变色　　位图

图 3.3.6　设置填充渐变色或位图

（3）单击由文本转换而来的矢量图进行填充操作，如图 3.3.7 所示。

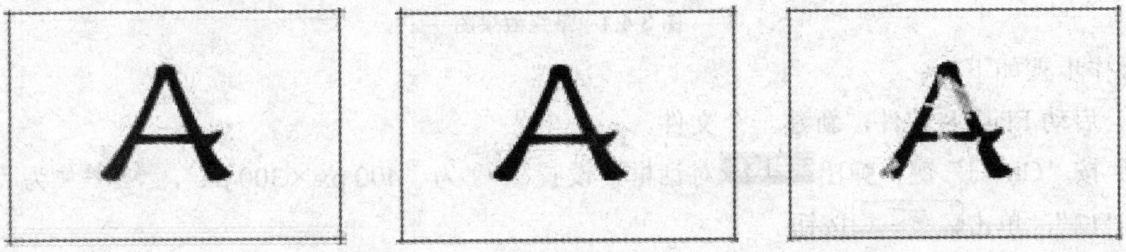

图 3.3.7　为文本填充渐变色或位图

四、分散文本到图层

在 Flash 8 中，使用 分散到图层 (L)　Ctrl+Shift+D 命令，可以帮用户一次性将所有文本置于不同的层中，操作步骤如下：

（1）选中文本，选择 修改 (M) → 分离 (K)　Ctrl+B 命令或按“Ctrl+B”键，将文本分离为单字，如图 3.3.8 所示。

（2）选择 修改(M) → 时间轴(M) → 分散到图层(D) Ctrl+Shift+D 命令，将文本分散到图层，此时，文本层将相应地变为多层，如图 3.3.9 所示。

图 3.3.8 将文本分离为单字

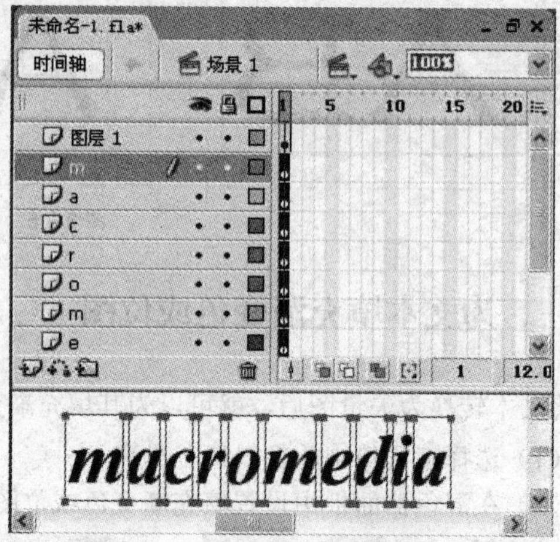

图 3.3.9 将文本分散到图层

第四节 上机实战

下面练习制作点状文本，最终效果如图 3.4.1 所示。

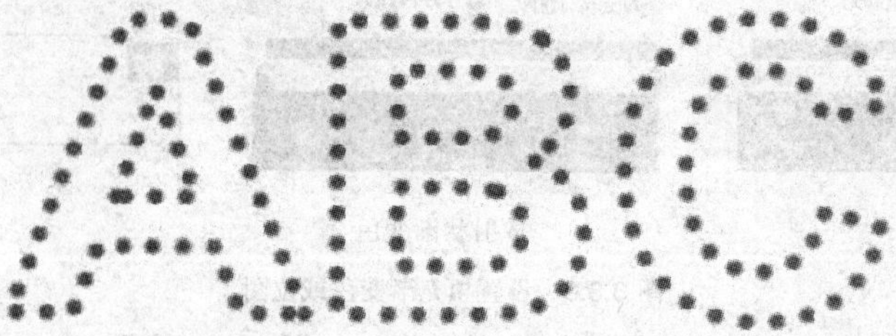

图 3.4.1 最终效果图

其操作步骤如下：

（1）启动 Flash 8 软件，新建一个文件。

（2）按“Ctrl+J”键，弹出 文档属性 对话框，设置 尺寸(I): 为“400 px×300 px”，背景颜色(B): 为“白色”，帧频(F): 为“12”，单击 确定 按钮。

（3）选择工具箱中的文本工具 A，在属性面板中设置字体为“Times New Roman TUR”，字体大小为“80”，文本颜色为“#FF6600”，并单击“切换粗体”按钮 B，在舞台上输入字符“ABC”，如图 3.4.2 所示。

（4）按两次“Ctrl+B”键，将字符分离成矢量图形，如图 3.4.3 所示。

（5）选择工具箱中的墨水瓶工具，在属性面板中设置笔触颜色为“#FF6600”，笔触高度为“4”，笔触样式为 ············ ，依次单击文本，为其添加轮廓，如图 3.4.4 所示。

（6）选中文本的填充部分，按“Delete”键删除，如图 3.4.5 所示。

图 3.4.2　输入文本

图 3.4.3　分离文本

图 3.4.4　为分离后的文本添加轮廓

图 3.4.5　删除填充部分

（7）按“Ctrl+Enter”键，测试动画，最终效果如图 3.4.1 所示。

本章小结

本章介绍了 Flash 8 中的文本操作，包括创建文本、设置文本属性以及编辑文本，希望用户熟练掌握，以创建出不同风格的文本对象，为制作文本动画奠定基础。

习 题 三

一、填空题

1．文本框包括自动调节列宽文本框、限定列宽文本框和_________文本框 3 种类型。

2．使用_________命令，可以帮用户一次性将所有文本置于不同的层中。

二、选择题

1．在 Flash 8 中，文本分为（　）几种类型。

A．静态文本　　B．动态文本

C．分离文本　　D．输入文本

2．（　）是文本最基本的属性，是文本的字体属性。

A．字体　　B．字号

C．颜色　　D．样式

3．（　）是文本的段落属性。

A．缩进　　B．行距

C．边距　　D．字符位置

4．关于分离文本，（　）是不正确的。

A．可将文本转换为矢量图

B．可将文本转换为组成它的线条和填充块

C．按“Ctrl+B”键的次数等于字数

D．对于字数大于 1 的文本，须要按两次“Ctrl+B”键对文本进行分离

三、简答题

1．简述静态文本的特点。

2．简述动态文本的特点。

四、上机操作题

1．在舞台中输入自已的名字。

2．设置名字的字体为隶书，颜色为蓝色，字号为 75。

第四章 元件与实例

本章要点

- ☑ 元件的分类
- ☑ 创建元件
- ☑ 编辑元件
- ☑ 创建实例
- ☑ 更改实例属性
- ☑ 交换实例

学习目标

“一个对象，多次使用”是元件在 Flash 8 中的作用，它只须创建一次，即可在整个文件中重复使用。通过本章的学习，用户应掌握 3 种不同类型元件的创建，并会使用元件创建所需实例，并能对创建的实例进行编辑处理。

第一节　元件的分类

在 Flash 8 中，如果要频繁地使用一个对象，可以将它转换为元件，从而减小文件。元件共有 3 种类型，分别为图形元件、按钮元件和影片剪辑元件，不同的元件类型适用于不同的环境。

（1）图形元件：用于制作动画中的静态图形，没有交互性。图形元件拥有相对独立的编辑区域和播放时间，当应用到场景中时，会受到帧序列和交互设置的影响。

（2）按钮元件：用于创建响应鼠标事件的交互式按钮，有弹起、指针经过、按下和点击 4 个状态帧，如图 4.1.1 所示。

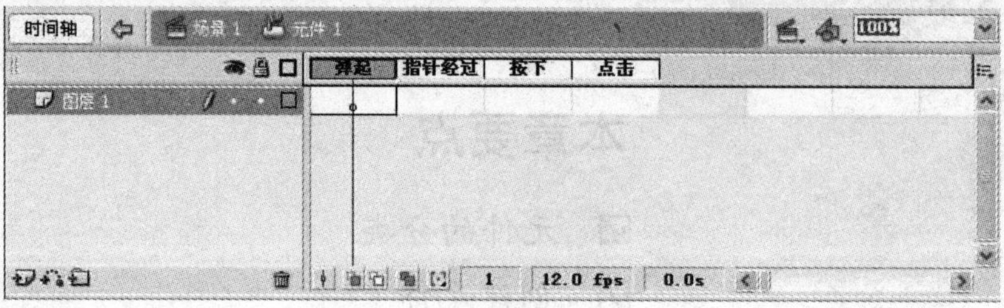

图 4.1.1　按钮元件的 4 个状态帧

对 4 个状态帧介绍如下：

1）弹起：在该帧中创建按钮正常情况下的效果。

2）指针经过：在该帧中创建鼠标指针移到按钮上时的效果。

3）按下：在该帧中创建用鼠标按下按钮时的效果。

4）点击：在该帧中创建鼠标指针能触及按钮的范围。

（3）影片剪辑元件：用于创建可以重复使用的动画片段，拥有独立的时间轴，是主动画的一个组成部分。可以将影片剪辑实例放在按钮元件的时间轴内，从而创建动画按钮。

第二节　创建元件

在 Flash 动画制作过程中，用户既可以直接创建一个空白元件，然后进入其编辑窗口进行编辑，也可以选中舞台上的内容，将其转换为元件。下面介绍图形元件、按钮元件和影片剪辑元件的具体创建方法。

一、创建图形元件

1．新建图形元件

新建图形元件是指直接创建一个空白图形元件，然后进入其编辑窗口，创建和编辑它的内容，操作步骤如下：

（1）选择插入(I)→新建元件(N)... Ctrl+F8命令，弹出创建新元件对话框，如图 4.2.1 所示。

（2）在类型(T):选项区中选中图形单选按钮，在名称(N):文本框中输入元件的名称。

图 4.2.1 “创建新元件”对话框

（3）单击确定按钮，进入图形元件的编辑窗口。此时，元件的名称将显示在窗口的左上角，元件的注册点将以“＋”形状显示在编辑窗口的中心位置，如图 4.2.2 所示。

（4）在舞台中编辑图形元件的内容，可以输入文本、绘制图形或者导入其他图片等，如图 4.2.3 所示。

图 4.2.2 图形元件的编辑窗口

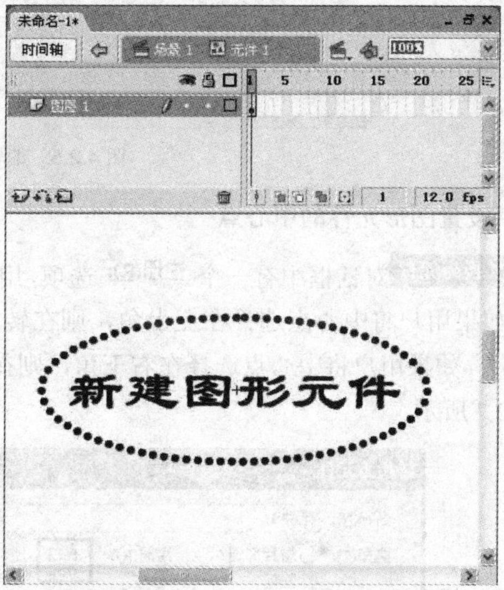

图 4.2.3 编辑图形元件的内容

（5）编辑完毕后，单击场景 1图标，返回到主场景。

2. 将图形转换为图形元件

将图形转换为图形元件的操作步骤如下：

（1）选中要转换为元件的图形。

（2）单击鼠标右键，在弹出的快捷菜单中选择转换为元件...命令，弹出转换为元件对话框，如图 4.2.4 所示。

图 4.2.4 “转换为元件”对话框

（3）在类型(T):选项区中选中图形单选按钮，在名称(N):文本框中输入元件的名称。

（4）单击确定按钮，完成转换操作。此时，选中的图形将成为元件的一个实例。

提示 如果用户须要编辑所转换的元件，可以选择 窗口(W) → 库(L) Ctrl+L 命令，打开库面板，然后使用鼠标双击该元件，进入其编辑窗口进行编辑即可，如图 4.2.5 所示。

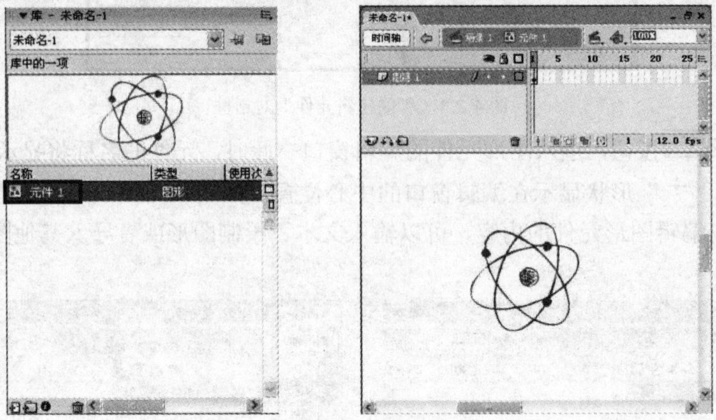

图 4.2.5　编辑所转换的元件

3. 设置图形元件的中心点

在 转换为元件 对话框中有一个 注册(R): 选项，用于设置图形元件的中心点，有 9 个位置供用户选择。其中，如果用户将中心点选择在左上角，则在转换后，元件的中心点就位于选中图形的左上角（见图 4.2.6）；如果用户将中心点选择在右下角，则在转换后，元件的中心点就位于选中图形的右下角，如图 4.2.7 所示。

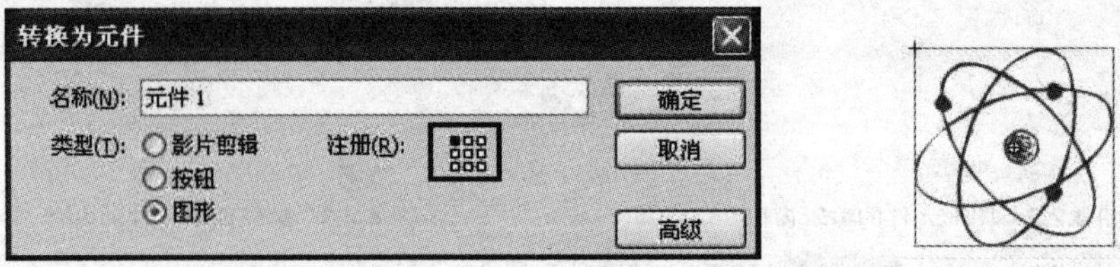

图 4.2.6　设置图形元件的中心点在左上角

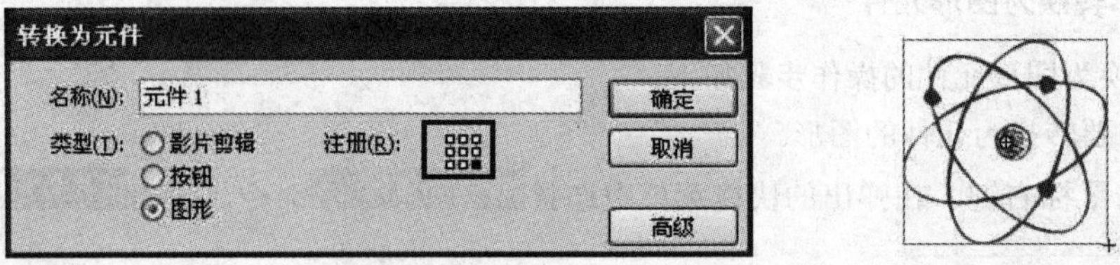

图 4.2.7　设置图形元件的中心点在右下角

二、创建按钮元件

按钮元件是 Flash 中的一种特殊元件，在动画播放过程中，其默认状态是静止的，用户可以通过单击或移动鼠标激发相应的动作。下面以一个简单实例来介绍按钮元件的创建方法，操作步骤如下：

（1）选择 插入(I) → 新建元件(N)... Ctrl+F8 命令，弹出 创建新元件 对话框，如图 4.2.1 所示。

（2）在 类型(T): 选项区中选中 ◉按钮 单选按钮，在 名称(N): 文本框中输入元件的名称。

（3）单击 确定 按钮，进入按钮元件的编辑窗口，如图 4.2.8 所示。

（4）分别选中“指针经过”、“按下”和“点击”帧，按“F6”键插入关键帧，如图 4.2.9 所示。

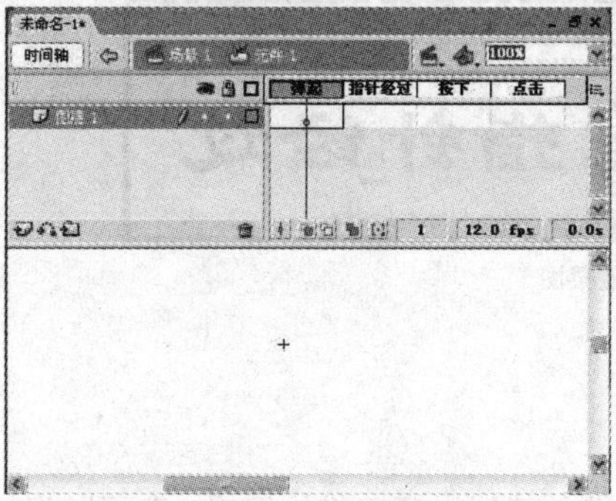

图 4.2.8 按钮元件的编辑窗口

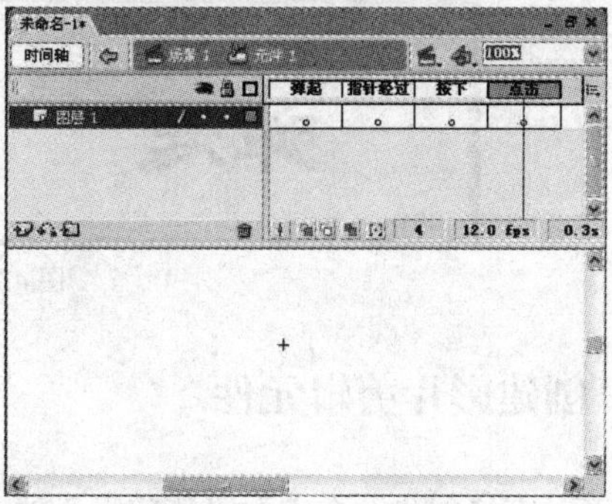

图 4.2.9 插入关键帧

（5）选中“弹起”帧，选择工具箱中的文本工具，在属性面板中设置字体为“隶书”，字体大小为“50”，文本颜色为“黑色”，在舞台的中心位置输入文本“弹起”，如图 4.2.10 所示。

（6）重复第（5）步的操作，在“指针经过”帧输入文本“指针经过”，在“按下”帧输入文本“按下”，如图 4.2.11 所示。

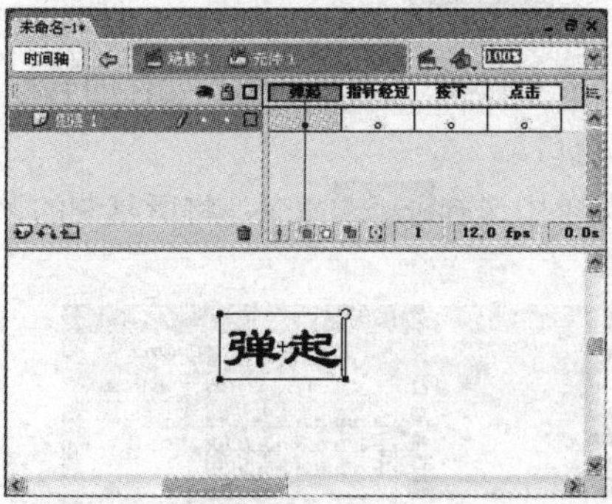

图 4.2.10 在“弹起”帧中输入文本

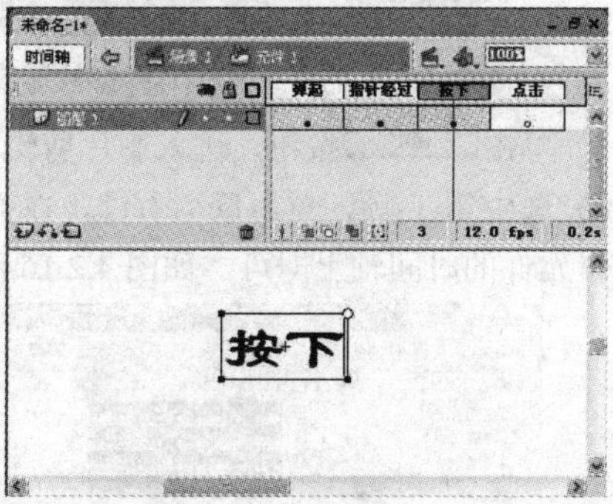

图 4.2.11 在“指针经过”帧和“按下”帧中输入文本

（7）选中 点击 帧，选择工具箱中的矩形工具，在属性面板中设置笔触颜色为“无”，填充颜色为“#339999”，在舞台的中心位置绘制一个矩形，如图 4.2.12 所示。

（8）单击 场景 1 图标，返回到主场景。

（9）选择 窗口(W) → 库(L) Ctrl+L 命令，打开库面板，从中拖动按钮元件到舞台的中心位置，如图 4.2.13 所示。

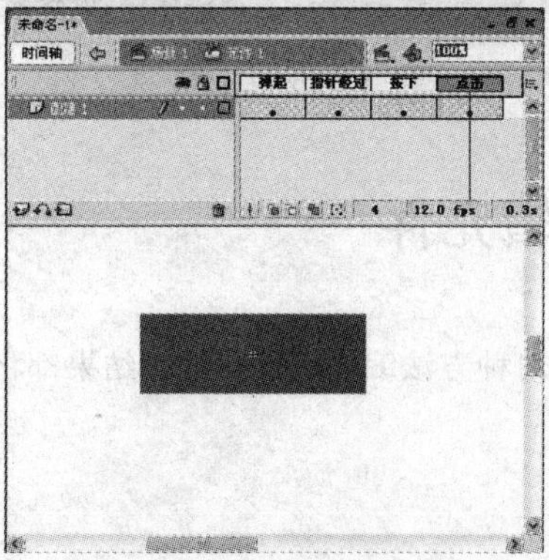

图 4.2.12 在“点击”帧中绘制矩形

图 4.2.13 拖入按钮元件

（10）按“Ctrl+Enter”键，测试动画效果，如图 4.2.14 所示。

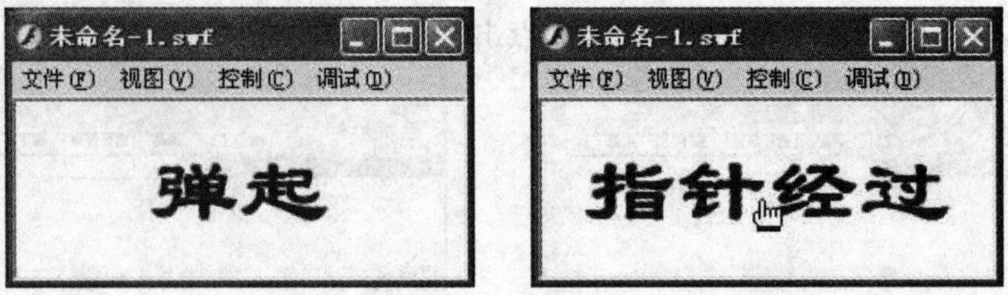

图 4.2.14　效果图

三、创建影片剪辑元件

用户可以直接创建一个空白影片剪辑元件，然后进入其编辑窗口进行编辑，也可以将已经创建好的动画序列转换为影片剪辑元件。下面通过一个简单的实例来介绍将动画序列转换为影片剪辑元件的方法，操作步骤如下：

（1）选中要转换为影片剪辑元件的动画序列，如图 4.2.15 所示。

（2）单击鼠标右键，在弹出的快捷菜单中选择复制帧命令，复制选取的帧。

（3）选择插入(I) → 新建元件(N)... Ctrl+F8命令，弹出创建新元件对话框，如图 4.2.1 所示。

（4）在类型(T):选项区中选中◉影片剪辑单选按钮，在名称(N):文本框中输入元件的名称。

（5）单击确定按钮，进入影片剪辑元件的编辑窗口。

（6）选中第 1 帧，单击鼠标右键，在弹出的快捷菜单中选择粘贴帧命令，将所复制的帧粘贴到影片剪辑元件的时间轴上即可，如图 4.2.16 所示。

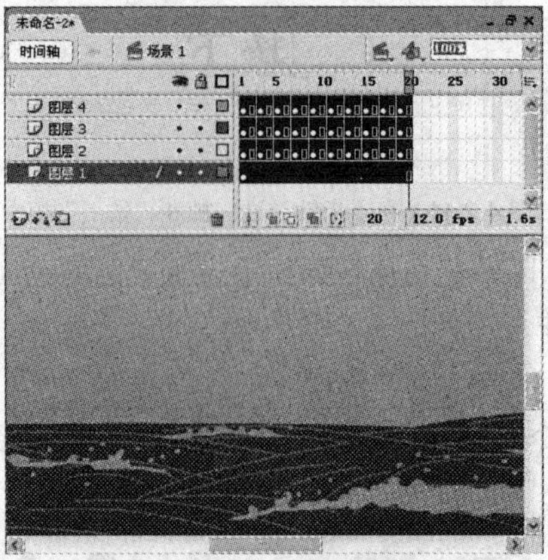

图 4.2.15　选中动画序列

图 4.2.16　粘贴帧

第三节　编辑元件

Flash 8 提供了 4 种编辑元件的方法，但无论使用何种方法编辑元件，编辑结果都将影响元件本身及其所有实例。

一、使用“编辑”命令编辑元件

使用“编辑”命令编辑元件的操作步骤如下：

（1）在舞台上选中要编辑的元件。

（2）单击鼠标右键，在弹出的快捷菜单中选择编辑命令（见图 4.3.1），进入元件的编辑窗口进行编辑操作。

注意 使用这种方法，只有被选中的元件显示在编辑窗口中，如图 4.3.2 所示。

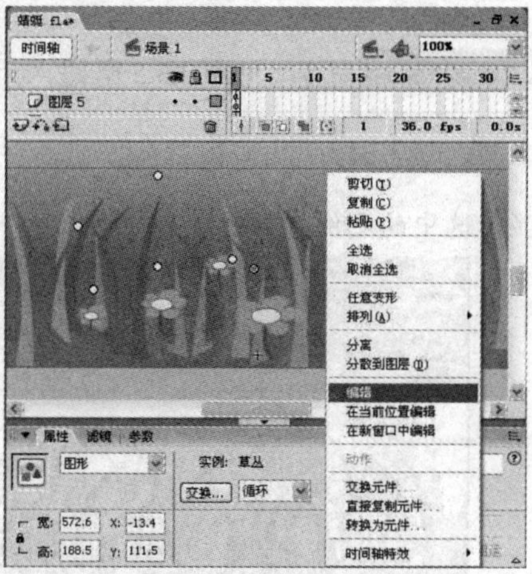

图 4.3.1　选择“编辑”命令

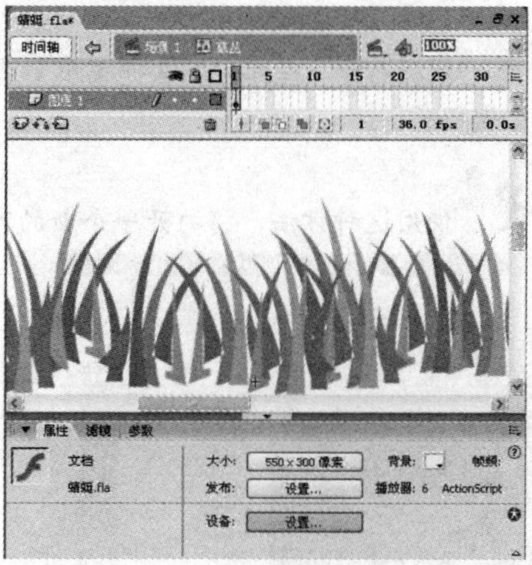

图 4.3.2　使用“编辑”命令编辑元件时的效果

（3）编辑完毕后，单击场景 1图标，返回到主场景。

二、使用“在当前位置编辑”命令编辑元件

使用“在当前位置编辑”命令编辑元件的操作步骤如下：

（1）在舞台上选中要编辑的元件。

（2）单击鼠标右键，在弹出的快捷菜单中选择在当前位置编辑命令（见图 4.3.3），进入元件的编辑窗口进行编辑操作。

注意 使用这种方法，舞台上的所有对象都会显示在编辑窗口中，但只能对选中的元件进行编辑，并且会降低其他对象的透明度，如图 4.3.4 所示。

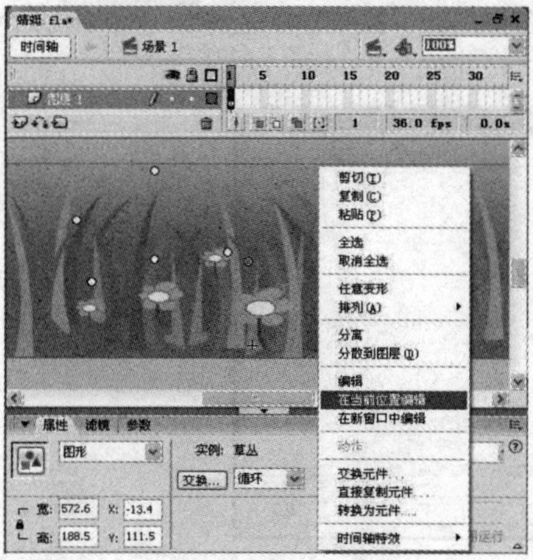

图 4.3.3　选择“在当前位置编辑”命令

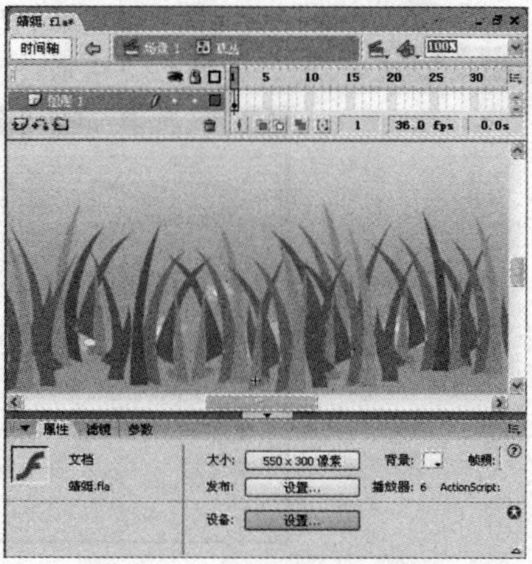

图 4.3.4　使用“在当前位置编辑”命令编辑元件时的效果

（3）编辑完毕后，单击 场景 1 图标，返回到主场景。

三、使用“在新窗口中编辑”命令编辑元件

使用“在新窗口中编辑”命令编辑元件的操作步骤如下：

（1）在舞台上选中要编辑的元件。

（2）单击鼠标右键，在弹出的快捷菜单中选择 在新窗口中编辑 命令（见图 4.3.5），进入元件的编辑窗口进行编辑操作。

注意 使用这种方法，将打开一个新的窗口显示选中的元件，如图 4.3.6 所示。

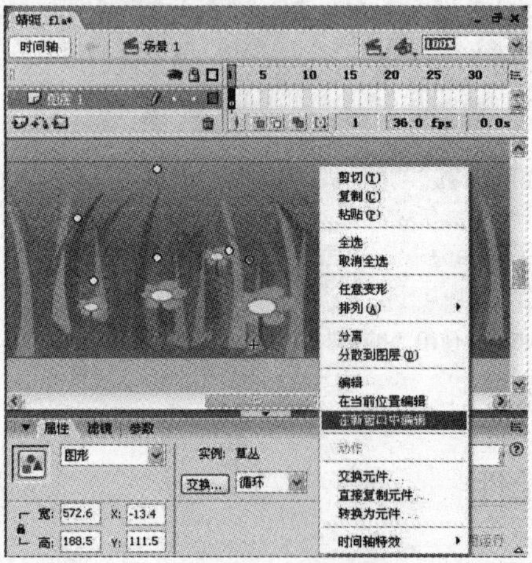

图 4.3.5 选择“在新窗口中编辑”命令

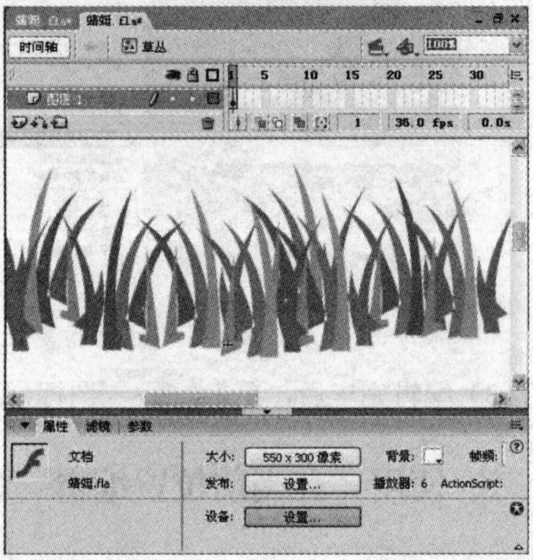

图 4.3.6 使用“在新窗口中编辑”命令编辑元件时的效果

（3）编辑完毕后，单击 场景 1 图标，返回到主场景。

四、使用外部编辑器编辑元件

用户还可以使用外部编辑器编辑元件，操作步骤如下：

（1）选择 窗口(W)→库(L) Ctrl+L 命令，打开库面板，选中要编辑的元件。

（2）单击库面板右上角的“面板菜单”按钮，在弹出的下拉菜单中选择 编辑方式... 命令，弹出 选择外部编辑器 对话框，如图 4.3.7 所示。

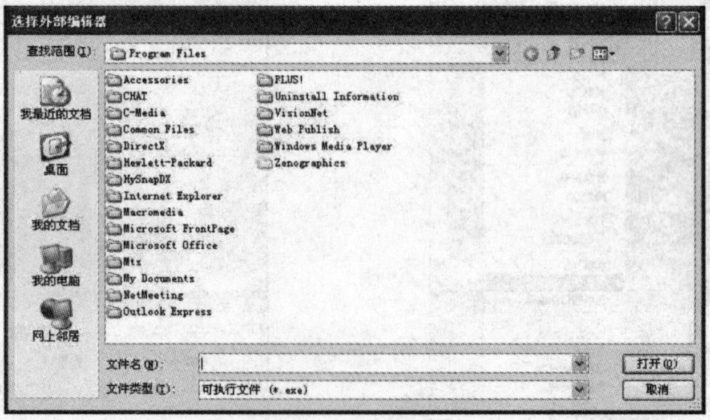

图 4.3.7 “选择外部编辑器”对话框

（3）在对话框中选择用来编辑元件的外部编辑器，例如 Fireworks.exe。

（4）单击 打开(O) 按钮，启动外部编辑器进行编辑操作。

第四节　创建实例

实例来源于元件，在创建元件之后，即可在动画的任何地方创建它的实例，操作步骤如下：

（1）选择 窗口(W) → 库(L) Ctrl+L 命令，打开库面板。

（2）在库面板中选中要创建实例的元件，按住鼠标左键不放，将其拖动至舞台中（见图 4.4.1），然后释放鼠标左键即可，如图 4.4.2 所示。

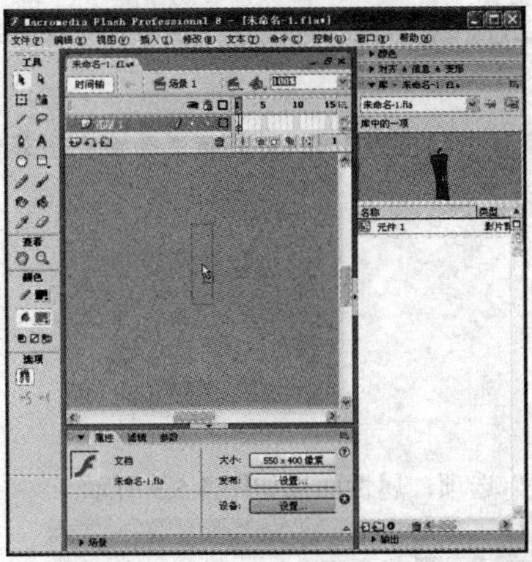

图 4.4.1　拖动过程中

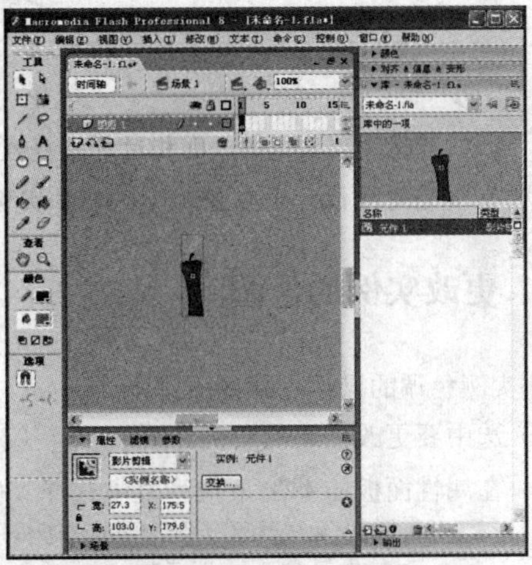

图 4.4.2　释放鼠标左键创建实例

第五节　更改实例属性

每个实例都拥有独立于元件的属性，即更改某一实例，与该实例相对应的元件并不改变，其他的实例也不受任何影响。在创建实例之后，用户可以更改它们的亮度、色调、透明度和高级设置，还可以更改它们的行为方式及播放特性等属性，下面分别进行介绍。

一、更改实例的亮度

更改实例亮度的操作步骤如下：

（1）选中要更改亮度的实例。

（2）在属性面板的 颜色: 下拉列表中选择“亮度”选项，属性面板如图 4.5.1 所示。

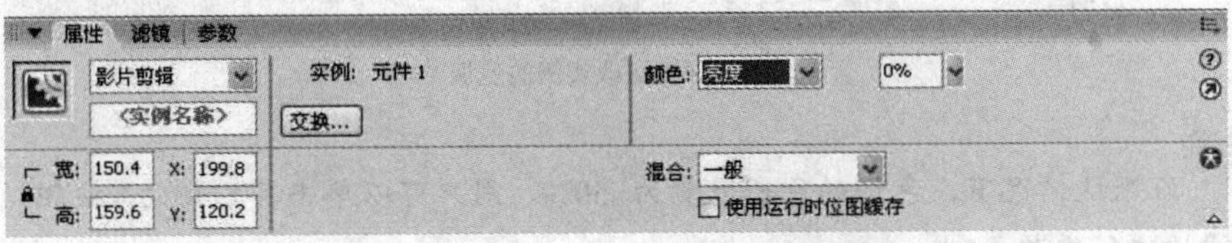

图 4.5.1　选择“亮度”选项时的属性面板

（3）单击“亮度数量”文本框 右侧的 按钮，在弹出的滑动条中拖动滑块，更改实例的亮度，如图 4.5.2 所示。

原图

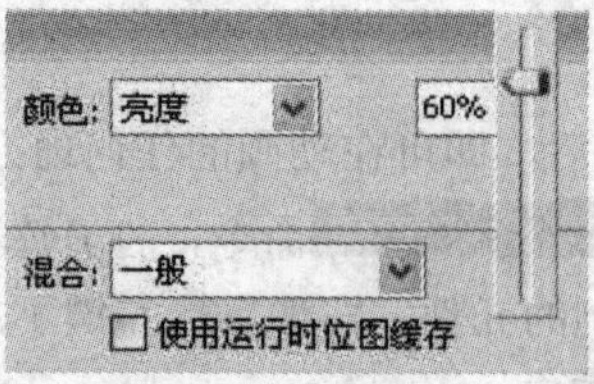

调整亮度的值

效果图

图 4.5.2　更改实例的亮度

提示 若亮度值大于 0，则相对原图亮度升高，当数值为 100%时实例变为白色；若数值小于 0，则相对原图亮度降低，当数值为-100%时实例变为黑色。

二、更改实例的色调

更改实例色调的操作步骤如下：

（1）选中要更改色调的实例。

（2）在属性面板的 颜色: 下拉列表中选择“色调”选项，属性面板如图 4.5.3 所示。

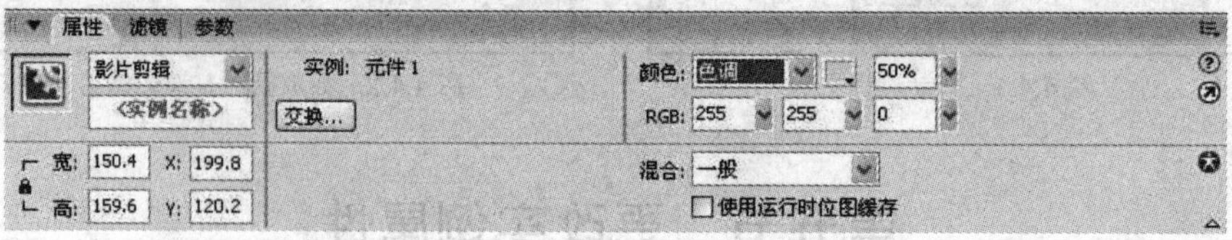

图 4.5.3　选择“色调”选项时的属性面板

（3）单击“色调”选项后的“颜色”按钮 ，打开颜色列表，从中选择需要的颜色，更改实例的色调，如图 4.5.4 所示。

原图

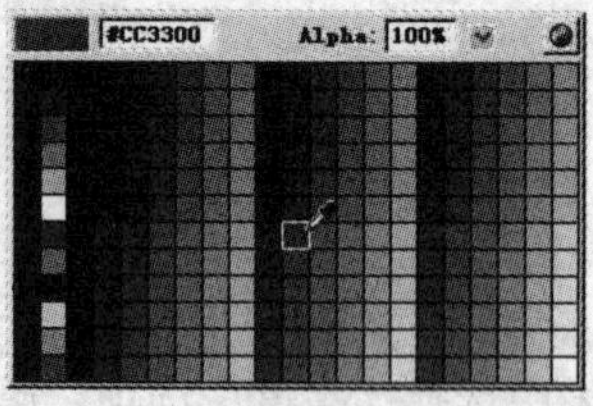

选择颜色

效果图

图 4.5.4　更改实例的色调

提示 在默认情况下，色调的色彩数量为 50%，用户可以单击其右侧的 按钮，在弹出的滑动条中拖动滑块进行更改。

三、更改实例的透明度

更改实例透明度的操作步骤如下：

（1）选中要更改透明度的实例。

（2）在属性面板的颜色:下拉列表中选择“Alpha”选项，属性面板如图 4.5.5 所示。

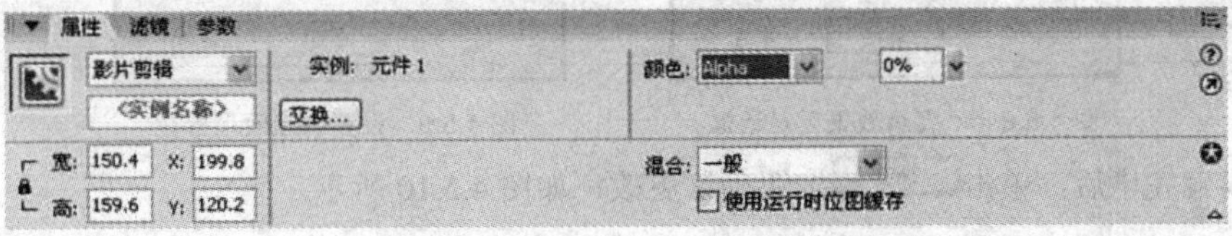

图 4.5.5 选择“Alpha”选项时的属性面板

（3）单击“Alpha 数量”文本框0%右侧的按钮，在弹出的滑动条中拖动滑块，更改实例的透明度，如图 4.5.6 所示。

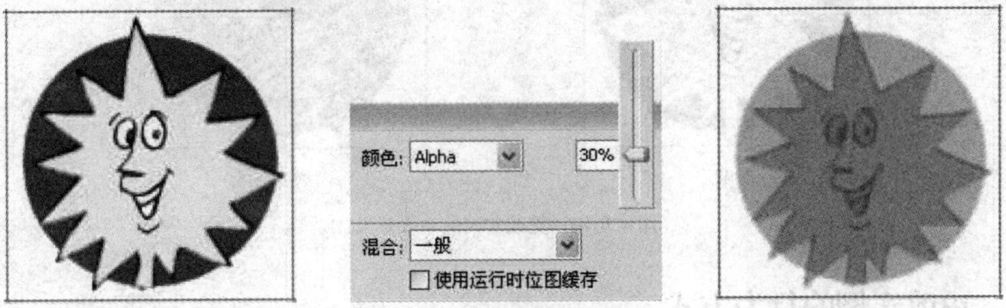

图 4.5.6 更改实例的透明度

提示 在默认情况下，Alpha 的值为 100%，也就是完全不透明。

四、更改实例的高级效果

更改实例高级效果的操作步骤如下：

（1）选中要更改高级效果的实例。

（2）在属性面板的颜色:下拉列表中选择“高级”选项，属性面板如图 4.5.7 所示。

图 4.5.7 选择“高级”选项时的属性面板

（3）单击设置...按钮，将弹出如图 4.5.8 所示的高级效果对话框。

提示 在该对话框中将执行函数（a×y+b）=x，其中，a 是在左侧的文本框中输入的百分数，y 是选中实例的颜色，b 是在右侧的文本框中输入的百分数，x 是生成的高级效果。

（4）在对话框中调整实例的红、绿、蓝三原色和透明度，如图 4.5.9 所示。

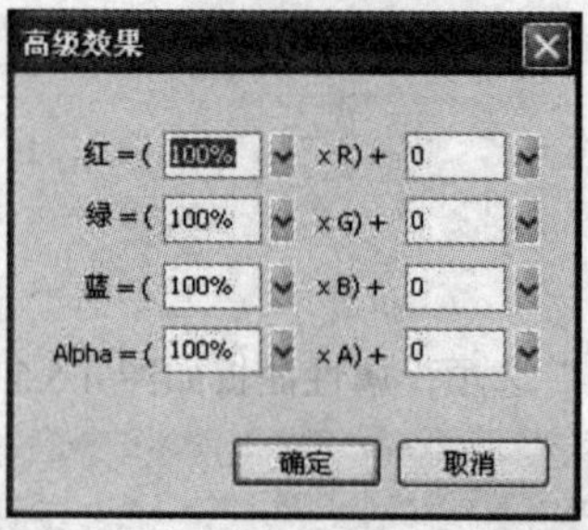

图 4.5.8 “高级效果”对话框

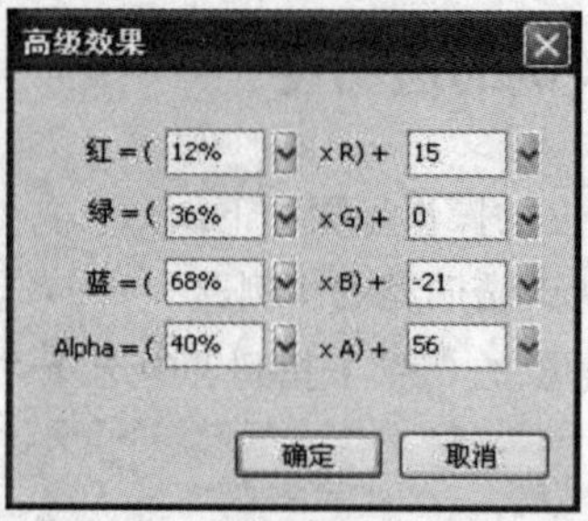

图 4.5.9 设置高级效果参数

（5）设置完毕后，单击 确定 按钮确认更改，如图 4.5.10 所示。

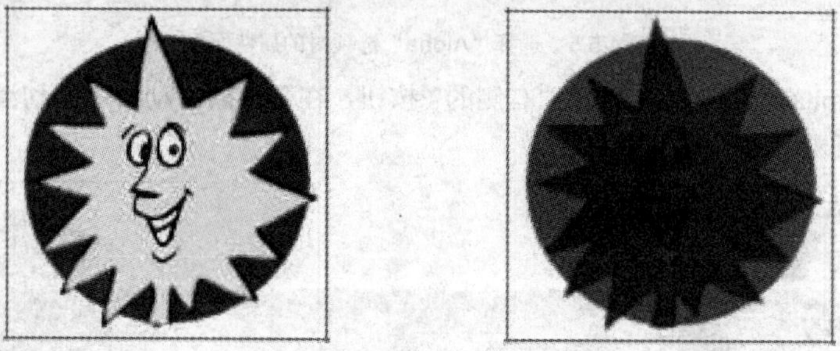

原图 效果图

图 4.5.10 更改实例的高级效果

五、更改实例的行为方式

更改实例的行为方式即更改实例的类型，操作步骤如下：

（1）选中要更改行为方式的实例。

（2）选择 窗口(W) → 属性(P) Ctrl+F3 命令，打开属性面板，在“实例行为”下拉列表中选择一种行为方式即可，如图 4.5.11 所示。

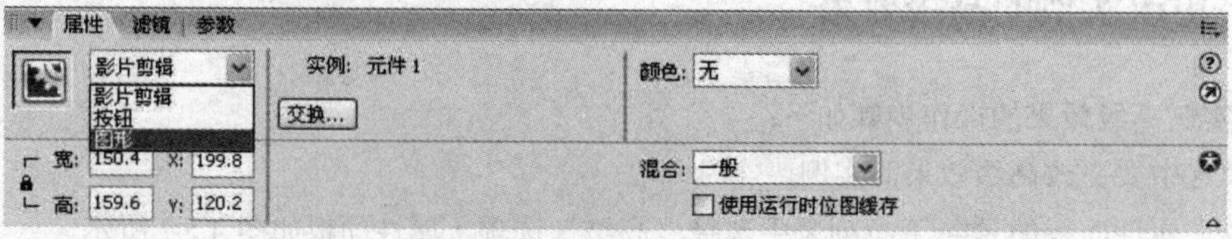

图 4.5.11 更改实例的行为方式

六、更改图形实例和按钮实例的播放特性

由于图形实例和按钮实例使用的是主动画的时间轴，因此不能通过时间轴更改播放特性，但可以在“图形选项”和“按钮选项”下拉列表中进行更改，如图 4.5.12 和图 4.5.13 所示。

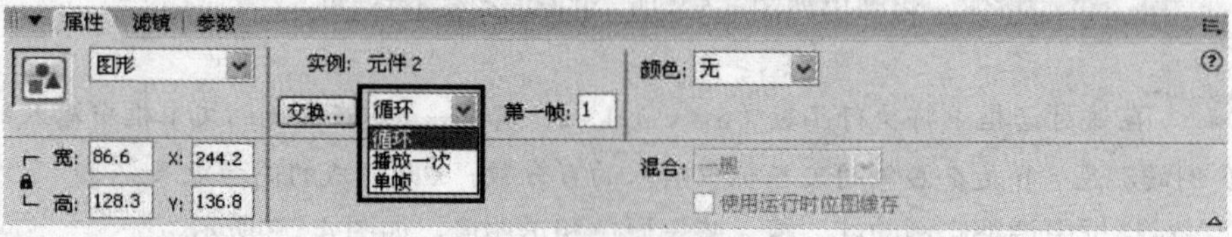

图 4.5.12 “图形选项”下拉列表

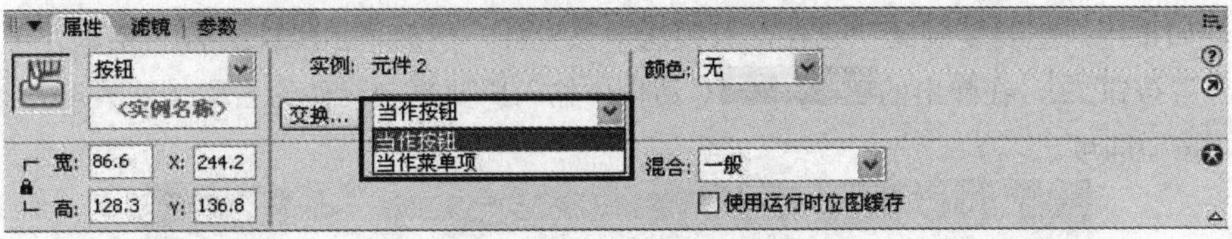

图 4.5.13 “按钮选项”下拉列表

对其中各选项说明如下：

（1）循环：表示重复播放。

（2）播放一次：表示只播放一次。

（3）单帧：表示只显示在第一帧:文本框中指定的帧。

（4）当作按钮：表示当按钮实例被按下时，播放画面上的其他对象不再对鼠标操作有反应。

（5）当作菜单项：表示当按钮实例被按下时，其他对象还会对鼠标操作有反应。

第六节 交换实例

交换实例即用其他元件替换选中的实例，但保留选中实例的颜色和透明度等属性，操作步骤如下：

（1）选中舞台上的实例，单击属性面板中的交换...按钮，弹出交换元件对话框。

（2）选中用于交换的元件，如图 4.6.1 所示。

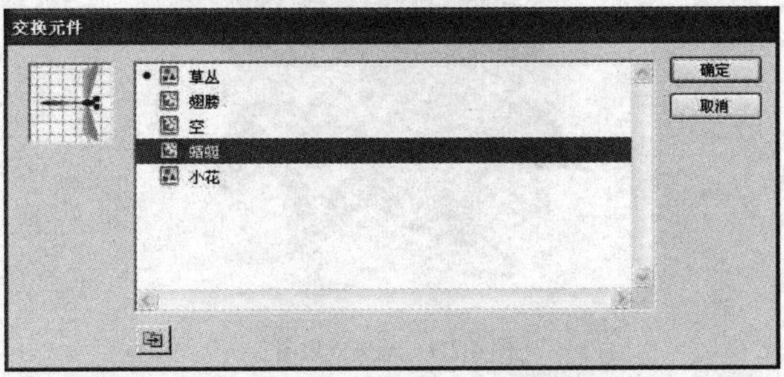

图 4.6.1 “交换元件”对话框

（3）单击确定按钮后，舞台中的实例就被选中的元件替换了，如图 4.6.2 所示。

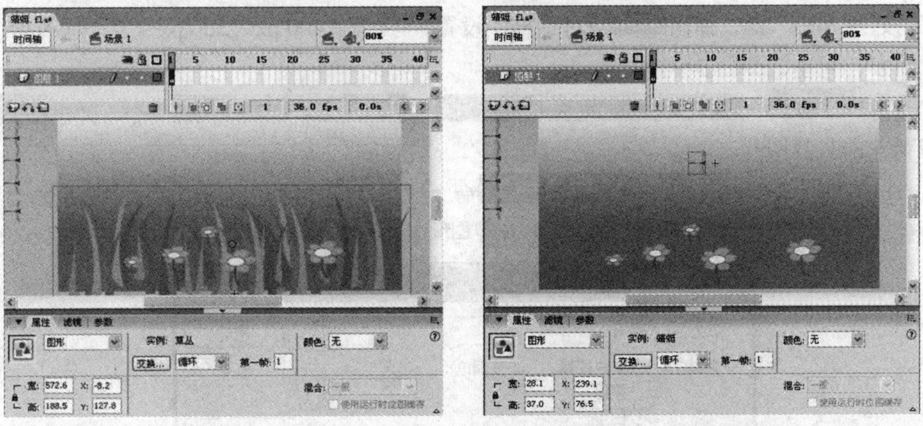

交换前 交换后

图 4.6.2 交换实例

此外，如果用户想要复制某一元件，只须选中该元件，然后单击交换元件对话框左下角的“直接复制元件”按钮，在弹出的直接复制元件对话框中输入所要复制元件的名称（见图 4.6.3），最后单击确定按钮即可。

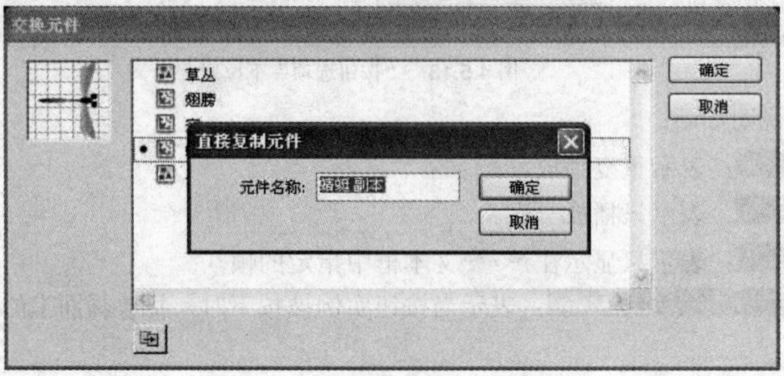

图 4.6.3 “直接复制元件”对话框

第七节 上机实战

下面练习制作倒影，最终效果如图 4.7.1 所示。

图 4.7.1 最终效果图

其操作步骤如下：

（1）启动 Flash 8 软件，新建一个文件。

（2）按“Ctrl+J”键，弹出文档属性对话框，设置尺寸(I):为“400 px×300 px”，背景颜色(B):为“白色”，帧频(F):为“12”，单击确定按钮。

（3）选择文件(F)→导入(I)... Ctrl+R→导入到舞台(I)... Ctrl+R命令，弹出导入对话框，导入一幅荷花的矢量图片。

（4）选中图片，选择修改(M)→转换为元件...命令或按“F8”键，弹出转换为元件对话框，在名称(N):文本框中输入“荷花”，在类型(T):选项区中选中图形单选按钮，如图 4.7.2 所示。

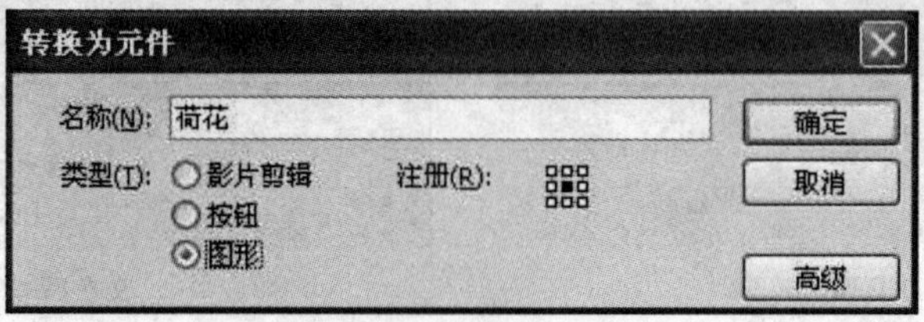

图 4.7.2 “转换为元件”对话框

（5）单击 确定 按钮，将其转换为元件，此时，舞台中的荷花将变成该元件的一个实例。

（6）单击时间轴中的“插入图层”按钮，插入“图层 2”。

（7）选择 窗口(W) → 库(L) Ctrl+L 命令或按“Ctrl+L”键，打开库面板，从中拖动“荷花”元件到“图层 2”中，此时，在舞台中将有两个荷花，如图 4.7.3 所示。

（8）选中“图层 1”中的荷花，选择 修改(M) → 变形(T) → 垂直翻转(V) 命令，将其垂直翻转 180°，如图 4.7.4 所示。

图 4.7.3　拖入“荷花”元件

图 4.7.4　垂直翻转荷花

（9）选中“图层 1”中的荷花，在属性面板的 颜色: 下拉列表中选择“Alpha”选项，在其后的文本框中输入“20%”，更改其透明度，如图 4.7.5 所示。

（10）选择工具箱中的选择工具，调整荷花的位置，如图 4.7.6 所示。

图 4.7.5　更改荷花的透明度

图 4.7.6　调整荷花的位置

（11）按“Ctrl+Enter”键，测试动画，最终效果如图 4.7.1 所示。

本章小结

本章介绍了元件与实例的有关知识，包括元件的分类、创建与编辑，实例的创建、实例属性的更改以及实例的交换，希望用户熟练掌握元件与实例的关系，并能进行具体应用。

习 题 四

一、填空题

1．元件分为__________、按钮元件和影片剪辑元件。

2．可以将__________实例放在按钮元件的时间轴内，从而创建动画按钮。

二、选择题

1．按钮元件的状态帧包括（ ）。

A．弹起　　B．指针经过

C．按下　　D．点击

2．Flash 8 提供的编辑元件的方法有（ ）。

A．使用“编辑”命令编辑元件

B．使用“在当前位置编辑”命令编辑元件

C．使用“在新窗口中编辑”命令编辑元件

D．使用外部编辑器编辑元件

三、简答题

1．简述元件的创建方法。

2．简述元件与实例的关系。

四、上机操作题

1．制作如题图 4.1 所示的效果。

2．制作如题图 4.2 所示的效果。

题图 4.1　效果图

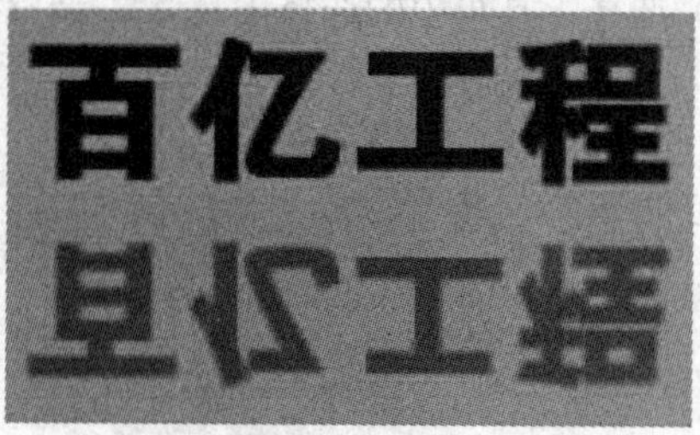

题图 4.2　效果图

第五章 动画制作

本章要点

- ☑ 层
- ☑ 帧
- ☑ 制作逐帧动画
- ☑ 制作补间动画

学习目标

在 Flash 8 中可以创建丰富多彩的动画效果，如逐帧动画、补间动画、遮罩动画等。通过本章的学习，用户应了解 Flash 8 中层和帧的含义，并能使用 Flash 制作各种不同类型的动画。

第一节　层

新建的 Flash 文件最初只有一个层，用户可以根据需要创建多个层，然后将不同的内容放在不同的层中，从而有助于组织动画中的各元素，如图 5.1.1 所示。

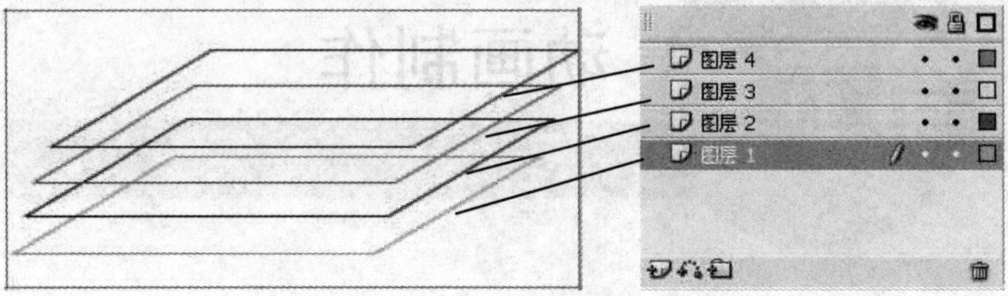

图 5.1.1　层的示意图

一、层的分类

在 Flash 8 中，层包括标准层、引导层和遮罩层 3 种类型，用户可以根据需要随时调整层的顺序，而不影响层中的内容。

（1）标准层：即系统默认层，用于储存最基本的对象，例如实例、位图、矢量图、文本、视频和声音等。

（2）引导层：用于设置对象的运动轨迹，不随动画输出，因此不会增加动画文件的大小，如图 5.1.2 所示。

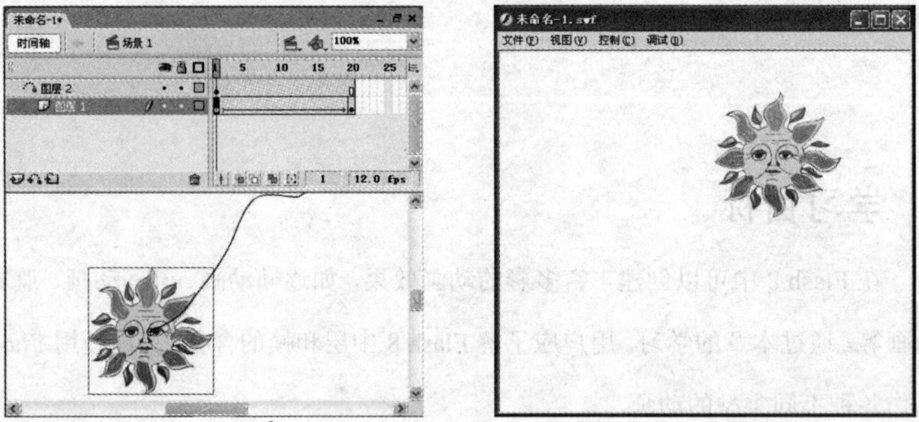

输入前　　　　输出后

图 5.1.2　引导层在动画输出前后的效果

（3）遮罩层：用于将被遮罩层中的内容遮盖起来，从而创建出各种特殊效果，如探照灯、百叶窗、放大镜等。

二、层的操作

通过单击层控制区域中的按钮和图标，可以完成层的大部分操作，如图 5.1.3 所示。

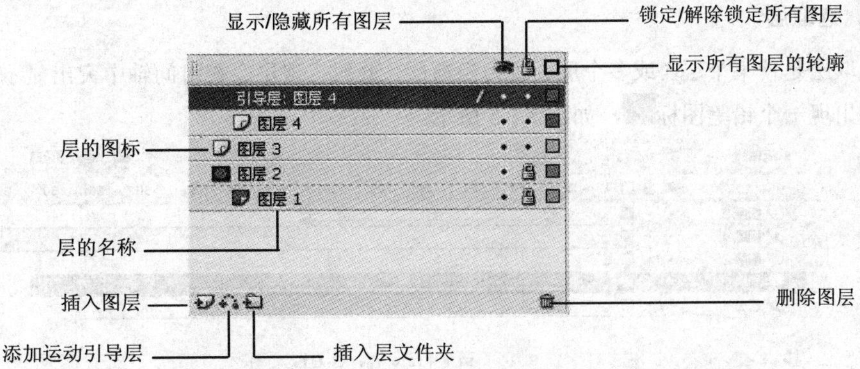

图 5.1.3　层控制区域

1. 层的创建与删除

在默认情况下，层是按照创建的先后顺序命名的，如“图层 1”、“图层 2”及“图层 3”等，依此类推。要创建一个新层，可以执行下列操作之一。

（1）单击“插入图层”按钮。

（2）选择 插入(I) → 时间轴(T) → 图层(L) 命令。

（3）将鼠标指针置于层名区，单击鼠标右键，在弹出的快捷菜单中选择 插入图层 命令。

提示 *以上介绍的是如何插入标准层，除此以外，用户还可以单击“添加运动引导层”按钮，创建引导层；单击“插入层文件夹”按钮，创建文件夹层。*

删除层指将层从层列表中删除，同时删除层中的所有帧及对象。要删除层，可以执行下列操作之一：

（1）选中层，单击“删除图层”按钮。

（2）选中层，将其拖动至“删除图层”按钮上，然后释放鼠标左键。

（3）选中层，单击鼠标右键，在弹出的快捷菜单中选择 删除图层 命令。

2. 重命名层

为了便于快速识别层，可以根据层中内容重命名层。例如，如果在“图层 3”中绘制了一片绿叶，可以将“图层 3”重命名为“绿叶”，操作步骤如下：

（1）选中要重命名的层，例如“图层 3”。

（2）用鼠标左键双击该层的名称，使其变为可编辑的文本框。

（3）在文本框中输入层的名称，例如输入“绿叶”。

（4）在文本框外单击鼠标，完成重命名操作，其操作过程如图 5.1.4 所示。

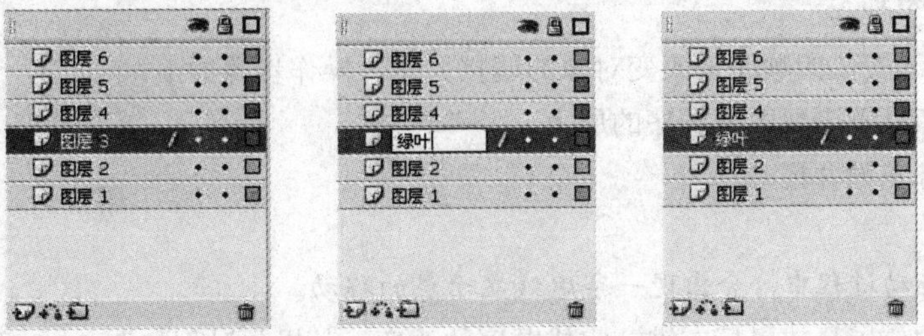

图 5.1.4　重命名层的操作示意图

3．选取层

选取层是使某个层（或多个层）成为当前层，此时，该层会在时间轴中突出显示，并且在层名的右侧将出现一个铅笔图标，如图 5.1.5 所示。

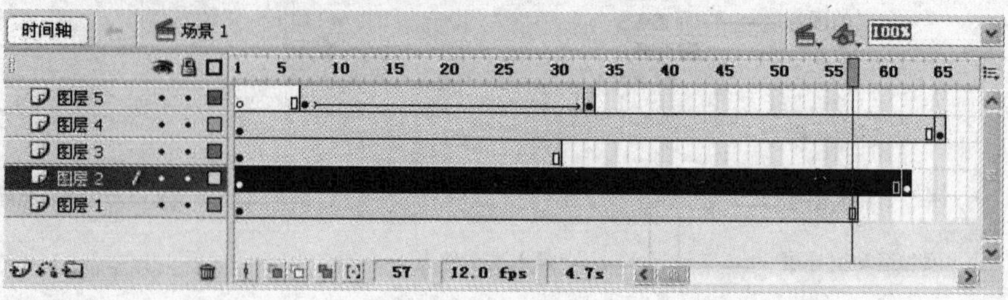

图 5.1.5　选取的层

根据选取范围的不同，层的选取包括单个层的选取、相邻层的选取和不相邻层的选取，下面分别进行介绍。

（1）单个层的选取。在层列表中单击层所在的行即可（见图 5.1.5）。

（2）相邻层的选取。选取单个层后，在按住“Shift”键的同时，用鼠标单击要选择的最后一层即可，如图 5.1.6 所示。

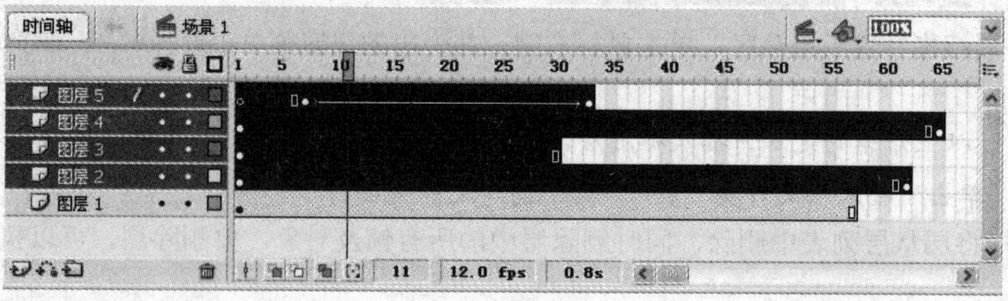

图 5.1.6　选取相邻的层

（3）不相邻层的选取。选取单个层后，在按住“Ctrl”键的同时，用鼠标单击不相邻的层即可，如图 5.1.7 所示。

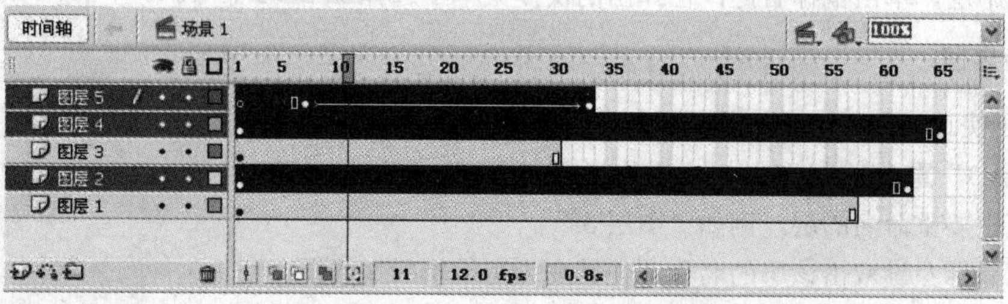

图 5.1.7　选取不相邻的层

4．改变层的顺序

用户可以通过改变层的顺序来改变对象的遮挡关系，操作步骤如下：

（1）将鼠标指针置于要改变顺序的层上。

（2）按住鼠标左键并拖动。

注意　在拖动过程中，会出现一条虚线显示层的移动。

（3）在需要的位置释放鼠标左键，完成顺序的改变，其操作过程如图 5.1.8 所示。

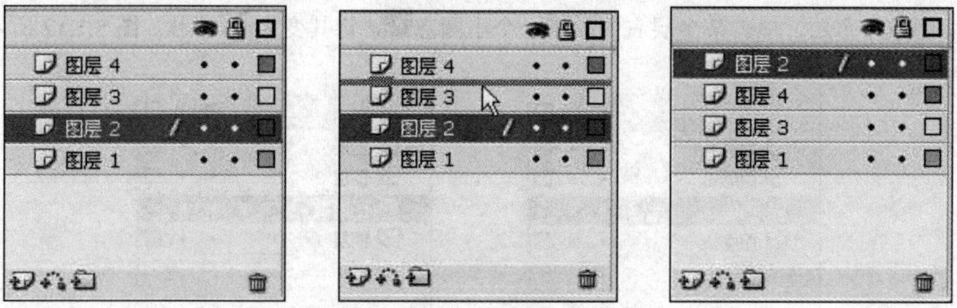

图 5.1.8 改变层顺序的操作过程示意图

5．锁定与解锁层

在编辑某个层时，为了避免影响其他层，可以将层锁定。

（1）锁定单个层。单击某个层右侧的第二个小圆点，将其变为形状，图 5.1.9 所示的为锁定“图层 4”前后的效果。

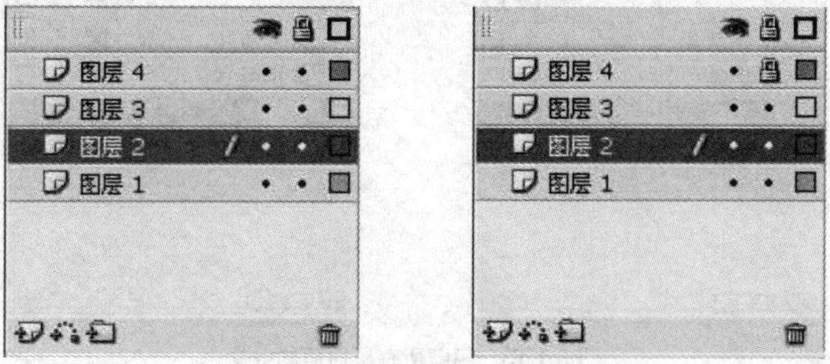

图 5.1.9 锁定单个层前后的效果

注意 如果锁定的是当前层，则该层中的形状将变为形状，表示该层同时处于不可编辑状态，如图 5.1.10 所示。

（2）锁定与解锁所有层。单击层列表上方的“锁定/解除锁定所有图层”图标，可以同时锁定所有层，如图 5.1.11 所示。

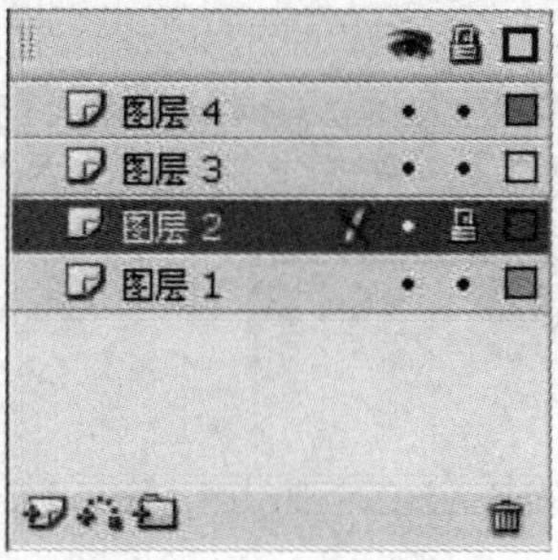

图 5.1.10 锁定当前层

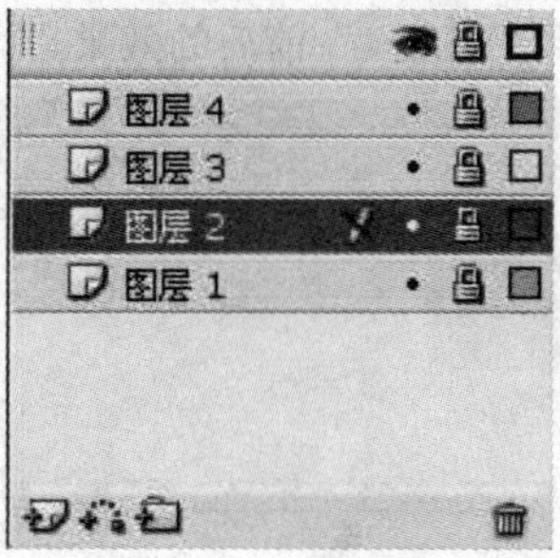

图 5.1.11 锁定所有层

如果要解除对单个层的锁定，单击该层与“锁定/解除锁定所有图层”按钮交叉的形状，将其变为形状即可；如果要解除对所有层的锁定，单击“锁定/解除锁定所有图层”按钮即可。

6．隐藏与显示层

在动画制作过程中，有些层可能会影响用户的操作，那么就须要将这些层隐藏。

（1）隐藏单个层。单击某个层右侧的第一个小圆点，将其变为形状，图 5.1.12 所示的为隐藏“图层 4”前后的效果。

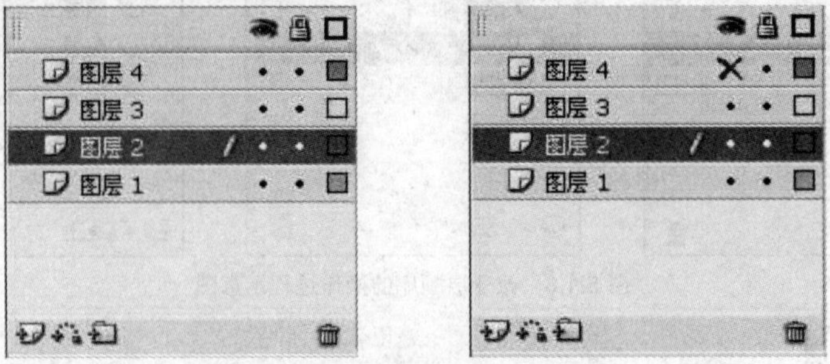

图 5.1.12　隐藏单个层前后的效果

（2）隐藏所有层。单击层列表上方的“显示/隐藏所有图层”按钮，可以同时隐藏所有层，如图 5.1.13 所示。

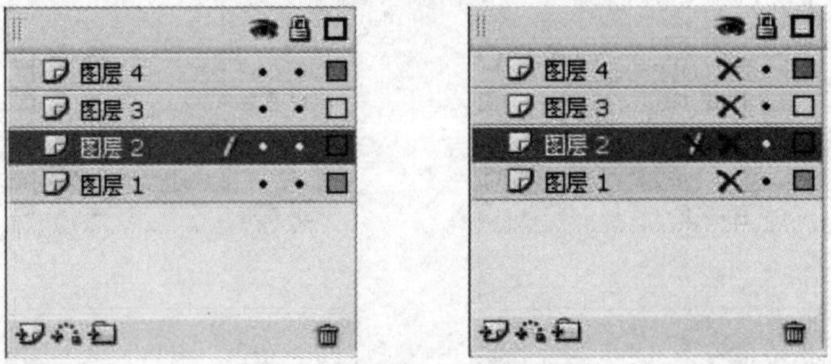

图 5.1.13　隐藏所有层前后的效果

如果要重新显示单个层，单击该层与“显示/隐藏所有图层”按钮交叉的形状，将其变为形状即可；如果要重新显示所有层，单击“显示/隐藏所有图层”按钮即可。

7．显示层的轮廓

显示层的轮廓指将层中的对象在舞台中以轮廓形式显示，从而便于用户的操作。

（1）显示单个层的轮廓。单击某个层右侧的实心方框，将其变为空心方框，图 5.1.14 所示的为以轮廓方式显示“图层 4”前后的效果。

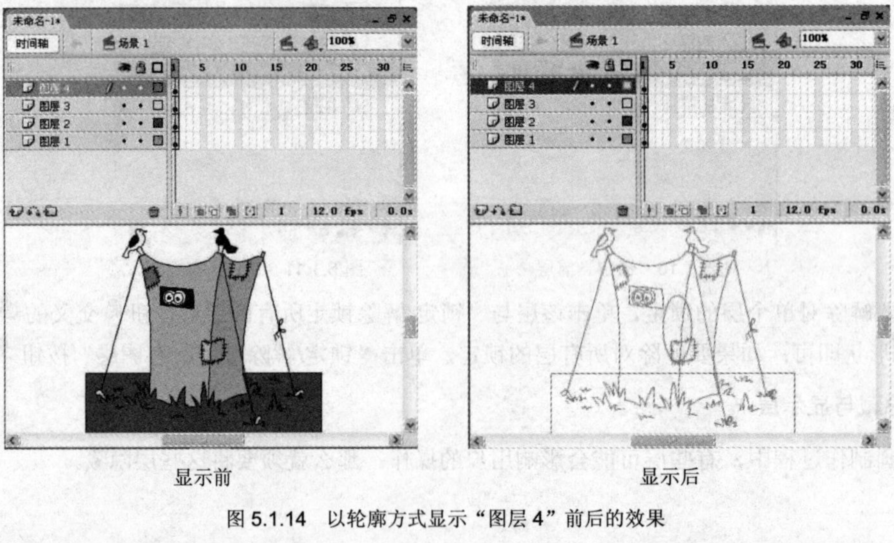

显示前　　　　显示后

图 5.1.14　以轮廓方式显示“图层 4”前后的效果

（2）显示所有层的轮廓。单击层列表上方的“显示所有图层的轮廓”按钮，可以同时以轮廓方式显示所有层。

三、引导层

引导层用于辅助动画创作，并不出现在最终发布的 Flash 动画中，用户可以将任何层作为引导层。

1．引导层的创建

引导层包括普通引导层和运动引导层两种，在时间轴中，普通引导层以丁字尺表示；运动引导层以弧线表示。

（1）普通引导层的创建。普通引导层是在标准层的基础上创建的，操作步骤如下：

1）选中要转换为普通引导层的标准层。

2）单击鼠标右键，在弹出的快捷菜单中选择 属性... 命令，弹出 图层属性 对话框，如图 5.1.15 所示。

3）在 类型: 选项区中选中 ⊙引导层 单选按钮，如图 5.1.16 所示。

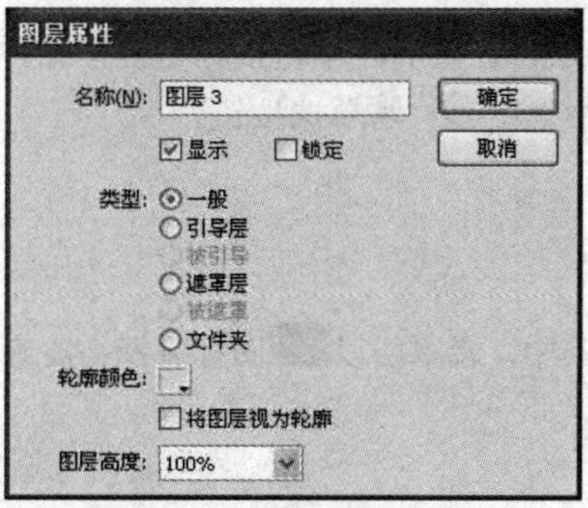

图 5.1.15 “图层属性”对话框

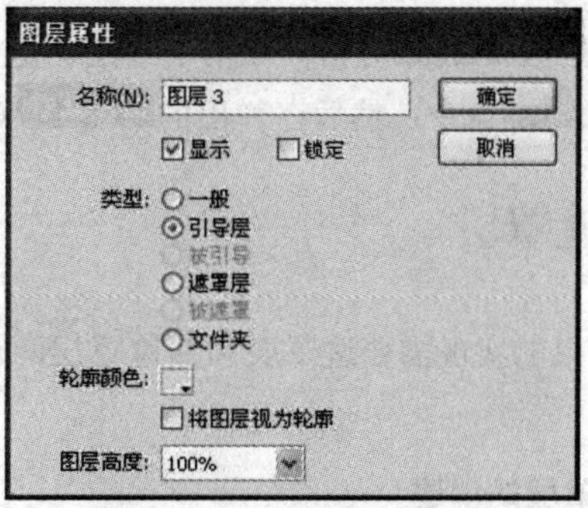

图 5.1.16 选中“引导层”单选按钮

4）单击 确定 按钮，完成标准层到普通引导层的转换，如图 5.1.17 所示。

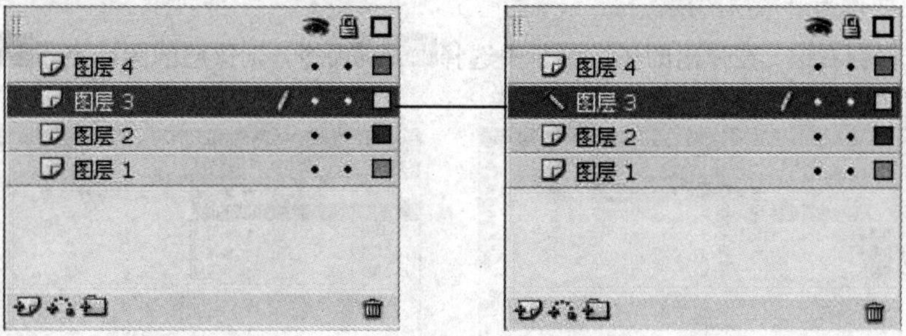

图 5.1.17 转换标准层为普通引导层

技巧 用户还可以在弹出的快捷菜单中选择 引导层 命令，将标准层转变为普通引导层。

（2）运动引导层的创建。运动引导层可以在普通引导层的基础上进行创建，操作步骤如下：

1）选中普通引导层下方的第一个层。

2）单击鼠标右键，在弹出的快捷菜单中选择 属性... 命令，弹出 图层属性 对话框。

3）在 类型: 选项区中选中 ⊙被引导 单选按钮。

4）单击 确定 按钮，完成运动引导层的创建，如图 5.1.18 所示。

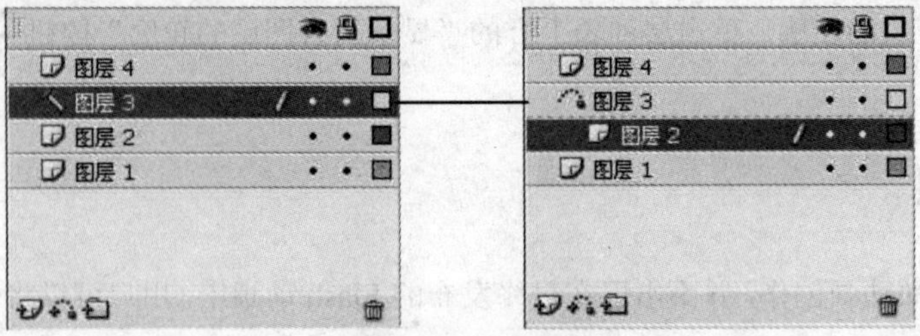

图 5.1.18　在普通引导层的基础上创建运动引导层

与普通引导层相比，运动引导层是一个新层，用户还可以在选中某个层后，单击时间轴中的“添加运动引导层”按钮，或选择插入(I)→时间轴(T)→运动引导层(M)命令，为其添加运动引导层。

2．引导层的取消

用户可以通过快捷菜单命令或图层属性对话框来取消引导层。

（1）通过快捷菜单命令取消引导层。选中引导层，单击鼠标右键，在弹出的快捷菜单中选择✔引导层命令。

（2）通过图层属性对话框取消引导层。选中引导层，在层名区单击鼠标右键，在弹出的快捷菜单中选择属性...命令，然后在弹出的图层属性对话框中选中⊙一般单选按钮。

四、遮罩层

遮罩效果的实现需要遮罩层和被遮罩层两个层，其中，遮罩层以图标表示；被遮罩层以图标表示。

1．遮罩层的创建

通过快捷菜单命令可以方便地创建遮罩层，操作步骤如下：

（1）选中要作为遮罩层的层。

（2）单击鼠标右键，在弹出的快捷菜单中选择遮罩层命令，则该层的图标变为形状，其下方被遮罩层的图标变为形状，如图 5.1.19 所示。

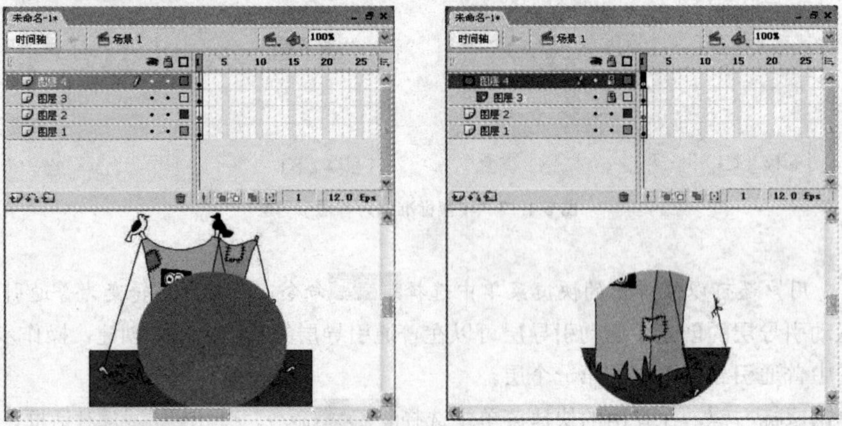

遮罩前　　　　遮罩后

图 5.1.19　遮罩效果

2．遮罩层的取消

取消遮罩层的操作步骤如下：

（1）选中遮罩层。

（2）单击鼠标右键，在弹出的快捷菜单中选择✔遮罩层命令。

第二节　帧

帧是构建动画的基本元素之一，也是衡量动画时间长短的尺度，帧数越多，动画的播放时间会相应的变长。

一、帧的分类

在 Flash 8 中，帧分为关键帧和普通帧两种类型。

（1）关键帧：指包含实际内容的帧，在时间轴上以黑色实心圆点表示，它的多少不会对动画的文件大小造成影响。

（2）普通帧：指处于两个关键帧之间，由系统自动生成的中间画面，在时间轴上以灰色方格来表示，它的多少不会对动画文件的大小造成影响。

在不同的情况下，关键帧及普通帧的表达方式及含义也不同，如表 5.1 所示。

表 5.1　关键帧及普通帧的不同表达方式及含义

表达方式	含　义
	表示动作补间动画，关键帧之间用浅蓝色填充并由箭头连接
	表示形状补间动画，关键帧之间用浅绿色填充并由箭头连接
	表示补间是断的或不完整的
	表示关键帧中的内容延续到后面的普通帧中
	表示在关键帧中添加了动作
qqq	表示为关键帧设置了名称
qqq	表示为关键帧设置了注释
qqq	表示为关键帧设置了锚记

二、改变帧的外观

为便于操作帧，用户可以改变帧的外观。单击时间轴右上角的“面板菜单”按钮，将弹出帧的外观设置菜单，如图 5.2.1 所示。

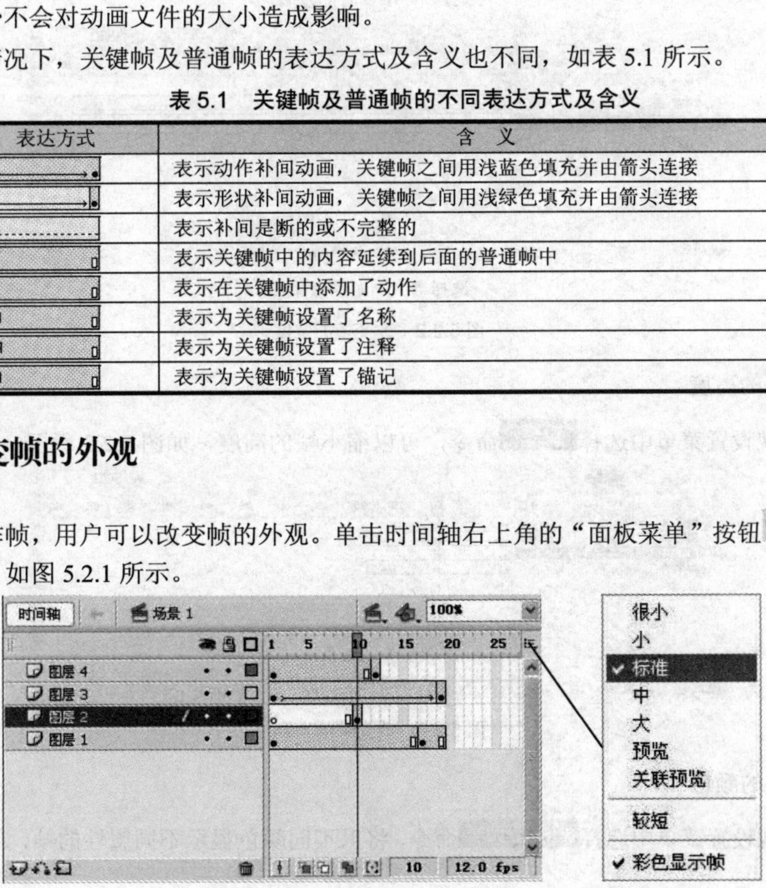

图 5.2.1　显示帧的外观设置菜单

1．改变帧的宽度

在帧的外观设置菜单中选择很小、小、标准、中或大命令，可以改变帧的宽度，图 5.2.2 所示的为选择很小、标准和大时的效果。

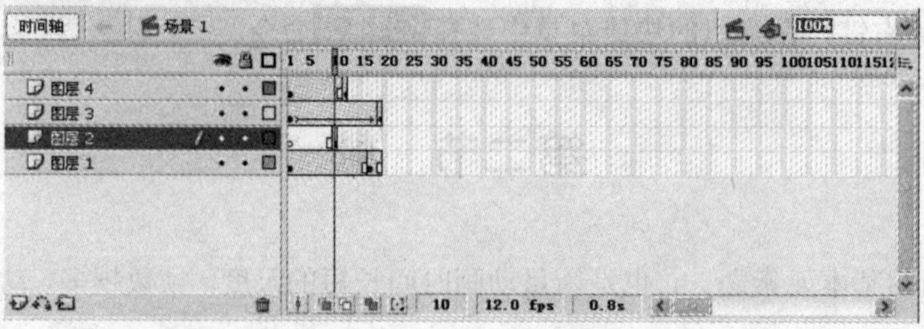

选择“很小”时的效果

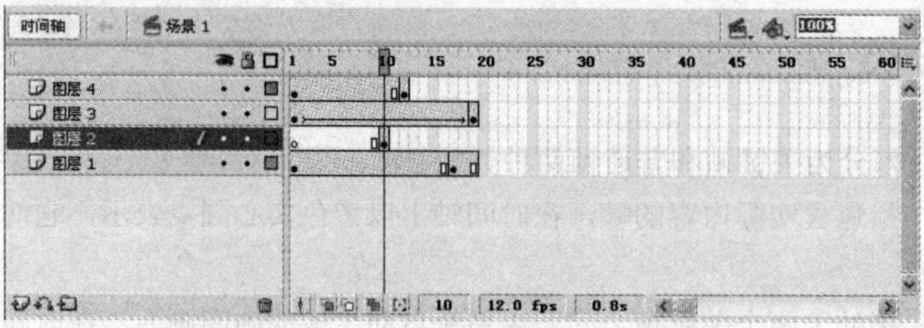

选择“标准”时的效果

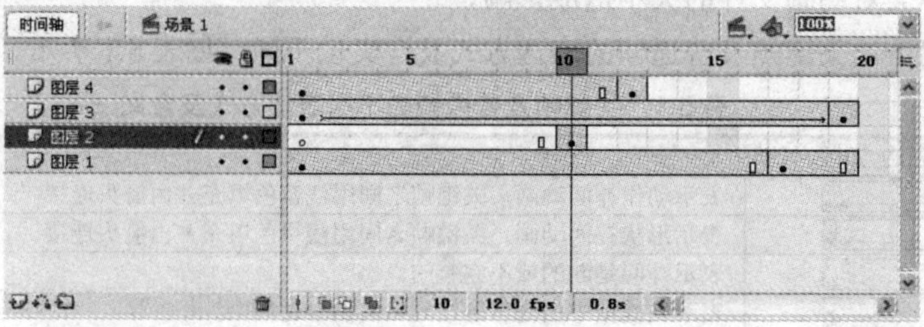

选择“大”时的效果

图 5.2.2　改变帧的宽度

2．改变帧的高度

在帧的外观设置菜单中选择较短命令，可以缩小帧的高度，如图 5.2.3 所示。

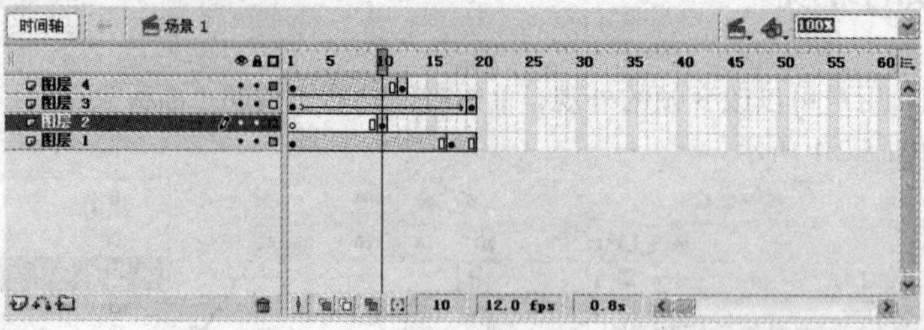

图 5.2.3　改变帧的高度

3．改变帧的颜色

在帧的外观设置菜单中选择彩色显示帧命令，将以不同颜色显示不同属性的帧，为系统默认选项。

4．以缩略图方式显示帧

在帧的外观设置菜单中选择预览或关联预览命令，将以缩略图方式显示帧，如图 5.2.4 所示。

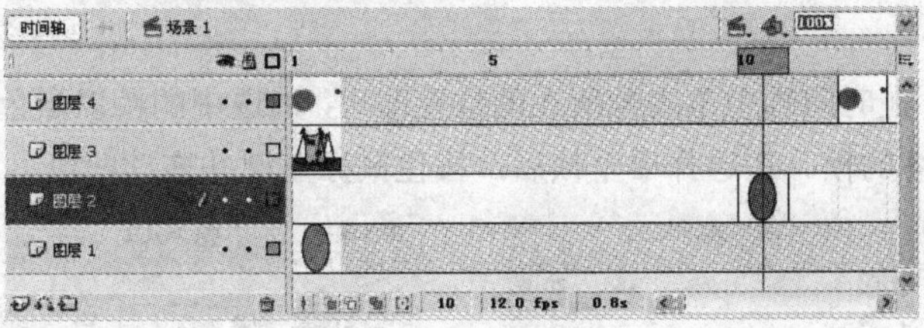

选择“预览”时的效果

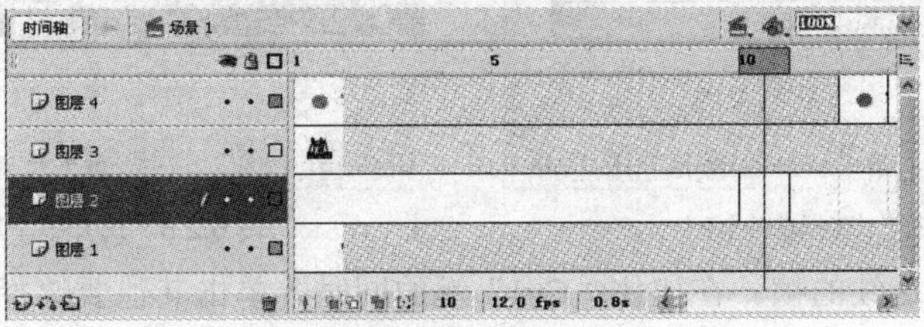

选择“关联预览”时的效果

图 5.2.4　以缩略图方式显示帧

由图 5.2.4 可以看出，使用“关联预览”命令，不仅能够以缩略图方式显示帧，还能显示各帧内容相对于整个动画的大小和位置。

三、设置帧标签

为了便于识别、控制和定位帧，可以为关键帧创建名称、注释或锚记等类型的帧标签，操作步骤如下：

（1）选中要设置帧标签的关键帧。

（2）在“帧标签”文本框中输入帧标签的名称，如图 5.2.5 所示。

图 5.2.5　输入帧标签的名称

（3）在标签类型:下拉列表中选择帧标签的类型，如图 5.2.6 所示。

图 5.2.6　选择帧标签的类型

四、选择和移动帧

在动画制作过程中，选择和移动帧是最常用的操作，下面分别进行介绍。

1．选择帧

根据选择范围的不同，选择帧包括选择单个帧、选择多个连续的帧、选择多个不连续的帧和选择所有帧 4 种类型。

（1）选择单个帧。在时间轴中单击帧所在的位置即可，被选中的帧以黑色显示，如图 5.2.7 所示。

（2）选择多个连续的帧。在选择单个帧后，按住鼠标左键并拖动即可，如图 5.2.8 所示。

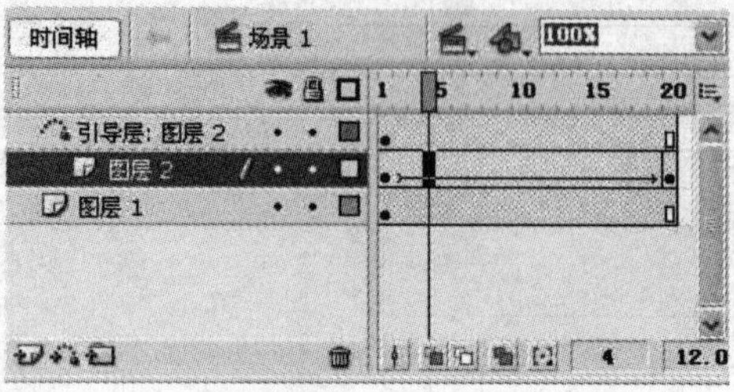

图 5.2.7　选择单个帧

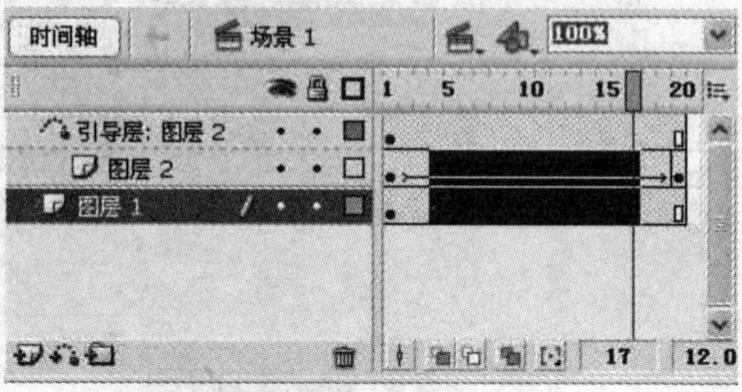

图 5.2.8　选择多个连续的帧

（3）选择多个不连续的帧。在按住“Ctrl”键的同时，单击其他要选择的帧即可，如图 5.2.9 所示。

（4）选择所有帧。在选择单个帧后，单击鼠标右键，在弹出的快捷菜单中选择 选择所有帧 命令即可，如图 5.2.10 所示。

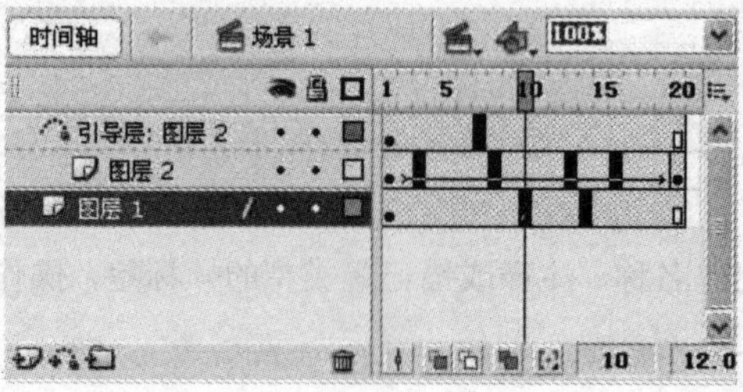

图 5.2.9　选择多个不连续的帧

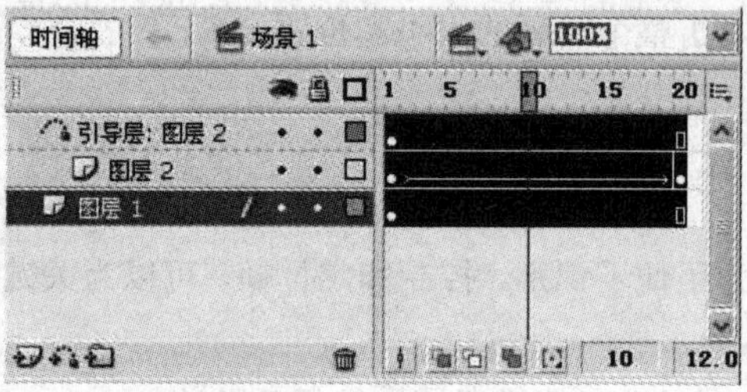

图 5.2.10　选择所有帧

2．移动帧

（1）移动单个帧。在选择单个帧后，将鼠标指针置于该帧上，当其呈现 形状时，按住鼠标左键并拖动，当拖动到目标位置时，释放鼠标左键即可，其操作过程如图 5.2.11 所示。

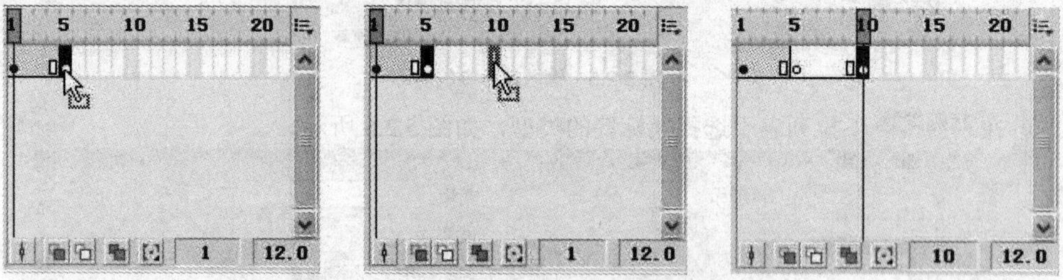

图 5.2.11　移动单个帧的操作过程示意图

（2）移动多个连续的帧。在选择多个连续的帧后，将鼠标指针置于被选中的任意帧上，当鼠标指针呈现 形状时，按住鼠标左键并拖动，当拖动到目标位置时，释放鼠标左键即可，其操作过程如图 5.2.12 所示。

注意　如果在移动帧的过程中按住了“Alt”键，则在不改变原帧的基础上复制并移动帧。

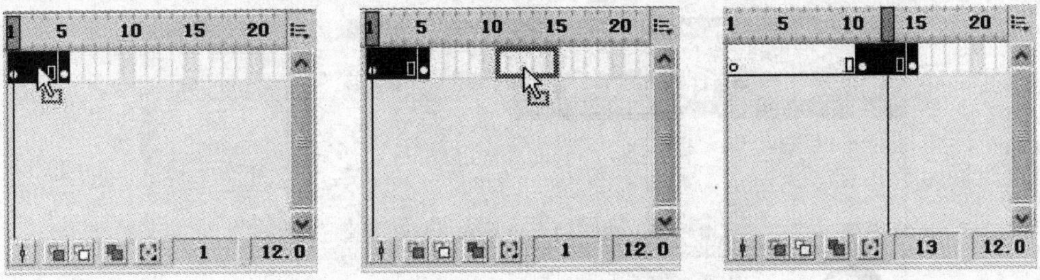

图 5.2.12　移动多个连续帧的操作过程示意图

第三节　制作逐帧动画

用户可以在舞台上逐帧绘制图形生成逐帧动画，也可以直接导入一组图像序列生成逐帧动画，下面介绍第二种方法，操作步骤如下：

（1）启动 Flash 8 软件，新建一个文件。

（2）选择[文件(F)]→[导入(I)]→[导入到舞台(I)... Ctrl+R]命令，弹出[导入]对话框，如图 5.3.1 所示，选中图像序列中的第一个图像。

图 5.3.1　“导入”对话框

（3）单击[打开(O)]按钮，弹出如图 5.3.2 所示的提示框，如果单击[是(Y)]按钮，将导入图像序列中的所有图像；如果单击[否(N)]按钮，将只导入选中的图像；如果单击[取消]按钮，则取消导入操作。

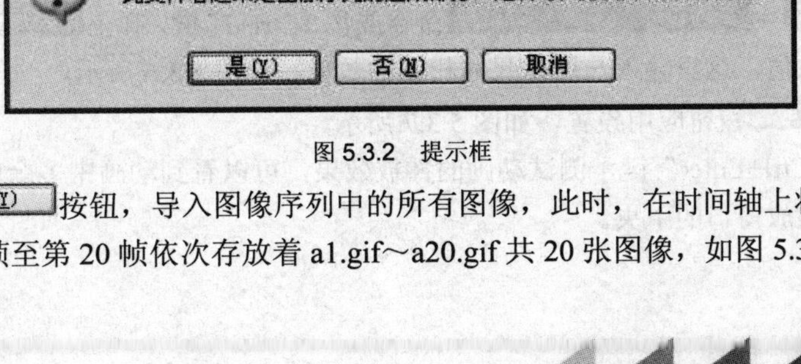

图 5.3.2　提示框

（4）单击[是(Y)]按钮，导入图像序列中的所有图像，此时，在时间轴上将相应出现 20 个关键帧，并且从第 1 帧至第 20 帧依次存放着 a1.gif～a20.gif 共 20 张图像，如图 5.3.3 所示。

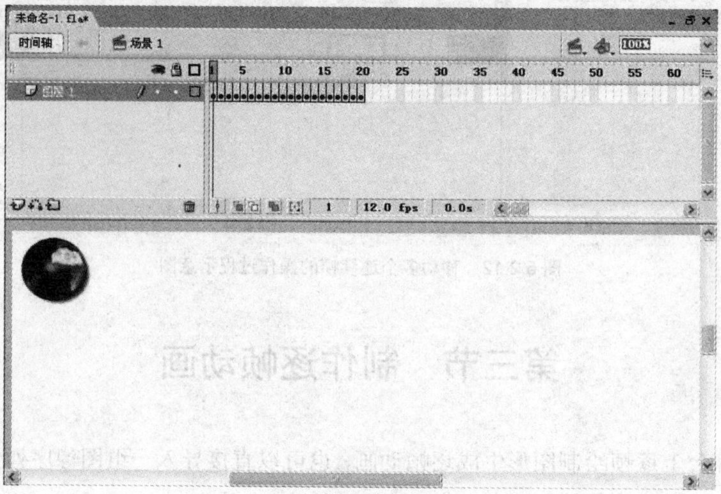

图 5.3.3　导入图像序列中的所有图像

（5）按“Ctrl+Enter”键，测试动画，最终效果如图 5.3.4 所示。

图 5.3.4　动画的播放效果

由图 5.3.4 可以发现一个比较明显的问题：动画中的空白太多了。因此须要更改舞台的大小，操作步骤如下：

（1）选择 窗口(W) → 属性(P) → 属性(P) Ctrl+F3 命令，打开属性面板，可以看到图像的宽度为 90，高度为 80，如图 5.3.5 所示。

图 5.3.5　属性面板

（2）选择 修改(M) → 文档(D)... Ctrl+J 命令或按“Ctrl+J”键，弹出 文档属性 对话框，在 尺寸(I): 文本框中输入相应数值，这里输入与图像尺寸相同的数值，如图 5.3.6 所示。

（3）单击 确定 按钮应用设置，如图 5.3.7 所示。

（4）再次按“Ctrl+Enter”键，测试动画的播放效果，可以看到动画中多余的空白都被去掉了，并且图像被显示在播放窗口的中央。

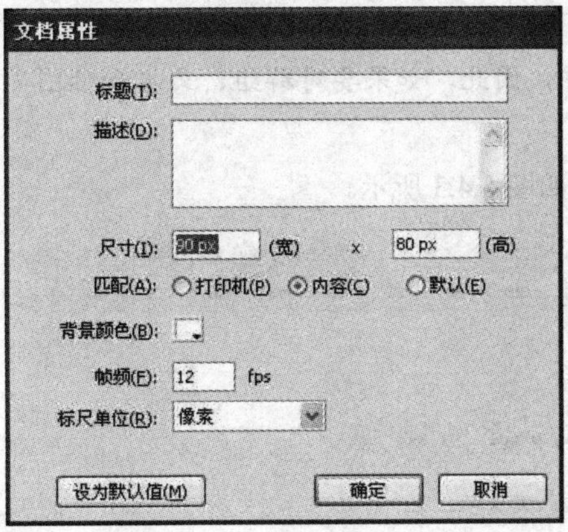

图 5.3.6　“文档属性”对话框

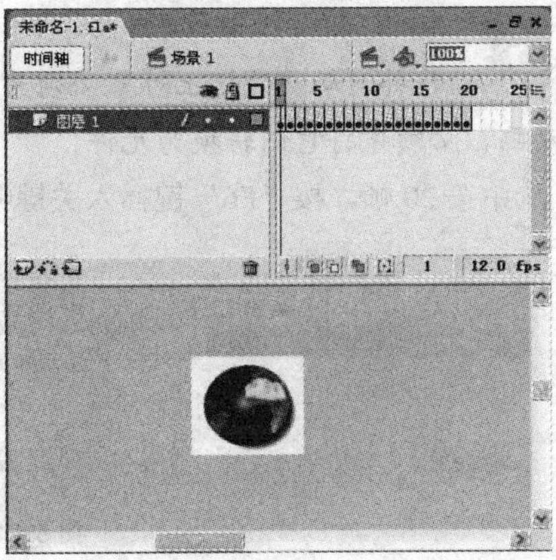

图 5.3.7　更改舞台大小后的文件

第四节　制作补间动画

补间动画包括运动补间动画和形状补间动画两种类型，它们的最大区别在于：在形状补间动画中，动画对象的形状发生了变化，比如由一个矩形变成了一个圆形，而不像运动补间动画那样，仅仅是颜色、位置、透明度或色调发生了变化。

一、制作运动补间动画

运动补间动画的制作流程是：首先制作两个关键帧，然后在这两个关键帧之间添加“动画”补间。下面制作“Flash”文本由小变大，并且从左向右移动的动画，操作步骤如下：

（1）启动 Flash 8 软件，新建一个文件。

（2）选择工具箱中的文本工具A，在属性面板中设置字体为“华文新魏”，字体大小为“30”，文本颜色为“红色”（见图 5.4.1），在舞台上输入文本“Flash”。

图 5.4.1　设置文本属性

（3）选中文本，选择修改(M)→转换为元件...命令或按“F8”键，弹出转换为元件对话框，在名称(N):文本框中输入“文本”，在类型(T):选项区中选中图形单选按钮（见图 5.4.2），单击确定按钮，将其转换为元件。

图 5.4.2　“转换为元件”对话框

注意

动作补间动画的起止对象必须为元件，因此，如果要对群组、文本和位图等对象制作动作补间动画，必须先将它们转换为元件。

（4）选中第 20 帧，按“F6”键插入关键帧，如图 5.4.3 所示。

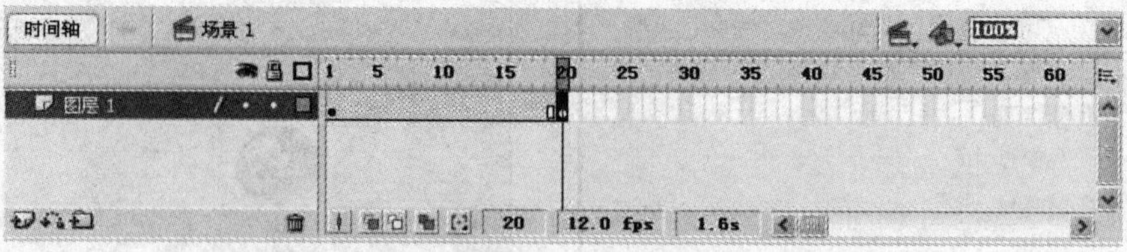

图 5.4.3　插入关键帧

（5）选择工具箱中的任意变形工具，将第 1 帧中的文本向左移动一段距离，将第 20 帧中的文本放大并向右移动一段距离，如图 5.4.4 所示。

第 1 帧中的文本

第 20 帧中的文本

图 5.4.4　调整文本

（6）选中第 1 帧，在属性面板的 补间: 下拉列表中选择“动画”选项，并设置其他选项，这里采用默认设置，如图 5.4.5 所示。

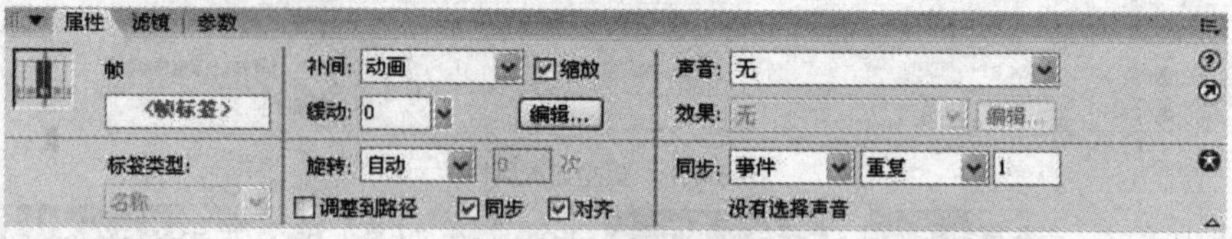

图 5.4.5　选择“动画”选项

对其他选项说明如下：

1）☑缩放：用于设置对象是否改变大小。

2）缓动：用于设置对象的运动速度，若为 0，对象将做匀速运动；若小于 0，对象将做加速运动；若大于 0，对象将做减速运动。

3）旋转：用于设置对象的旋转属性。

4）☑调整到路径：用于设置对象是否随路径的角度旋转。

5）☑同步：用于设置对象是否与主场景相匹配。

6）☑对齐：用于设置对象是否自动捕捉路径。

提示 不同的选项设置将得到不同的动画效果，用户如果感兴趣可以试一试。

（7）如果在两个关键帧之间出现了一个箭头，并且帧背景变成了淡蓝色，则表示动画制作成功（见图 5.4.6），最后按“Ctrl+Enter”键，预览动画的播放效果，如图 5.4.7 所示。

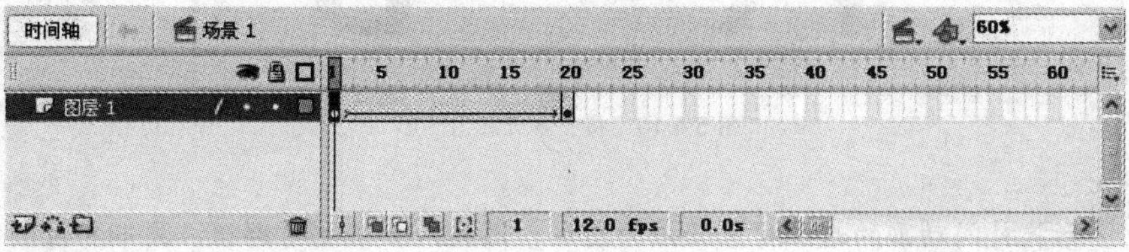

图 5.4.6　时间轴

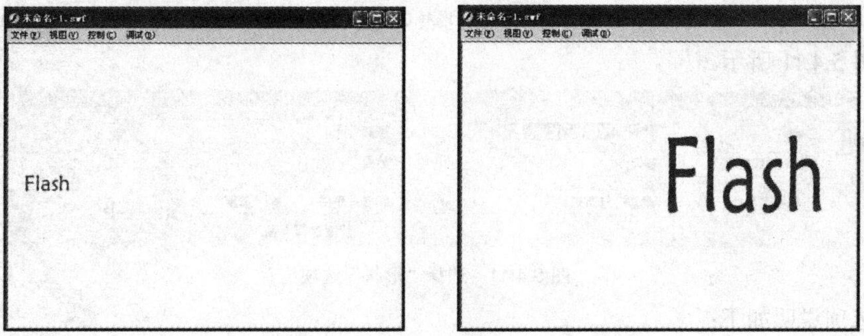

图 5.4.7　效果图

二、制作形状补间动画

形状补间动画的制作流程是：首先制作两个关键帧，然后在这两个关键帧之间添加“形状”补间。下面制作字母“A”变“B”的动画，操作步骤如下：

（1）启动 Flash 8 软件，新建一个文件。

（2）选择工具箱中的文本工具 A，在属性面板中设置字体为“华文新魏”，字体大小为“150”，文本颜色为“红色”（见图 5.4.8），在舞台上输入文本“A”。

图 5.4.8　设置文本属性

（3）选中第 20 帧，按“F6”键插入关键帧（见图 5.4.9），然后更改其中的文本为“B”。

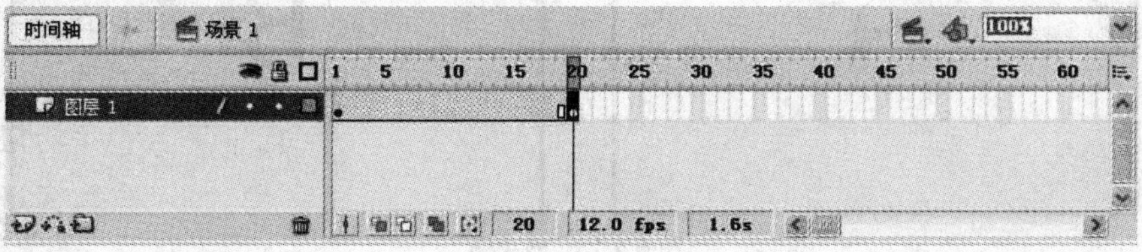

图 5.4.9　插入关键帧

（4）分别选中“A”和“B”，选择 修改(M) → 分离(K) Ctrl+B 命令或按“Ctrl+B”键，将它们分离为图形，如图 5.4.10 所示。

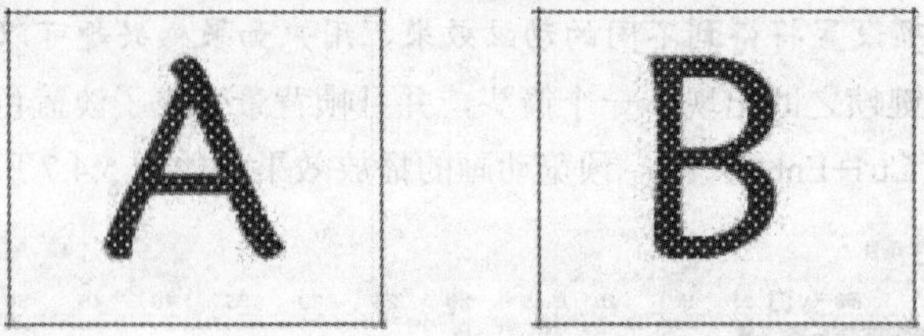

图 5.4.10　将文本分离为图形

注意 形状补间动画的起止对象必须为图形，因此，如果要对群组、文本和位图等对象制作形状补间动画，必须先将它们彻底分离为图形。

（5）选中第 1 帧，在属性面板的 补间: 下拉列表中选择“形状”选项，并设置其他选项，这里采用默认，如图 5.4.11 所示。

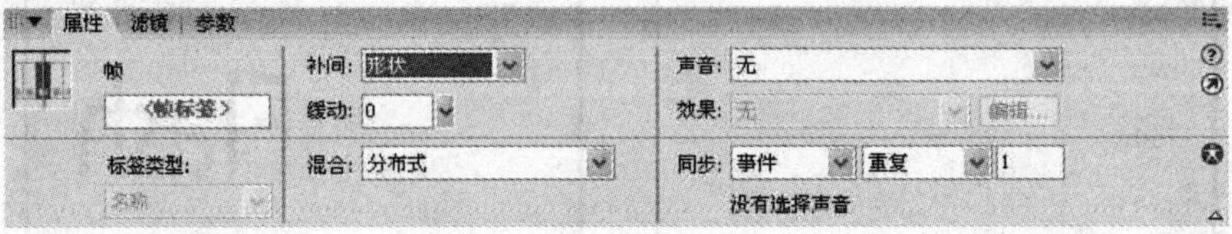

图 5.4.11　选择“形状”选项

对其他选项说明如下：

1） 缓动: ：用于设置对象的变化速度，若为 0，对象将做匀速变化；若小于 0，对象将做加速变化；若大于 0，对象将做减速变化。

2） 混合: ：用于设置对象的变化方式，有“分布式”和“角形”两个选项。

（6）如果在两个关键帧之间出现了一个箭头，并且帧背景变成了淡绿色，则表示动画制作成功（见图 5.4.12），最后按“Ctrl+Enter”键，预览动画的播放效果，如图 5.4.13 所示。

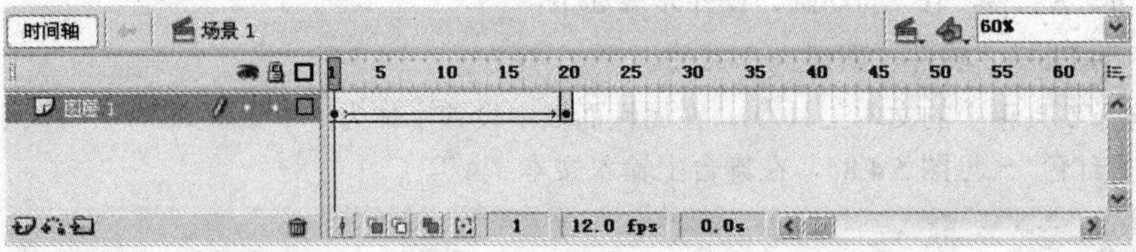

图 5.4.12　时间轴

图 5.4.13　效果图

三、使用形状提示

形状提示是由实心小圆圈加上中间的英文字母组成的，使用形状提示，可以使图形间的过渡更有目的性。下面制作一个简单的形状提示动画，操作步骤如下：

（1）启动 Flash 8 软件，新建一个文件。

（2）选择工具箱中的矩形工具，在属性面板中设置笔触颜色为“黑色”，填充颜色为“无”（见图 5.4.14），在舞台上绘制一个矩形。

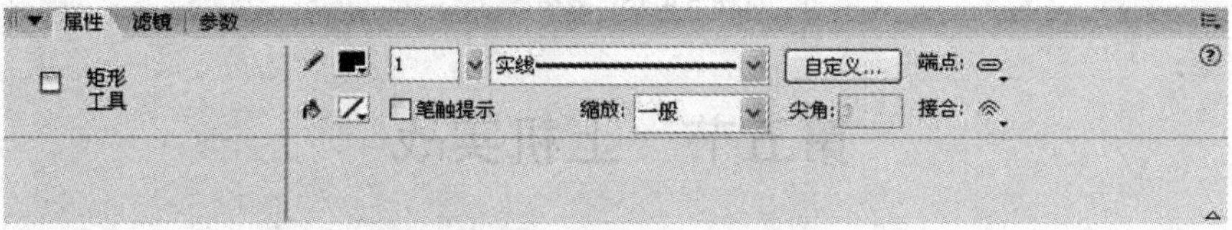

图 5.4.14 设置矩形属性

（3）选中第 20 帧，按“F6”键插入关键帧，如图 5.4.15 所示。

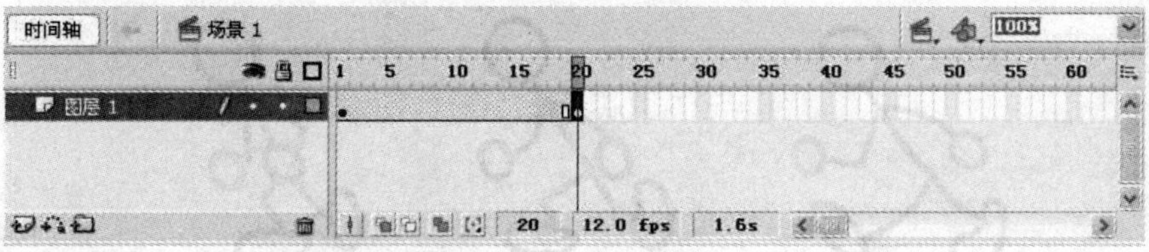

图 5.4.15 插入关键帧

（4）选中第 1 帧，在属性面板的补间:下拉列表中选择“形状”选项，并设置其他选项，这里采用默认设置，如图 5.4.16 所示。

图 5.4.16 选择“形状”选项

（5）选中第 1 帧，然后选择 修改(M) → 形状(P) → 添加形状提示(A) Ctrl+Shift+H 命令为该帧中的矩形添加形状提示，这里选择 3 次，添加 3 个形状提示。

（6）调整第 1 帧和第 20 帧中形状提示的位置，如图 5.4.17 所示。

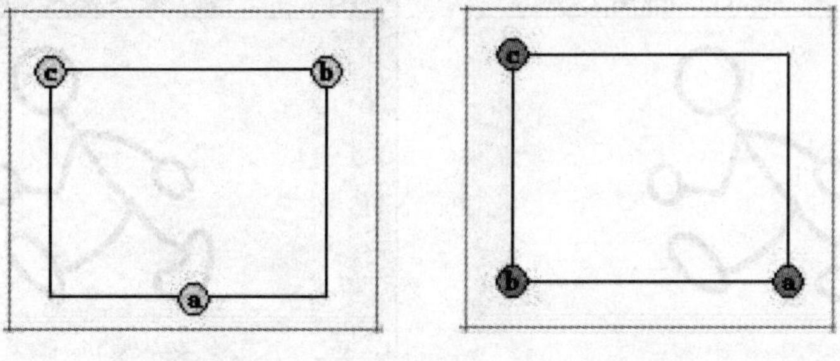

第 1 帧　　第 20 帧

图 5.4.17 调整形状提示的位置

（7）按“Ctrl+Enter”键，测试动画，最终效果如图 5.4.18 所示。

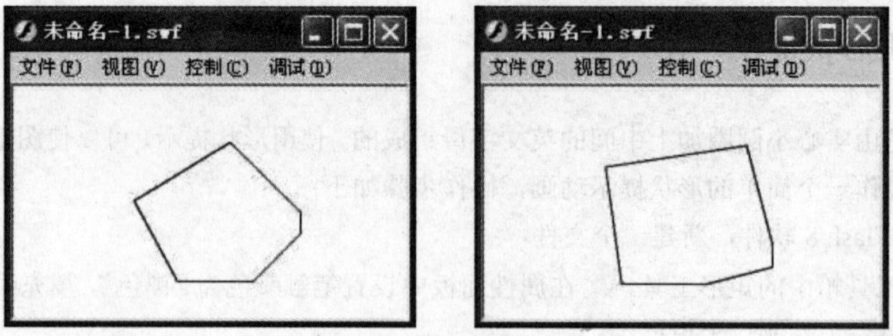

图 5.4.18　效果图

第五节　上机实战

下面练习制作“跑步的小人”动画，最终效果如图 5.5.1 所示。

图 5.5.1　最终效果图

其操作步骤如下：

（1）启动 Flash 8 软件，新建一个文件。

（2）按“Ctrl+J”键，弹出 文档属性 对话框，设置 尺寸(I): 为“550 px×400 px”， 背景颜色(B): 为“白色”，单击 确定 按钮。

（3）选择工具箱中的刷子工具，在舞台中绘制如图 5.5.2 所示的图形。

（4）分别选中第 2 帧和第 3 帧，按“F6”键插入关键帧，如图 5.5.3 所示。

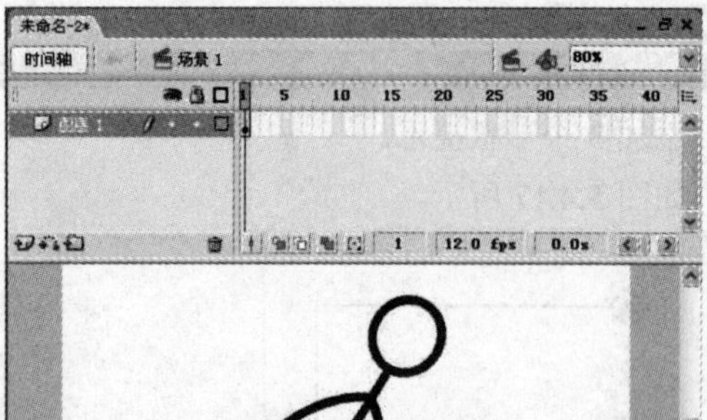

图 5.5.2　绘制图形

图 5.5.3　插入关键帧

（5）选中第 2 帧，修改其中的图形如图 5.5.4 所示。

（6）选中第 3 帧，修改其中的图形如图 5.5.5 所示，完成制作。

图 5.5.4　修改第 2 帧中的图形

图 5.5.5　修改第 3 帧中的图形

（7）按“Ctrl+Enter”键，测试动画，最终效果如图 5.5.1 所示。

本章小结

本章首先介绍了层和帧的有关知识，然后介绍了逐帧动画和补间动画的制作方法，希望用户熟练掌握，并学会形状提示的使用方法。

习 题 五

一、填空题

1．根据选取范围的不同，层的选取包括单个层的选取、相邻层的选取和__________的选取。

2．引导层分为普通引导层和__________引导层两种类型。

3．__________是构建动画的基本元素之一，也是衡量动画时间长短的尺度。

二、选择题

1．在 Flash 8 中，层包括（　）几种类型。

A．标准层　　B．引导层

C．遮罩层　　D．运动层

2．选择层是使某一层（或多个层）成为当前层，被选择的层将会在时间轴面板中突出显示，其中，（　）图标表示可以对其进行编辑。

A．　　B．

C．　　D．

3．在 Flash 8 中，帧分为（　）。

A．关键帧　　B．空白关键帧

C．普通帧　　D．注释帧

三、简答题

1. 简述运动补间动画的制作流程。
2. 简述形状补间动画的制作流程。

四、上机操作题

1. 制作一个遮罩动画，效果如题图 5.1 所示。

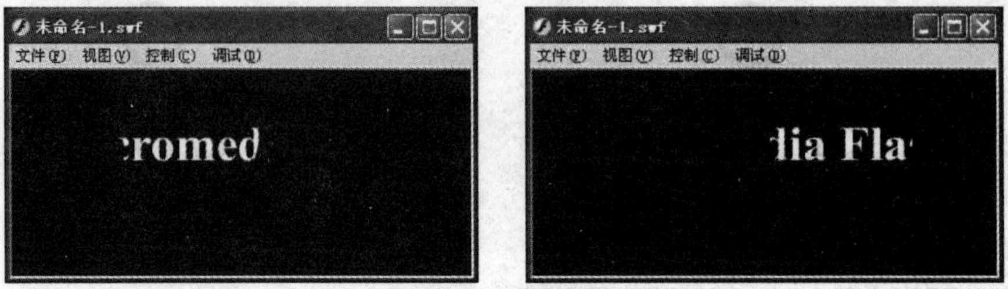

题图 5.1 效果图

2. 制作小球沿曲线运动的逐帧动画，效果如题图 5.2 所示。

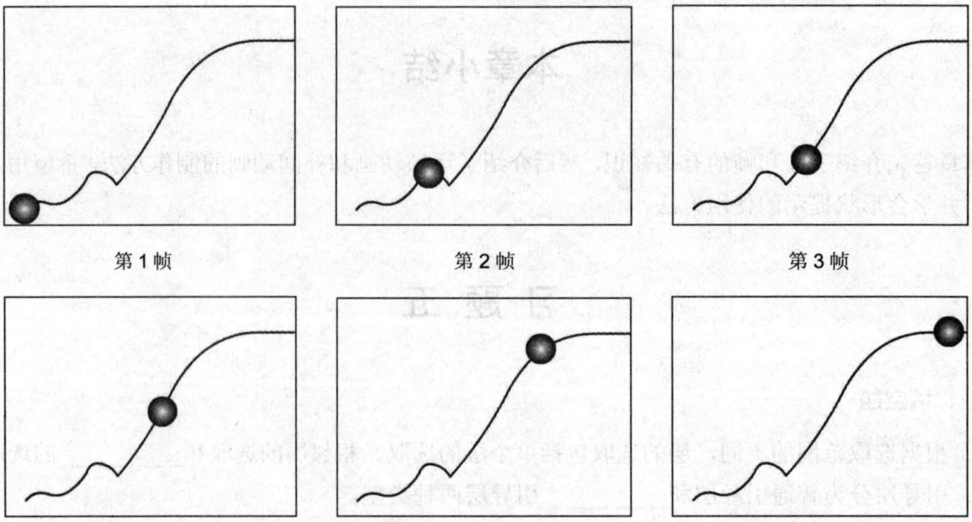

第 1 帧　第 2 帧　第 3 帧

第 4 帧　第 5 帧　第 6 帧

题图 5.2 效果图

第六章 声音与视频

本章要点

- ☑ 声音简介
- ☑ 导入声音
- ☑ 添加与编辑声音
- ☑ 视频简介
- ☑ 导入视频

学习目标

在 Flash 动画中添加声音和视频，可以更逼真地模仿现实效果，使动画更加具有吸引力。通过本章的学习，用户应熟练掌握 Flash 中声音及视频的添加方法，并能根据需要对声音及视频进行编辑。

第一节　声音简介

一个好的动画作品，如果只有画面没有配音，肯定会失色不少，声音的加入会使 Flash 动画更加绚丽多彩。在 Flash 8 中，声音被分成了两类：事件声音和音频流。

1. 事件声音

事件声音指将声音与一个事件相关联，只有当该事件被触发时，才会播放声音。如果事件没有被触发，尽管声音被添加在 Flash 文件中，也仍然不能播放。事件声音的主要特点是它必须在完全下载之后才能开始播放，直到遇到明确的停止指令时停止。用户可以把事件声音作为单击按钮的声音，也可以作为循环的音乐，放在任意位置下载。对于事件声音，要注意以下问题：

（1）下载一次后，无须再次下载即可重复播放。

（2）在播放前必须完全下载，声音文件越大，下载的时间越长。

（3）无论发生什么，都会从开始播放到结束。

（4）只能插入到一帧中。

2. 音频流

音频流允许用户一边下载一边播放，如果动画停止播放，声音也会停止。对于音频流，要注意以下问题：

（1）音频流的播放可以与动画同步。

（2）只能在它所在的帧播放。

（3）总是一边下载一边播放，即使是一个很长的声音也是如此。

第二节　导入声音

Flash 没有录制声音的功能，要为动画配音，必须先用音频编辑工具制作声音文件，然后再将声音导入到 Flash 中。

一、允许导入的声音格式

Flash 8 允许导入多种格式的声音文件，例如 WAV，AIFF 和 MP3 等，如果用户装有 QuickTime 4 或更高版本，还可以导入更多格式的声音文件，如表 6.1 所示。

表 6.1　可以导入的声音及其可用平台

可以导入的声音	可用平台
WAV	Windows 平台或 Macintosh 平台
AIFF	Windows 平台或 Macintosh 平台
MP3	Windows 平台或 Macintosh 平台
Sound Designer Ⅱ	仅限 Macintosh 平台
只含声音的 QuickTime 影片	Windows 平台或 Macintosh 平台
Sun AU	Windows 平台或 Macintosh 平台
System 7 声音	仅限 Macintosh 平台

对于不同格式的声音，其编辑工具也将有所不同。例如，编辑 WAV 格式声音的工具，需要录制、编辑、变换、音效处理等功能，这种工具很多，如 Wave Edit，Wave Studio 和 CakeWalk 等。

如果用户觉得自己制作声音有些麻烦，还可以使用已经存在的声音，例如使用一些声音素材光盘中提供的声音文件，或者从网络上下载声音文件。

二、导入声音的方法

导入声音的操作步骤如下：

（1）选择 文件(F) → 导入(I) → 导入到舞台(I)... Ctrl+R 命令，弹出 导入 对话框，如图 6.2.1 所示。

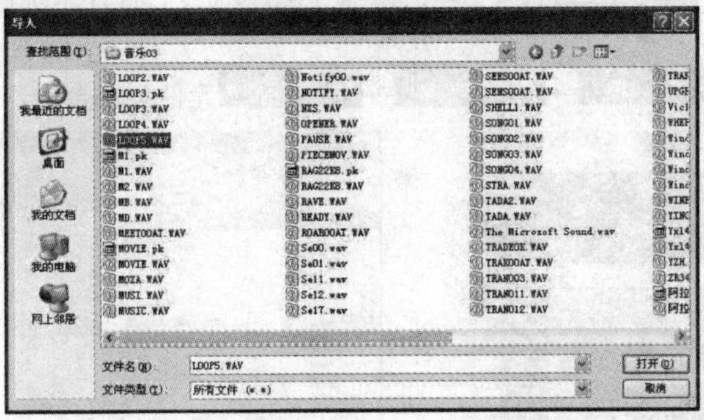

图 6.2.1　“导入”对话框

（2）在 查找范围(I): 下拉列表中选择声音文件的位置，在文件列表框中选择要导入的声音文件。

（3）单击 打开(O) 按钮即可将声音导入，如图 6.2.2 所示。

图 6.2.2　库面板

第三节　添加与编辑声音

在导入之后，用户就可以向按钮或动画添加声音了，在添加前后，还可以对声音进行简单的编辑操作。

一、添加声音

为了对声音进行控制和编辑，建议最好将声音放在一个独立的层中，下面介绍如何为按钮或动画添加声音。

1．为按钮添加声音

在动画制作过程中，按钮是使用较多的一种元件，它有 4 个状态，用户可以为每一种状态添加声音。向按钮添加声音的操作步骤如下：

（1）启动 Flash 8 软件，新建一个文件。

（2）选择 窗口(W) → 公用库(B) → 按钮 命令，打开系统自带的按钮库，如图 6.3.1 所示。

（3）从中拖动 classic buttons → Playback → gel Right 元件到舞台中，如图 6.3.2 所示。

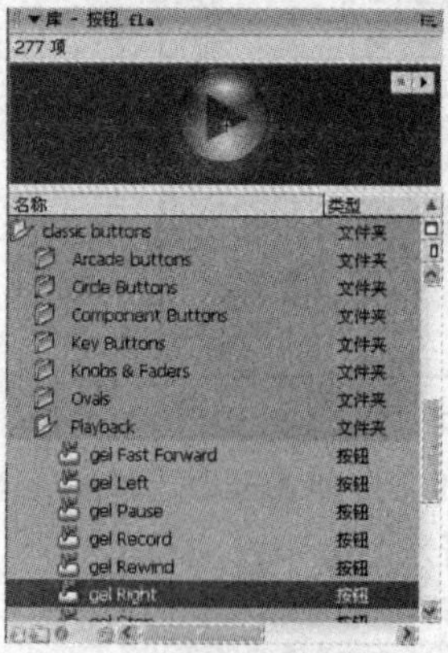

图 6.3.1　系统自带的按钮库

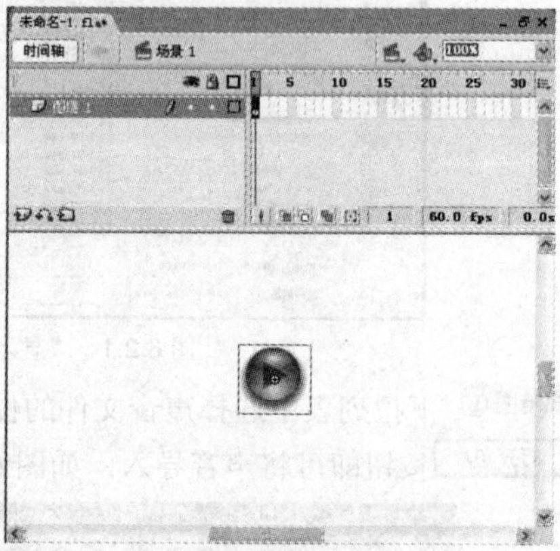

图 6.3.2　拖入“gel Right”元件

（4）选中“gel Right”实例，双击鼠标左键，进入其编辑窗口，如图 6.3.3 所示。

（5）单击时间轴中的“插入图层”按钮，插入一个名为“声音”的层，并将其拖动到所有层的下面，如图 6.3.4 所示。

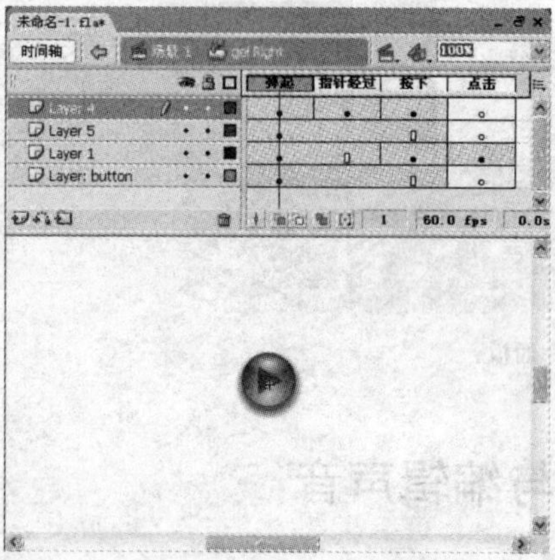

图 6.3.3　“gel Right”元件的编辑窗口

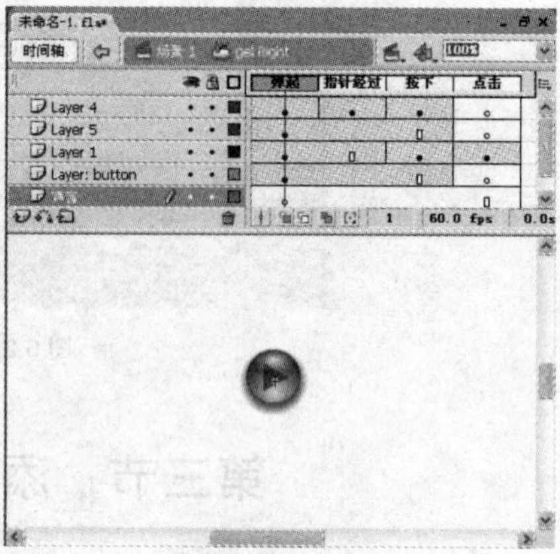

图 6.3.4　插入层

（6）按前面介绍的方法导入一个声音文件。

（7）选中“声音”层的 按下 帧，按“F6”键插入关键帧。

（8）在属性面板的 声音: 下拉列表中选择导入的声音文件，将其添加到按钮中，如图 6.3.5 所示。

（9）单击 场景 1 图标，返回至主场景，如图 6.3.6 所示。

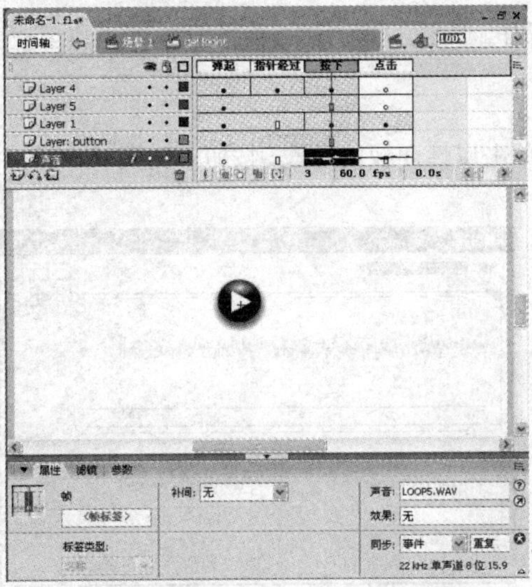

图 6.3.5　添加声音至按钮中

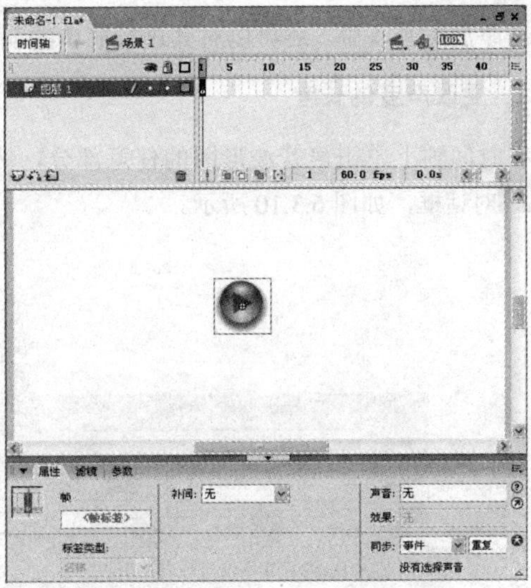

图 6.3.6　主场景中的按钮

（10）选择 控制(O) → 启用简单按钮(T) Ctrl+Alt+B 命令，即可测试为按钮添加的声音。

2．为动画添加声音

完成动画后，还可以为其添加声音，以增强动画的表现力，操作步骤如下：

（1）单击时间轴中的“插入图层”按钮，插入一个名为“声音”的层，如图 6.3.7 所示。

（2）按前面介绍的方法导入一个声音文件。

（3）选中“声音”层的第 1 帧，在属性面板的 声音: 下拉列表中选择导入的声音文件，将其添加到动画中，如图 6.3.8 所示。

图 6.3.7　创建“声音”层

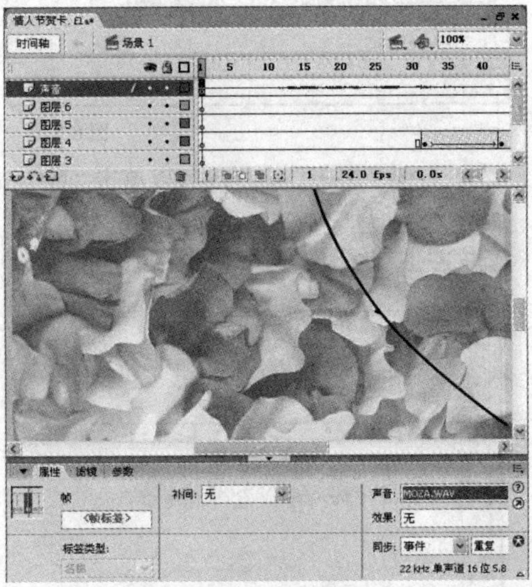

图 6.3.8　选择声音文件

（4）按“Ctrl+Enter”键预览，则在播放动画的同时播放声音。

二、编辑声音

在添加声音以后，还可以对其进行简单的编辑操作。

1．更改声音的长度

在时间轴上单击声音波形图的任意部分，然后单击属性面板的编辑...按钮（见图 6.3.9），弹出编辑封套对话框，如图 6.3.10 所示。

图 6.3.9 “编辑”按钮

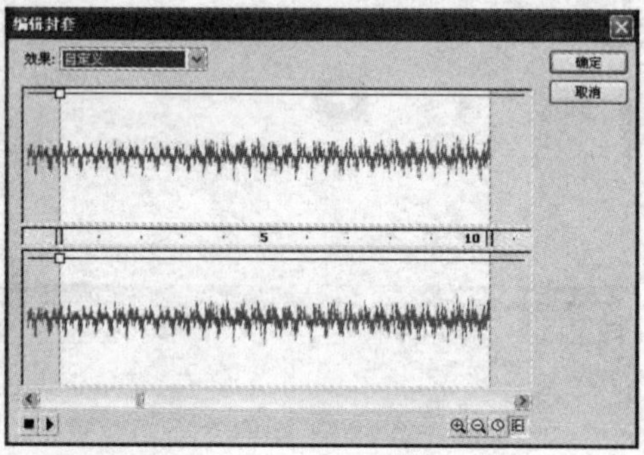

图 6.3.10 “编辑封套”对话框

该对话框分为上下两个部分：上面代表的是左声道；下面代表的是右声道，并且它们的横坐标代表了声音的长度，拖动左右声道之间刻度栏中的灰色滑块可以对其进行更改，如图 6.3.11 所示。

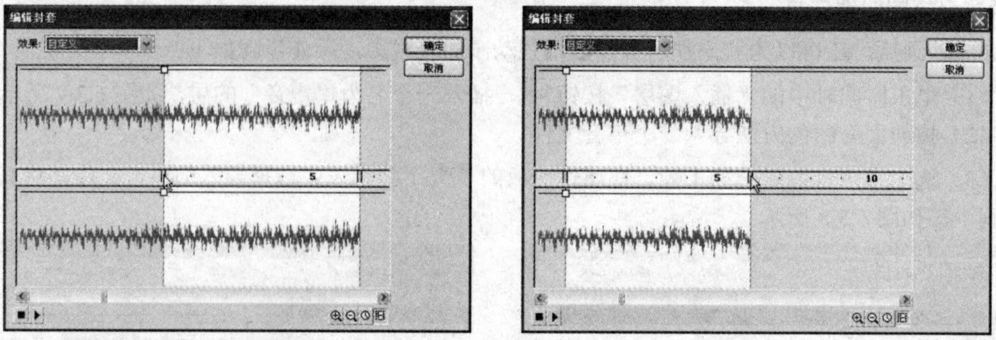

图 6.3.11 更改声音的长度

另外，为便于编辑，用户还可以单击“秒”按钮或“帧”按钮，切换长度的单位，如图 6.3.12 所示；单击“放大”按钮或“缩小”按钮，更改波形的显示，如图 6.3.13 所示。

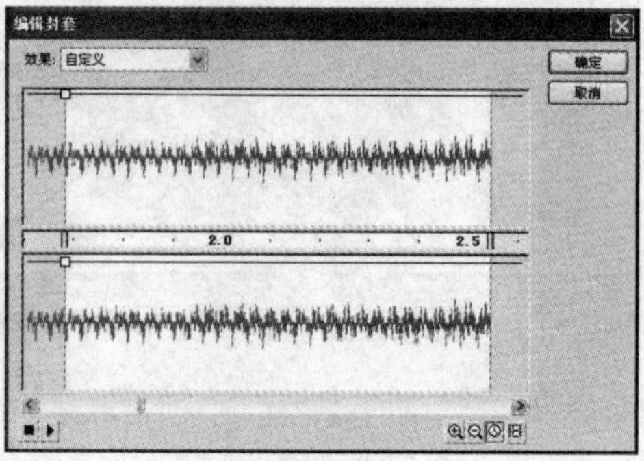

长度单位为秒时

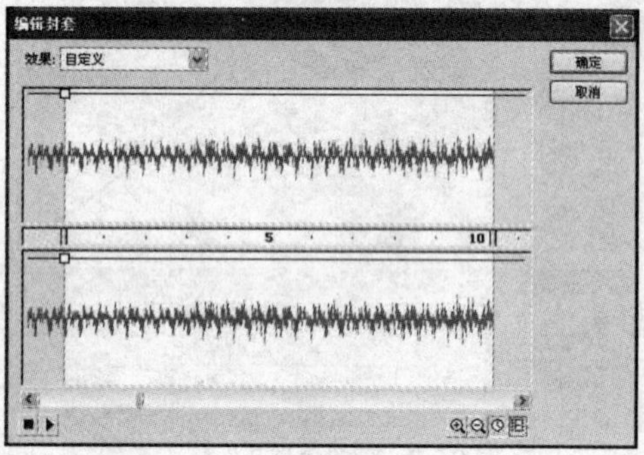

长度单位为帧时

图 6.3.12 切换长度的单位

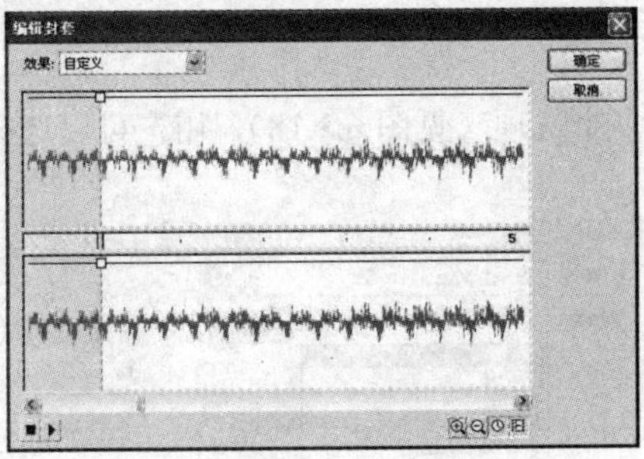

放大显示波形

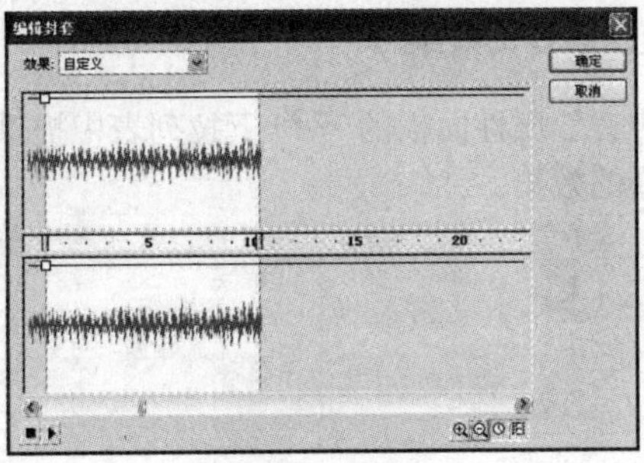

缩小显示波形

图 6.3.13　更改波形的显示

2．更改声音的音量

左右声道的纵坐标代表了声音的音量，而方块是用于控制音量的关键点。在图 6.3.14 中，方块位于顶端，表示第 30 帧中左声道的音量最大；在图 6.3.15 中，方块位于底端，表示第 30 帧中右声道的音量最小。

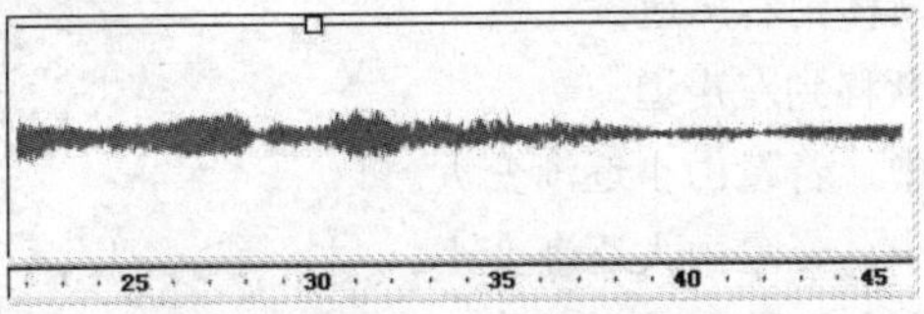

图 6.3.14　第 30 帧中左声道的音量最大

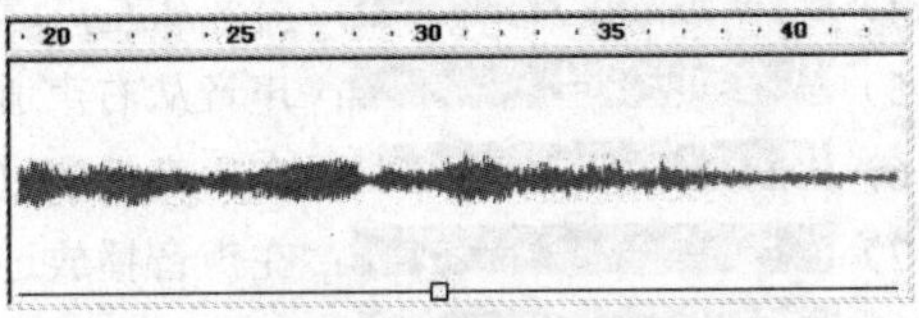

图 6.3.15　第 30 帧中右声道的音量最小

用户可以在音量控制线上单击鼠标左键，添加控制音量的关键点（最多可添加 8 个），此时，系统将在控制音量的关键点之间自动添加音量控制线，音量控制线越往上，音量就越大，反之则越小，如图 6.3.16 所示。

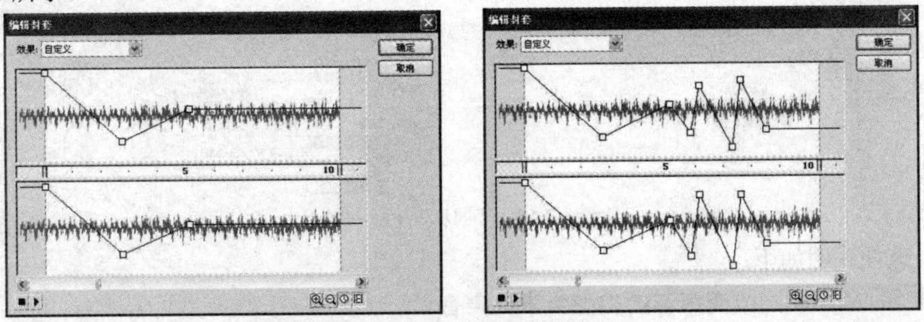

图 6.3.16　添加控制音量的关键点

如果要更改声音的音量，拖动音量线上的方块（控制音量的关键点）即可，如图 6.3.17 所示。

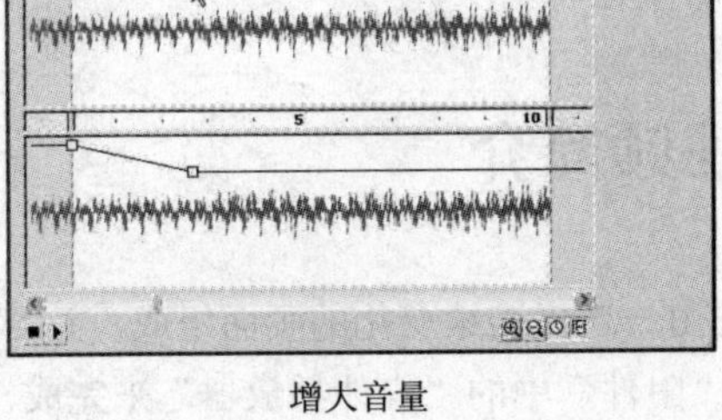

增大音量

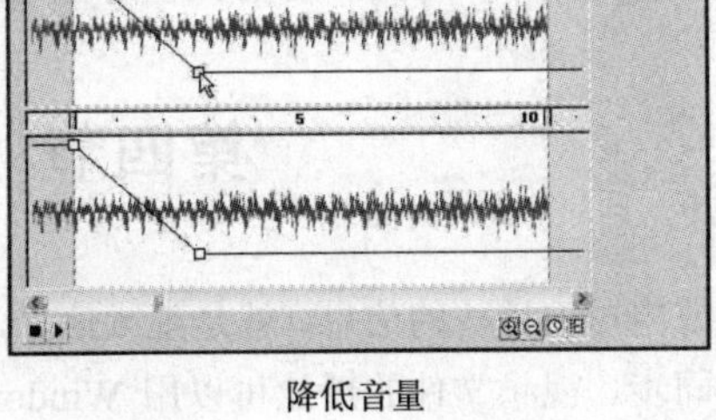

降低音量

图 6.3.17　更改声音的音量

3．更改声音的效果

在“声音”属性面板的 效果: 下拉列表中提供了多个选项（见图 6.3.18），用户可以选择其中之一来更改声音的效果。

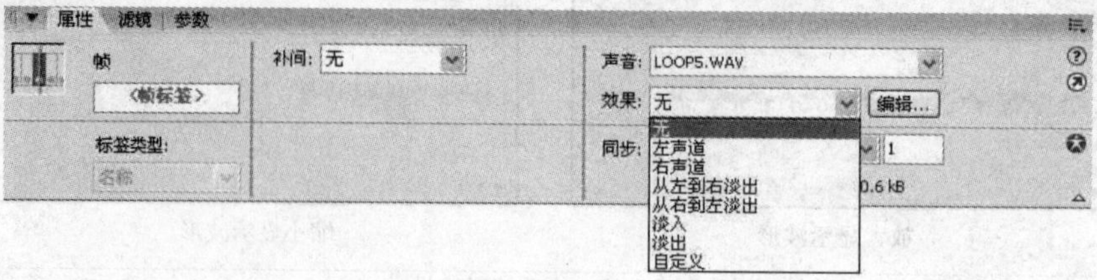

图 6.3.18　“效果”下拉列表

对其中选项说明如下：

（1）无：没有任何效果。

（2）左声道：只在左声道播放声音。

（3）右声道：只在右声道播放声音。

（4）从左到右淡出：声音从左声道逐渐移到右声道。

（5）从右到左淡出：声音从右声道逐渐移到左声道。

（6）淡入：在声音播放过程中，音量由小逐渐变大。

（7）淡出：在声音播放过程中，音量由大逐渐变小。

（8）自定义：允许用户自定义声音效果。

4．更改声音的同步方式

在“声音”属性面板的 同步: 下拉列表中提供了多个选项（见图 6.3.19），用户可以选择其中之一来更改声音的同步方式。

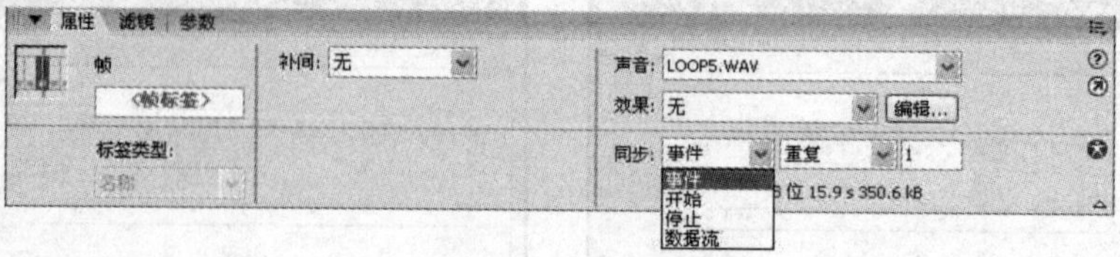

图 6.3.19　“同步”下拉列表

对其中选项说明如下：

（1）事件：改变声音的类型为事件声音。

（2）开始：与事件声音类似，如果前面的声音在下一个声音播放时还没有播放完，则前面的声音将停止，下一个声音将开始播放。

（3）停止：停止播放选定的声音。

（4）数据流：改变声音的类型为音频流。

第四节　视频简介

在电视或电影中播放的信息，就是视频信息，它由一连串连续变化的画面组成，主要特征是声音与动态画面同步。视频文件的播放可以用 Windows“附件”中的“媒体播放器”来完成，如图 6.4.1 所示。

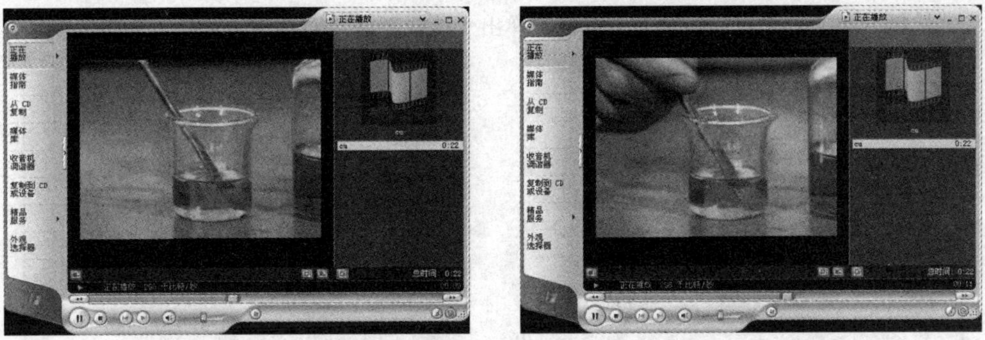

图 6.4.1 用 Windows“附件”中的“媒体播放器”播放视频文件

视频是表现力最强的媒体素材，但由于在处理时对计算机的运行速度要求较高，且文件较大，所以在一定程度上限制了它的使用。在 Flash 8 中，允许导入多种格式的视频，常见的有 AVI，MOV 和 MPG。

（1）AVI 文件。AVI 是 Video for Windows 使用的文件格式，其后缀名为.avi，它采用了 Intel 公司的 Indeo 视频有损压缩技术，把视频与音频信号混合在一起存放在一个文件中，较好地解决了音频信息与视频信息不同步的问题，是目前较为流行的视频文件格式。

（2）MOV 文件。MOV 是 QuickTime for Windows 使用的文件格式，其后缀名为.mov 。与 AVI 文件一样，MOV 文件也使用了 Intel 公司的 Indeo 视频压缩技术。在一般情况下，MOV 文件的图像要比 AVI 文件的图像好，但这只是相对而言，因为不同版本的 AVI 和 MOV 文件的画面质量是不能够进行比较的。

（3）MPG 文件。MPG 是最新的数字视频文件格式，它采用了 MPEG 方法来压缩视频图像，许多视频处理软件都支持该文件格式。

如果要对视频进行剪辑、排列、糅合等操作，须要用到视频处理软件，市场上这类软件很多，下面介绍常见的几种。

（1）Creative Video Kit：该软件要与 Creative Video Blaster 卡配合使用，其主要功能有画面捕获、活动或静态视频压缩回放、画面剪辑、画面修改和画面配音等。

（2）Microsoft Video for Windows：该软件简称 VFW，是一套基于 Windows 的全动态视频获取及编辑环境，在微软公司的大力推动下，该软件已成为计算机上的视频标准。

（3）QuickTime：该软件是由 Apple 公司开发的，可以运行于 Windows 平台上，也可以运行于 Macintosh 平台上，因而备受关注。

（4）Premiere：该软件是由 Adobe 公司开发的，具有很强的视频编辑功能，可以对多个视频片段进行剪辑、排列、糅合等处理。Premiere 是目前国内最常用的视频处理软件之一，被广泛应用于电影电视的影视特技效果编辑工作中。

第五节 导入视频

“导入视频”向导为视频的导入提供了方便，利用它可以将视频以嵌入或链接方式导入到 Flash 中，操作步骤如下：

（1）选择 文件(F) → 导入(I) → 导入到舞台(I)... Ctrl+R 命令，弹出 导入 对话框，启动“导入视频”向导，如图 6.5.1 所示。

（2）选择视频文件，单击打开(O)按钮，弹出“选择视频”对话框，如图 6.5.2 所示。

图 6.5.1 “导入”对话框

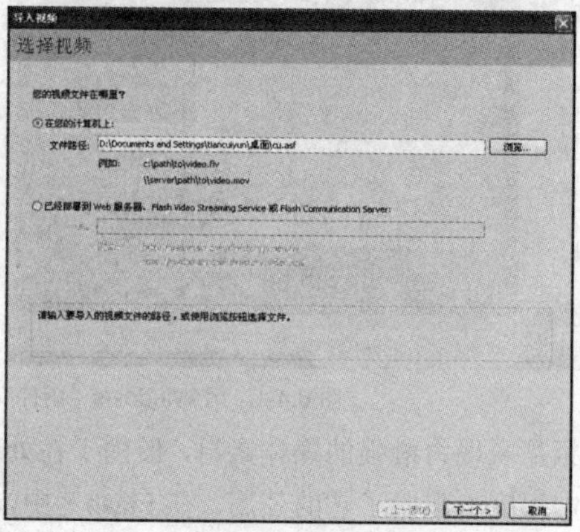

图 6.5.2 “选择视频”对话框

（3）单击下一个 >按钮，弹出“部署”对话框（见图 6.5.3），设置如何部署视频。

（4）单击下一个 >按钮，弹出“编码”对话框（见图 6.5.4），设置视频编码配置文件。

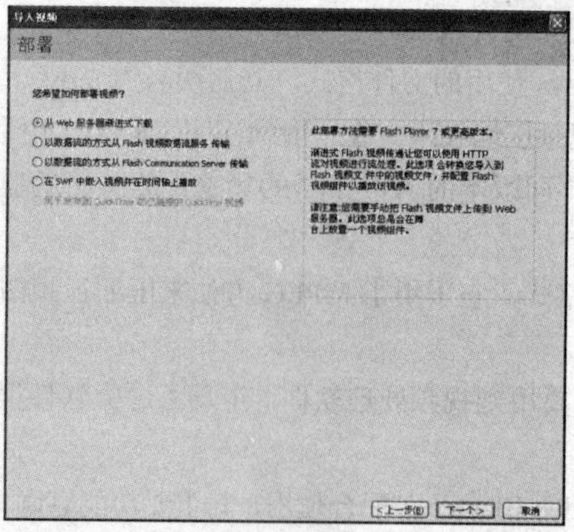

图 6.5.3 “部署”对话框

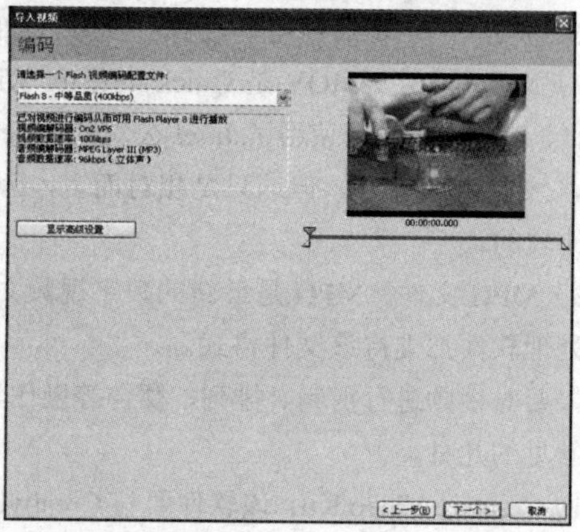

图 6.5.4 “编码”对话框

如果要截取视频的一个片段，拖动视频预览窗口中的即可（见图 6.5.5），如果要对视频文件进行详细设置，单击显示高级设置按钮，显示它的编码、提示点、裁切和修剪信息（见图 6.5.6），然后根据需要进行设置即可。

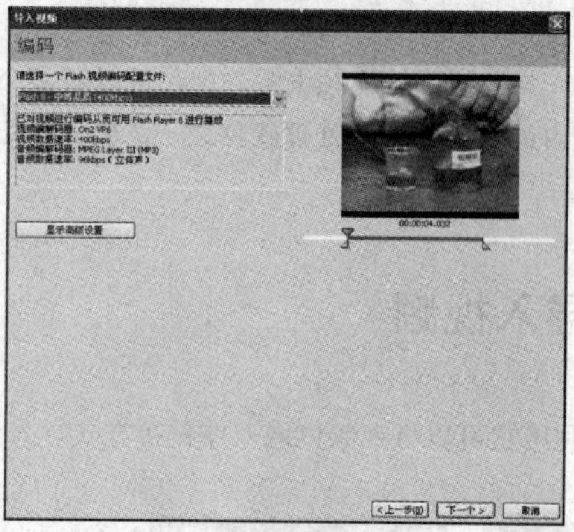

图 6.5.5 截取视频片段

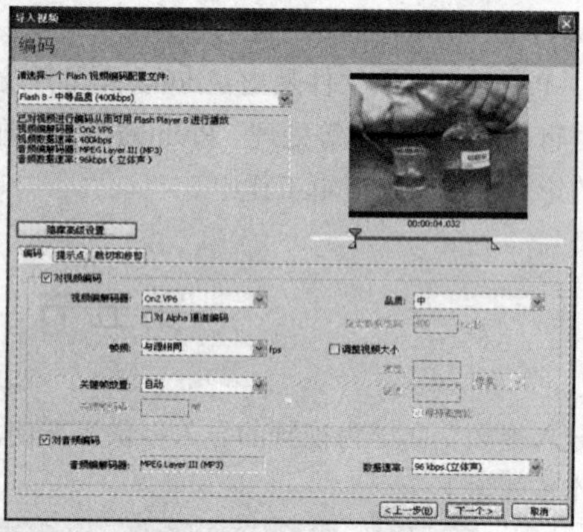

图 6.5.6 高级设置界面

（5）单击下一个 >按钮，弹出“外观”对话框（见图 6.5.7），在外观:下拉列表中选择一个选项，设置视频的外观。

（6）单击下一个 >按钮，弹出“完成视频导入”对话框（见图 6.5.8），显示视频的设置信息。

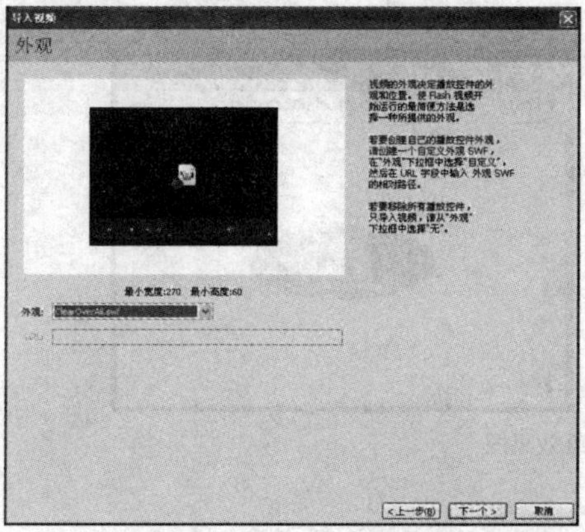

图 6.5.7　“外观”对话框

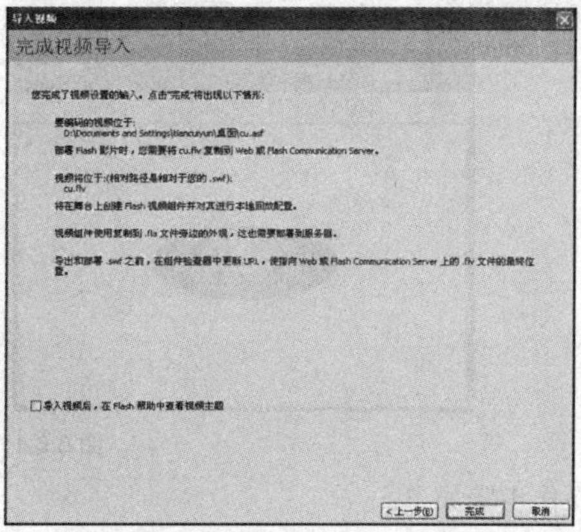

图 6.5.8　“完成视频导入”对话框

（7）单击完成按钮，弹出Flash 视频编码进度提示框，提示导入的进程，如图 6.5.9 所示。

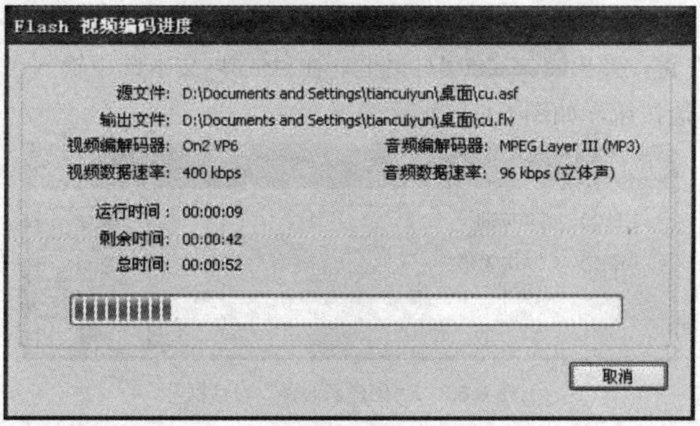

图 6.5.9　提示框

（8）稍等片刻，即可将视频文件导入到舞台中，如图 6.5.10 所示。

（9）按“Ctrl+Enter”键，预览动画的播放效果，如图 6.5.11 所示。

图 6.5.10　导入的视频文件

图 6.5.11　效果图

第六节　上机实战

下面练习制作有声按钮，最终效果如图 6.6.1 所示。

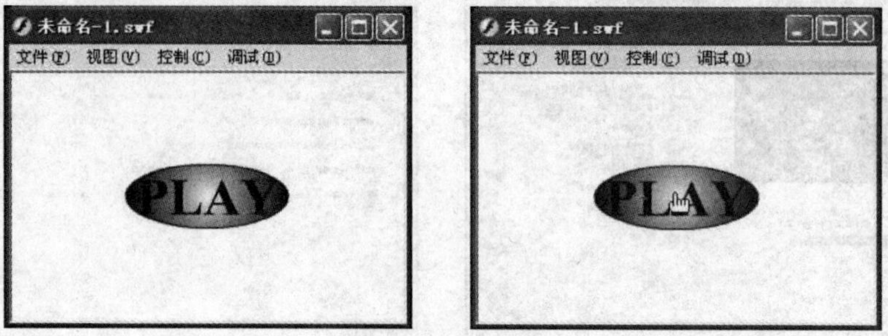

图 6.6.1　最终效果图

其操作步骤如下：

（1）启动 Flash 8 软件，新建一个文件。

（2）按“Ctrl+J”键，弹出文档属性对话框，设置尺寸(I):为“300 px×250 px”，背景颜色(B):为“白色”，单击确定按钮。

（3）按“Ctrl+F8”键，弹出创建新元件对话框，在名称(N):文本框中输入“有声按钮”，在类型(T):选项区中选中⊙按钮单选按钮，如图 6.6.2 所示。

图 6.6.2　“创建新元件”对话框

（4）单击确定按钮，进入其编辑窗口，如图 6.6.3 所示。

（5）在舞台中绘制椭圆并输入文本，如图 6.6.4 所示。

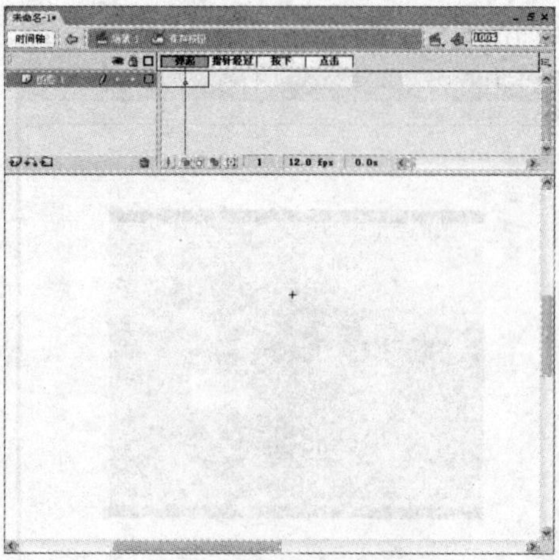

图 6.6.3　“声音按钮”元件的编辑窗口

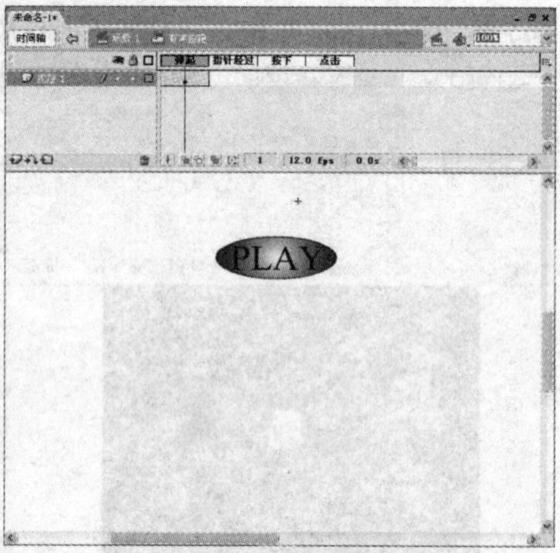

图 6.6.4　绘制椭圆并输入文本

（6）在“按下”帧中插入关键帧，在“点击”帧中插入帧，如图 6.6.5 所示。

（7）选择文件(F)→导入(I)→导入到库(L)...命令，弹出导入到库对话框，导入“The Microsoft Sound.wav”声音文件到库面板中。

（8）选中“按下”帧，从库面板中拖动“The Microsoft Sound.wav”文件到舞台中，如图 6.6.6 所示。

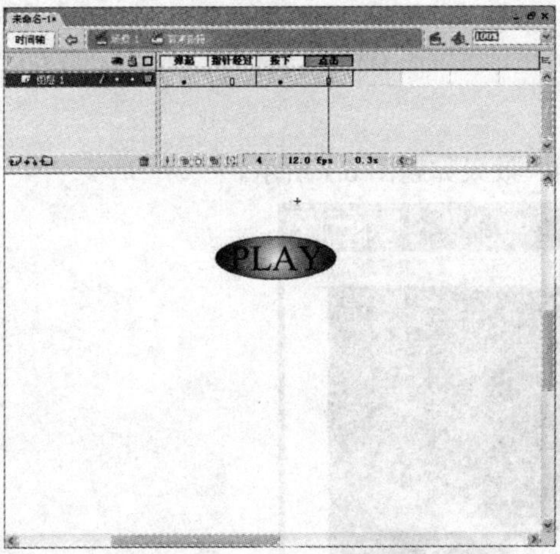

图 6.6.5　插入关键帧及帧

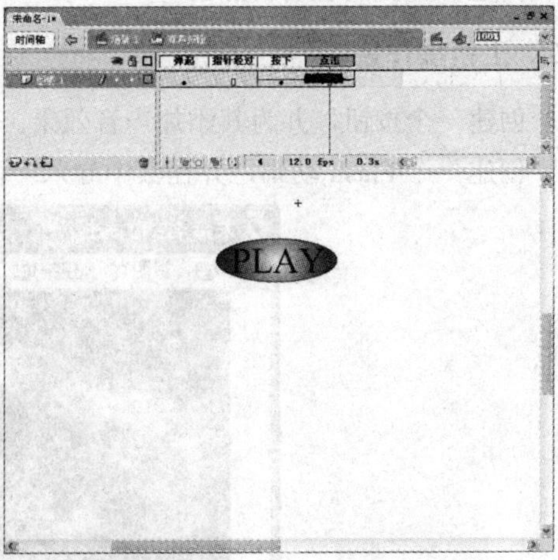

图 6.6.6　在“按下”帧中添加声音

（9）单击图标，返回到主场景。

（10）从库面板中拖动“有声按钮”元件到舞台的中心位置。

（11）按“Ctrl+Enter”键，测试动画（见图 6.6.1），在按钮上单击时，按钮将发出响声。

本章小结

本章介绍了声音与视频的有关知识，包括声音简介、导入声音、添加与编辑声音、视频简介以及导入视频，希望用户熟练掌握，以在动画中随心所欲地添加声音与视频，从而制作出非常优秀的 Flash 作品。

习 题 六

一、填空题

1．在 Flash 8 中，声音被分成了两类：_________和音频流。

2．_________由一连串连续变化的画面组成，其主要特征是声音与动态画面同步。

二、选择题

1．在“编辑封套”对话框中可以更改声音的（　）。

A．长度　　B．音量

C．效果　　D．同步方式

2．声音的同步方式包括（　）。

A．事件　　B．开始

C．停止　　D．数据流

三、简答题

1. 简述事件声音的主要特点。
2. 简述音频流的主要特点。

四、上机操作题

1. 创建一个按钮，并为其添加声音效果。
2. 创建一个 Flash 动画，并在其中导入一段视频，效果如题图 6.1 所示。

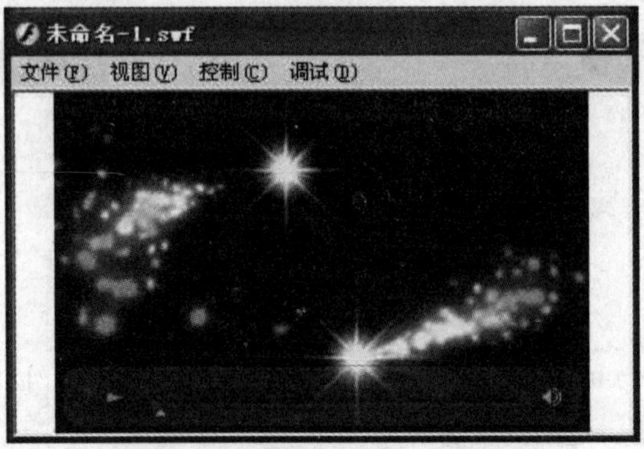

题图 6.1　效果图

3. 改变视频的播放外观，效果如题图 6.2 所示。

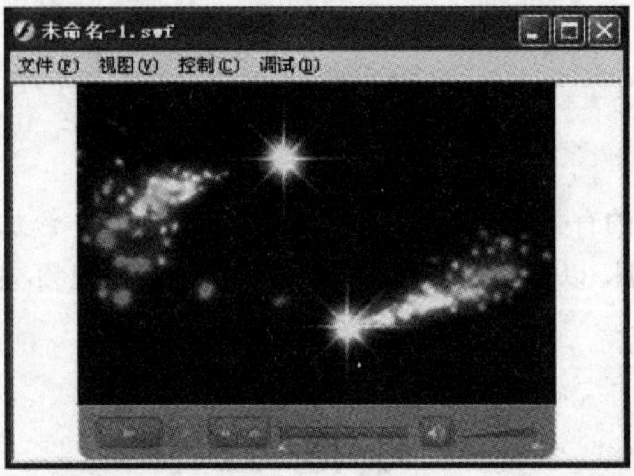

题图 6.2　效果图

第七章 模板与组件

本章要点

- ☑ 模板
- ☑ 组件

学习目标

Flash 8 附带了多个模板和一些常用组件，使用它们可以轻松地创建复杂的动画，并在动画中添加交互功能。通过本章的学习，用户应掌握 Flash 中常用模板和组件的添加方法，并能使用它们创建具有交互功能的动画。

第一节　模　板

Flash 8 附带了多个模板，在使用模板制作动画时，用户不必进行任何编程操作，而只要修改模板中的图像和文本内容，就可以创建具有交互功能的动画。下面以制作演示文稿模板为例介绍模板的使用方法。

（1）选择 文件(F) → 新建(N)... Ctrl+N 命令，弹出 新建文档 对话框，如图 7.1.1 所示。

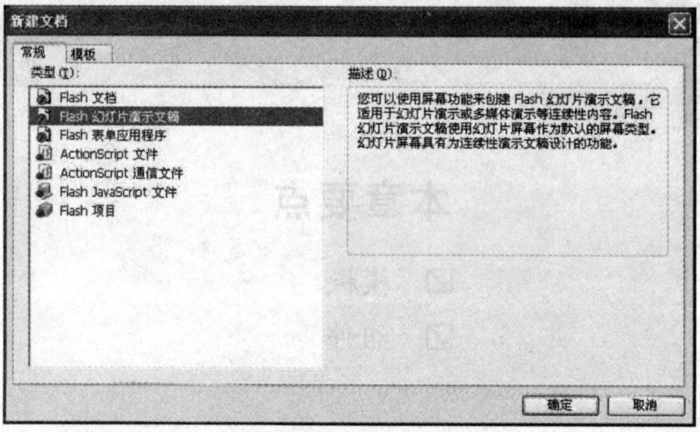

图 7.1.1　“新建文档”对话框

（2）单击 模板 标签，弹出 从模板新建 对话框，其中提供了 4 个演示文稿选项供用户选择，如图 7.1.2 所示。

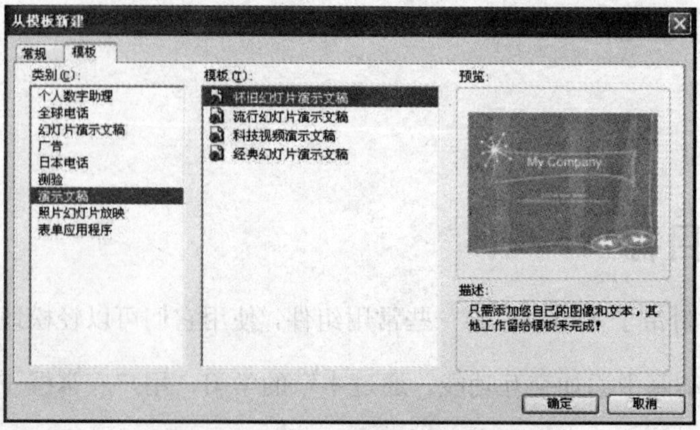

图 7.1.2　“从模板新建”对话框

（3）选择 怀旧幻灯片演示文稿 选项，然后单击 确定 按钮，进入该模板的编辑窗口，如图 7.1.3 所示。

（4）将不需要的层删除，这里只留下 content area、nav elements 和 actions 3 个图层，如图 7.1.4 所示。

（5）删除 content area 层中的所有内容，此时，该层的关键帧将变为空白关键帧（见图 7.1.5），然后设置文件的背景颜色为黑色。

（6）在 content area 层的第 1 帧中输入文本“四季风景 美不胜收”，并为它们添加投影滤镜效果，如图 7.1.6 所示。

图 7.1.3　“怀旧幻灯片演示文稿”模板的编辑窗口

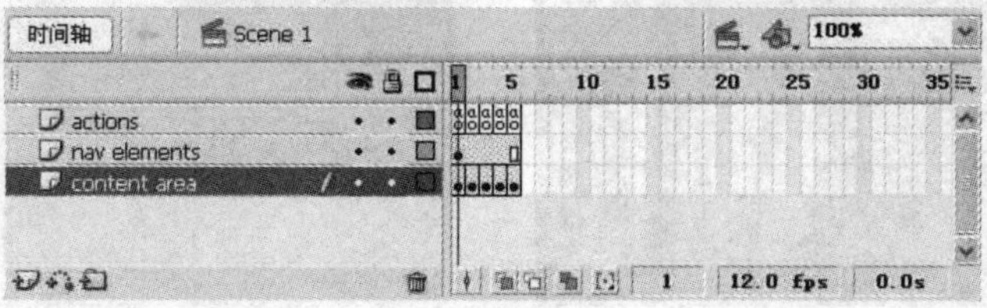

图 7.1.4　删除图层后的时间轴面板

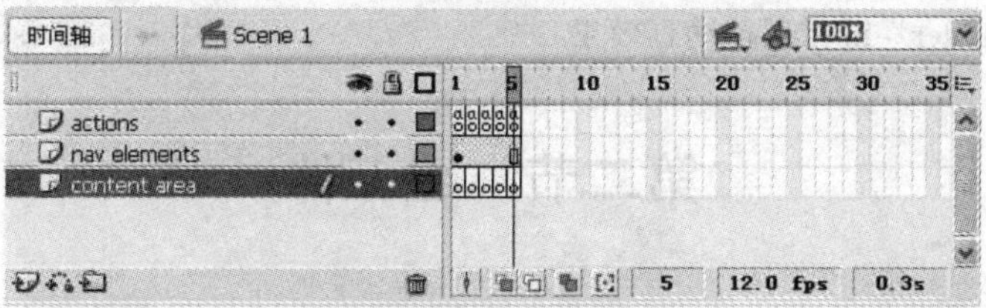

图 7.1.5　删除“content area”层中的所有内容

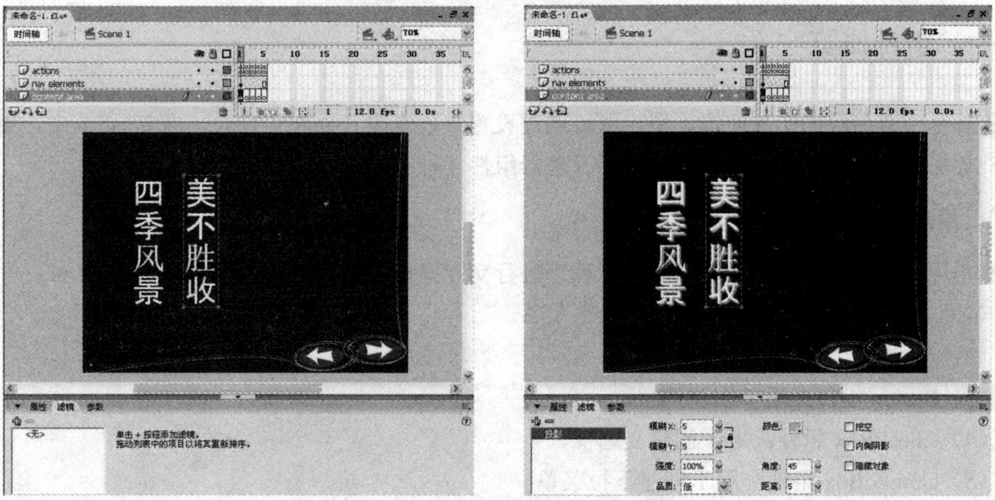

图 7.1.6　输入文本并添加投影滤镜效果

（7）在第 2 帧中导入图片并输入文本“春”，如图 7.1.7 所示。

（8）依次在第 3～5 帧中导入图片并输入文本“夏”、“秋”、“冬”，如图 7.1.8～图 7.1.10 所示。

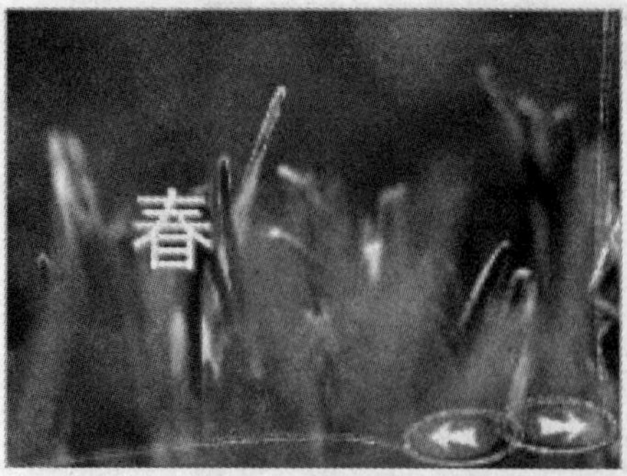

图 7.1.7　编辑第 2 帧

图 7.1.8　编辑第 3 帧

图 7.1.9　编辑第 4 帧

图 7.1.10　编辑第 5 帧

（9）按“Ctrl+Enter”键，预览动画效果。

第二节　组　件

组件提供了可以重复使用的代码，使用户无须编写 ActionScript 就能实现复杂的交互功能。

一、组件概览

组件是带有参数的影片剪辑，用户可以通过设置参数修改其外观和行为。在 Flash 8 中，组件分为用户界面组件、媒体组件、数据组件和管理器组件 4 种类型。

1．用户界面组件

利用用户界面组件，用户可以与应用程序进行交互操作。用户界面组件包括以下 22 种：

（1）Accordion 组件：用于创建复杂的菜单。

（2）Alert 组件：用于创建提示框。

（3）Button 组件：用于创建按钮。

（4）CheckBox 组件：用于创建复选框。

（5）ComboBox 组件：用于创建下拉菜单。

（6）DataGrid 组件：用于显示载入到组件中的数据。

（7）DateChooser 组件：用于创建日历。

（8）DateField 组件：用于创建一个不可编辑的文本字段，并带有日历图标。当用户在该组件边框内的任意位置单击时，会显示一个 DateChooser 组件。

（9）Label 组件：用于创建一个不可编辑的单行文本字段。

（10）List 组件：用于创建下拉列表。

（11）Loader 组件：用于创建载入动画或 JPEG 图像的区域。

（12）Menu 组件：用于创建应用程序菜单。

（13）MenuBar 组件：用于创建水平方向上的菜单栏。

（14）NumericStepper 组件：用于创建可单击的箭头，通过单击可增加或减少数值。

（15）ProgressBar 组件：用于创建进度条。

（16）RadioButton 组件：用于创建一组单选按钮。

（17）ScrollPane 组件：用于创建滚动窗格，从而在一个可滚动区域中显示影片剪辑、JPEG 图像或动画。

（18）TextArea 组件：用于创建一个可随意编辑的多行文本字段。

（19）TextInput 组件：用于创建一个可随意编辑的单行文本字段。

（20）Tree 组件：用于创建可折叠目录。

（21）UIScrollBar 组件：用于创建滚动条。

（22）Window 组件：用于创建可随意拖动的窗口。

2．媒体组件

利用媒体组件，用户可以在应用程序中控制和显示媒体流。媒体组件包括以下 3 种：

（1）MediaController 组件：用于控制媒体流的播放。

（2）MediaDisplay 组件：用于显示媒体流。

（3）MediaPlayback 组件：是 MediaController 组件和 MediaDisplay 组件的结合体。

3．数据组件

利用数据组件可以加载和处理数据源的信息。数据组件包括以下 6 种：

（1）DataHolder 组件：用于保存数据，并可作为组件之间的连接器。

（2）DataSet 组件：用于创建数据驱动的应用程序。

（3）RDBMSResolver 组件：用于对 Web 服务、JavaBean、servlet 或 ASP 页中可接收并分析的 XML 进行翻译。

（4）WebServiceConnector 组件：用于提供对 Web 服务方法调用的无脚本访问。

（5）XMLConnector 组件：用于使用 HTTP GET 或 POST 方法来读写 XML 文档。

（6）XUpdateResolver 组件：用于将 DeltaPacket 翻译为 XUpdate。

4．管理器组件

管理器是不可见的组件，使用这些组件，可以在应用程序中实现管理焦点或深度之类的功能。管理器组件包括以下 6 种：

（1）DepthManager 组件：用于管理对象的堆叠深度。

（2）FocusManager 组件：用于处理屏幕上各组件之间的 Tab 键导航。

（3）PopUpManager 组件：用于创建或删除弹出式窗口。

（4）StyleManager 组件：用于注册样式或管理继承的样式。

（5）SystemManager 组件：用于激活处于顶层的窗口。

（6）TransitionManager 组件：用于管理幻灯片和影片剪辑的动画效果。

二、常用组件

下面对 Button，CheckBox，ComboBox，List，RadioButton，ScrollPane 和 Window 等常用组件进行详细介绍。

1．Button 组件

Button 组件用于创建按钮，是任何表单或 Web 的基础。用户可以通过属性面板或组件检查器面板设置其创作参数，如图 7.2.1 和图 7.2.2 所示。

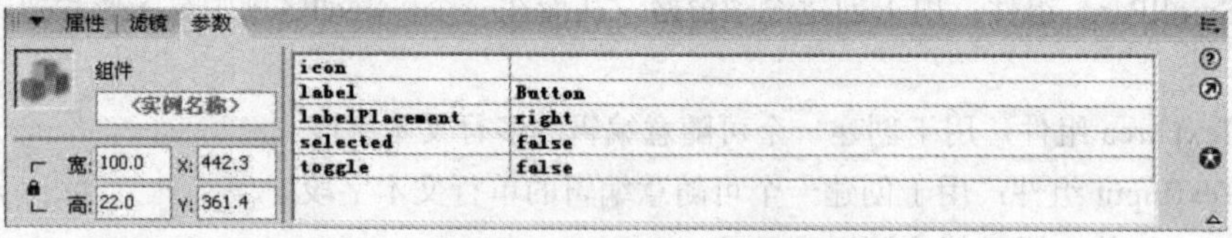

图 7.2.1　Button 组件的属性面板

图 7.2.2　Button 组件的组件检查器面板

对面板中的各项参数说明如下：

（1）icon：给按钮添加自定义图标，其值是库面板中影片剪辑元件或图形元件的链接标识符，没有默认值。

（2）label：设置按钮上的文本值，默认值是 Button。

（3）labelPlacement：确定按钮上的标签文本相对于图标的方向，该参数可以是 left，right，top 或 bottom，默认值是 right。

（4）selected：如果切换参数的值是 true，则该参数指定是按下（true）按钮还是释放（false）按钮，默认值为 false。

（5）toggle：将按钮转变为切换开关。如果值为 true，则按钮在按下后保持按下状态，直到再次按下时才返回到弹起状态，默认值为 false。

2．CheckBox 组件

CheckBox 组件用于创建复选框。每当须要收集一组非相互排斥的 true 或 false 值时，都可以使用复选框。用户可以通过属性面板或组件检查器面板设置其创作参数，如图 7.2.3 和图 7.2.4 所示。

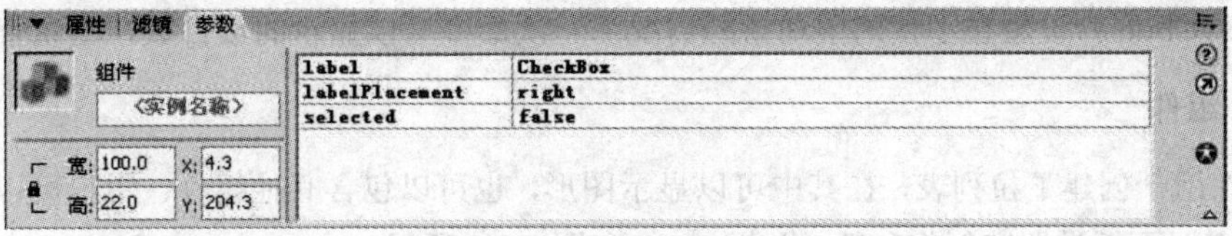

图 7.2.3　CheckBox 组件的属性面板

图 7.2.4　CheckBox 组件的组件检查器面板

对面板中的各项参数说明如下：

（1）label：设置复选框上的文本值，默认值为 defaultValue。

（2）labelPlacement：确定复选框上的标签文本相对于图标的方向，该参数可以是 left，right，top 或 bottom，默认值是 right。

（3）selected：将复选框的初始值设置为选中（true）或取消选中（false）状态。

3．ComboBox 组件

ComboBox 组件用于创建下拉菜单，在其中提供了多个选项，用户可以选择其中的一个或者多个。用户可以通过属性面板或组件检查器面板设置其创作参数，如图 7.2.5 和图 7.2.6 所示。

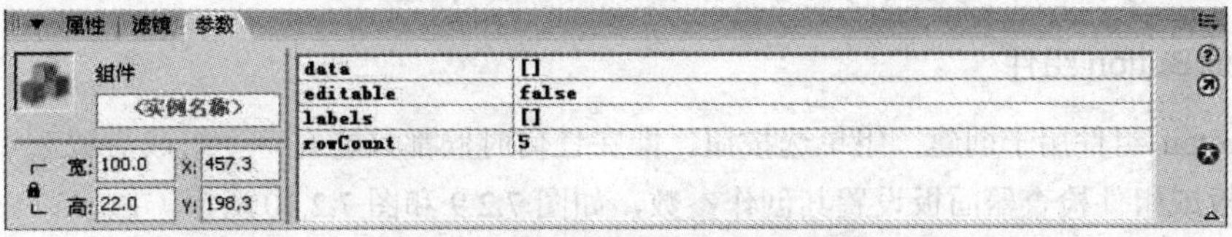

图 7.2.5　ComboBox 组件的属性面板

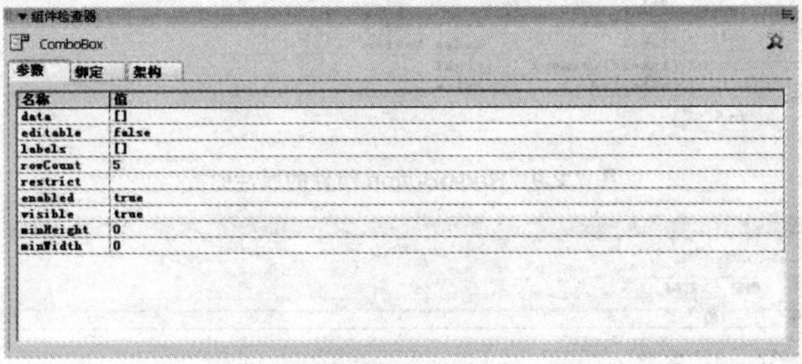

图 7.2.6　ComboBox 组件的组件检查器面板

对面板中的各项参数说明如下：

（1）data：将一个数据值与 ComboBox 组件中的每个项目相关联，该数据参数是一个数组。

（2）editable：确定 ComboBox 组件是可编辑的（true）还是只能选择的（false），默认值为 false。

（3）lables：用一个文本值数组填充 ComboBox 组件。

（4）rowCount：设置在不使用滚动条的情况下一次最多可以显示的项目数，默认值为 5。

4．List 组件

List 组件用于创建下拉列表，在其中可以显示图形，也可以包含其他组件。用户可以通过属性面板或组件检查器面板设置其创作参数，如图 7.2.7 和图 7.2.8 所示。

图 7.2.7　List 组件的属性面板

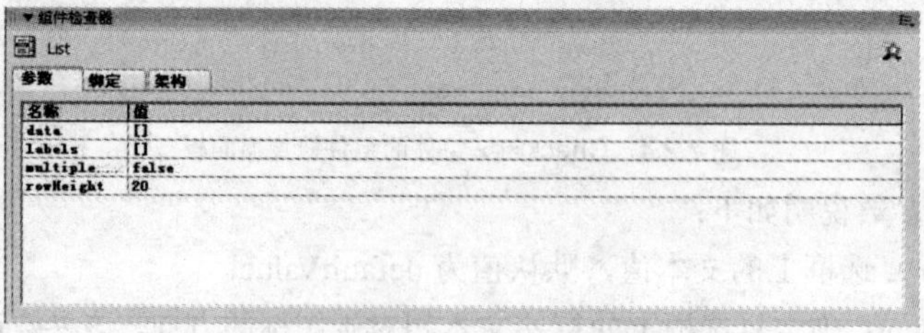

图 7.2.8　List 组件的组件检查器面板

对面板中的各项参数说明如下：

（1）data：填充列表数据的值数组，默认值为[ ]，即为空数组。

（2）labels：填充列表标签值的文本值数组，默认值为[ ]，即为空数组。

（3）multipleSelection：一个布尔值，它指明是否可以选择多个值，默认值为 false。

（4）rowHeight：指明每行的高度，以像素为单位，默认值是 20。

5．RadioButton 组件

RadioButton 组件用于创建一组单选按钮，即在任何时候都只能有一个组成员被选中。用户可以通过属性面板或组件检查器面板设置其创作参数，如图 7.2.9 和图 7.2.10 所示。

图 7.2.9　RadioButton 组件的属性面板

图 7.2.10　RadioButton 组件的组件检查器面板

对面板中的各项参数说明如下：

（1）data：是与单选按钮相关的值，没有默认值。

（2）groupName：是单选按钮的组名称，默认值为 radioGroup。

（3）label：设置按钮上的文本值，默认值为 Radio Button。

（4）labelPlacement：确定按钮上的标签文本相对于图标的方向，该参数可以是 left，right，top 或 bottom，默认值是 right。

（5）selected：设置单选按钮的初始值是否被选中。被选中的单选按钮会显示一个圆点。一个组内只有一个单选按钮可以有被选中的值（true）；如果组内有多个单选按钮被设置为 true，则会选中最后的单选按钮，默认值为 false。

6. ScrollPane 组件

ScrollPane 组件用于创建滚动窗格，从而在一个可滚动区域中显示影片剪辑、JPEG 图像或动画。用户可以通过属性面板或组件检查器面板设置其创作参数，如图 7.2.11 和图 7.2.12 所示。

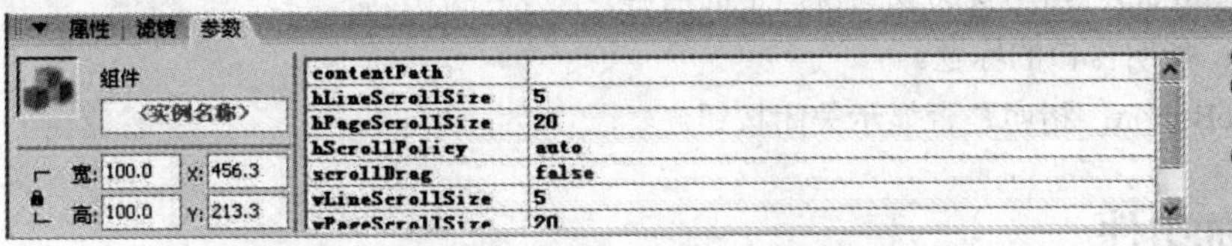

图 7.2.11　ScrollPane 组件的属性面板

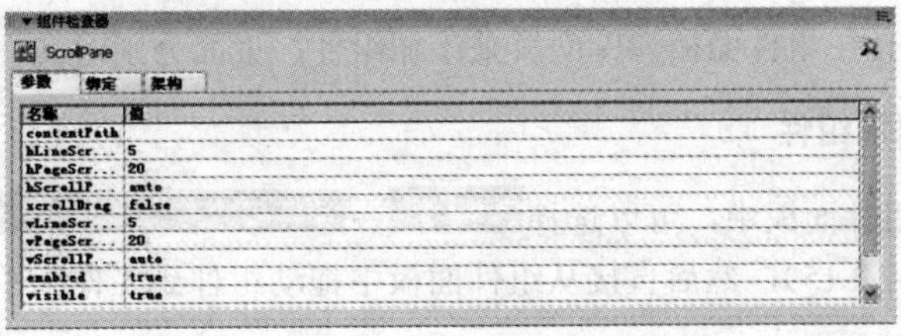

图 7.2.12　ScrollPane 组件的组件检查器面板

对面板中的各项参数说明如下：

（1）contentPath：指明要加载到滚动窗格中的内容。

（2）hLineScrollSize：指明每次按下箭头按钮时水平滚动条移动多少个单位，默认值为 5。

（3）hPageScrollSize：指明每次按下水平滚动条所在的轨道时，水平滚动条移动多少个单位，默认值为 20。

（4）hScrollPolicy：显示水平滚动条，该值可以为 on，off 或 auto，默认值为 auto。

（5）scrollDrag：是一个布尔值，它决定用户是否在滚动窗格中滚动内容，默认值为 false。

（6）vLineScrollSize：指明每次按下箭头按钮时垂直滚动条移动多少个单位，默认值为 5。

（7）vPageScrollSize：指明每次按下垂直滚动条所在的轨道时，垂直滚动条移动多少个单位，默认值为 20。

（8）vScrollPolicy：显示垂直滚动条，该值可以为 on，off 或 auto，默认值为 auto。

7. Window 组件

Window 组件用于创建可随意拖动的窗口，无论何时须要向用户提供信息或最优先的选择，都可以在应用程序中使用该组件创建一个窗口。用户可以通过属性面板或组件检查器面板设置其创作参数，如图 7.2.13 和图 7.2.14 所示。

图 7.2.13　Window 组件的属性面板

图 7.2.14　Window 组件的组件检查器面板

对面板中的各项参数说明如下：

（1）contentPath：指明要加载到窗口中的内容。

（2）title：指明窗口的标题。

（3）closeButton：指明是否显示关闭按钮。

三、添加组件

在 Flash 8 中，通常使用组件面板和库面板来添加组件，下面分别对其进行简单介绍。

1．使用组件面板添加组件

所有的组件都放在组件面板中，可以选择 窗口(W) → 组件(C) Ctrl+F7 命令或者按“Ctrl+F7”键打开组件面板（见图 7.2.15），然后直接从组件面板中拖动组件到工作区中或者在组件面板中用鼠标双击组件进行添加。

2．使用库面板添加组件

当用户将组件添加到 Flash 文档中后，该组件将在库面板中显示为编译剪辑元件（见图 7.2.16），用户可以从库面板中拖动其到工作区中，以创建该组件的若干实例。

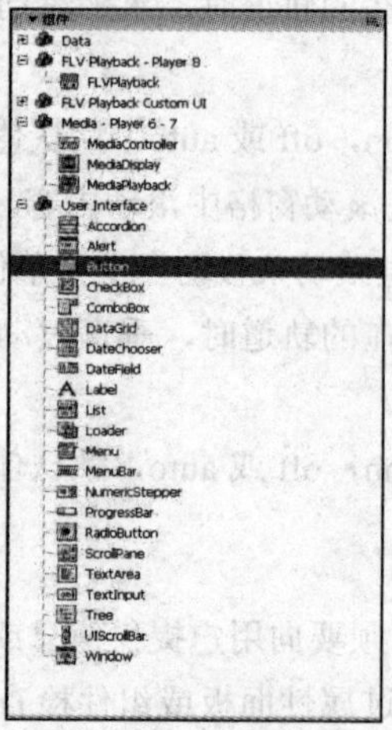

图 7.2.15　组件面板

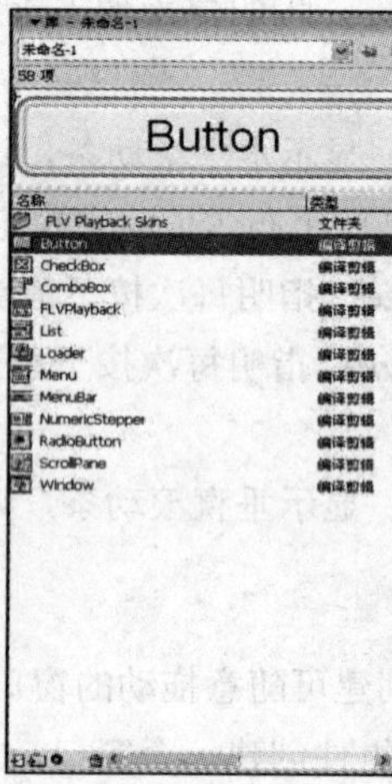

图 7.2.16　库面板

四、处理编译剪辑元件

编译剪辑元件与常规影片剪辑元件相比，其显示和发布的速度更快，用户可以将常规影片剪辑元件转换为编译剪辑元件或者导出为 SWC 文件。

1. 将常规影片剪辑元件转换为编译剪辑元件

选中库面板中的影片剪辑，单击鼠标右键，在弹出的快捷菜单中选择转换为编译剪辑命令（见图 7.2.17），则可将常规影片剪辑元件转换为编译剪辑元件，如图 7.2.18 所示。

图 7.2.17　选择“转换为编译剪辑”命令

图 7.2.18　转换为编译剪辑元件

2. 导出 SWC 文件

选中库面板中的影片剪辑，单击鼠标右键，在弹出的快捷菜单中选择导出 SWC 文件...命令（见图 7.2.19），弹出导出文件对话框（见图 7.2.20），在文件名(N):下拉列表中为文件取名，然后单击保存(S)按钮进行保存。

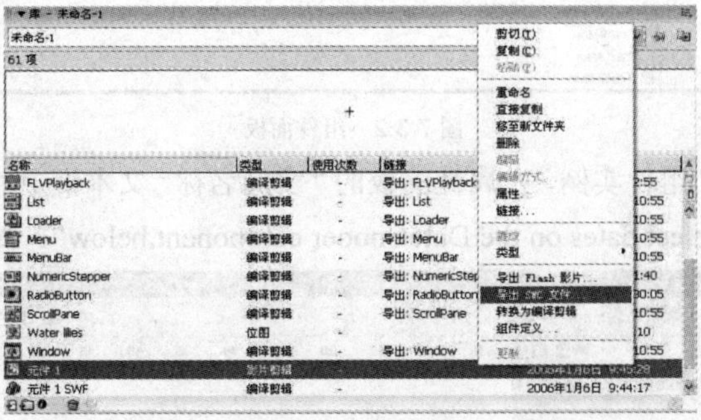

图 7.2.19　选择“导出 SWC 文件”命令

图 7.2.20　“导出文件”对话框

第三节　上机实战

下面练习制作日历，最终效果如图 7.3.1 所示。

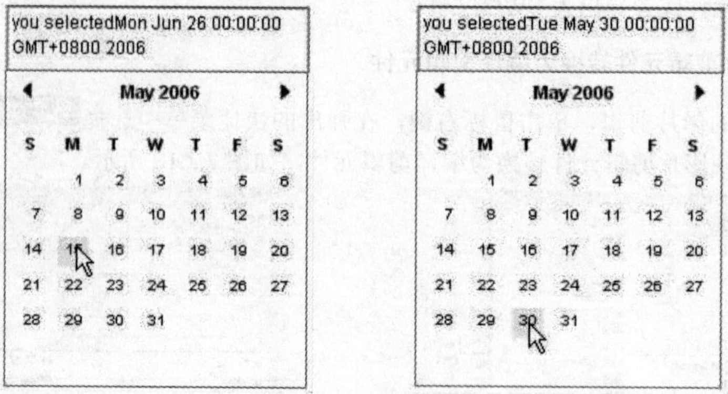

图 7.3.1　最终效果图

其操作步骤如下：

（1）启动 Flash 8 软件，新建一个文件。

（2）选择 窗口(W) → 组件(C) Ctrl+F7 命令，打开组件面板（见图 7.3.2），从中拖动“TextArea”组件到舞台中并调整其大小和位置。

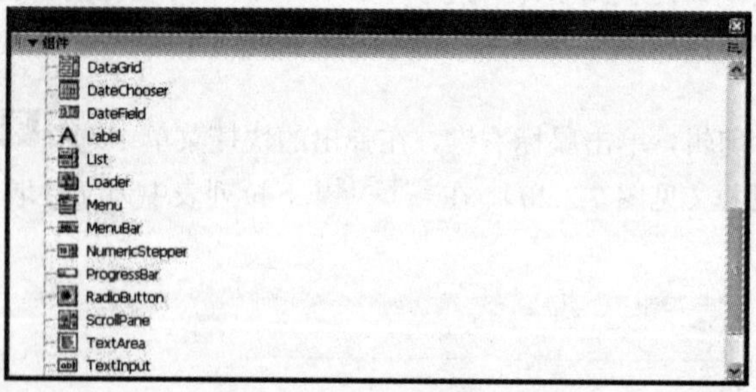

图 7.3.2　组件面板

（3）选中“TextArea”组件实例，在属性面板的“实例名称”文本框中输入字符“statusMessage”，并设置“text”的值为“Select dates on the DateChooer component,below”，如图 7.3.3 所示。

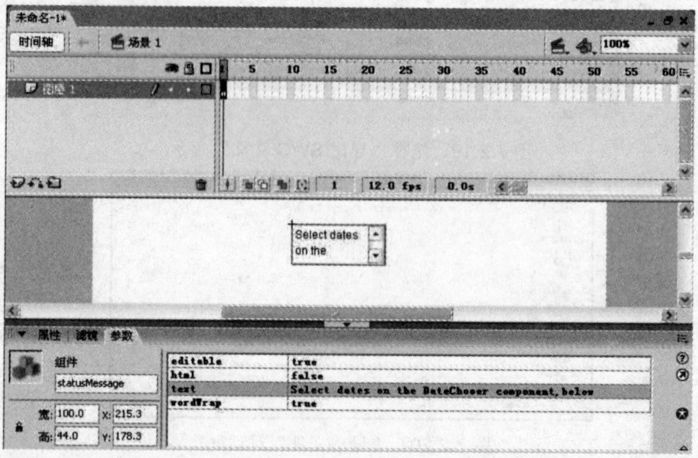

图 7.3.3　设置“TextArea”组件实例

（4）从组件面板中拖动“DateChooser”组件到舞台中并调整其大小和位置，如图 7.3.4 所示。

（5）选中“DateChooser”组件实例，在属性面板的“实例名称”文本框中输入字符“statusMessage”，如图 7.3.5 所示。

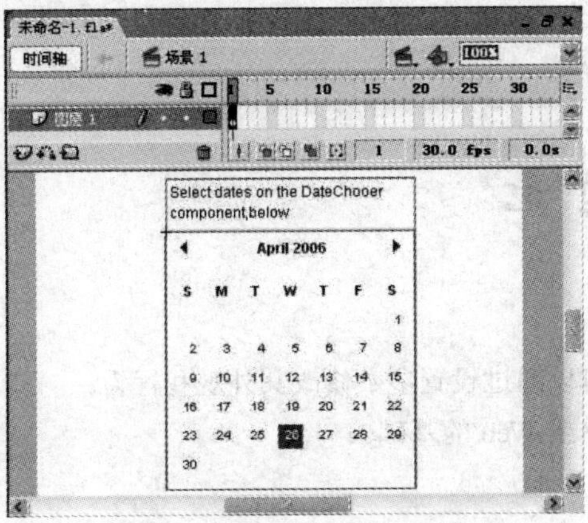

图 7.3.4　拖入“DateChooser”组件

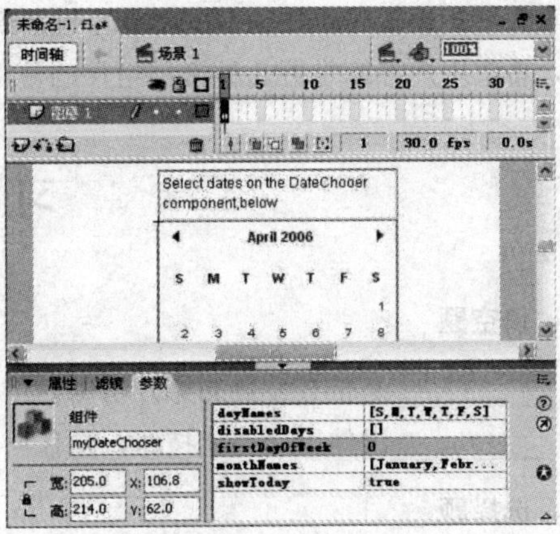

图 7.3.5　设置实例名称

（6）单击时间轴面板中的“插入图层”按钮，插入“图层 2”。

（7）选择 窗口(W) → 动作(A) F9 命令，打开动作面板，如图 7.3.6 所示。

图 7.3.6　动作面板

（8）选中“图层 2”的第 1 帧，在动作面板中输入以下代码：

```
myDateListener=new Object();
myDateListener.change=function(eventObj)
{
var eventSource=eventObj.target;
var theSelectedDate=eventSource.selectedDate;
var msg="you selected"+theSelectedDate;
statusMessage.text=msg;
}
myDateChooser.addEventListener("change",myDateListener);
```

（9）按“Ctrl+Enter”键，测试动画，最终效果如图 7.3.1 所示。

本章小结

本章介绍了模板与组件的有关知识，包括模板、组件概览、常用组件、添加组件以及处理编译剪辑元件，希望用户熟练掌握几种常用组件的使用方法。

习 题 七

一、填空题

1. ＿＿＿＿＿是带有参数的影片剪辑，用户可以通过设置参数修改其外观和行为。
2. ＿＿＿＿＿组件用于创建按钮，是任何表单或 Web 的基础。

二、选择题

1. 在 Flash 8 中，组件的类型包括（　）。

   A．用户界面组件　　B．媒体组件

   C．数据组件　　D．管理器组件

2. ScrollPane 组件用于创建滚动窗格，使用它可以在一个可滚动区域中显示（　）。

   A．影片剪辑　　B．JPEG 图像

   C．其他组件　　D．动画

三、简答题

1. RadioButton 组件的作用是什么？
2. 编译剪辑元件与常规影片剪辑元件相比有什么特点？

四、上机操作题

1. 制作一个 Button 组件实例。
2. 制作一个 CheckBox 组件实例。

第八章 ActionScript 编程基础

本章要点

- ☑ ActionScript 简介
- ☑ ActionScript 术语
- ☑ ActionScript 语法规则
- ☑ 数据类型
- ☑ 变量
- ☑ 函数与运算符
- ☑ 事件与动作
- ☑ 条件循环控制
- ☑ 制作交互动画

学习目标

ActionScript 是一种动作脚本语言，它的使用极大地扩展了 Flash 的应用领域，使用户制作出来的动画更加丰富多彩，交互性更强。通过本章的学习，用户应了解 ActionScript 的语法规则，能在动画中根据需要添加 ActionScript 语句。

第一节　ActionScript 简介

ActionScript 的中文译名为“动作脚本”，它是 Flash 专用的一种编程语言，与 JavaScript 有着相似的结构，都是采用面向对象的编程思想编写的。

使用 ActionScript 可以控制动画的播放和停止，指定对鼠标动作的响应，实现网页的链接，制作精彩的游戏以及创建网页等，从而大大增强 Flash 动画的交互性。在 Flash 8 中，添加 ActionScript 的操作步骤如下：

（1）选中要添加 ActionScript 的按钮、帧或者影片剪辑。

（2）选择 窗口(W) → 动作(A) F9 命令，打开动作面板，如图 8.1.1 所示。

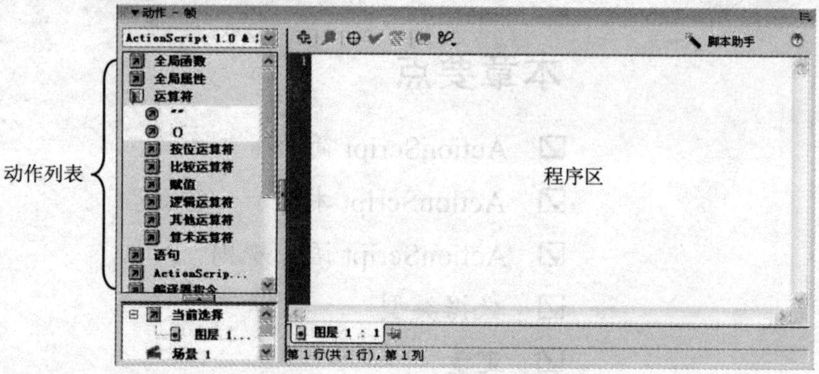

图 8.1.1　动作面板

（3）在动作列表中找到所需的 Action（动作），双击鼠标左键，将其添加到程序区中（见图 8.1.2），然后进行相关的设置即可。

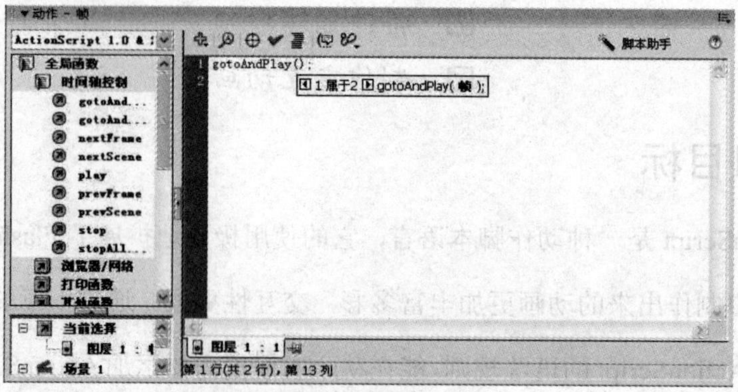

图 8.1.2　添加动作

第二节　ActionScript 术语

ActionScript 和其他脚本语言一样，也要遵循特定的语法规则，使用专门的术语。下面将列出一些重要的 ActionScript 术语，并做简要的介绍。

（1）Action（动作）：动作是在播放动画时指示动画文件执行某些任务的语句。例如，Stop 动作用于停止动画的播放。

（2）Events（事件）：事件指正在播放动画时发生的动作。例如，鼠标的经过、单击与离开，键盘上某键的敲击等都可作为事件。

（3）Objects（对象）：对象是属性和方法的集合，它允许用户访问某种类型的信息。例如，用户通过 Date()对象可以访问来自系统时钟的信息。

（4）Variables（变量）：变量是一种可以保留任何数据类型值的标识符。它可以被创建、改变或者更新。例如，在以下代码中等号左边的标识符就是变量。

```
a=50;
width=25;
hername= "csquare";
```

（5）Properties（属性）：属性是对象的某种性质，例如，_visible 是所有影片剪辑的一个属性，用于定义其是显示还是隐藏。

（6）Arguments（参数）：参数可以把值传递给函数。例如，在以下代码中，参数 firstName 和 hobby 把值传递给了 welcome()函数。

```
function welcome(firstName, hobby) {
welcomeText = "Hello, " + firstName + "I see you enjoy " + hobby;
}
```

（7）Classes（类）：类是一种数据类型，用于定义新的对象，可以通过定义一个构造函数来定义类。

（8）Constants（常量）：常量是不可改变的元素。例如，常量 Key.TAB 总是用来代表键盘上的 Tab 键。

（9）Constructors（结构体）：结构体是用于定义类的函数。例如，在以下代码中，通过创建函数 Circle()来定义一个新的圆类。

```
function Circle(x, y, radius){
this.x = x;
this.y = y;
this.radius = radius;
}
```

（10）Datatypes（数据类型）：数据类型用于描述变量或动作脚本元素可以包含信息的种类，例如，动作脚本数据类型包含字符串、数字、布尔值、对象、影片剪辑、函数、空值和未定义。

（11）Expressions（表达式）：表达式是语句中能够产生一个值的任意部分。例如，2+2 就是一个表达式。

（12）Functions（函数）：函数是可以传送参数并能返回值的可重用代码块。例如函数 getVersion()可以返回当前正在播放动画的 Flash 播放器的版本。

（13）Handlers（事件处理函数）：事件处理函数是用于管理诸如 mouseDown 或 load 等事件的特殊函数。

（14）Identifiers（标识符）：标识符是用于识别某个变量、特性、对象、函数或方法的名称。它的第一个字符必须是字母、下画线或货币符号，其后的字符必须是字母、下画线、货币符号或数字。例如，firstQuestion 是一个合法的标识符，而 10xyz 不是合法的标识符。

（15）Instances（实例）：实例是属于某个类的对象。一个类可以产生若干个类的实例，且每个实例都将包含该类的所有特性和方法。例如，所有的影片剪辑都是 MovieClip 类的实例，因此可以将 MovieClip 类的方法或属性用于任何影片剪辑实例。

（16）Instancenames（实例名称）：实例名称是脚本中用来表示影片剪辑实例或按钮实例的唯一名称。例如，在以下代码中，实例名称为 csquare 的影片剪辑实例复制了 8 次。

```
do {
duplicateMovieClip("csquare","csquare"+i,i)
i=i+1;
}while(i<=8);
```

（17）Keywords（关键字）：关键字是具有特定意义的保留字。例如，var 是一个用来声明本地变量的关键字。

（18）Methods（方法）：方法是分配给一个对象的函数。一个函数被分配之后，它可作为对象的方法被调用。例如，在以下代码中，clear 变成了 controller 对象的方法。

```
function Reset(){
x_pos = 0;
x_pos = 0;
}controller.clear = Reset;
controller.clear();
```

（19）Operators（运算符）：运算符是通过一个或多个值计算新值的符号。例如，加法运算符用于把两个或多个值加到一起，产生一个新值。

（20）Target paths（目标路径）：目标路径是变量、对象和影片剪辑实例的名称所组成的表达结构。使用目标路径可以获取某个变量的值。例如，以下代码就是指向影片剪辑 stereoControl 中的 volume 变量的目标路径。

```
_root.stereoControl.volume
```

第三节　ActionScript 语法规则

下面列出 ActionScript 的一些通用语法规则，用户必须遵守这些语法规则，才能创建可正确编译和运行的脚本。

（1）区分大小写。在 Flash 8 中，所有的关键字、类名、变量、方法名、外部脚本等均区分大小写。例如，book 和 Book 将被视为不同内容。

（2）点语法。在 ActionScript 中，点“.”被用于指明某个对象或影片剪辑的属性和方法，也可用于标识影片剪辑或变量的目标路径。点语法表达式以跟有一个点的对象或影片剪辑的名称开始，以要指定的属性、方法或者变量作为结束。例如，在以下代码中，_width 指明 cs 影片剪辑的宽度。

```
cs._width;
```

（3）大扩号。ActionScript 使用大括号“{}”划分语句块，例如：

```
onClipEvent(load){
top=_y;
left=_x;
```

```
right=_x;
bottom=_ y+100;
}
```

（4）分号。ActionScript 语句使用分号“;”作为结束，如果将分号省略，Flash 仍然能够成功地编译脚本，例如：

```
Mouse.hide()
startDrag("cs", true)
```

（5）小括号。当用户定义一个函数时，要把参数放置在小括号“( )”内，例如：

```
myFunction("csquare",20,true);
```

另外，可以使用小括号来改变 ActionScript 的优先级。

（6）注释。通过在脚本中添加注释，将有助于用户理解代码的含义，并向其他开发人员提供信息。要指示某一行或一行的某一部分是注释，应在该注释前加两个斜杠（//），例如：

```
function Line(x1,y1,x2,y2){…}
//定义 Line 函数
```

注意：注释在程序区中以灰色显示，如图 8.3.1 所示。

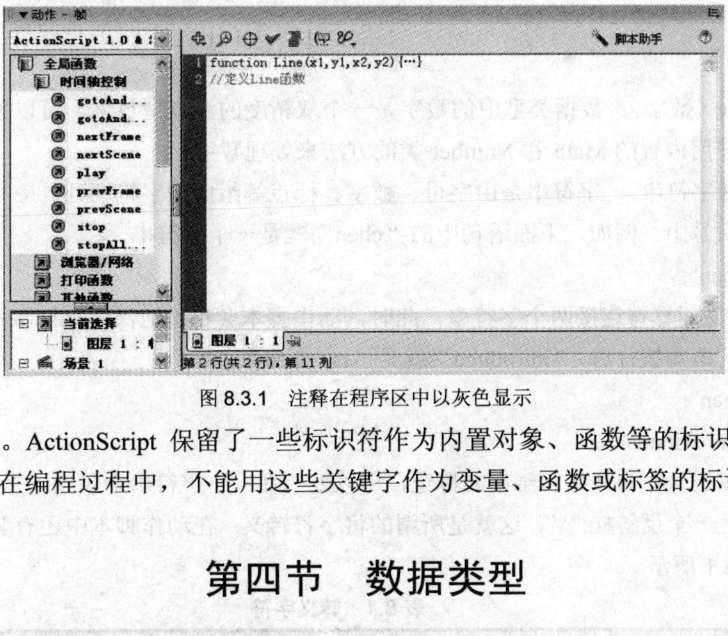

图 8.3.1　注释在程序区中以灰色显示

（7）关键字。ActionScript 保留了一些标识符作为内置对象、函数等的标识。这些标识符就是关键字，用户在编程过程中，不能用这些关键字作为变量、函数或标签的标识。

第四节　数据类型

在 Flash 8 中，内置了基本数据类型和引用数据类型两种数据类型。其中，基本数据类型是指字符串、数字、布尔数等，它们都有一个不变的值，可以保存它们所表示元素的实际值；引用数据类型是指影片剪辑或对象等，它们的值可以改变，所以它们所包含的是对元素实际值的引用。下面对 ActionScript 中的各种数据类型进行介绍。

（1）MovieClip（影片剪辑）：影片剪辑是 Flash 应用程序中可以播放动画的元件，它们是唯一一种可以引用图形元素的数据类型。

（2）Objcet（对象）：对象是属性的集合，每个属性都有相应的名字和值，属性值可以是任何一种数据类型，甚至可以是对象数据类型，从而使对象相互包含形成嵌套。

可以使用内置动作脚本对象来访问和处理特定种类的信息。例如，可以通过 Math 对象的方法来对传递给它的数字进行数学运算。

例如，下面的语句使用 Math 对象的 Sqrt 方法对数字 100 进行求平方根运算，并将运算的结果赋给变量 squareRoot：

```
squareRoot=Math.sqrt(100);
```

另外，动作脚本的电影片段对象具有控制舞台上的电影片段实例的方法，下面语句使用了 play 和 nextFrame 方法：

```
mcInstanceName.play();
mc2InstanceName.nextFrame();
```

（3）Boolean（布尔值）：在动作脚本中，布尔值经常和逻辑运算符或比较运算符一起使用，用于进行比较和控制一个程序脚本的流程。布尔值有且仅有 true 和 false 两种，在需要时，ActionScript 也可以将 true 和 false 转化成 1 和 0。

例如，在下面的例子中，如果变量 Name 和变量 Password 的值都为 true，则电影片段就开始播放。

```
onClipEvent(enterFrame) {
if ((Name==true)&&(password==true)) {
play()
}
}
```

（4）Number（数字）：数据类型中的数字是一个双精度的浮点型数字。可以使用算术运算符来处理数字，也可使用内置的 Math 和 Number 类的方法来处理数字。

（5）String（字符串）：字符串是由字母、数字、标点等组成的字符序列，应用字符串时要将其放在单引号或双引号中。例如，下面语句中的“chen”就是一个字符串。

```
firstname="chen";
```

可以使用“+”运算符连接两个字符串，此时，动作脚本会精确地保留字符串两端出现的空格。

例如，下面的语句执行后，“introduce”就是“I'm chen”。

```
firstname="chen";
introduce="I'm"+firstname;
```

由于字符串以引号作为开始和结束的标记，所以要想在一个字符串中包括一个单引号或双引号，须要在其前面加上一个反斜杠“\”，这就是所谓的将字符转义。在动作脚本中还有其他的一些字符可以被转义，如表 8.1 所示。

表 8.1　转义字符

转义字符	转义结果
\b	Backspace
\f	走纸换页
\n	换行符
\r	回车符
\t	制表符（Tab）
\"	双引号
\'	单引号
\\	反斜线符号
\000～\377	一个八进制字符，占一个字节
\x00～\xFF	一个十六进制字符，占一个字节
\u0000～\uFFFF	一个十六进制的 16 位 Unicode 字符，占两个字节

（6）Null（空值）：Null 表示空值，可以在以下 4 种情况下使用。

1）变量尚未接收到值。

2）变量不再包含值。

3）作为函数的返回值时，函数没有可以返回的值。

4）作为函数的参数时，省略了一个参数。

（7）Undefined（未定义）：Undefined 表示未定义的数据类型的值，用于尚未分配值的变量。

第五节　变　量

变量是存储信息的容器，容器本身总是不变的，但内容可以改变。当播放动画时，通过变量可以记录和保存用户操作的信息，记录动画播放时改变了的值，或者判断某些条件是真还是假。

当首次定义一个变量时，最好为该变量指定一个已知值，即对变量进行初始化操作，从而使用户能够更容易地跟踪和比较变量的值。

ActionScript 中的变量可以保存所有类型的数据，包括 String，Number，Boolean，Object 以及 MovieClip 等，当某个变量在一个脚本中被赋值时，变量包含的数据类型将影响变量值的改变。

一、变量的命名规则

为变量命名必须遵守以下规则：

（1）变量名必须是一个标识符。

（2）变量名不能是一个关键字或布尔值（true 或 false）。

（3）变量名在它的作用范围内必须是唯一的。

二、变量的输入

在 ActionScript 中，不须要明确地定义一个变量要保存为何种数据类型。当变量被赋值时，Flash 会自动确定这个变量的数据类型。例如：

```
x=7;
y="name";
```

在表达式“x=7”中，Flash 8 会计算操作符右边的元素，并且确定 x 是一个数值型变量。在表达式“y="name"”中，系统会把 y 的类型改为字符串型。

当表达式需要时，ActionScript 还会自动变换变量的类型，例如，当把一个值传递给 trace 动作时，trace 动作会自动将接收到的值转换成字符串。可以使用这个动作来调试脚本、跟踪变量的值或跟踪脚本的分支流向。

在含有操作符的表达式中，ActionScript 会根据需要变换数据类型，例如，当“+”操作符被用于一个字符串中时，ActionScript 会自动将另一个数据转换为字符串（如果它不是字符串），例如：

```
"Next in line,number"+7
```

ActionScript 会自动将数字 7 转换成字符串"7"，并将其加载到第一个字符串的后面形成一个更长的字符串："Next in line,number7"。

三、变量的作用范围

变量的作用范围是指能够识别和引用该变量的区域。在 ActionScript 中，变量可以是全局变量和局部变量。全局变量可以在所有的时间轴中共享，而局部变量仅在它所在的代码块中有效。

用户可以在脚本中用 var 语句声明一个局部变量，例如，在以下代码中，i 被用做局部变量。

```
Function makeDays()
{
var i
for(i =0; i <monthArray[month];i++)
{
_root.Days.attachMovie("DayDisplay",i,i+2000);
_root.Days[i].num=i+1;
_root.Days[i]._x=column*_root.Days[i]._width;
_root.Days[i]._y=row*_root.Days[i]._height;
column=column+1;
if(column==7)
{
column=0;
row=row+1;
}
}
}
```

使用局部变量可以有效地防止名称的冲突，所以被大量地使用。但在有些情况下必须使用全局变量，例如，要在一个代码块中引用另一个代码块中的变量，或者要在整个动画中传递某个变量的值，在这些情况下，全局变量将会发挥巨大的作用。

四、变量声明

在 Flash 8 中，可以用 set variables 语句或赋值操作符（=）来声明全局变量，用 var 语句声明局部变量。其中，局部变量的作用范围限定在声明它的代码块中，并在代码块结束时失效。

五、在脚本中使用变量

要将变量在脚本中使用，首先必须在脚本中声明这个变量，如果使用了未做声明的变量，则将会得到一个错误值。

另外，还可以在一个脚本中多次改变一个变量的值。变量包含的数据类型将对变量的改变方式产生影响。原始的数据类型，如字符串和数字等，将以值进行传递，也就是说变量的实际内容将被传递给变量。

例如：在下面的程序中，x 的值被设置为 9，然后这个值被赋给 y，随后 x 的值被重新改变为 90，但此时 y 仍然是 9，因为 y 并不跟踪 x 的值，它在此只是存储 x 曾经传递给它的值。

```
var x=9;
var y=x;
var x=90;
```

又例如，变量 ting 包含一个基本数据类型的数字 6，这个值被传递给了函数 sqr，返回值为 36。

```
Function sqr (x) {
return x*x;
}
var ting=6;
var out=sqr (ting);
```

其中变量 ting 中的值仍然是 6，并没有改变。

如果引用除电影片段以外的某个对象，则一旦被引用就不能再被删除，这种引用称为 Hard Reference（硬引用）；而对一个电影片段的引用则被称为 Soft Reference（软引用），因为软引用不能强令被引用的对象存在。

第六节 函数与运算符

在 Flash 8 中，函数指由一个变量按照一定的规则决定另一个变量的对应关系，运算符指对常量与变量进行运算的符号，表达式指用运算符将常量、变量和函数以一定的规则组织在一起的句子，下面分别对它们进行介绍。

一、函数

Flash 8 提供了 5 种类型的函数，分别为通用函数、数值类函数、属性类函数、字符串类函数和多字节字符函数。

1. 通用函数

通用函数包括 eval，getTimer，false 和 true 4 种，它们的功能如下：

（1）eval：获取某一变量的值，或者返回某一对象。

（2）getTimer：获取计算机的系统时间。

（3）false：获取布尔非值（0）。

（4）true：获取布尔真值（1）。

2. 数值类函数

数值类函数包括 int 和 random 两种，它们的功能如下：

（1）int：把十进制数值强制转换成整数，即取整。

（2）random：产生 0 到用户指定数值间的随机数。

3．属性类函数

属性类函数包括_alpha，_height，_name，_rotation，_visible，_width，_x，_y，_xscale，_yscale，_url 和_current 12 种，它们的功能如下：

（1）_alpha：对象的透明度。

（2）_height：对象的高度。

（3）_name：对象实例的名称。

（4）_rotation：对象的旋转角度。

（5）_visible：显示或隐藏对象。

（6）_width：对象的宽度。

（7）_x：对象的 x 轴坐标。

（8）_y：对象的 y 轴坐标。

（9）_xscale：以百分比来缩放对象的宽度。

（10）_yscale：以百分比来缩放对象的高度。

（11）_url：对象的链接地址。

（12）_current：获取当前帧的位置。

4．字符串类函数

字符串类函数包括 substring，length，ord 和 chr 4 种，它们的功能如下：

（1）substring：截取字符串的子串。

（2）length：返回字符串的长度。

（3）ord：将字符转换成 ASCII 码。

（4）chr：将 ASCII 码转换成相应的字符。

5．多字节字符函数

多字节字符函数包括 mbsubstring，mblength，mbchr 和 mbord 4 种，它们的功能如下：

（1）mbsubstring：截取多字节字符串中的字符串。

（2）mblength：返回多字节字符串的长度。

（3）mbchr：将操作数转换成相应的 ASCII 码多字节字符。

（4）mbord：将多字节字符转换成相应的 ASCII 码数值。

二、运算符

Flash 8 提供了算术运算符、比较运算符、逻辑运算符、位运算符、等于和赋值运算符等多种运算符，下面分别进行介绍。

1．算术运算符

算术运算符包括加、减、乘、除和其他算术运算符，ActionScript 中的算术运算符如表 8.2 所示。

2．比较运算符

比较运算符用于比较表达式的值并返回一个布尔值，ActionScript 中的比较运算符如表 8.3 所示。

表 8.2　算术运算符

算术运算符	执行的运算
+	递增 1
-	递减 1
*	乘
/	除
%	求余数
++	自加
--	自减

表 8.3　比较运算符

比较运算符	执行的运算
<	小于
>	大于
<=	小于或等于
>=	大于或等于

3．逻辑运算符

逻辑运算符用于比较两个布尔值（true 或 false）并返回第 3 个布尔值，例如在逻辑与操作中，如果两个操作数都是 true，则返回结果为 true；如果执行的两个操作数中有一个或两个是 false，则返回的结果为 false。ActionScript 中的逻辑运算符如表 8.4 所示。

表 8.4　逻辑运算符

逻辑运算符	执行的运算
&&	逻辑与
||	逻辑或
!	逻辑非

4．位运算符

ActionScript 中的位运算符如表 8.5 所示。

表 8.5　位运算符

位运算符	执行的运算
&	按位与
|	按位或
^	按位异或
~	按位非，即求补码
<<	按位左移
>>	按位右移
>>>	无符号按位右移，即左边空位用 0 填补

5．等于和赋值运算符

当两个或两个以上的运算符在同一个表达式中被使用时，一些运算符与其他运算符相比有更高的优先级。例如，在以下的代码中，括号里面的内容先执行，结果是 8。

x=(24-20)*2;

而在以下的代码中，先执行乘法运算，结果是 2。

x=8-2*3;

如果两个或两个以上的运算符拥有同样的优先级时，此时决定它们执行顺序的就是运算符的结合性了，结合性可以是从左到右，也可以是从右到左。例如，下面的两个语句是等价的。

x=8*3*5;

x=(8*3)*5;

ActionScript 中的等于和赋值运算符如表 8.6 所示。

表 8.6　等于和赋值运算符

等于和赋值运算符	执行的运算
==	等于
!=	不等于
=	赋值运算符
+=	相加并赋值
-=	相减并赋值
*=	相乘并赋值
%=	求余并赋值
/=	相除并赋值
<<=	按位左移并赋值
>>=	按位右移并赋值
>>>=	无符号按位右移并赋值
^=	按位异或并赋值
|=	按位或并赋值
&=	按位与并赋值

第七节　事件与动作

在 Flash 8 中，无论多么复杂的交互过程，都可以分解为两个部分，即导致行为发生的原因和行为发生的内容。而行为发生的原因就是事件，行为发生的内容就是动作。

一、事件

在 Flash 8 中，用户可以通过两种方式来触发事件：一种是基于动作的，如单击鼠标或按下键盘，即通常所说的“用户触发事件”；另一种是基于时间的，当动画播放到某一时刻时，事件就会被触发，即通常所说的“帧事件”。

1．用户触发事件

用户触发事件的特点是对单击鼠标或者按键等动作做出响应，下面简单介绍一些用户触发事件。

（1）press：当将鼠标指针移到按钮上时，单击鼠标左键发生动作。

（2）release：当将鼠标指针移到按钮上时，单击并释放鼠标左键发生动作。

（3）rollOut：当将鼠标指针从按钮上移过时发生动作。

（4）rollOver：当将鼠标指针放置在按钮上时发生动作。

（5）releaseOutside：当在按钮上按下鼠标左键，然后将鼠标指针移至按钮外释放时发生动作。

（6）dragOut：当在按钮上按下鼠标左键，然后将鼠标指针移至按钮外时发生动作。

（7）dragOver：当在按钮上按下鼠标左键，然后将鼠标指针移至按钮外后，又移至按钮上时发生动作。

（8）keyPress：当按下指定键时发生动作。

（9）mouseMove：当移动鼠标时发生动作。

（10）mouseDown：当单击鼠标左键时发生动作。

（11）mouseUp：当释放鼠标左键时发生动作。

（12）keyUp：当释放某键时发生动作。

（13）keyDown：当按下某键时发生动作。

2．帧事件

定义帧事件是指为某个帧指定一个动作，当动画播放到该帧时，将会响应事件，并执行指定的动作。例如，如果用户须要控制一个包含两个场景的动画，当播放到“场景 1”的第 4 帧时，开始播放“场景 2”，然后在“场景 2”播放结束后继续从“场景 1”的第 5 帧开始播放，直至“场景 1”播放完毕后结束动画，可以定义以下的“帧事件”来实现。

（1）选中“场景 1”的第 4 帧，在动作面板中添加以下代码：

```
gotoAndPlay("场景 2",4);
```

（2）选中“场景 2”的最后一帧，在动作面板中添加以下代码：

```
gotoAndPlay("场景 1",5);
```

二、动作

动作是由一系列语句组成的程序代码。在 Flash 8 中内置了数百条的动作语句，通过它们可以实现非常强大的交互功能，下面介绍几种常见的动作语句。

1．stop()语句

stop()语句用于停止动画的播放，该语句没有参数。例如，以下代码将定义一个停止按钮。

```
on(release){
stop();
}
```

2．play()语句

play()语句用于使动画从当前帧开始播放，该语句没有参数。例如，以下代码将定义一个播放按钮。

```
on(press){
play();
}
```

3．gotoAndPlay()语句

gotoAndPlay()语句用于跳转到某一帧或场景，并开始播放。其格式如下：

```
gotoAndPlay(场景,帧);
```

参数的意义如下：

（1）场景：指定要转到场景的名称，如果在同一个场景中跳转，可以省略该参数。

（2）帧：指定要转到的帧。

例如，以下代码将使动画从第 15 帧开始播放。

```
on (release) {
gotoAndPlay(15);
}
```

4．gotoAndStop()语句

gotoAndStop()语句用于跳转到某一帧或场景，并停止播放。其格式与参数同 gotoAndPlay()语句。例如，以下代码将使动画跳转至第 5 帧，并停止播放。

```
on (release) {
gotoAndStop (5);
}
```

5．stopAllSounds()语句

stopAllSounds()语句用于停止动画中的所有声音，而不影响其视觉效果，该语句没有参数。例如，以下代码将定义一个关闭声音的按钮。

```
on(press){
stopAllSounds();
}
```

6．nextScene()语句

nextScene()语句用于跳转并停止在下一场景的第 1 帧上，该语句没有参数。其格式如下：

```
nextScene();
```

7．prevScene()语句

prevScene()语句用于跳转并停止在上一场景的第 1 帧上，该语句没有参数。其格式如下：

```
prevScene();
```

8．trace()语句

trace()语句用于获取影片剪辑的名称、位置、大小和透明度等属性。其格式如下：

trace(目标.属性);

参数的意义如下：

（1）目标：影片剪辑实例的名称。

（2）属性：实例的位置、大小和透明度等。

例如，以下代码将获取名称为 cs 的影片剪辑的位置、透明度和大小属性。

```
trace(cs._x);
trace(cs._y);
trace(cs._alpha);
trace(cs.width);
trace(cs.height);
```

9．mouse.hide()语句

mouse.hide()语句用于隐藏鼠标指针，该语句没有参数。例如，以下代码将实现隐藏鼠标指针的功能。

```
onClipEvent(load){
mouse.hide();
startDrag(this,true);
```

```
}
```

10．getURL()语句

getURL()语句用于将指定的 URL 加载到浏览器窗口，或者将变量数据发送给指定的 URL。其格式如下：

getURL(网页地址,窗口);

参数的意义如下：

（1）网页地址：链接网页的地址，如 http://www.sohu.com。

（2）窗口：用于设置网页打开的位置，有 4 种方式可以选择。

1）_self：指定当前窗口中的当前框架。

2）_blank：指定一个新窗口。

3）_parent：指定当前框架的父级。

4）_top：指定当前窗口中的顶级框架。

例如，以下代码将使动画在用户单击赋予该动作的按钮时，在新窗口中打开 URL 为 www.sohu.com 的网页。

```
on(release){
getURL("http://www.sohu.com","_blank");
}
```

11．setProperty()语句

setProperty()语句用于设置影片剪辑的大小、旋转、位置、名称和透明度等属性。其格式如下：

setProperty(目标,属性,值);

参数的意义如下：

（1）目标：影片剪辑实例的名称。

（2）属性：实例的位置、大小和透明度等。

（3）值：指属性的值。

例如，以下代码展示了一个按钮事件，它将名为 MMC 的影片剪辑实例的透明度设置为 50%。

```
on(release){
setProperty("/MMC",_Alpha, "50");
}
```

12．duplicateMovieClip()语句

duplicateMovieClip()语句用于影片剪辑的复制。其格式如下：

duplicateMovieClip(目标,新名称,深度);

参数的意义如下：

（1）目标：定义要复制影片剪辑实例的路径。

（2）新名称：设置复制的影片剪辑实例的名称。

（3）深度：深度是一个数值，它表示影片剪辑实例副本与同一个影片层级中其他加载副本的相对堆叠深度。

例如，以下代码展示了一个按钮事件，其作用是复制名为 MMC 的影片剪辑实例，并将复制出的 MMCD 放置在 2 中。在复制时，改变 MMCD 的 x 位置，以便它不会出现在原影片剪辑的上面。

```
on(release){
duplicateMovieClip("/MMC","MMCD",2);
setProperty("/MMCD",_x,"200");
}
```

13. removeMovieClip()语句

removeMovieClip()语句用于影片剪辑的删除。其格式如下：

removeMovieClip(目标);

目标是指要删除影片剪辑实例的路径。

例如，以下代码展示了另一个按钮上的鼠标事件，其作用是删除名为 MMCD 的影片剪辑实例。

```
on(release){
removeMovieClip("/MMCD");
}
```

14. setRGB()语句

setRGB()语句用于设置影片剪辑的颜色。其格式如下：

setRGB(颜色值);

例如，以下代码将设置名为 carColor 影片剪辑实例的颜色为蓝色。

```
myColor=new Color(_root.carColor)
_root.blue.onRelease=function(){
myColor.setRGB(0x0000ff)
}
```

第八节　条件循环控制

利用条件循环控制可以让交互动画实现灵活的分支转移。

一、条件语句

条件语句即以 if 开始的语句，用于检查一个条件的值是 true 还是 false。如果条件值为 true，则 ActionScript 依次执行后面的语句；如果条件值为 false，则 ActionScript 将跳过这个代码段，执行下面的语句。if 经常与 else 结合使用，用于多重条件的判断和跳转执行。

例如，以下代码用于测试条件和执行相关的动作，如果前面的条件返回值为 false，则将执行 else 中的语句：

```
if((password)=4321&&(address=room439)){
gotoAndStop("reject");
}
else{
```

```
gotoAndPlay("firstMovie");
}
```

二、循环语句

在 ActionScript 中可以按照一个指定的次数重复执行一系列的动作，或者是在一个特定的条件中，执行某些动作。在使用 ActionScript 编程时，可以使用 while，do…while，for 以及 for…in 动作来创建一个循环语句。

1. 条件循环语句

在编程过程中，有时须要在满足某个条件的情况下实现一个循环，这时须要用到 while 语句或 do…while 语句。

在 ActionScript 中，循环语句 while 用于对一个表达式求值，如果表达式的值是 true，那么循环体中的代码被执行。当循环体中的所有语句都被执行之后，表达式按照程序要求再次进行求值，就这样反复执行，直到表达式的值变为 false，就跳出本次循环执行循环后的语句。

例如，在下面的程序语句中，动作被重复执行了 6 次。

```
i=6;
While(i>0) {
MyMovieClip.duplicateMovieClip("newMovieClip"+i,i);
i--;
}
```

另外，也可以使用 do…while 语句创建同样的循环，在一个 do…while 语句中，表达式是在代码块的底部被求值，因此，这个循环至少会被执行一次。

例如，将上面的那段语句用 do…while 编写如下：

```
i=6
do {
MyMovieClip.duplicateMovieClip("newMovieClip"+i,i);
i--;
}while(i>0);
```

2. 按照指定的次数循环

在 ActionScript 中，可以使用 for 语句使程序按照指定的次数循环，在一些特殊的场合，这种功能具有很重要的意义。

在很多情况下，须要预设一个数值作为初值来控制循环的次数。可以通过声明一个变量，并编写一条每当循环被执行一次就对变量进行自增或自减运算的语句的方法来实现一个循环控制。

在一个完整的 for 语句中，计数值和计数值的自增或自减运算的语句是整个程序语句中的一部分，例如下面的语句：

```
for(i=6;i>0;i--) {
MyMovieClip.duplicateMovieClip("newMovieClip"+i,i);
}
```

第九节　制作交互动画

本节将为用户介绍 3 个交互动画的制作，以帮助用户对前面的知识有一个很好的理解。

一、复制

制作“复制”交互动画的操作步骤如下：

（1）启动 Flash 8 软件，新建一个文件。

（2）选择 修改(M) → 文档(D)... Ctrl+J 命令，弹出 文档属性 对话框，设置 尺寸(I): 为“500 px×200 px”，背景颜色(B): 为“黑色”，单击 确定 按钮。

（3）按“Ctrl+F8”键，弹出 创建新元件 对话框，在 名称(N): 文本框中输入“图片”，在 类型(T): 选项区中选中 ⊙影片剪辑 单选按钮，如图 8.9.1 所示。

图 8.9.1　“创建新元件”对话框

（4）单击 确定 按钮，进入该元件的编辑窗口，绘制如图 8.9.2 所示的花朵图形。

（5）重复第（3）步的操作，创建一个名为“复制”的元件，单击 确定 按钮，进入该元件的编辑窗口。

（6）选择 窗口(W) → 库(L) Ctrl+L 命令，打开库面板，拖动“图形”元件到舞台中。

（7）选择工具箱中的文本工具 A，在属性面板中设置文本类型为“动态文本”，字体为“Times New Roman”，字体大小为“36”，文本颜色为“#FF0066”，并单击“切换粗体”按钮 B，在“图片”实例的右下角拖出一个动态文本框，如图 8.9.3 所示。

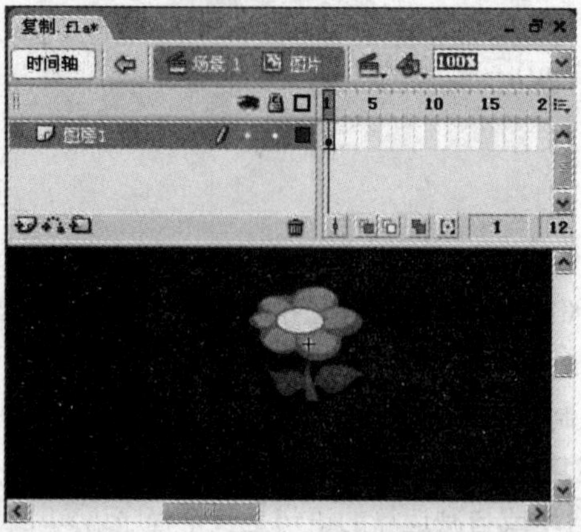

图 8.9.2　绘制花朵图形

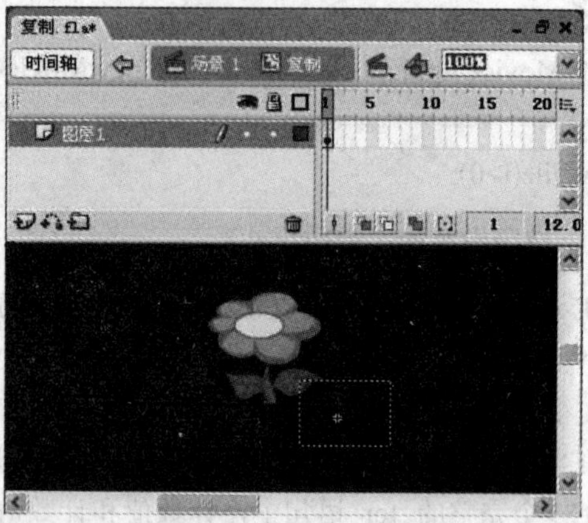

图 8.9.3　拖出动态文本框

（8）选中动态文本框，双击鼠标左键，将其切换至可编辑状态，在其中输入初始值“0”，如图 8.9.4 所示。

（9）选中动态文本框，在属性面板的 变量: 文本框中输入字符“n”，如图 8.9.5 所示。

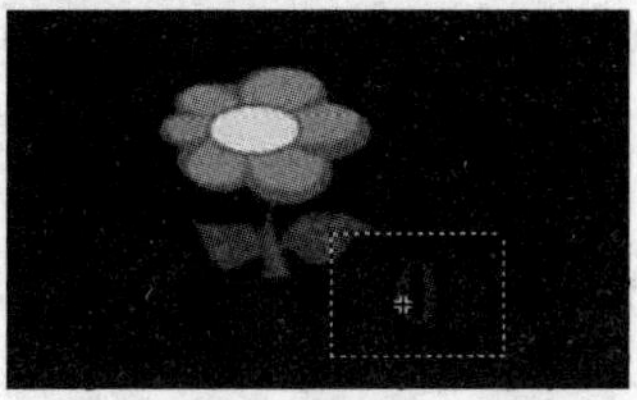

图 8.9.4 输入初始值

图 8.9.5 设置变量

（10）单击 场景 1 图标，返回到主场景。

（11）从库面板中拖动“复制”元件到舞台中，然后选中“复制”实例，在属性面板的“实例名称”文本框中输入字符“earth”，如图 8.9.6 所示。

图 8.9.6 输入实例名称

（12）选择 窗口(W) → 公用库(B) → 按钮 命令，打开按钮库，在按钮库中选择 classic buttons → Ovals → Oval buttons - blue 命令，将其拖动到舞台中，并另外复制一个，如图 8.9.7 所示。

图 8.9.7 拖入并复制“Oval buttons-blue”元件

（13）选择 窗口(W) → 动作(A) F9 命令，打开动作面板，如图 8.9.8 所示。

图 8.9.8 动作面板

（14）选中左侧的“Oval buttons-blue”实例，在动作面板中输入以下代码：

```
on (press) {
n = Number(n)+1;
bn = "earth" add n;
duplicateMovieClip("earth", bn, n);
```

```
setProperty(bn, _x, Number(getProperty(bn, _x))+Number(n*(Number(getProperty(bn, _width))+1)));
set(bn add ":n", n);
}
```

（15）选中右侧的“Oval buttons-blue”实例，在动作面板中输入以下代码：

```
on (press, release) {
if (Number(n)>0) {
bn = "earth" add n;
removeMovieClip(bn);
n = n-1;
}
}
```

（16）单击时间轴面板中的“插入图层”按钮，插入“图层 2”。

（17）选中“图层 2”，选择工具箱中的文本工具，在属性面板中设置文本类型为“静态文本”，字体为“隶书”，字体大小为“28”，文本颜色为“黑色”，并单击“切换粗体”按钮，在“Oval buttons-blue”实例的上面依次输入文本“增”和“减”，如图 8.9.9 所示。

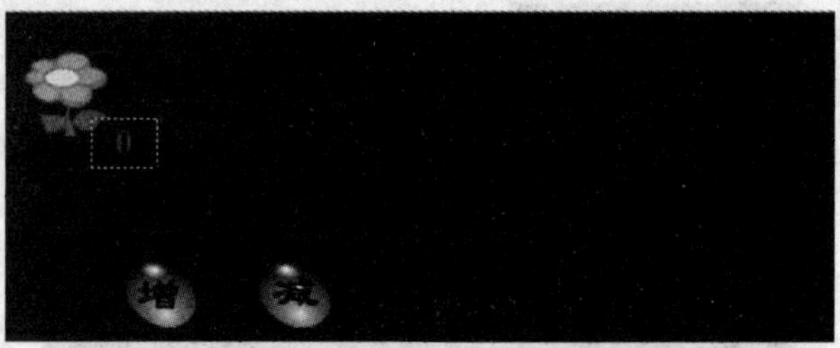

图 8.9.9 输入文本

（18）按“Ctrl+Enter”键，测试动画，最终效果如图 8.9.10 所示。

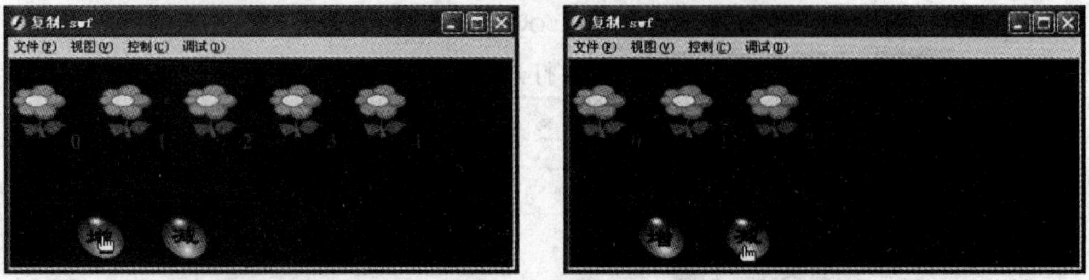

图 8.9.10 效果图

二、烟花

制作“烟花”交互动画的操作步骤如下：

（1）启动 Flash 8 软件，新建一个文件。

（2）选择 修改(M) → 文档(D)... Ctrl+J 命令，弹出 文档属性 对话框，设置 尺寸(I): 为“550 px×400 px”，背景颜色(B): 为“黑色”，单击 确定 按钮。

（3）选择 文件(F) → 导入(I) → 导入到舞台(I)... Ctrl+R 命令，弹出 导入 对话框，导入一幅图片，并进行调整，使其恰好覆盖整个舞台，如图 8.9.11 所示。

（4）选中第 35 帧，按“F5”键插入帧，如图 8.9.12 所示。

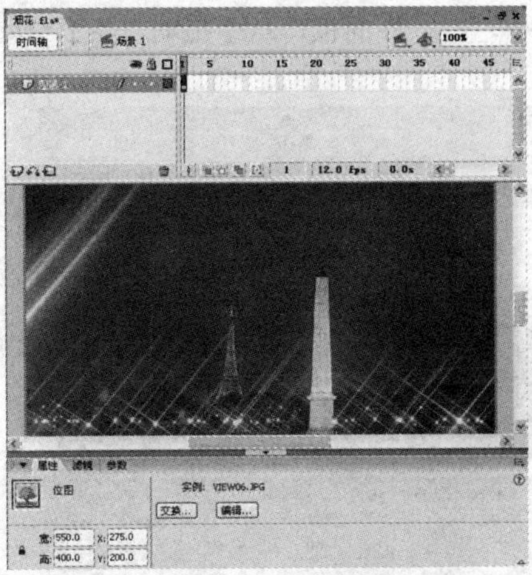

图 8.9.11 导入并调整图片

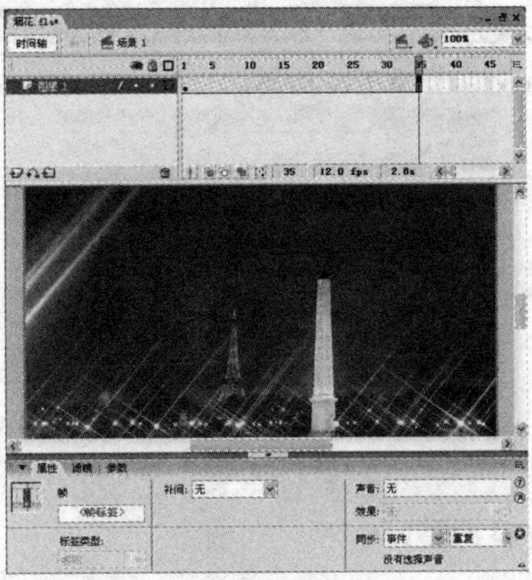

图 8.9.12 插入帧

（5）按“Ctrl+F8”键，弹出 创建新元件 对话框，在 名称(N): 文本框中输入“烟花”，在 类型(T): 选项区中选中 ⊙图形 单选按钮，如图 8.9.13 所示。

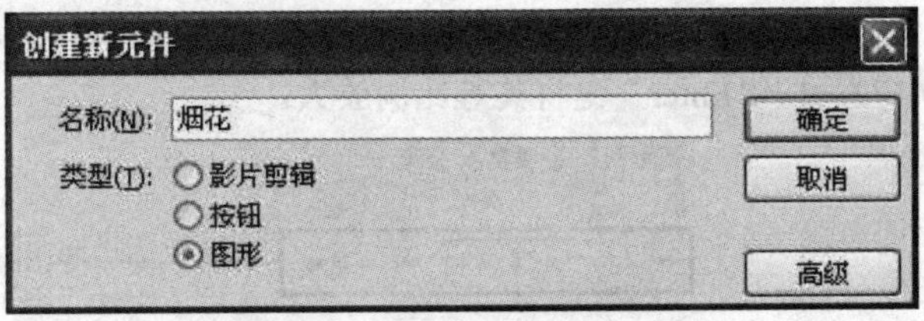

图 8.9.13 “创建新元件”对话框

（6）单击 确定 按钮，进入该元件的编辑窗口，在其中绘制如图 8.9.14 所示的图形。

（7）重复第（5）步的操作，创建一个名为“圆形”的元件，单击 确定 按钮，进入该元件的编辑窗口。

（8）选择工具箱中的椭圆工具，在属性面板中设置笔触颜色为“无”，填充颜色为“白色至黑色的放射状渐变色”，按住“Shift”键，在舞台的中心位置绘制一个圆形，如图 8.9.15 所示。

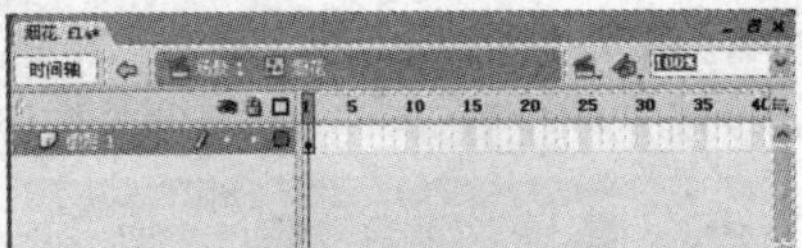

图 8.9.14 绘制图形

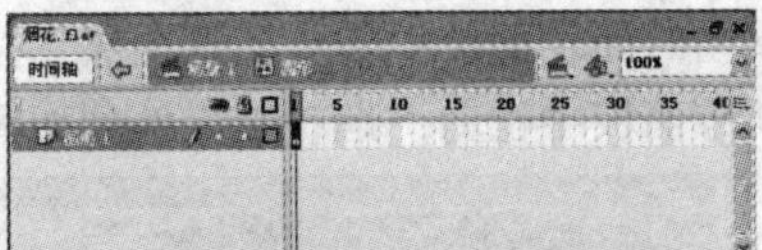

图 8.9.15 绘制圆形

（9）按“Ctrl+F8”键，弹出 创建新元件 对话框，在 名称(N): 文本框中输入“烟花 1”，在 类型(T): 选项区中选中 ⊙影片剪辑 单选按钮，单击 确定 按钮，进入该元件的编辑窗口。

（10）选择 窗口(W) → 库(L) Ctrl+L 命令，打开库面板，从中拖动“圆形”元件到舞台的中心位置，如图 8.9.16 所示。

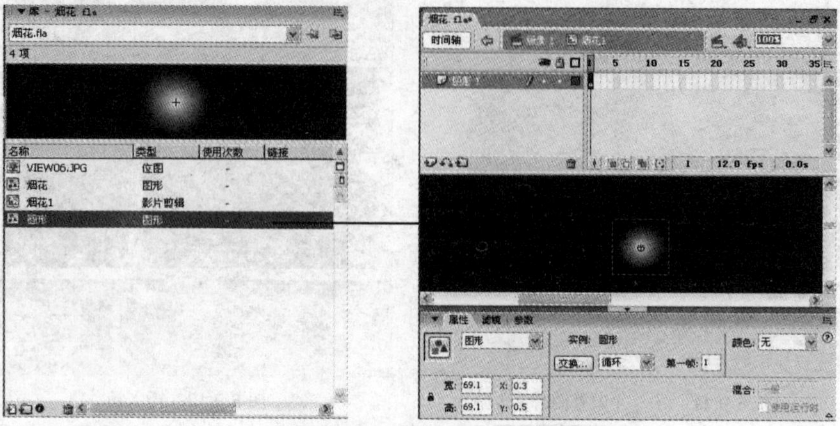

图 8.9.16 拖入“圆形”元件

（11）选中第 22 帧，按“F6”键插入关键帧。

（12）选中第 22 帧中的圆形，按“Ctrl+T”键打开变形面板，在↔和↕文本框中输入数值“439.7%”（见图 8.9.17），按“Enter”键将其等比例放大。

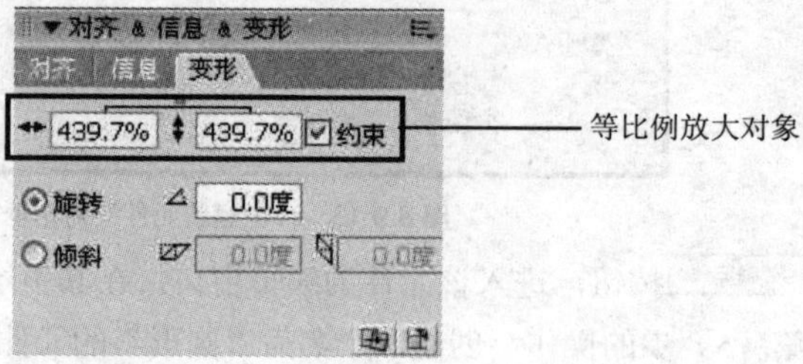

图 8.9.17 变形面板

（13）选中第 1～21 帧中的任意一帧，单击鼠标右键，在弹出的快捷菜单中选择 创建补间动画 命令，创建一段运动补间动画，如图 8.9.18 所示。

（14）单击时间轴面板中的“插入图层”按钮，插入“图层 2”。

（15）从库面板中拖动“烟花”元件到如图 8.9.19 所示的位置。

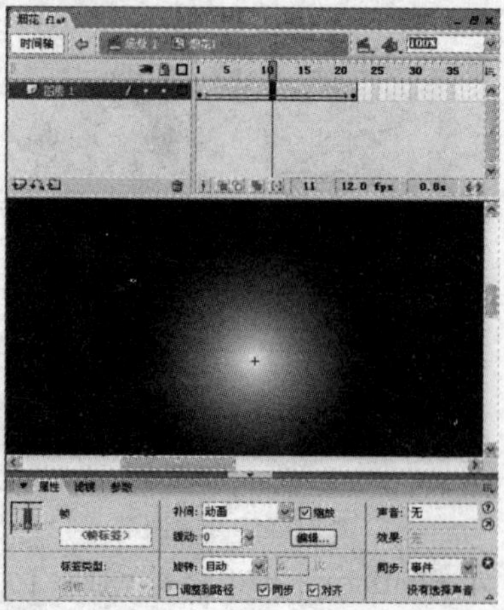

图 8.9.18 创建运动补间动画

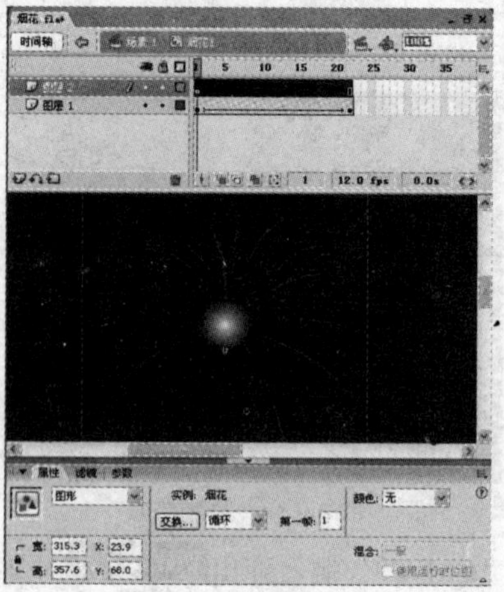

图 8.9.19 拖入“烟花”元件

（16）选中“图层 2”的第 22 帧，按“F6”键插入关键帧。

（17）选中“图层 2”的第 1 帧，单击鼠标右键，在弹出的快捷菜单中选择创建补间动画命令，创建一段运动补间动画，如图 8.9.20 所示。

（18）将鼠标指针置于“图层 2”的层名区，单击鼠标右键，在弹出的快捷菜单中选择遮罩层命令，为“图层 1”创建遮罩层，如图 8.9.21 所示。

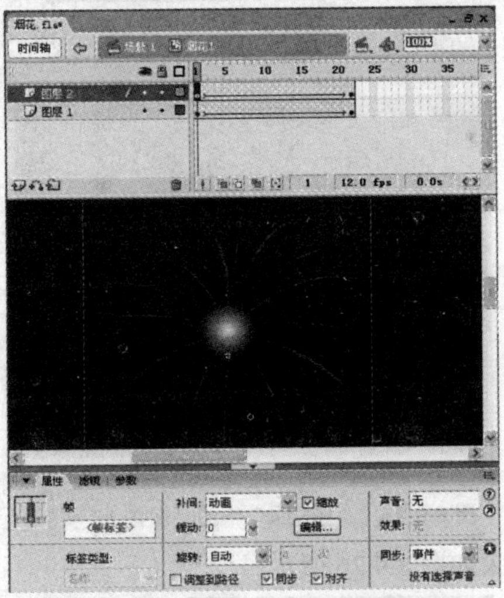

图 8.9.20　创建运动补间动画

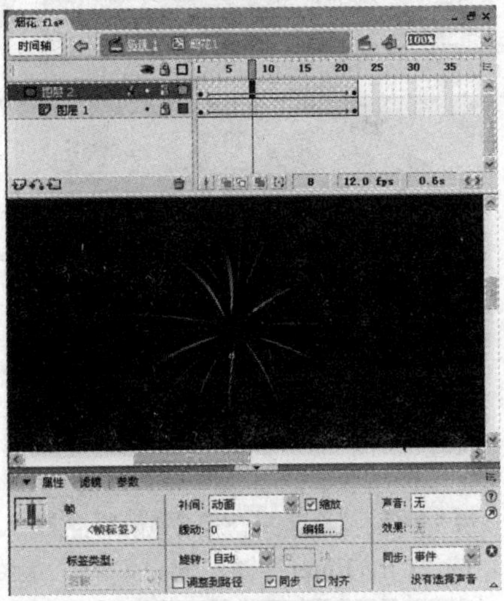

图 8.9.21　创建遮罩层

（19）单击场景 1图标，返回到主场景。

（20）单击时间轴面板中的“插入图层”按钮，插入“图层 2”。

（21）从库面板中拖动“烟花 1”元件到如图 8.9.22 所示的位置。

（22）选中“烟花 1”实例，在属性面板的颜色:下拉列表中选择“色调”选项，并设置其颜色为“紫色”，如图 8.9.23 所示。

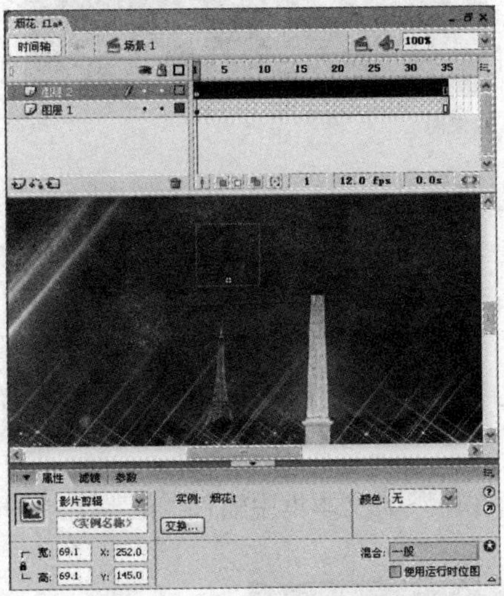

图 8.9.22　拖入“烟花 1”元件

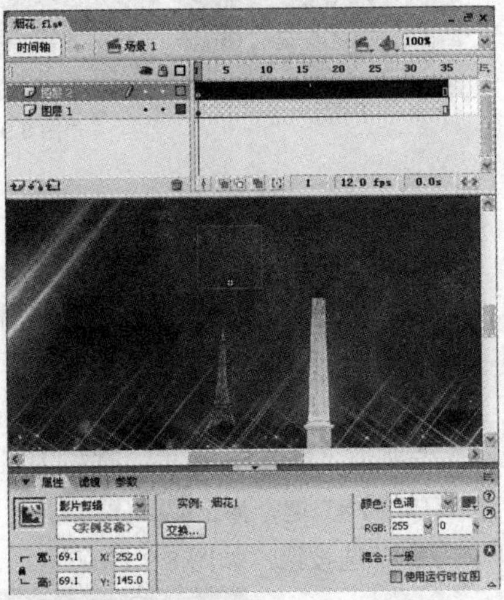

图 8.9.23　更改“烟花 1”实例的色调

（23）选中“图层 2”，单击时间轴面板中的“插入图层”按钮，插入“图层 3”。

（24）选中“图层 3”的第 10 帧，按“F6”键插入关键帧，然后从库面板中拖动“烟花 1”元件到该帧中，并设置其颜色为“黄色”，如图 8.9.24 所示。

（25）选中“图层 3”，单击时间轴面板中的“插入图层”按钮，插入“图层 4”。

（26）选中“图层 4”的第 20 帧，按“F6”键插入关键帧，然后从库面板中拖动“烟花 1”元件到该帧中，并设置其颜色为“绿色”，如图 8.9.25 所示。

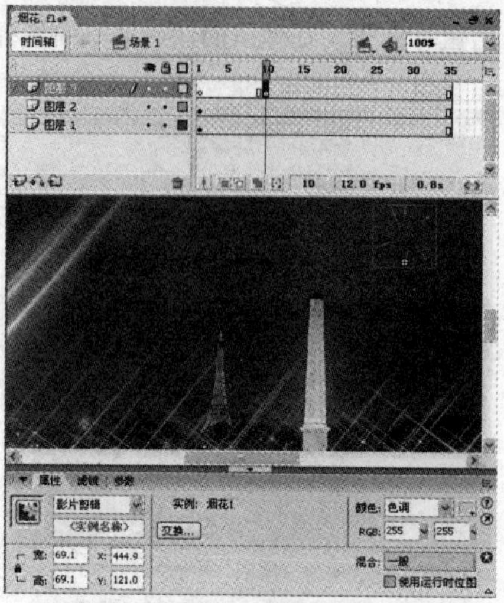

图 8.9.24　“图层 3”中的“烟花 1”实例

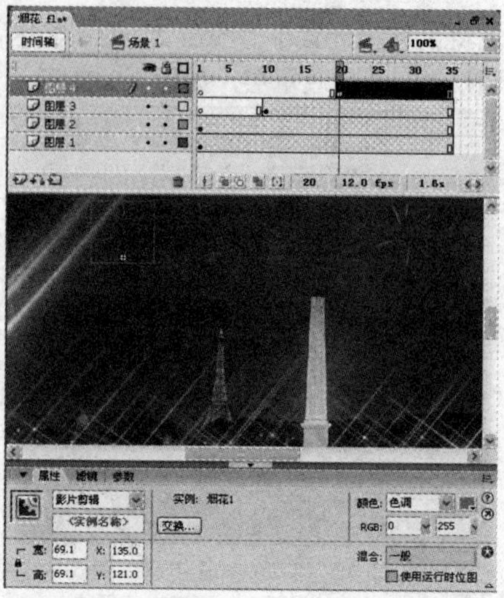

图 8.9.25　“图层 4”中的“烟花 1”实例

（27）按“Ctrl+Enter”键，测试动画，最终效果如图 8.9.26 所示。

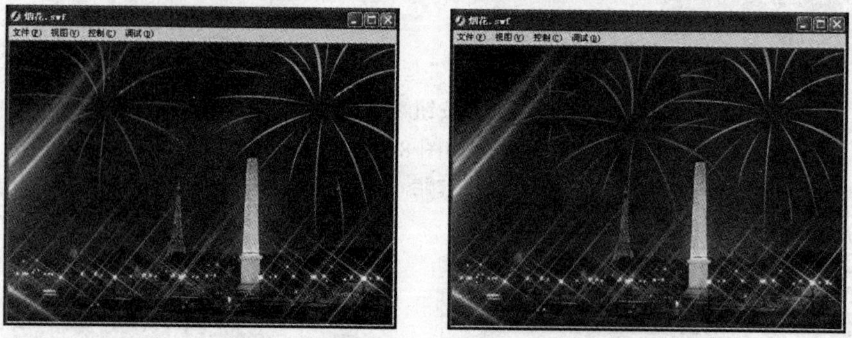

图 8.9.26　效果图

三、鼠标跟随效果

制作“鼠标跟随效果”交互动画的操作步骤如下：

（1）启动 Flash 8 软件，新建一个文件。

（2）选择 修改(M) → 文档(D)... Ctrl+J 命令，弹出 文档属性 对话框，设置 尺寸(I): 为“550 px×400 px”，背景颜色(B): 为“黑色”，单击 确定 按钮。

（3）按“Ctrl+F8”键，弹出 创建新元件 对话框，在 名称(N): 文本框中输入“花”，在 类型(T): 选项区中选中 ⊙影片剪辑 单选按钮，如图 8.9.27 所示。

图 8.9.27　“创建新元件”对话框

（4）单击确定按钮，进入该元件的编辑窗口。选择工具箱中的铅笔工具，在属性面板中设置笔触颜色为“黄色”，在舞台中绘制如图 8.9.28 所示的图形。

（5）重复第（3）步的操作，创建一个名为“花 1”的元件，单击确定按钮，进入该元件的编辑窗口。

（6）选择窗口(W)→库(L)　Ctrl+L命令，打开库面板，从中拖动“花”元件到舞台中。

（7）选中“花”实例，按“Ctrl+T”键打开变形面板，然后在和文本框中输入数值“40%”，按“Enter”键将其等比例缩小，如图 8.9.29 所示。

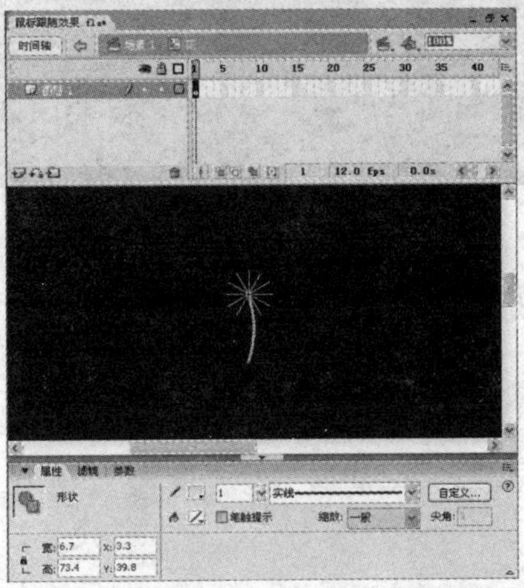

图 8.9.28　绘制图形

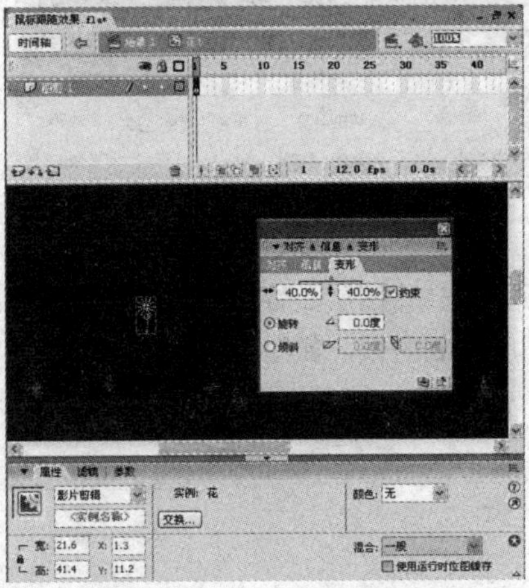

图 8.9.29　等比例缩小“花”实例

（8）选择工具箱中的任意变形工具，单击“花”实例，在其上会出现 8 个矩形控制点和一个圆形控制点，如图 8.9.30 所示。

（9）按住并拖动圆形控制点到右下角的矩形控制点上，如图 8.9.31 所示。

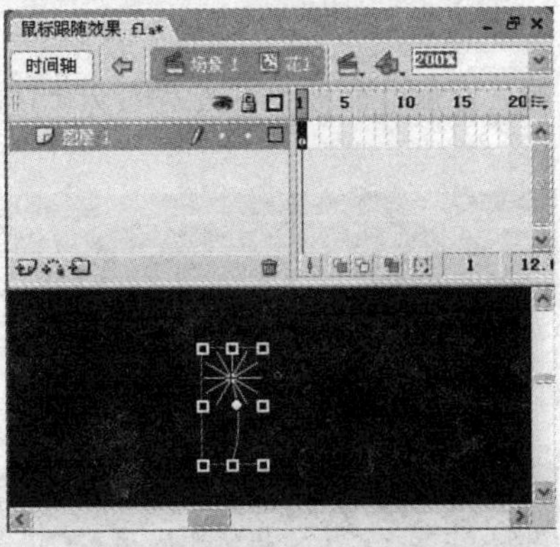

图 8.9.30　“花”实例上出现控制点

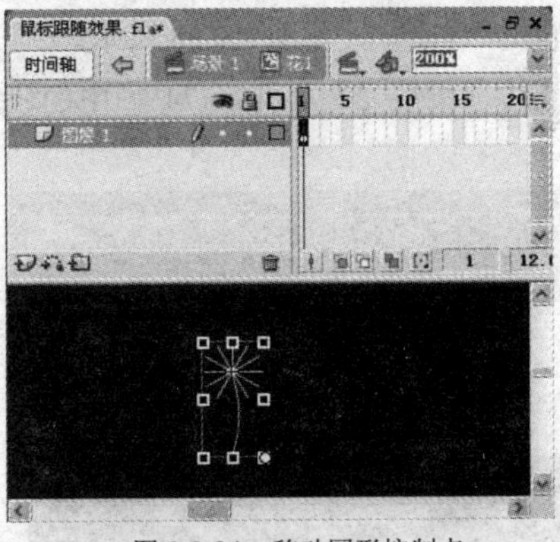

图 8.9.31　移动圆形控制点

（10）选中第 60 帧，按“F6”键插入关键帧。

（11）选中第 1～59 帧中的任意一帧，在属性面板的补间:下拉列表中选择“动画”选项，创建运动补间动画，并设置缓动:为“100”，旋转:为“顺时针”，旋转数为“1”次，如图 8.9.32 所示。

（12）单击时间轴面板中的“插入图层”按钮，插入“图层 2”，然后选中该层的第 15 帧，按“F6”键插入关键帧，如图 8.9.33 所示。

（13）同时选中“图层 1”的所有帧，单击鼠标右键，在弹出的快捷菜单中选择复制帧命令，复制帧。

图 8.9.32 创建运动补间动画

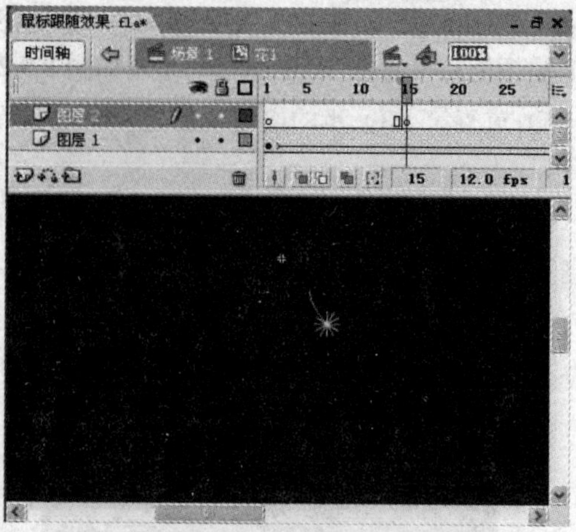

图 8.9.33 插入图层及关键帧

(14)同时选中“图层 2”的第 15 帧及其以后的帧，单击鼠标右键，在弹出的快捷菜单中选择粘贴帧命令，粘贴所复制的帧，如图 8.9.34 所示。

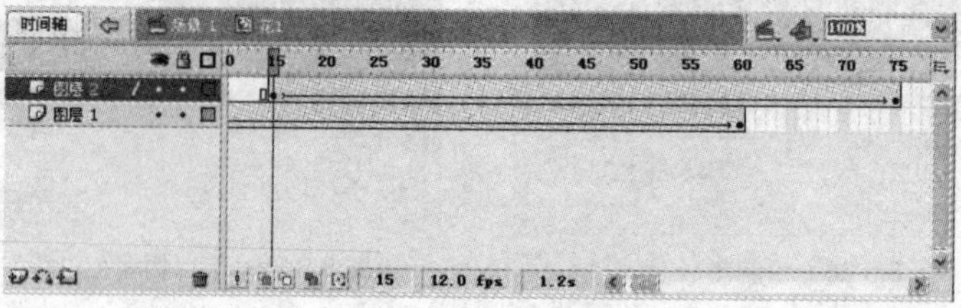

图 8.9.34 粘贴帧

(15) 分别选中“图层 2”中的“花”实例，将它们向左上角移动一小段距离。

(16) 分别选中“图层 2”中的“花”实例，在属性面板的颜色:下拉列表中选择“色调”选项，并设置其颜色为“红色”，如图 8.9.35 所示。

(17) 选中“图层 2”第 15～74 帧中的任意一帧，在属性面板中更改旋转:为“逆时针”，如图 8.9.36 所示。

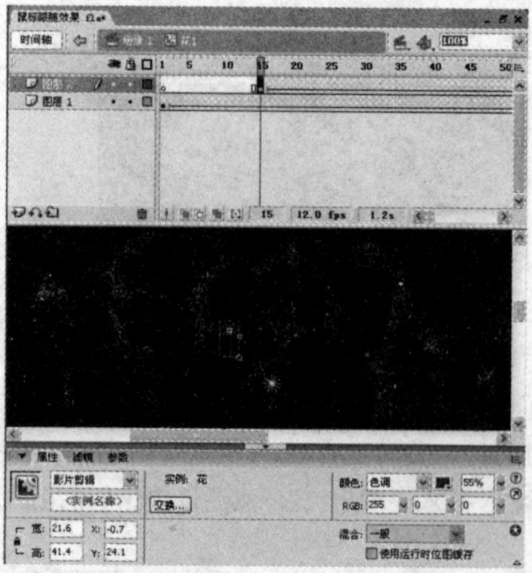

图 8.9.35 更改“花”实例的色调

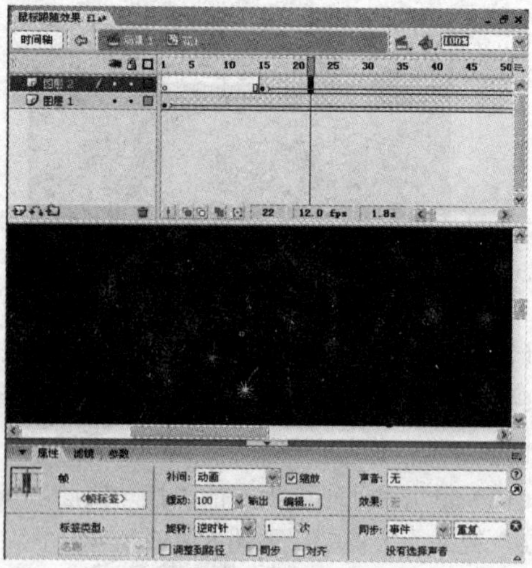

图 8.9.36 更改旋转属性

(18) 单击场景 1图标，返回到主场景。

（19）从库面板中拖动“花 1”元件到舞台的中心位置，然后选中“花 1”实例，在属性面板的“实例名称”文本框中输入字符“a”，如图 8.9.37 所示。

（20）选中第 3 帧，按“F5”键插入帧。

（21）单击时间轴面板中的“插入图层”按钮，插入“图层 2”，并在该层的第 2 帧和第 3 帧中插入关键帧。

（22）选择窗口(W)→动作(A) F9命令，打开动作面板，如图 8.9.38 所示。

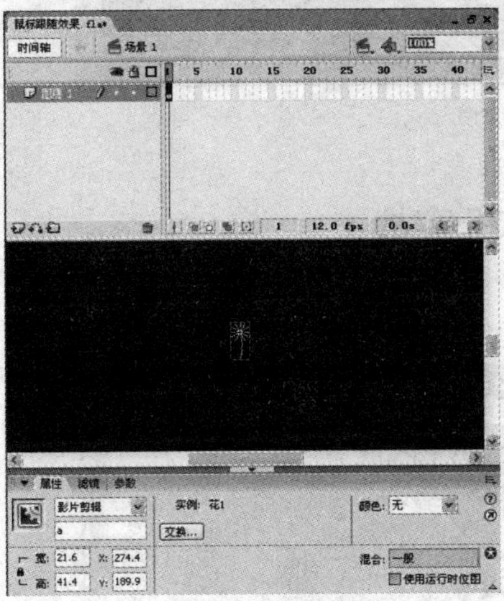

图 8.9.37　输入实例名称

图 8.9.38　动作面板

（23）选中“图层 2”的第 1 帧，在动作面板中输入以下代码：

```
i = 1;
setProperty("a", _visible, 0);
```

（24）选中“图层 2”的第 2 帧，在动作面板中输入以下代码：

```
duplicateMovieClip("a", "a"+i, i);
setProperty("a"+i, _rotation, random(360));
c = _xmouse;
d = _ymouse;
setProperty("a"+i, _x, c);
setProperty("a"+i, _y, d);
i++;//i++;
if (i>=30) {
removeMovieClip("a"+i);
i = 1;
}
```

（25）选中“图层 2”的第 3 帧，在动作面板中输入以下代码：

```
gotoAndPlay(2);
```

（26）按“Ctrl+Enter”键，测试动画，最终效果如图 8.9.39 所示。

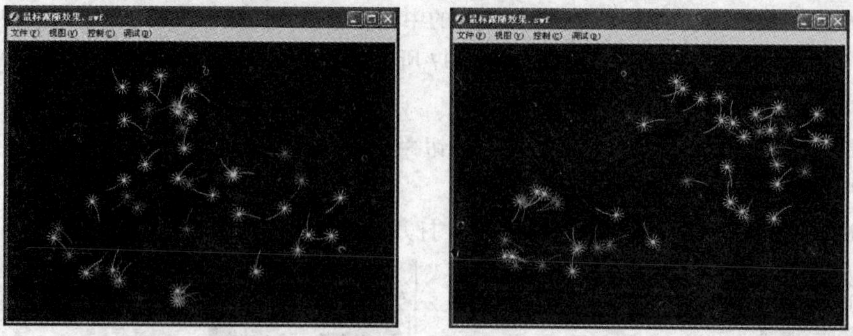

图 8.9.39 效果图

第十节 上机实战

下面练习制作“浏览图片”交互动画，最终效果如图 8.10.1 所示。

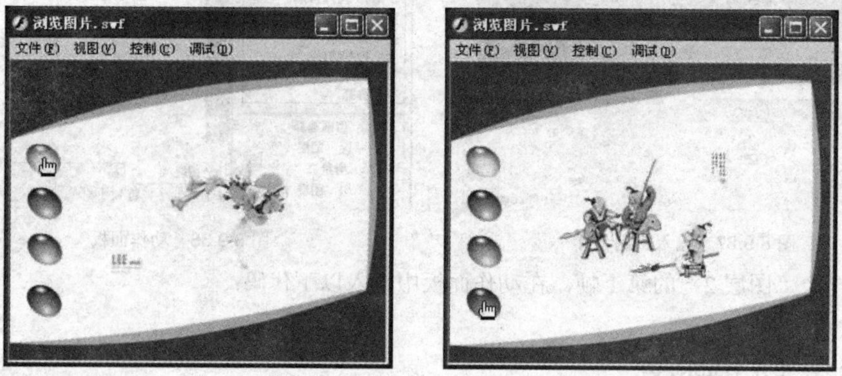

图 8.10.1 最终效果图

其操作步骤如下：

（1）启动 Flash 8 软件，新建一个文件。

（2）选择 修改(M) → 文档(D)... Ctrl+J 命令，弹出 文档属性 对话框，设置 尺寸(I): 为“350 px×280 px”，背景颜色(B): 为“白色”，帧频(F): 为“12”，单击 确定 按钮。

（3）在舞台中绘制如图 8.10.2 所示的图形，并用值为“#CC3300”的颜色进行填充。

（4）在其内部绘制如图 8.10.3 所示的图形，并用值为“#CCCCCC”的颜色进行填充。

图 8.10.2 绘制图形

图 8.10.3 绘制另外一个图形

（5）选中第 46 帧，按“F5”键插入帧，然后单击时间轴中的“插入图层”按钮，插入“图层 2”。

（6）分别选中第 10，20，30，40 帧，按“F6”键插入关键帧，如图 8.10.4 所示。

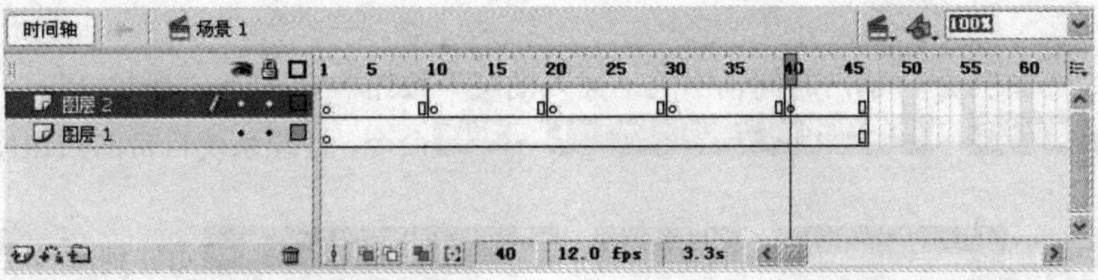

图 8.10.4 插入关键帧

（7）分别选中第 10，20，30，40 帧，选择 文件(F) → 导入(I) → 导入到舞台(I)... Ctrl+R 命令，弹出 导入 对话框，导入一张图片，如图 8.10.5 所示。

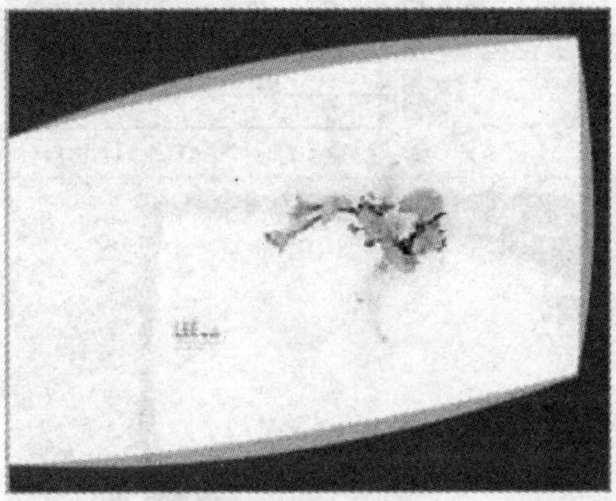

第 10 帧中的图片

第 20 帧中的图片

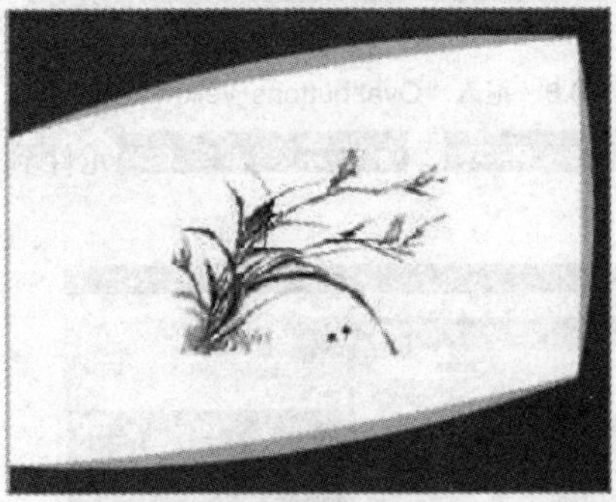

第 30 帧中的图片

第 40 帧中的图片

图 8.10.5 导入图片

（8）选择 窗口(W) → 动作(A) F9 命令，打开动作面板，如图 8.10.6 所示。

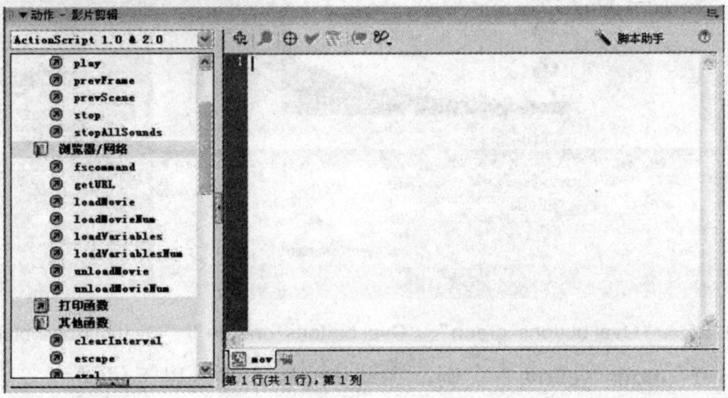

图 8.10.6 动作面板

（9）选中“图层 2”中的第 1，10，20，30，40 帧，在动作面板中输入以下代码：

```
stop();
```

（10）选中“图层 2”，单击时间轴中的“插入图层”按钮，插入“图层 3”。

（11）选择 窗口(W) → 公用库(B) → 按钮 命令，打开系统自带的按钮库，如图 8.10.7 所示。

（12）从中拖动 classic buttons → Ovals → Oval buttons - yellow 元件到舞台中，如图 8.10.8 所示。

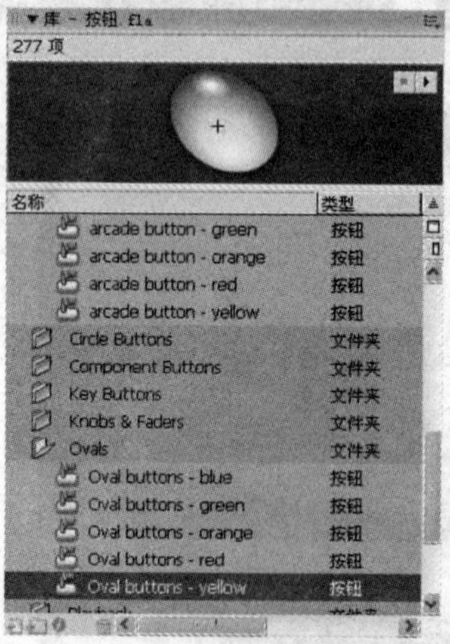

图 8.10.7　系统自带的按钮库

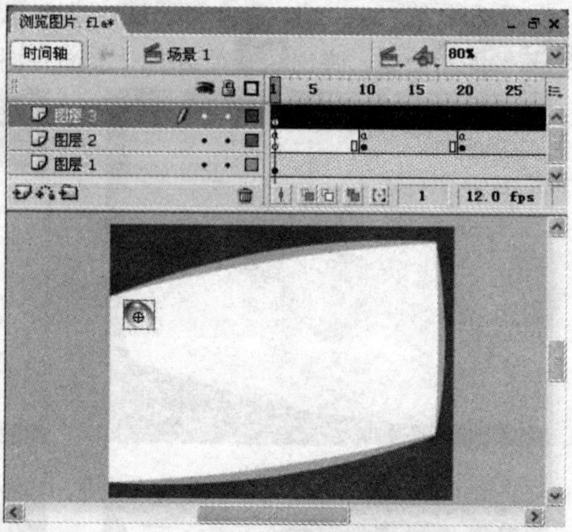

图 8.10.8　拖入“Oval buttons-yellow”元件

（13）同样，拖动 Oval buttons - green、Oval buttons - orange、Oval buttons - blue 元件到如图 8.10.9 所示的位置。

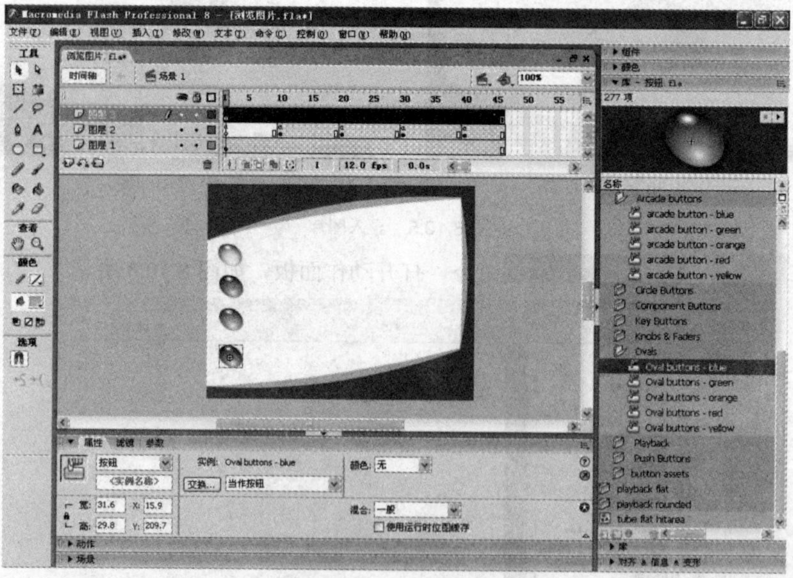

图 8.10.9　拖入“Oval buttons-green”，“Oval buttons-orange”，“Oval buttons-blue”元件

（14）选中“Oval buttons-yellow”实例，在动作面板中输入以下代码：

```
on(release){
```

```
gotoAndPlay(10);
}
```

（15）选中“Oval buttons-green”实例，在动作面板中输入以下代码：

```
on(release){
gotoAndPlay(20);
}
```

（16）选中“Oval buttons-orange”实例，在动作面板中输入以下代码：

```
on(release){
gotoAndPlay(30);
}
```

（17）选中“Oval buttons-blue”实例，在动作面板中输入以下代码：

```
on(release){
gotoAndPlay(40);
}
```

（18）按“Ctrl+Enter”键，测试动画，最终效果如图 8.10.1 所示。

本章小结

本章介绍了 ActionScript 编程基础，包括 ActionScript 简介、ActionScript 术语、ActionScript 语法规则、数据类型、变量、函数与运算符、事件与动作、条件循环控制，最后通过 3 个实例介绍了交互动画的制作方法，希望用户熟练掌握简单 ActionScript 的用法，并能使用它们制作交互动画。

习 题 八

一、填空题

1. ＿＿＿＿＿＿是 Flash 的编程语言，其结构与 JavaScript 基本相同，也采用了面向对象的编程思想。

2. ＿＿＿＿＿＿是在播放动画时指示动画文件执行某些任务的语句。

3. ＿＿＿＿＿＿是编写 ActionScript 的场所。

二、选择题

1．在 Flash 8 中，可以向（　）添加 ActionScript。

A．帧　　　　B．影片剪辑

C．按钮　　　　D．图像

2．基本数据类型指（　）等，它们都有一个不变的值。

A．字符串　　　　B．数字

C．布尔数　　　　D．变量

三、简答题

1．简述变量的命名规则。

2．在 Flash 8 中，用户可以通过哪些方式触发事件？

四、上机操作题

1．利用按钮控制动画的播放，效果如题图 8.1 所示。

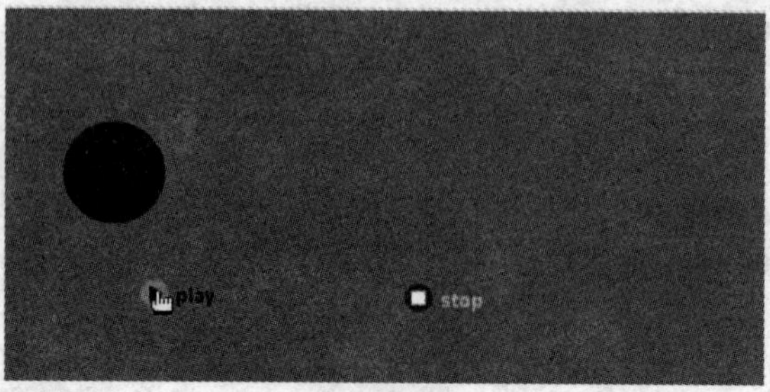

题图 8.1　效果图

2．制作一个小球跟随鼠标移动，并在移动的同时改变大小的动画，效果如题图 8.2 所示。

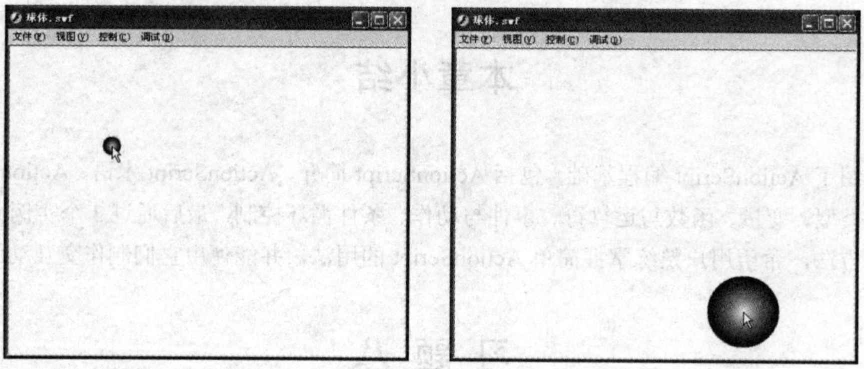

题图 8.2　效果图

第九章 发布与导出动画

本章要点

☑ 动画的测试

☑ 动画的发布

☑ 动画的导出

学习目标

整个动画制作完成之后，就要对它进行发布和导出。通过本章的学习，用户应掌握动画的测试、发布及导出方法，并能根据需要将其导出为不同类型的文件。

第一节　动画的测试

当动画制作完成后，就可以将其发布出来，以便使更多的人来欣赏。但在发布之前，还应该注意两个问题：一是动画的效果是否与预期的效果相同；二是动画是否能够流畅地进行播放。要解决这两个问题，须要在发布之前对动画进行测试。

一、简单的测试方法

在编辑环境中，用户能够快速地进行一些简单的测试，主要包括以下几个方面：

1. 测试按钮

测试按钮指测试它在弹起、指针经过、按下和点击 4 帧中的状态，方法如下：

（1）单击库面板中的“播放”按钮 和“停止”按钮 ，如图 9.1.1 所示。

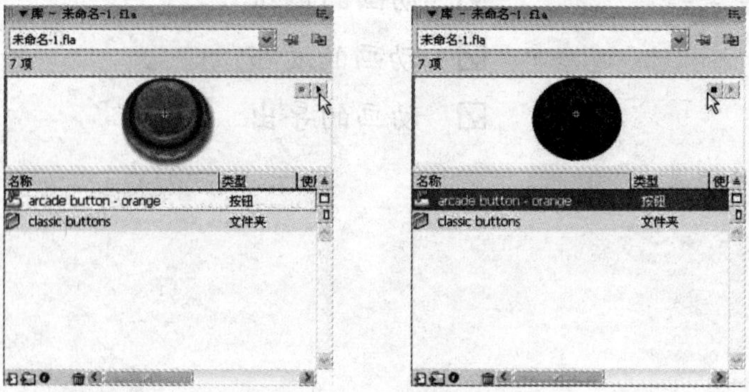

图 9.1.1　通过库面板测试按钮

（2）选择 窗口(W) → 工具栏(O) → 控制器(O) 命令，打开控制器（见图 9.1.2），单击其中的按钮。

图 9.1.2　通过控制器测试按钮

注意　当通过控制器测试按钮时，只有在按钮元件的编辑模式下，控制器中的按钮才能生效。

（3）选择 控制(O) → 启用简单按钮(T)　Ctrl+Alt+B 命令或按“Ctrl+Alt+B”键。

注意　使用该种方法不能在按钮元件的编辑模式下测试按钮。

2. 测试声音

测试声音指测试它与文本是否同步，单击要测试声音的起始位置，然后执行下列操作之一即可。

（1）单击控制器中的“播放”按钮 和“停止”按钮 。

（2）按“Enter”键。

3．测试帧动作

用户还可以在编辑环境中测试 goto，play 和 stop 等简单的帧动作，方法如下：

（1）选择 控制(O)→启用简单帧动作(I)　Ctrl+Alt+F 命令或按“Ctrl+Alt+F”键。

（2）单击添加了简单动作的帧，然后按“Enter”键。

（3）单击添加了简单动作的帧，然后单击控制器中的“播放”按钮。

4．测试时间轴上的动画

测试时间轴上的动画指测试动画片段是否流畅，方法如下：

（1）单击动画的起始位置，然后按“Enter”键。

（2）选择 控制(O)→播放(P)　Enter 命令。

二、动画测试窗口

若要评估影片剪辑、动作脚本或其他重要元素，必须在动画测试窗口中进行，选择 控制(O)→测试影片(M)　Ctrl+Enter 或 测试场景(S)　Ctrl+Alt+Enter 命令，即可打开 Flash 8 的动画测试窗口，如图 9.1.3 所示。

图 9.1.3　动画的测试窗口

首先在测试窗口中选择 视图(V)→下载设置(D) 命令，并在其子菜单中选择合适的下载速度，即调制解调器的速度，以决定 Flash 的模拟下载速度，通常使用 56 Kbps。

然后选择 视图(V)→带宽设置(B)　Ctrl+B 命令，在动画测试窗口的上方将出现一个新的窗口（即带宽视图），它包括左右两个子窗口，其中，左侧的子窗口显示了动画的一些基本参数、测试设置和动画状态等；右侧的子窗口显示了下载性能的直观图表，如图 9.1.4 所示。

图 9.1.4　显示了带宽视图的动画测试窗口

在带宽视图中，交替显示的深灰色和浅灰色色块表示动画中的每一帧，色块面积的大小表示了该帧的字节大小，如果色块有部分出现在红线的上面，则表示动画播放到此处时有可能暂停。

如果用户选择 视图(V) → 数据流图表(T) Ctrl+G 命令，带宽视图将变为数据流图表，如图 9.1.5 所示。

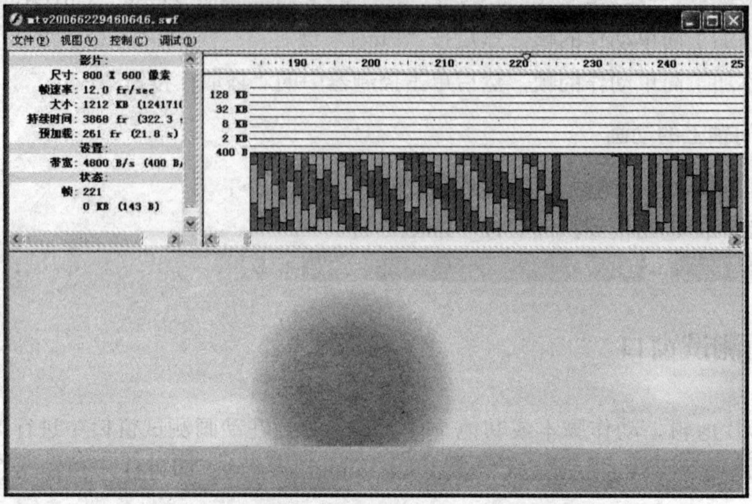

图 9.1.5 显示了数据流图表的动画测试窗口

如果用户选择 视图(V) → 模拟下载(S) Ctrl+Enter 命令，带宽视图将如图 9.1.6 所示，可以看到：在左上方的窗口中多了 已加载: 项，它由已下载数据量的百分比（左）和已下载的数据总量（右）两个数据来表示，用户可以通过它们评估动画的下载性能，另外，在流动栏中将以绿色显示已下载的部分。

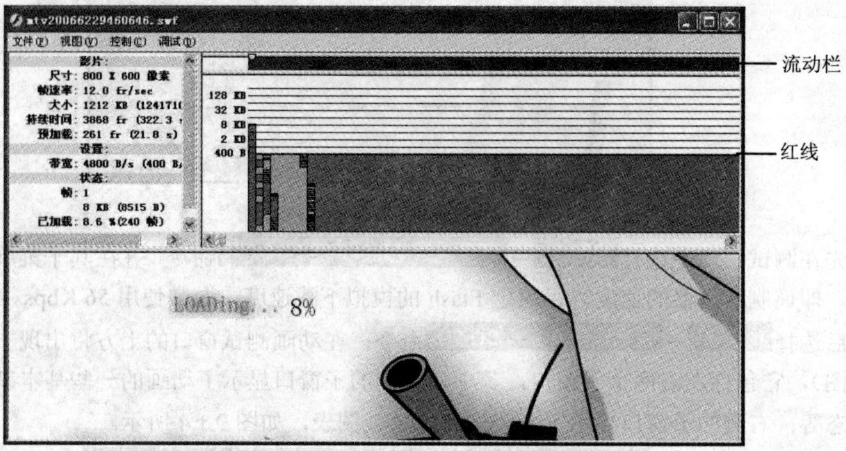

图 9.1.6 模拟下载时的动画测试窗口

三、文件大小报告

Flash 8 还提供了文件大小报告功能，使用户更为有效地了解各动画元素的大小。选择 文件(F) → 发布设置(G)... Ctrl+Shift+F12 命令，弹出 发布设置 对话框，选中 ☑生成大小报告(R) 复选框（见图 9.1.7），可以在测试动画时生成一个同名的文本文件，它将被存放在与该动画相同的目录下，显示了文件中各元素的大小，如图 9.1.8 所示。

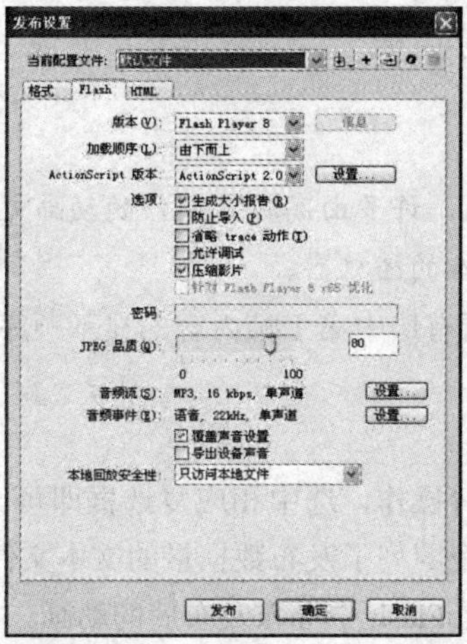

图 9.1.7　“发布设置”对话框

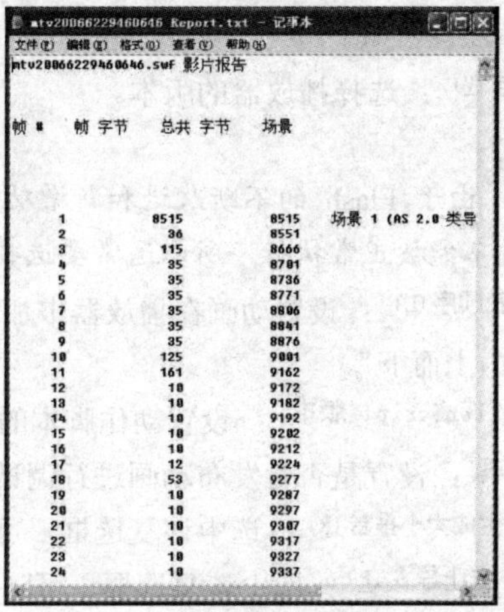
mtv20066229460646 Report.txt - 记事本

文件(F) 编辑(E) 格式(O) 查看(V) 帮助(H)

mtv20066229460646.swf 影片报告

帧 #	帧 字节	总共 字节	场景
1	8515	8515	场景 1 (AS 2.0 类导
2	36	8551	
3	115	8666	
4	35	8701	
5	35	8736	
6	35	8771	
7	35	8806	
8	35	8841	
9	35	8876	
10	125	9001	
11	161	9162	
12	10	9172	
13	10	9182	
14	10	9192	
15	10	9202	
16	10	9212	
17	12	9224	
18	53	9277	
19	10	9287	
20	10	9297	
21	10	9307	
22	10	9317	
23	10	9327	
24	10	9337	

图 9.1.8　文件大小报告

第二节　动画的发布

Flash 8 集成了发布功能，使用“发布”命令可以将制作完成的动画发布为独立的作品，以供他人欣赏，下面介绍发布动画的全过程，包括发布设置、发布预览以及发布。

一、动画的发布设置选项

在发布动画之前，须要选择 文件(F) → 发布设置(G)...　Ctrl+Shift+F12 命令，弹出 发布设置 对话框（见图 9.2.1），设置动画的发布选项。

1. Flash 选项

在 发布设置 对话框中选中 ☑Flash (.swf)(F) 复选框，然后单击 Flash 标签，打开“Flash”选项卡，如图 9.2.2 所示。

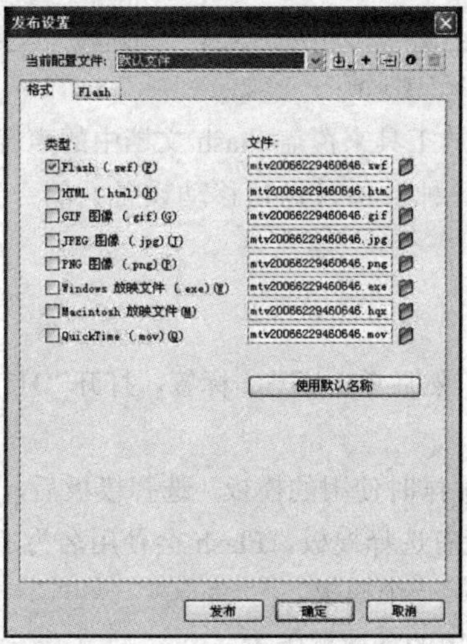

图 9.2.1　“发布设置”对话框

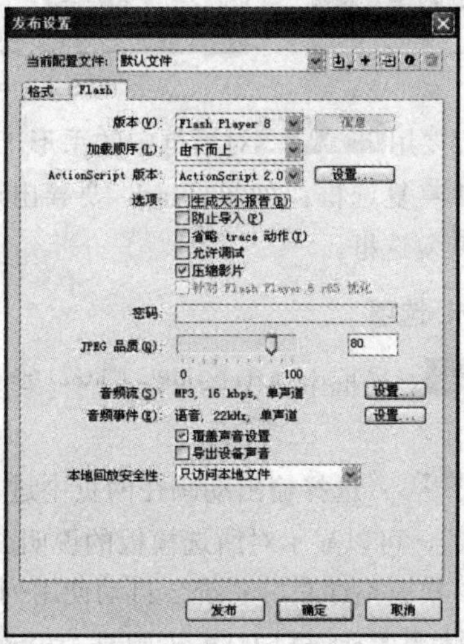

图 9.2.2　“Flash”选项卡

对其中各项说明如下：

（1）版本(V)：选择播放器的版本。

注意

由于 Flash 的不断改进和新增功能的加入，许多由高版本制作的动画文件在低版本的播放器中常常不能被正常执行，所以通常要选择最新版本的播放器。

（2）加载顺序(L)：设置动画在播放器中加载时，所有层中第 1 帧内容的显示顺序，是"由下而上"，还是"由上而下"。

（3）ActionScript 版本：设置动作脚本的版本。

（4）选项：设置是否对发布动画进行调试、压缩等操作，选中相应复选框即可。

1）☑生成大小报告(R)：选中该复选框，可生成一个罗列了发布数据量的文本文件。

2）☑防止导入(P)：选中该复选框，可防止他人在 Flash 中导入发布后的动画。

3）☑省略 trace 动作(T)：选中该复选框，可使 Flash 忽略当前动画中的跟踪动作。

4）☑允许调试：选中该复选框，可激活调试器并允许对动画进行远程调试。

5）☑压缩影片：选中该复选框，可对发布动画进行压缩，从而减小文件。

6）☑针对 Flash Player 6 r65 优化：选中该复选框，可对输出动画进行优化，以达到更好的播放效果。

（5）密码：当选中☑防止导入(P)或☑允许调试复选框后，该选项将被激活。用户可以在其右侧的文本框中输入密码，以防止他人在 Flash 中导入发布后的动画。

（6）JPEG 品质(Q)：对位图进行压缩控制，数值越大，品质越好，但生成的文件也就越大。

（7）音频流(S)：和音频事件(E)：为动画中所有的音频流或声音设置压缩格式和采样率等，单击其右侧的 设置... 按钮，将弹出如图 9.2.3 所示的**声音设置**对话框，在其中进行各项设置即可。

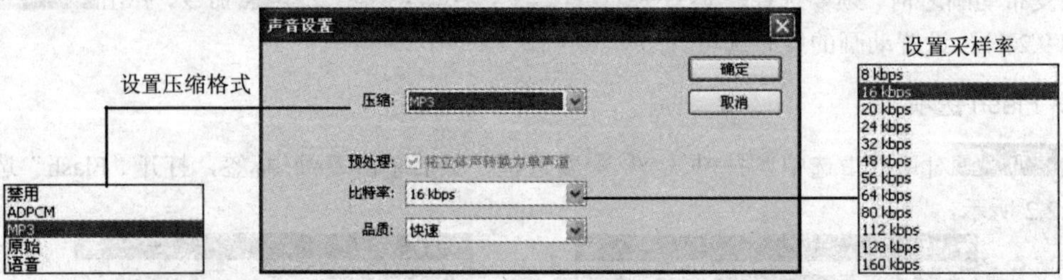

图 9.2.3 "声音设置"对话框

如果用户要用**声音设置**对话框中的手形工具和缩放工具来覆盖 Flash 文档中的声音设置，须要选中☑覆盖声音设置复选框；如果 Flash 要导出适合于各种设备（包括移动设备）的声音，须要选中☑导出设备声音复选框。

2. HTML 选项

在**发布设置**对话框中选中☑HTML (.html)(H)复选框，然后单击 HTML 标签，打开"HTML"选项卡，如图 9.2.4 所示。

（1）模板(T)：选择输出动画在网页中进行位置编排时使用的模板。选择模板后，单击其右侧的 信息 按钮，可以显示对所选模板的说明。如果没有选择模板，Flash 会使用名为 Default.html 的模板，如果该模板不存在，系统会自动使用列表中的第一个模板。

（2）☑检测 Flash 版本(R)：设置是否检测用户所用的播放器版本。

（3）尺寸(D)：设置动画在网页中播放的画面尺寸及显示方式。

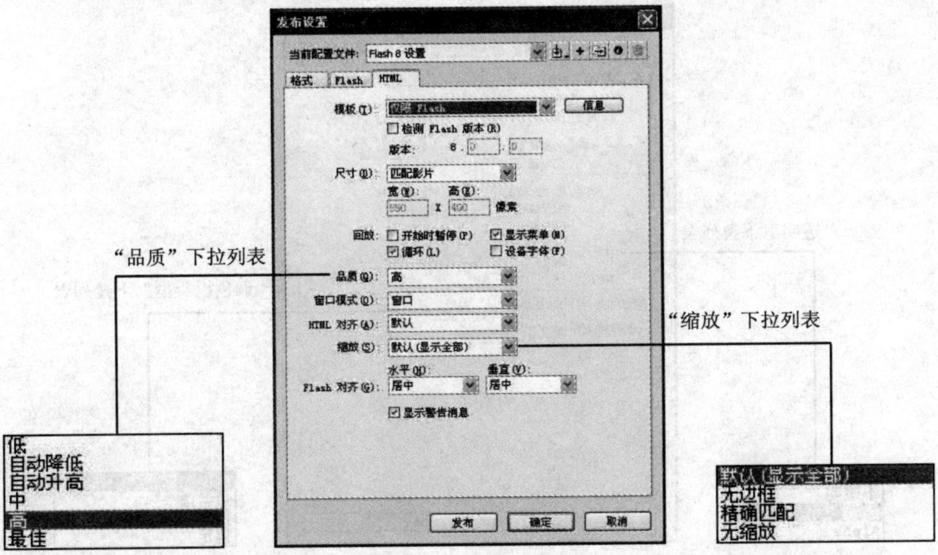

图 9.2.4 "HTML"选项卡

（4）回放：设置动画的循环、重复等功能，选中相应复选框即可。

1）☑开始时暂停(P)：选中该复选框，在开始位置暂停播放动画，直到用户发出播放指令为止。

2）☑显示菜单(M)：选中该复选框，会在按下鼠标右键后显示一个快捷菜单。

3）☑循环(L)：选中该复选框，将使动画循环播放。

4）☑设备字体(F)：选中该复选框，使用消除锯齿的系统字体替换未安装在用户系统上的字体，只适用于 Windows 环境。

（5）品质(Q)：设置动画中的图像在播放时的显示质量。

1）低：使动画的播放速度优先于显示质量。

2）自动降低：强调动画的播放速度。

3）自动升高：使显示质量和播放速度同等重要，但在特殊情况下，优先考虑播放速度。

4）中：使显示质量和播放速度同等重要，不分彼此。

5）高：使显示质量优先于播放速度。

6）最佳：使显示质量达到最好，而不考虑播放速度。

（6）窗口模式(O)：设置当动画中含有透明区域时，动画中的图像在网页窗口中的显示方式。

（7）HTML 对齐(A)：设置动画被置入到网页中时的对齐方式。

（8）缩放(S)：设置动画的缩放方式。

1）默认：在指定的区域内显示整个 swf 文档，并且保持它的原始比例。

2）无边框：对 swf 文档进行缩放，以使它适合指定的区域，并且保持它的原始比例。

3）精确匹配：在指定的区域内显示 swf 文档，允许改变它的原始比例。

4）无缩放：禁止在调整播放器窗口大小时缩放 swf 文档。

（9）Flash 对齐(G)：设置如何在网页窗口中放置动画以及在必要时如何裁剪动画的边缘。

（10）☑显示警告消息：选中该复选框，可在标签设置发生冲突时显示错误信息。

3. GIF 选项

在发布设置对话框中选中☑GIF 图像 (.gif)(G)复选框，然后单击GIF标签，打开"GIF"选项卡，如图 9.2.5 所示。

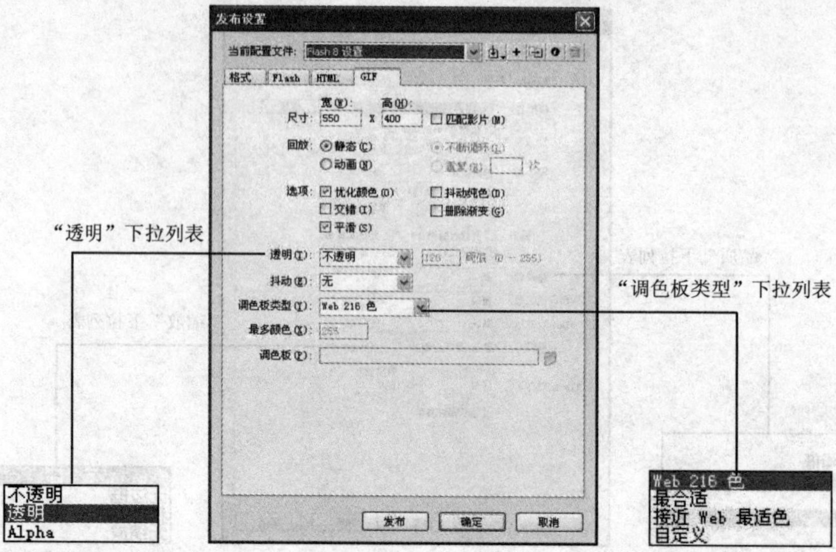

图 9.2.5 “GIF”选项卡

（1）尺寸：在默认情况下，输出的 GIF 图像与 Flash 动画的尺寸相同，如果取消选中☐匹配影片(M)复选框，可以等比例设置图像的输出尺寸。

（2）回放：设置 GIF 文件是静态的还是动态的。

1）⊙静态(C)：选中该单选按钮，导出静态图。

2）⊙动画(N)：选中该单选按钮，导出动画 GIF，并允许用户设置动画的循环或重复属性。

（3）选项：对输出的 GIF 图像的品质属性进行设置，选中相应复选框即可。

1）☑优化颜色(O)：选中该复选框，系统会从颜色表中删除不使用的颜色。

2）☑抖动纯色(D)：选中该复选框，对色块进行抖动处理，以防止出现色带不均匀的现象。

3）☑交错(I)：选中该复选框，使 GIF 图像在下载时逐渐显示。

4）☑删除渐变(G)：选中该复选框，将所有的渐变转换为与渐变的第 1 种颜色相同的纯色。

5）☑平滑(S)：选中该复选框，使输出的 GIF 图像消除锯齿，提高图像质量。

（4）透明(T)：设置在输出的 GIF 图像中是否保留透明区域。

1）不透明：使背景完全不透明。

2）透明：使背景完全透明。

3）Alpha：使背景局部透明，在其文本框中输入一个数值，若图像的 Alpha 值低于该值，则透明显示；若图像的 Alpha 值高于该值，则不发生变化。

（5）抖动(E)：设置是否通过混合已有的颜色来模拟当前调色板中没有的颜色。

（6）调色板类型(Y)：设置调色板的类型。

1）Web 216 色：使用标准的 216 色浏览器安全调色板来创建 GIF 图像，可以获得较好的图像品质，在服务器上的处理速度最快。

2）最适合：分析图像中的颜色并为选定的 GIF 创建唯一的颜色表，适合显示成千上万种颜色，但生成的文件要比用“Web 216 色”生成的文件大得多。

3）接近 Web 最适色：对调色板进行优化处理，并将接近的颜色转换为 Web 216 色。

4）自定义：根据需要自定义调色板。

（7）最多颜色(X)：如果调色板的类型为“最适合”或“接近 Web 最适色”，将激活该选项，用户可以对其最大颜色数进行设置。

（8）调色板(P)：如果调色板的类型为“自定义”，将激活该选项，用户可以在计算机中选择需要的调色板文件。

4．JPEG 选项

在发布设置对话框中选中☑JPEG 图像（.jpg）(J)复选框，然后单击JPEG标签，打开“JPEG”选项卡，如图 9.2.6 所示。

（1）尺寸：在默认情况下，输出的JPEG图像与Flash动画的尺寸相同，如果取消选中☐匹配影片(M)复选框，可以等比例设置图像的输出尺寸。

（2）品质(Q)：设置输出的 JPEG 图像的品质，品质越低，生成的文件就越小。

（3）☑渐进(P)：选中该复选框，可以在 Web 浏览器中逐渐显示连续的 JPEG 图像。

5．PNG 选项

在发布设置对话框中选中☑PNG 图像（.png）(P)复选框，然后单击PNG标签，打开“PNG”选项卡，如图 9.2.7 所示。

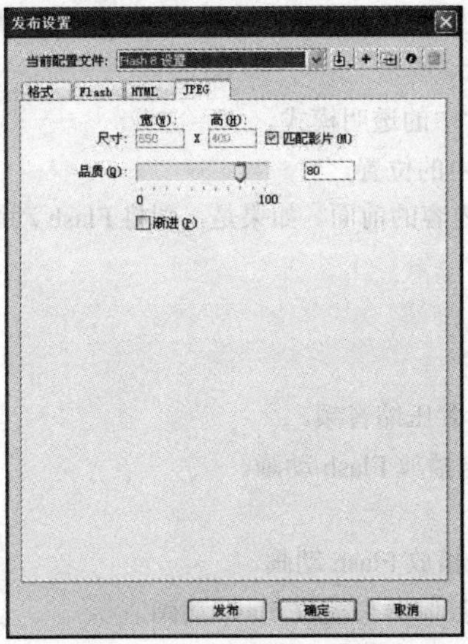

图 9.2.6 “JPEG”选项卡

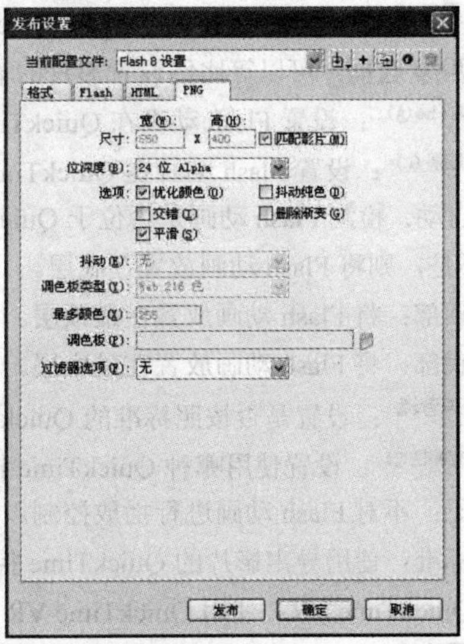

图 9.2.7 “PNG”选项卡

（1）尺寸：在默认情况下，输出的PNG图像与Flash动画的尺寸相同，如果取消选中☐匹配影片(M)复选框，可以等比例设置图像的输出尺寸。

（2）位深度(B)：设置在创建图像时，每个像素所使用的位数。对于 256 色的图像，位深度是 8 位的；对于真彩色，位深度是 24 位的。

（3）选项、抖动(E)、调色板类型(Y)、最多颜色(X)和调色板(P)：与 GIF 格式中的相应参数含义相同，这里就不再赘述。

（4）过滤器选项(F)：设置 PNG 文件的过滤方式。

6．QuickTime 选项

在发布设置对话框中选中☑QuickTime（.mov）(Q)复选框，然后单击QuickTime标签，打开“QuickTime”选项卡，如图 9.2.8 所示。

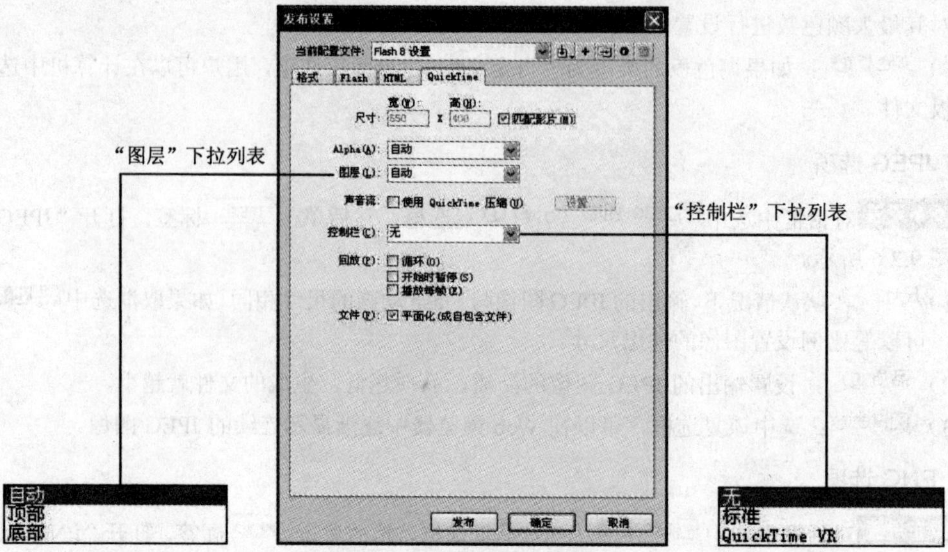

图 9.2.8 "QuickTime"选项卡

（1）尺寸：在默认情况下，输出的 QuickTime 影片与 Flash 动画的尺寸相同，如果取消选中匹配影片(M)复选框，可以等比例设置影片的输出尺寸。

（2）Alpha(A)：设置 Flash 动画在 QuickTime 影片中的透明模式。

（3）图层(L)：设置 Flash 动画在 QuickTime 影片中的位置。

1）自动：检测 Flash 动画是否位于 QuickTime 内容的前面。如果是，则将 Flash 动画放置在顶层；如果不是，则将 Flash 动画放置在底层。

2）顶部：将 Flash 动画放置在最顶层。

3）底部：将 Flash 动画放置在最底层。

（4）声音流：设置是否按照标准的 QuickTime 设置压缩音频。

（5）控制栏(C)：设置使用哪种 QuickTime 控制器来播放 Flash 动画。

1）无：不对 Flash 动画进行播放控制。

2）标准：使用导出影片的 QuickTime 控制器来播放 Flash 动画。

3）QuickTime VR：使用 QuickTime VR 类型的控制器来播放 Flash 动画。

（6）回放(P)：设置 QuickTime 影片的播放方式。

（7）文件(F)：设置是否将 Flash 动画与导入的视频结合为一个新的 QuickTime 影片。

此外，用户还可以将 Flash 动画发布为 Windows 的放映文件（后缀名为.exe）和 Macintosh 的放映文件（后缀名为.hqx），由于它们没有参数，这里就不再赘述了。

二、发布预览

选择文件(F)→发布预览(R)命令中的子命令，可以按所选的类型在默认浏览器中打开相应文件。

例如，如果选择HTML(H)选项，则系统会启动 Internet Explorer 浏览器显示 HTML 文件的发布效果，如图 9.2.9 所示；如果选择GIF(G)选项，则系统会启动默认的图片浏览器显示 GIF 文件的发布效果，如图 9.2.10 所示。

图 9.2.9 预览 HTML 文件的发布效果

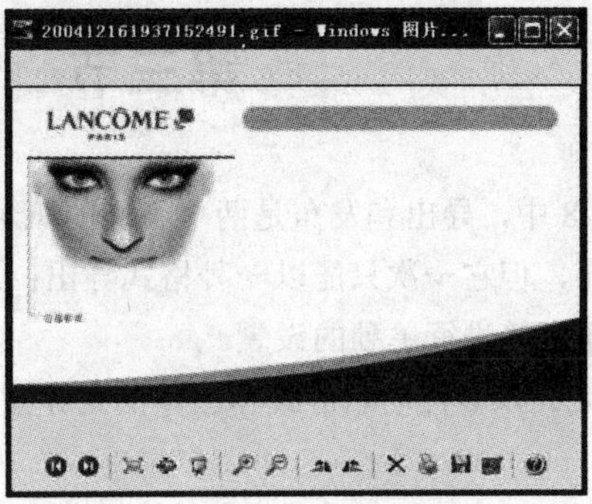

图 9.2.10 预览 GIF 文件的发布效果

三、发布

最后，用户就可以将作品发布至 Internet 供他人欣赏了，执行下列操作之一即可。

（1）选择 文件(F) → 发布(B) Shift+F12 命令，如图 9.2.11 所示。

（2）按“Shift+F12”键。

（3）单击 发布设置 对话框中的 发布 按钮，如图 9.2.12 所示。

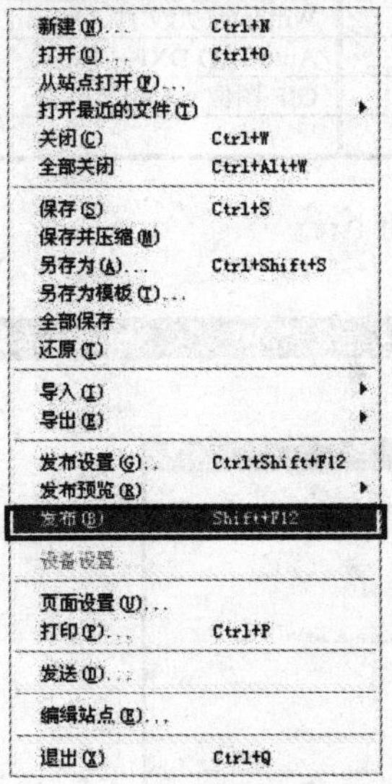

图 9.2.11 使用“发布”命令发布

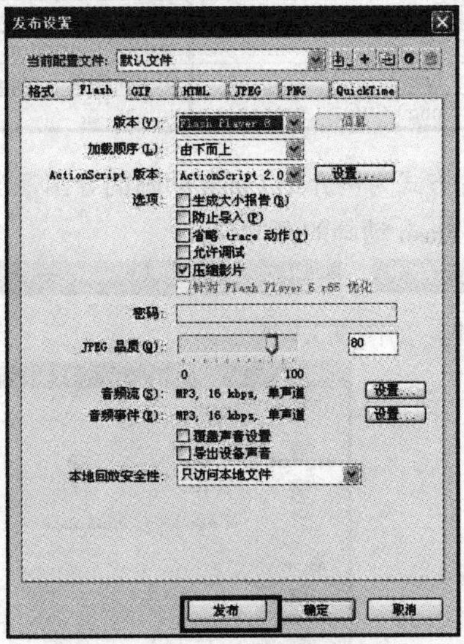

图 9.2.12 使用“发布”按钮发布

注意 无论采用何种方法，在发布过程中，系统都会弹出 正在发布 对话框，显示发布的进度，如图 9.2.13 所示。

图 9.2.13 “正在发布”对话框

第三节　动画的导出

在 Flash 8 中，导出和发布是两个不同的概念，它们主要有以下两点区别：一是动画能够同时以多种格式发布，但它一次只能以一种格式导出；二是动画的导出并不像发布那样，能够对背景音乐、图像格式和颜色等进行单独的设置。

Flash 8 允许以多种动画格式和图像格式导出动画，如表 9.1 和表 9.2 所示，用户可以根据需要进行选择。

表 9.1　Flash 8 允许导出的动画格式

动画格式	动画格式	动画格式
Flash 影片（*.swf）	Windows AVI（*.avi）	QuickTime（*.mov）
动画 GIF（*.gif）	WAV 音频（*.wav）	EMF 序列（*.emf）
WMF 序列文件（*.wmf）	EPS 3.0 序列文件（*.eps）	Adobe Illustrator 序列文件（*.ai）
DXF 序列文件（*.dxf）	位图序列文件（*.bmp）	JPEG 序列文件（*.jpg）
GIF 序列文件（*.gif）	PNG 序列文件（*.png）	

表 9.2　Flash 8 允许导出的图像格式

图像格式	图像格式	图像格式
Flash 影片（*.swf）	增强元文件（*.emf）	Windows 元文件（*.wmf）
EPS 3.0（*.eps）	Adobe Illustrator（*.ai）	AutoCAD DXF（*.dxf）
位图（*.bmp）	JPEG 图像（*.jpg）	GIF 图像（*.gif）
PNG（*.png）		

下面以影片方式为例介绍 Flash 动画的导出，操作步骤如下：

（1）打开 Flash 动画的源文件。

（2）选择 文件(F) → 导出(E) → 导出影片(M)... Ctrl+Alt+Shift+S 命令，弹出 导出影片 对话框，如图 9.3.1 所示。

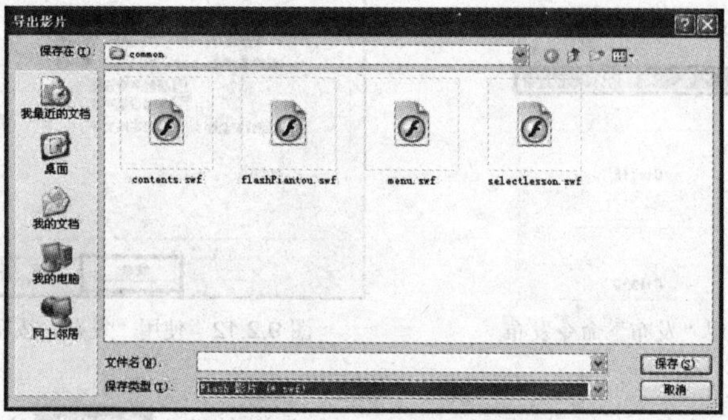

图 9.3.1　“导出影片”对话框

（3）在 文件名(N): 下拉列表框中输入文件名称，在 保存类型(T): 下拉列表中选择文件的保存类型。

（4）单击 保存(S) 按钮以影片方式导出 Flash 动画。

第四节　上机实战

下面练习将 SWF 文件发布为 EXE 文件，其操作步骤如下：

（1）打开 SWF 格式的文件，如图 9.4.1 所示。

图 9.4.1 打开的 SWF 文件

（2）选择文件(F)→创建播放器(R)...命令，弹出如图 9.4.2 所示的另存为对话框。

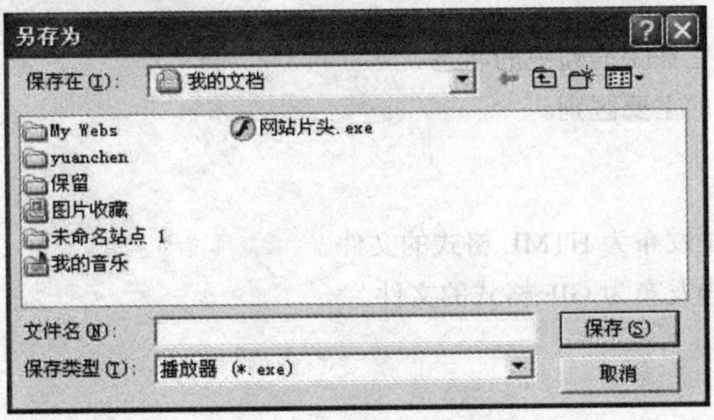

图 9.4.2 “另存为”对话框

（3）在保存在(I):下拉列表中选择“播放器（*.exe)”选项。

（4）在文件名(N):文本框中输入文件的名称。

（5）单击保存(S)按钮。

本章小结

本章介绍了动画的发布与导出，这是非常关键的一步，它将直接影响到作品能否正常传播，希望用户熟练掌握，以需要的文件格式发布或导出动画。

习 题 九

一、填空题

1．测试__________指测试它与文本是否同步。

2．选择__________命令中的子命令，可以按所选的类型在默认浏览器中打开相应文件。

二、选择题

1．简单测试包括测试（ ）。

A．按钮　　　　B．声音

C．帧动作　　　　D．时间轴上的动画

2．（　）发布格式没有发布选项。

A．GIF 文件　　　　B．Windows 的放映文件

C．JPEG 文件　　　　D．Macintosh 的放映文件

3．“发布”命令的快捷键是（　）。

A．Shift+F12　　　　B．Ctrl+F12

C．Enter　　　　D．Ctrl+Enter

4．Flash 影片的后缀名是（　）。

A．.gif　　　　B．.swf

C．.exe　　　　D．.jpeg

三、简答题

1．测试按钮指测试它在哪些帧中的状态？

2．简述导出与发布的主要区别。

四、上机操作题

1．练习将 Flash 动画发布为 HTML 格式的文件。

2．练习将 Flash 动画发布为 GIF 格式的文件。

第十章 广告设计行业应用实例

本章要点

☑ 珍视明滴眼液广告
☑ 原创动画招募广告
☑ 雷克萨斯汽车广告

学习目标

Flash 在网页中的商业价值越来越大，大多数网站都有使用 Flash 制作的广告，它不仅给网页注入了活力，也给网页带来了无限的商机。通过本章的学习，用户应学会使用 Flash 制作各种广告。

实例 1　珍视明滴眼液广告

实现目标

本例制作“珍视明滴眼液广告”，效果如图 10.1.1 所示。

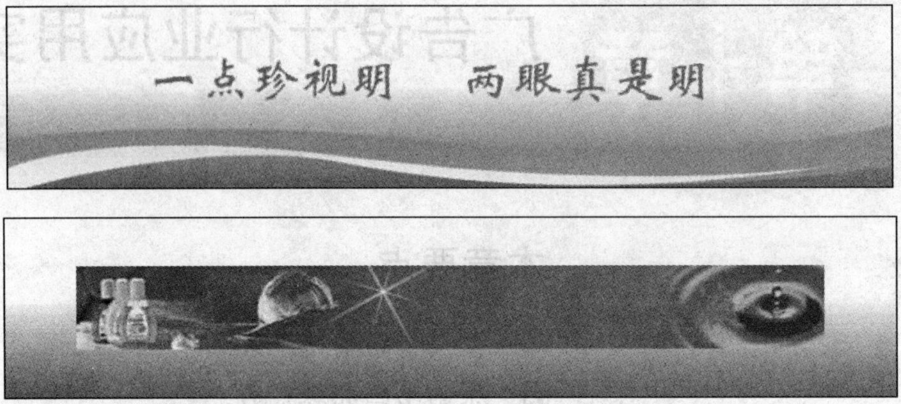

图 10.1.1　最终效果图

设计思路

最终的动画中首先依次出现两个不规则图形，然后出现珍视明滴眼液的广告语，最后出现其广告图片以及品牌名称。

操作步骤

（1）启动 Flash 8 软件，新建一个文件。

（2）按“Ctrl+J”键，弹出文档属性对话框，设置尺寸(I):为“750 px×150 px”，背景颜色(B):为“黑色”，帧频(F):为“12”，单击确定按钮。

（3）更改“图层 1”的名称为“背景”，如图 10.1.2 所示。

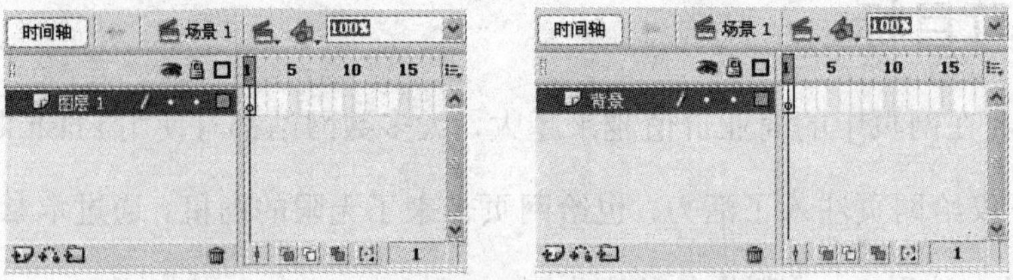

图 10.1.2　更改层名

（4）选择工具箱中的矩形工具，在属性面板中设置笔触颜色为“无”，填充颜色为“白色至黑色的线性渐变色”，然后绘制一个恰好覆盖舞台的矩形，如图 10.1.3 所示。

图 10.1.3　绘制矩形

（5）选择工具箱中的填充变形工具，单击矩形，显示其填充变形手柄，如图 10.1.4 所示。

图 10.1.4　显示填充变形手柄

（6）拖动变形手柄，调整矩形的填充效果，如图 10.1.5 所示。

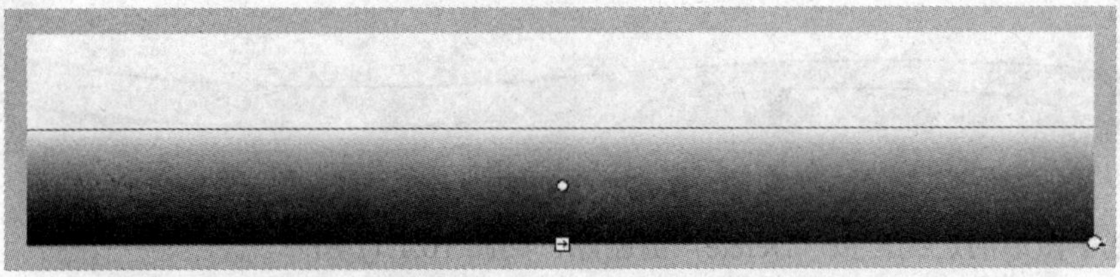

图 10.1.5　调整填充效果

（7）选择 窗口(W) → 混色器(X)　Shift+F9 命令，打开混色器面板（见图 10.1.6），选中右侧的色标，设置其颜色为“#FF6600”（见图 10.1.7），更改矩形的填充颜色，如图 10.1.8 所示。

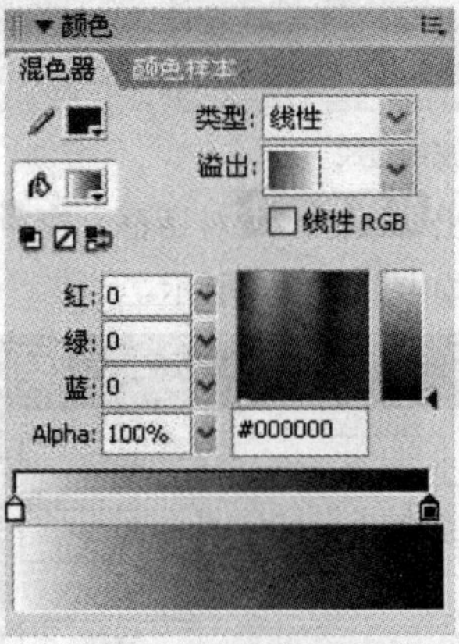

图 10.1.6　混色器面板

图 10.1.7　设置右侧色标的颜色

图 10.1.8　更改矩形的填充颜色

（8）选中第 80 帧，按“F5”键插入帧，然后单击时间轴面板中的“插入图层”按钮，插入一个名为“图形 1”的层。

（9）选中第 4 帧，按“F6”键插入关键帧，选择工具箱中的铅笔工具，在舞台上绘制如图 10.1.9 所示的图形。

（10）选择工具箱中的颜料桶工具，在属性面板中设置填充颜色为“#66CCFF”，然后填充图形，如图 10.1.10 所示。

图 10.1.9　绘制图形

图 10.1.10　填充图形

（11）选中图形的边线，按“Delete”键删除，如图 10.1.11 所示。

图 10.1.11　删除图形的边线

（12）选中删除边线后的图形，按“F8”键，弹出转换为元件对话框，在名称(N):文本框中输入“图形 1”，在类型(T):选项区中选中图形单选按钮，如图 10.1.12 所示。

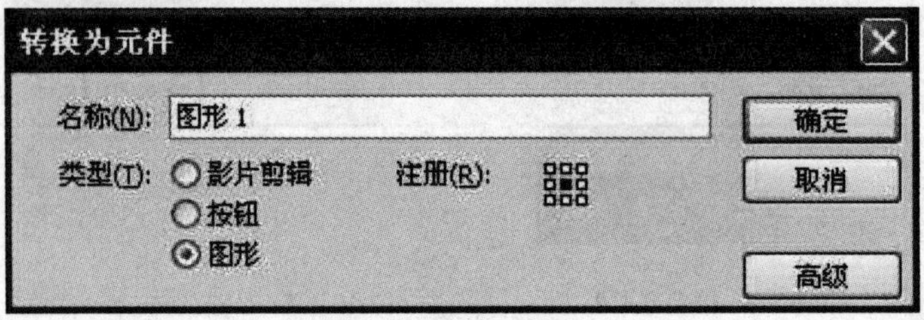

图 10.1.12　“转换为元件”对话框

（13）单击确定按钮关闭对话框，此时，该图形将变为“图形 1”元件的一个实例，如图 10.1.13 所示。

图 10.1.13　转换为元件后的图形

（14）单击时间轴面板中的“插入图层”按钮，插入一个名为“图形 2”的层。

（15）选中第 10 帧，按“F6”键插入关键帧，然后重复第（9）～（11）的操作，绘制另一个图形，其填充颜色为“#E8FEFF”，如图 10.1.14 所示。

图 10.1.14　绘制另一个图形

（16）重复第（12）步和第（13）步的操作，将该图形转换为“图形 2”元件。

（17）分别选中“图形 1”层的第 9 帧和“图形 2”层的第 15 帧，按“F6 键插入关键帧。

（18）选中“图形 1”层第 4 帧中的对象，将其移动到如图 10.1.15 所示的位置。

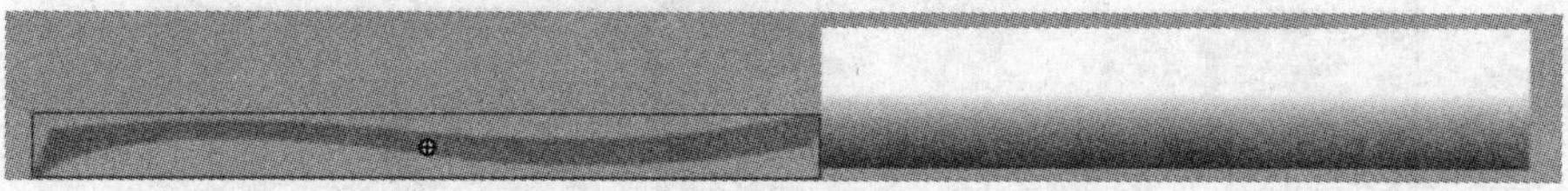

图 10.1.15　移动“图形 1”层第 4 帧中的对象

（19）选中“图形 2”层第 10 帧中的对象，将其移动到如图 10.1.16 所示的位置。

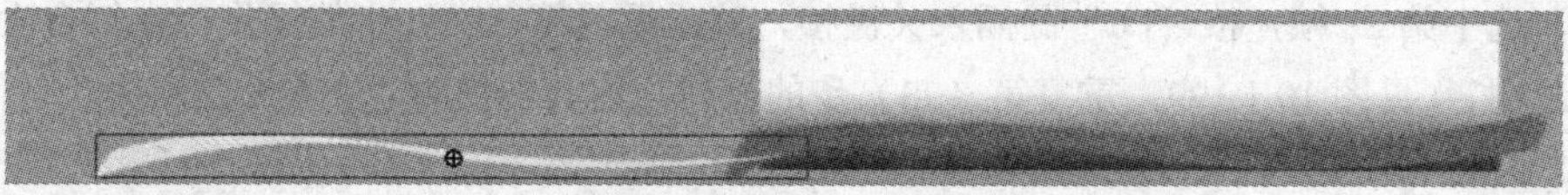

图 10.1.16　移动“图形 2”层第 10 帧中的对象

（20）分别选中“图形 1”层的第 4 帧和“图形 2”层的第 10 帧，在属性面板的补间:下拉列表中选择“动画”选项，创建两段运动补间动画，如图 10.1.17 所示。

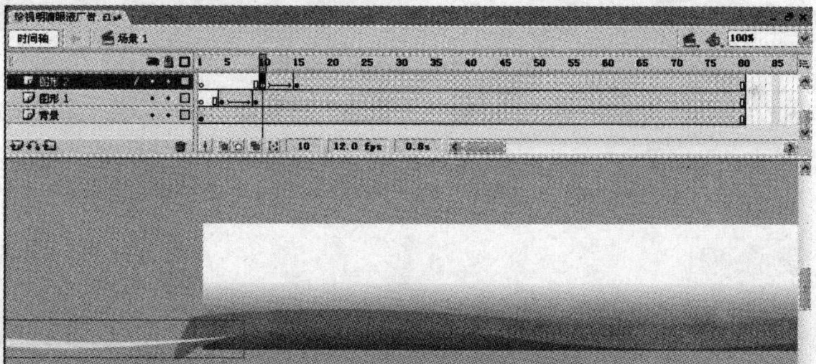

图 10.1.17　创建两段运动补间动画

（21）单击时间轴面板中的“插入图层”按钮，插入一个名为“文本 1”的层，选中第 17 帧，按“F6”键插入关键帧。

（22）选择工具箱中的文本工具，在属性面板中设置字体为“华文新魏”，字体大小为“55”，文本颜色为“#FF6600”，在舞台上输入文本“一点珍视明”，如图 10.1.18 所示。

（23）重复第（12）步和第（13）步的操作，将该文本转换为“文本 1”元件。

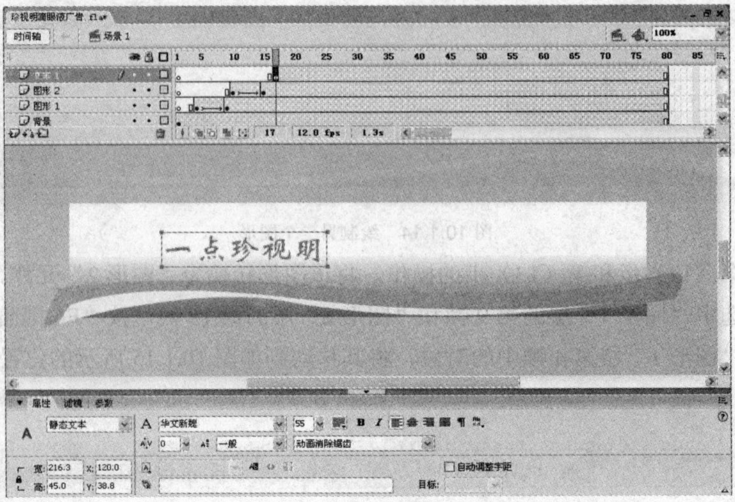

图 10.1.18　输入文本

（24）单击时间轴面板中的“插入图层”按钮，插入一个名为“文本 2”的层。

（25）选中第 28 帧，按“F6”键插入关键帧，然后重复第（22）步的操作，在舞台上输入文本“两眼真是明”（见图 10.1.19），重复第（23）步的操作，将其转换为“文本 2”元件。

图 10.1.19　输入另一文本

（26）分别选中“文本 1”层的第 20 帧和“文本 2”层的第 31 帧，按“F6”键插入关键帧。

（27）选中“文本 1”层第 17 帧中的对象，将其移动到如图 10.1.20 所示的位置。

图 10.1.20　移动“文本 1”层第 17 帧中的对象

（28）选中“文本 2”层第 28 帧中的对象，将其移动到如图 10.1.21 所示的位置。

图 10.1.21　移动“文本 2”层第 28 帧中的对象

（29）分别选中“文本 1”层的第 17 帧和“文本 2”层的第 28 帧，在属性面板的 补间: 下拉列表中选择“动画”选项，创建两段运动补间动画，如图 10.1.22 所示。

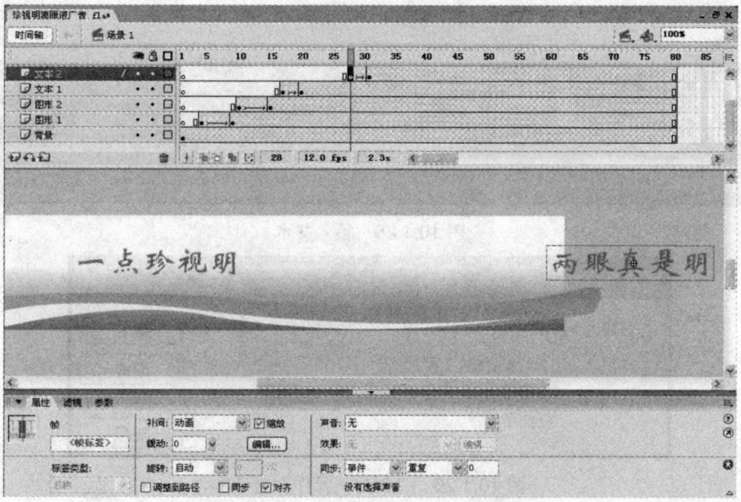

图 10.1.22　创建两段运动补间动画

（30）分别选中“图形 1”、“图形 2”、“文本 1”、“文本 2”的第 48 帧，按“F7”键插入空白关键帧，如图 10.1.23 所示。

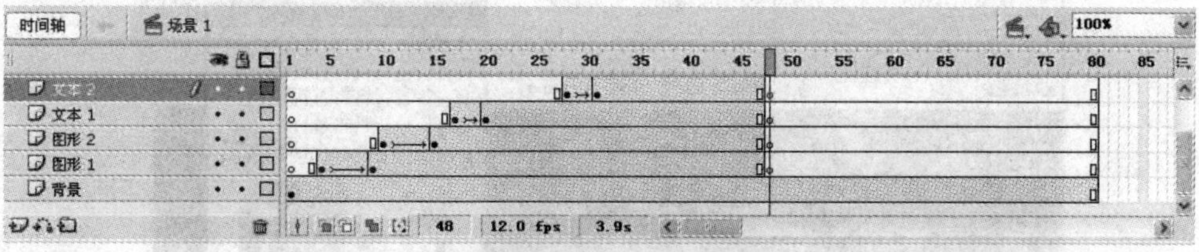

图 10.1.23　插入空白关键帧

（31）单击时间轴面板中的“插入图层”按钮，插入一个名为“图片”的层，选中第 48 帧，按“F6”键插入关键帧。

（32）选择 文件(F) → 导入(I) → 导入到舞台(I)... Ctrl+R 命令，弹出 导入 对话框，导入图片“qwe.jpg”，并调整它到舞台的中心位置，如图 10.1.24 所示。

图 10.1.24　导入并调整图片

（33）单击时间轴面板中的“插入图层”按钮，插入一个名为“文本 3”的层，选中第 52 帧，按“F6”键插入关键帧。

（34）选择工具箱中的文本工具，在属性面板中更改字体大小为“70”，在舞台上输入文本“珍视明滴眼液”，如图 10.1.25 所示。

（35）按“Ctrl+F8”键，弹出 创建新元件 对话框，在 名称(N): 文本框中输入“光”，在 类型(T): 选项区中选中 ◉ 图形 单选按钮，如图 10.1.26 所示。

（36）单击 确定 按钮，进入元件的编辑窗口，绘制如图 10.1.27 所示的图形。

图 10.1.25　输入文本

图 10.1.26　“创建新元件”对话框

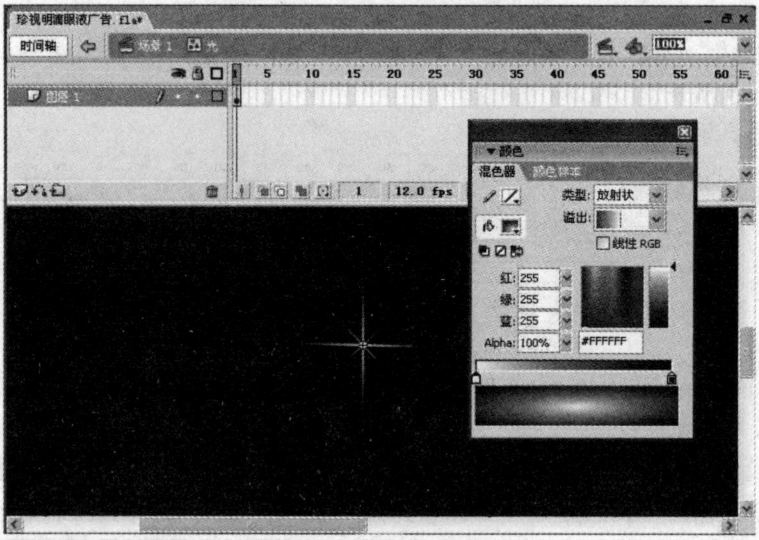

图 10.1.27　绘制图形

（37）按“Ctrl+F8”键，弹出创建新元件对话框，在名称(N):文本框中输入“光芒”，在类型(T):选项区中选中影片剪辑单选按钮（见图 10.1.28），单击确定按钮，进入元件的编辑窗口。

图 10.1.28　“创建新元件”对话框

（38）选择窗口(W)→库(L)　Ctrl+L命令，打开库面板，从中拖动“光”元件到舞台的中心位置，然后分别选中第 14 帧和第 27 帧，按“F6”键插入关键帧。

（39）分别选中第 1 帧和第 27 帧中的“光”实例，在属性面板的颜色:下拉列表中选择“Alpha”选项，设置 Alpha 值为“0”，使它们完全透明，如图 10.1.29 所示。

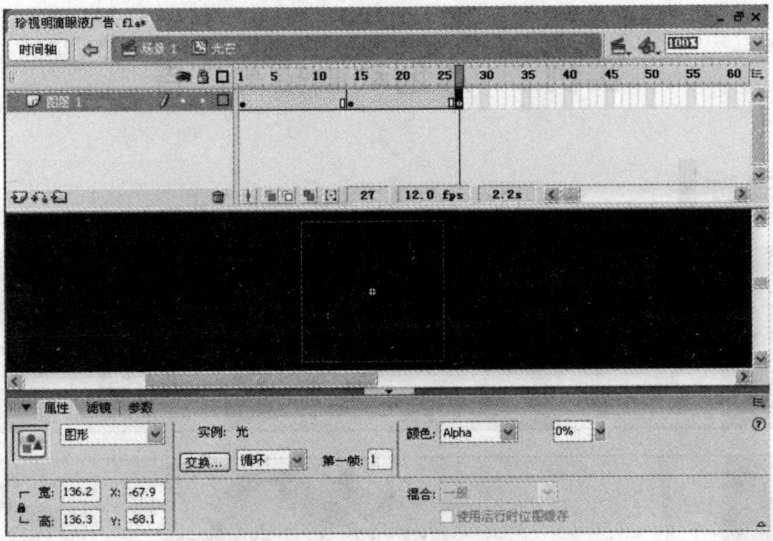

图 10.1.29 设置“光”实例完全透明

（40）分别选中第 1 帧和第 14 帧，在属性面板的补间:下拉列表中选择“动画”选项，创建两段运动补间动画。

（41）单击场景 1图标，返回到主场景，单击时间轴面板中的“插入图层”按钮，插入一个名为“光芒”的层。

（42）选中第 52 帧，按“F6”键插入关键帧，然后从库面板中拖动“光芒”元件到舞台中，并选择工具箱中的任意变形工具，对其进行缩小及旋转操作，如图 10.1.30 所示。

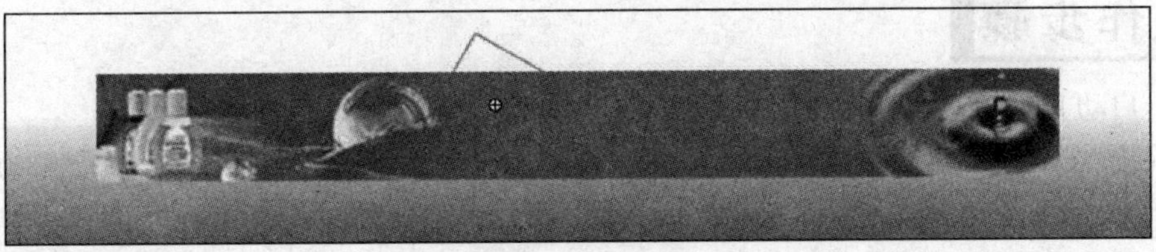

图 10.1.30 缩小并旋转第 52 帧中的对象

（43）选中第 57 帧，按“F6”键插入关键帧，并对该帧中的对象进行放大及旋转操作，如图 10.1.31 所示。

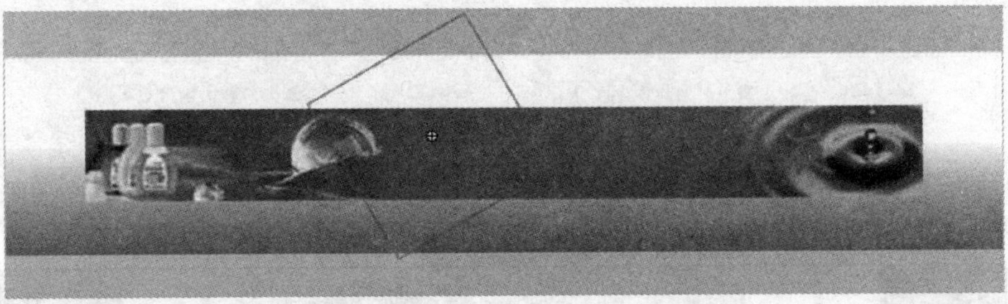

图 10.1.31 放大并旋转第 57 帧中的对象

（44）选中“光芒”层的第 52 帧，在属性面板的补间:下拉列表中选择“动画”选项，创建运动补间动画。

（45）按“Ctrl+Enter”键，测试动画，最终效果如图 10.1.1 所示。

实例 2 原创动画招募广告

实现目标

本例制作“原创动画招募广告”，效果如图 10.2.1 所示。

图 10.2.1 最终效果图

设计思路

最终的动画中首先出现转动的半透明图形，为背景增添动感效果，然后依次出现文本“原”、“创”、“动”、“画”、“F”、“L”、“A”、“S”和“H”，最后出现招募状况及联系电话。

操作步骤

（1）启动 Flash 8 软件，新建一个文件。

（2）按“Ctrl+J”键，弹出 文档属性 对话框，设置 尺寸(I): 为“750 px×150 px”， 背景颜色(B): 为“黑色”， 帧频(F): 为“40”，单击 确定 按钮。

（3）更改“图层 1”的名称为“背景”，如图 10.2.2 所示。

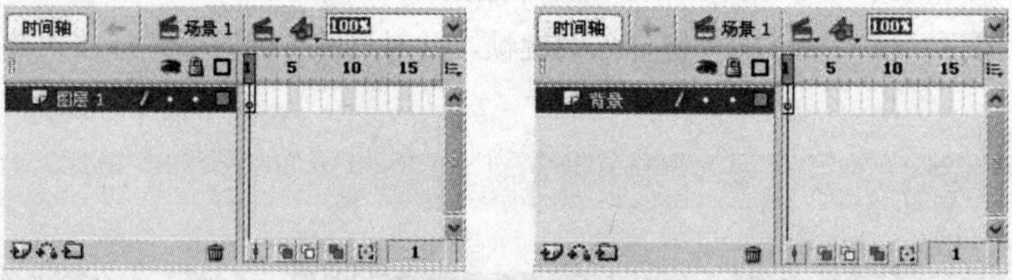

图 10.2.2 更改层名

（4）选择 文件(F) → 导入(I) → 导入到舞台(I)... Ctrl+R 命令，弹出 导入 对话框，导入图片“371741.jpg”，并调整它到舞台的中心位置，如图 10.2.3 所示。

图 10.2.3 导入并调整图片

（5）按“Ctrl+F8”键，弹出创建新元件对话框，在名称(N):文本框中输入“图形”，在类型(T):选项区中选中◎图形单选按钮，如图 10.2.4 所示。

图 10.2.4　“创建新元件”对话框

（6）单击确定按钮，进入元件的编辑窗口，选择工具箱中的矩形工具，在属性面板中设置笔触颜色为“无”，填充颜色为“白色”，绘制一个在垂直方向上细长的矩形，如图 10.2.5 所示。

（7）选择工具箱中的选择工具，调整矩形成为一个三角形，如图 10.2.6 所示。

图 10.2.5　绘制矩形

图 10.2.6　调整矩形

（8）选择工具箱中的任意变形工具，单击三角形，使其上出现变形手柄，如图 10.2.7 所示。

（9）调整变形中心点到如图 10.2.8 所示的位置。

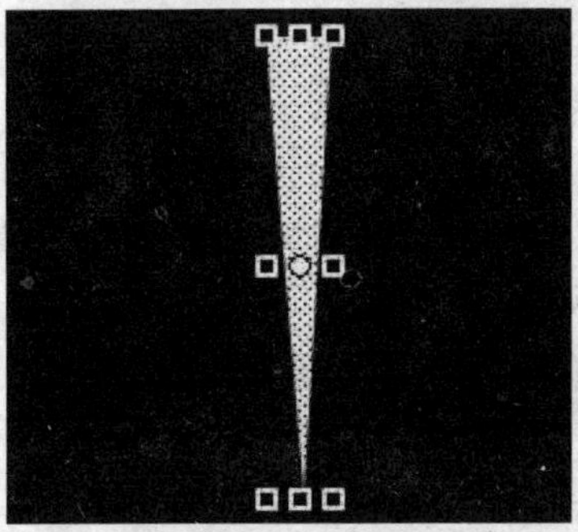

图 10.2.7　显示变形手柄

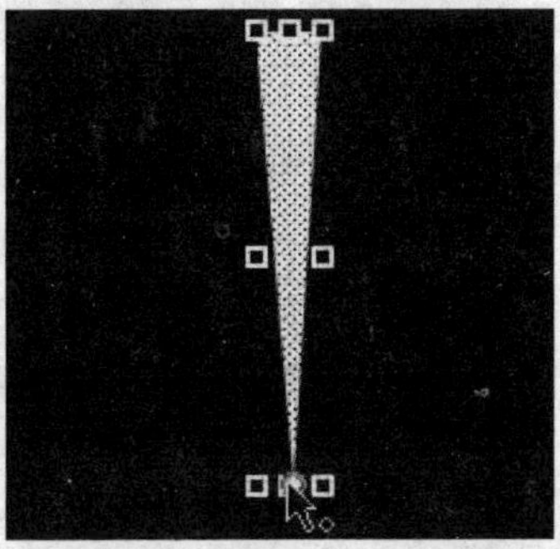

图 10.2.8　调整变形中心点的位置

（10）按“Ctrl+T”键打开变形面板，选中◎旋转单选按钮，在其后的文本框中输入数字“30”（见图 10.2.9），然后单击 11 次“复制并应用变形”按钮，复制三角形，得到如图 10.2.10 所示的图形。

（11）按“Ctrl+F8”键，弹出创建新元件对话框，在名称(N):文本框中输入“转动”，在类型(T):选项区中选中◎影片剪辑单选按钮，单击确定按钮，进入元件的编辑窗口。

（12）选择窗口(W)→库(L)　Ctrl+L命令，打开库面板，从中拖动“图形”元件到舞台的中心位置。

（13）选中“图形”实例，在属性面板的颜色:下拉列表中选择“Alpha”选项，在“Alpha 数量”框中输入“50%”，更改其透明度，如图 10.2.11 所示。

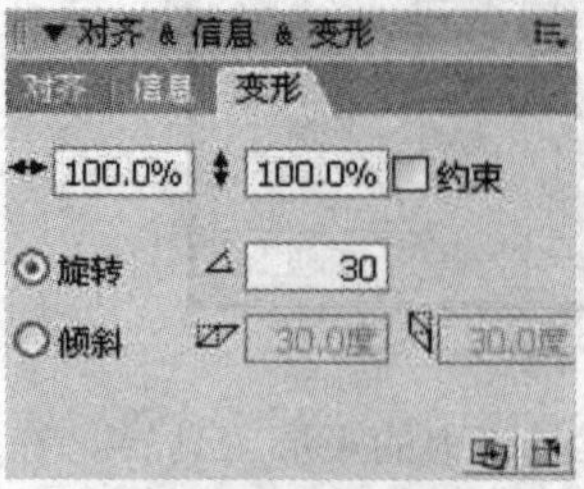

图 10.2.9　设置旋转属性

图 10.2.10　复制得到的图形

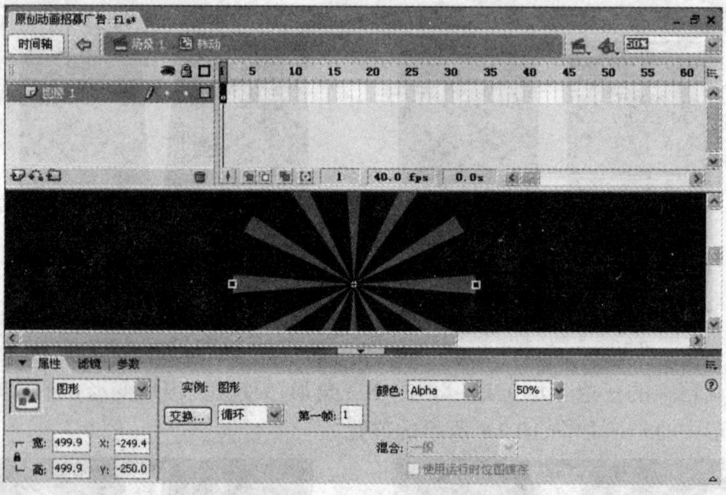

图 10.2.11　更改“图形”实例的透明度

（14）选中第 60 帧，按“F6”键插入关键帧。

（15）选中第 1 帧，在属性面板的补间:下拉列表中选择“动画”选项，设置旋转:为“顺时针”，旋转次数为“1”，创建运动补间动画，如图 10.2.12 所示。

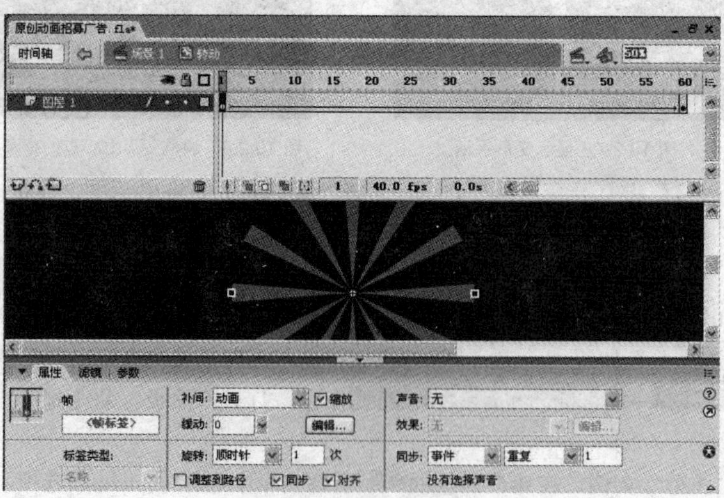

图 10.2.12　创建运动补间动画

（16）按“Ctrl+F8”键，弹出创建新元件对话框，在名称(N):文本框中输入“原”，在类型(T):选项区中选中◉图形单选按钮，如图 10.2.13 所示。

图 10.2.13　“创建新元件”对话框

（17）单击确定按钮，进入元件的编辑窗口，选择工具箱中的文本工具A，在属性面板中设置字体为“黑体”，字体大小为“30”，文本颜色为“白色”，单击“切换粗体”按钮B，然后在舞台的中心位置输入“原”，如图 10.2.14 所示。

（18）单击时间轴面板中的“插入图层”按钮，插入“图层 2”。

（19）复制文本，然后选中“图层 2”的第 1 帧，选择编辑(E)→粘贴到当前位置(P)　Ctrl+Shift+V命令，进行粘贴。

（20）隐藏“图层 2”，然后选择舞台中的文本（即“图层 1”中的文本），按“Ctrl+B”键将其打散，如图 10.2.15 所示。

图 10.2.14　输入文本

图 10.2.15　打散文本

（21）选择工具箱中的墨水瓶工具，在属性面板中设置笔触颜色为“红色”，笔触高度为“5”，单击打散后的文本，为其添加边框，如图 10.2.16 所示。

（22）选择工具箱中的颜料桶工具，在属性面板中设置填充颜色为“红色”，补充填充第（21）步中未被填充的部分，如图 10.2.17 所示。

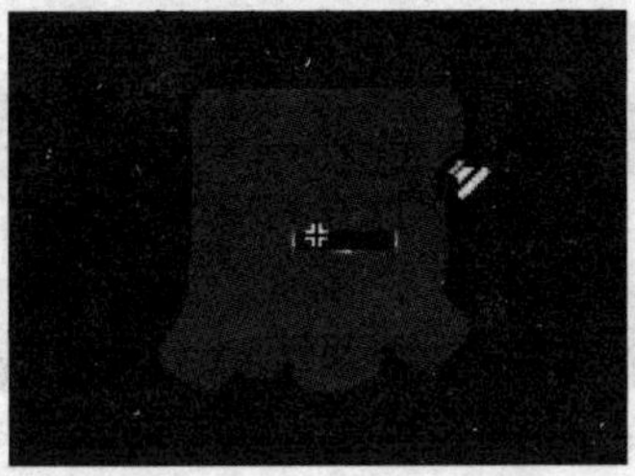

图 10.2.16　为打散后的文本添加边框

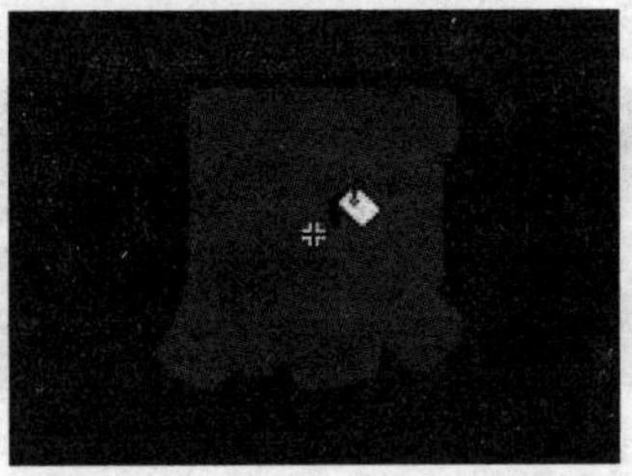

图 10.2.17　补充填充未被填充的部分

（23）将“图层 2”重新显示，此时，舞台中的效果如图 10.2.18 所示。

（24）重复第（16）～（23）步的操作，创建“创”、“动”、“画”、“F”、“L”、“A”、“S”、“H”元件，在它们的编辑区中输入相应文本，并进行添加边框等操作。

（25）重复第（16）步的操作，创建“火”元件，然后选择工具箱中的文本工具A，更改文本大小为“35”，在舞台的中心位置输入文本“火热征集中……”，如图 10.2.19 所示。

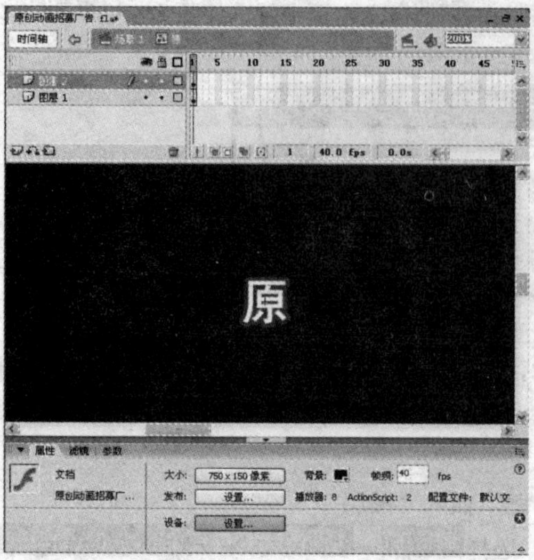

图 10.2.18 “原”元件的最终效果

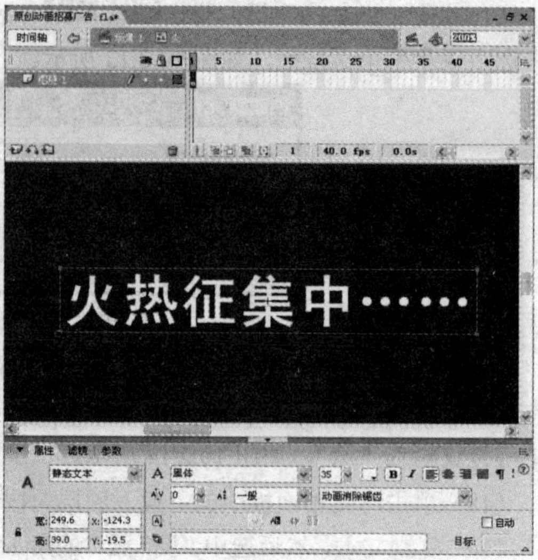

图 10.2.19 输入文本

（26）单击时间轴面板中的“插入图层”按钮，插入“图层 2”。

（27）复制文本，然后选中“图层 2”的第 1 帧，选择 编辑(E) → 粘贴到当前位置(P) Ctrl+Shift+V 命令，进行粘贴。

（28）隐藏“图层 2”，然后选择舞台中的文本（即“图层 1”中的文本），按两次“Ctrl+B”键将其打散，如图 10.2.20 所示。

按 1 次“Ctrl+B”键的效果

按两次“Ctrl+B”键的效果

图 10.2.20 打散文本

（29）重复第（21）步和第（22）步的操作，为打散后的文本添加边框等。将“图层 2”重新显示，“火”元件的最终效果如图 10.2.21 所示。

（30）重复第（25）～（29）步的操作，创建“联”元件，其最终效果如图 10.2.22 所示。

图 10.2.21 “火”元件的最终效果

图 10.2.22 “联”元件的最终效果

（31）按“Ctrl+F8”键，弹出 创建新元件 对话框，在 名称(N): 文本框中输入“卡通人物”，在 类型(T): 选项区中选中 ⊙图形 单选按钮，单击 确定 按钮，进入其编辑窗口。

（32）选择 文件(F) → 导入(I) → 导入到舞台(I)... Ctrl+R 命令，弹出 导入 对话框，导入图片“BZ5-3QX53.jpg”，并调整它到舞台的中心位置，如图 10.2.23 所示。

（33）单击 场景 1 图标，返回到主场景，单击时间轴面板中的“插入图层”按钮，插入一个名为“转动图形”的层。

图 10.2.23 导入并调整图片

（34）从库面板中拖动“转动”元件到舞台的中心位置，如图 10.2.24 所示。

图 10.2.24 拖入“转动”元件

（35）选中“背景”和“转动图形”层的第 160 帧，按“F5”键插入帧，如图 10.2.25 所示。

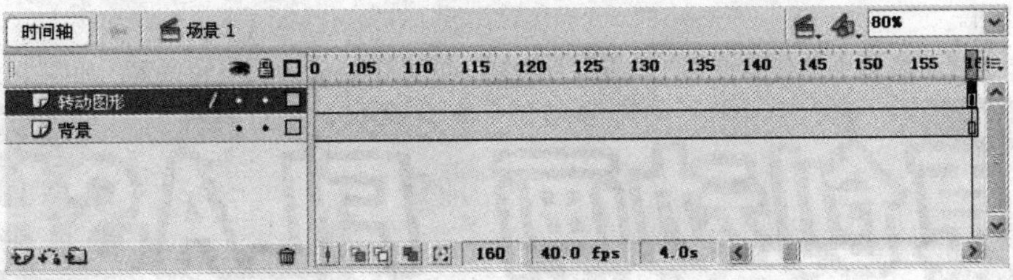

图 10.2.25 插入帧

（36）单击时间轴面板中的“插入图层”按钮 9 次，插入名为“原”、“创”、“动”、“画”、“F”、“L”、“A”、“S”、“H”的层，如图 10.2.26 所示。

（37）分别选中“原”、“创”、“动”、“画”、“F”、“L”、“A”、“S”、“H”层的第 40 帧，按“F6”键插入关键帧，然后分别拖入“原”、“创”、“动”、“画”、“F”、“L”、“A”、“S”、“H”元件。

（38）选择工具箱中的选择工具，调整它们的位置如图 10.2.27 所示。

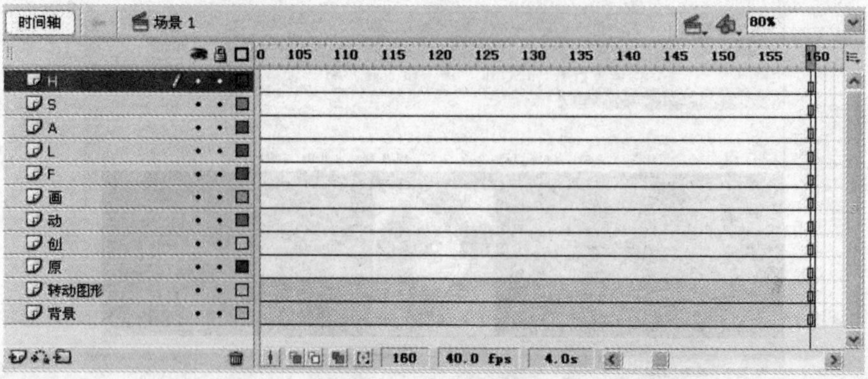

图 10.2.26　插入 9 个图层

图 10.2.27　调整各实例的位置

（39）同时选中“原”、“创”、“动”、“画”、“F”、“L”、“A”、“S”、“H”实例，在变形面板中选中 倾斜 按钮，在其后的 文本框中输入“6.8”，按“Enter”键，将它们在水平方向上进行倾斜，如图 10.2.28 所示。

图 10.2.28　水平倾斜各实例

（40）分别选中“原”、“创”、“动”、“画”、“F”、“L”、“A”、“S”、“H”层的第 45 帧，按“F6”键插入关键帧。

（41）选择工具箱中的任意变形工具，调整第 40 帧中对象的大小和位置，如图 10.2.29 所示。

图 10.2.29　调整第 40 帧中对象的大小和位置

（42）分别选中“原”、“创”、“动”、“画”、“F”、“L”、“A”、“S”、“H”层的第 40 帧，在属性面板的 补间: 下拉列表中选择“动画”选项，创建 9 段运动补间动画，如图 10.2.30 所示。

（43）依次向后移动“创”、“动”、“画”、“F”、“L”、“A”、“S”、“H”层的帧，并且删除第 160 帧后的帧，如图 10.2.31 所示。

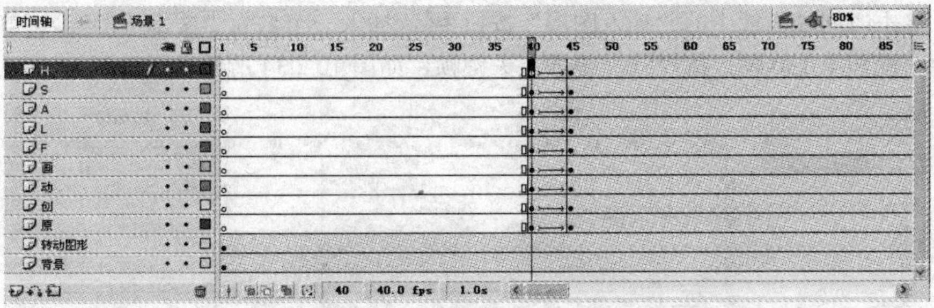

图 10.2.30 创建 9 段运动补间动画

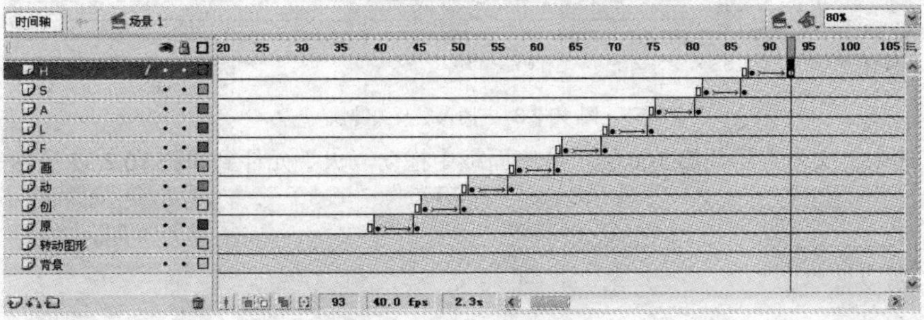

图 10.2.31 移动并删除帧

（44）选中“原”、“创”、“动”、“画”、“F”、“L”、“A”、“S”、“H”层的第 100 帧，按“F7”键插入空白关键帧，如图 10.2.32 所示。

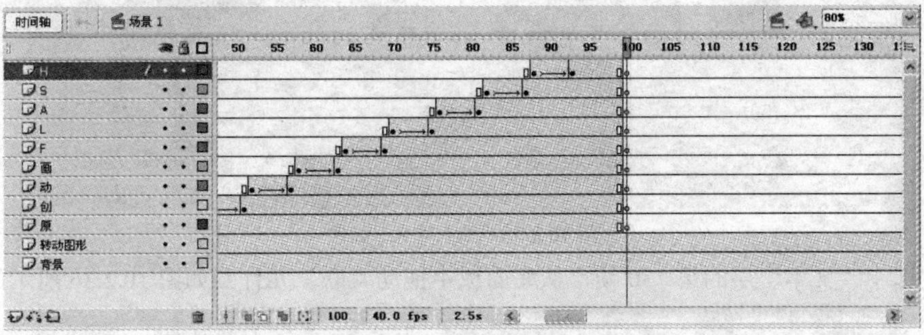

图 10.2.32 插入空白关键帧

（45）选中“H”层的第 100 帧，从库面板中拖动“卡通人物”元件到如图 10.2.33 所示的位置。

图 10.2.33 拖入“卡通人物”元件

（46）单击时间轴面板中的“插入图层”按钮，插入一个名为“文本”的层，然后分别选中该层的第 100 帧和第 130 帧，按“F6”键插入关键帧，如图 10.2.34 所示。

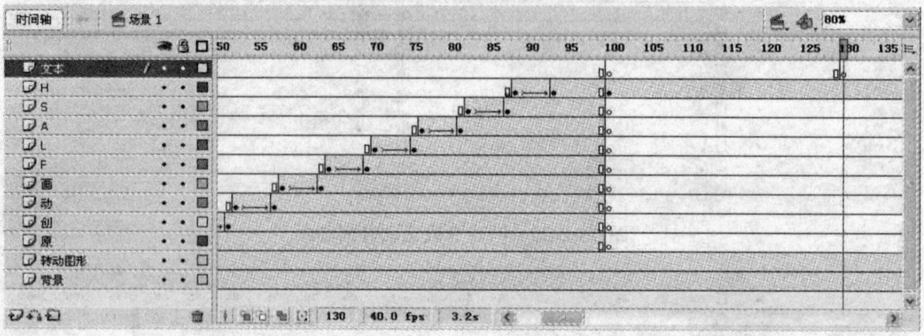

图 10.2.34　插入层及关键帧

（47）选中“文本”层的第 100 帧，从库面板中拖动“火”元件到如图 10.2.35 所示的位置。

图 10.2.35　拖入“火”元件

（48）选中“文本”层的第 130 帧，从库面板中拖动“联”元件到如图 10.2.36 所示的位置。

图 10.2.36　拖入“联”元件

（49）按“Ctrl+Enter”键，测试动画，最终效果如图 10.2.1 所示。

实例 3　雷克萨斯汽车广告

实现目标

本例制作“雷克萨斯汽车广告”，效果如图 10.3.1 所示。

图 10.3.1　最终效果图

设计思路

最终的动画效果首先出现雷克萨斯的新款汽车，然后以文字对该款汽车的名称以及品牌进行介绍。

操作步骤

（1）启动 Flash 8 软件，新建一个文件。

（2）按“Ctrl+J”键，弹出文档属性对话框，设置尺寸(I):为“750 px×150 px”，背景颜色(B):为“黑色”，帧频(F):为“12”，单击确定按钮。

（3）按“Ctrl+F8”键，弹出创建新元件对话框，在名称(N):文本框中输入“汽车”，在类型(T):选项区中选中◉图形单选按钮，如图 10.3.2 所示。

图 10.3.2　“创建新元件”对话框

（4）单击确定按钮，进入其编辑窗口，选择文件(F)→导入(I)→导入到舞台(I)... Ctrl+R命令，弹出导入对话框，导入图片“3.jpg”，并调整它到舞台的中心位置，如图 10.3.3 所示。

（5）选中图片，按“Ctrl+B”键将其打散，如图 10.3.4 所示。

（6）重复第（3）步的操作，创建一个名为“光晕”的元件，然后单击确定按钮，进入其编辑窗口。

图 10.3.3　导入并调整图片

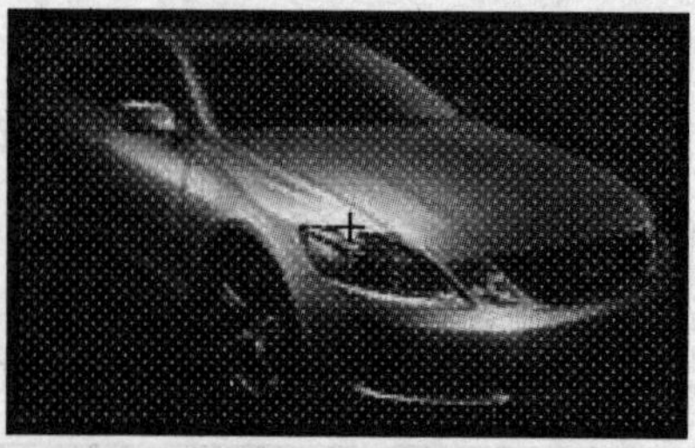

图 10.3.4　打散图片

（7）选择工具箱中的矩形工具，在属性面板中设置笔触颜色为“无”，填充颜色为“白色至黑色的放射状渐变色”，按住“Shift”键，在舞台的中心位置绘制一个正方形，如图 10.3.5 所示。

（8）选择 窗口(W)→混色器(X) Shift+F9 命令，打开混色器面板，设置左侧色标的 Alpha: 为“80%”，右侧色标的颜色为“白色”，Alpha: 为“0”，并且调整它的位置如图 10.3.6 所示。

（9）选择工具箱中的颜料桶工具，单击正方形进行填充，效果如图 10.3.7 所示。

图 10.3.5　绘制正方形

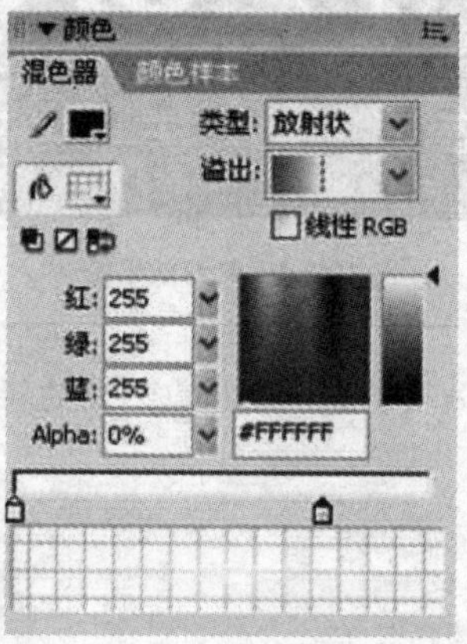

图 10.3.6　设置右侧色标的属性

图 10.3.7　正方形的填充效果

（10）单击 场景 1 图标，返回到主场景，更改“图层 1”的名称为“汽车”。

（11）选择 窗口(W)→库(L) Ctrl+L 命令，打开库面板，从中拖动“汽车”元件到舞台中，如图 10.3.8 所示。

图 10.3.8　拖入“汽车”元件

（12）分别选中第 15 帧和第 25 帧，按“F6”键插入关键帧。

（13）选择工具箱中的任意变形工具，调整第 1 帧中汽车的大小和位置，如图 10.3.9 所示。

图 10.3.9　调整第 1 帧中汽车的大小和位置

（14）选中第 15 帧中的汽车，在属性面板的 颜色: 下拉列表中选择“高级”选项，单击 设置... 按钮，在弹出的高级效果对话框中设置参数如图 10.3.10 所示，然后单击确定按钮，更改其颜色属性，如图 10.3.11 所示。

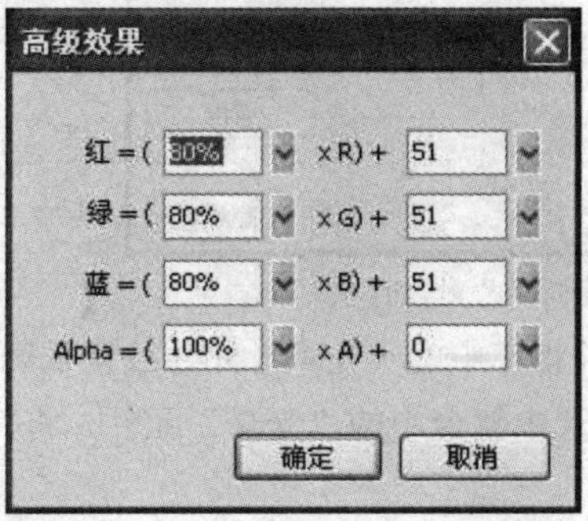

图 10.3.10　“高级效果”对话框

图 10.3.11　第 15 帧中汽车的效果

（15）分别选中第 1 帧和第 15 帧，在属性面板的补间:下拉列表中选择“动画”选项，创建两段运动补间动画，如图 10.3.12 所示。

图 10.3.12　创建运动补间动画

（16）选中第 80 帧，按“F5”键插入帧。

（17）单击时间轴面板中的“插入图层”按钮，插入一个名为“文本 1”的层，并选中第 25 帧，按“F6”键插入关键帧。

（18）选择工具箱中的文本工具，在属性面板中设置字体为“华文新魏”，字体大小为“22”，文本颜色为“白色”，在第 25 帧中输入文本“全新 LEXUS 雷克萨斯”，如图 10.3.13 所示。

图 10.3.13　输入文本

（19）按“Ctrl+F8”键，弹出创建新元件对话框，在名称(N):文本框中输入“光晕 1”，在类型(T):

选项区中选中⊙影片剪辑单选按钮（见图 10.3.14），单击 确定 按钮，进入其编辑窗口。

图 10.3.14 “创建新元件”对话框

（20）选中第 1 帧，按“F6”键插入关键帧，并将库中的“光晕”元件放置于舞台中心。

（21）选中第 5 帧，按“F6”键插入关键帧。选中舞台中的“光晕”元件，将其不透明度设置为 50%，如图 10.3.15 所示。

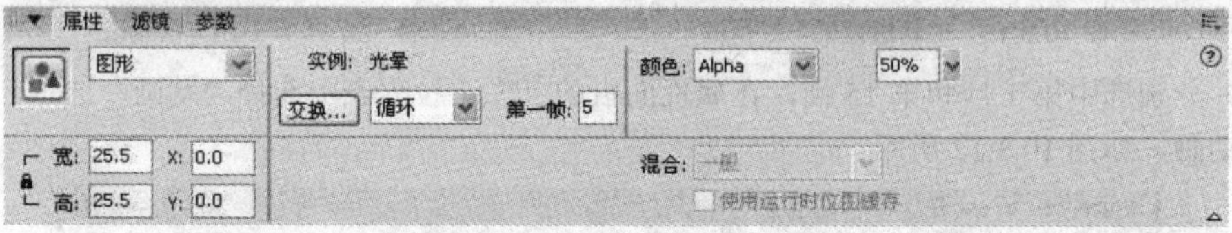

图 10.3.15 设置图形元件的不透明度

（22）选中第 10 帧，按“F6”键插入关键帧。选中舞台中的“光晕”元件，将其不透明度设置为 100%。

（23）在第 1 帧和第 5 帧之间的任意一帧上单击鼠标右键，从弹出的快捷菜单中选择 创建补间动画 命令，在第 1 帧和第 5 帧之间创建运动补间动画，如图 10.3.16 所示。

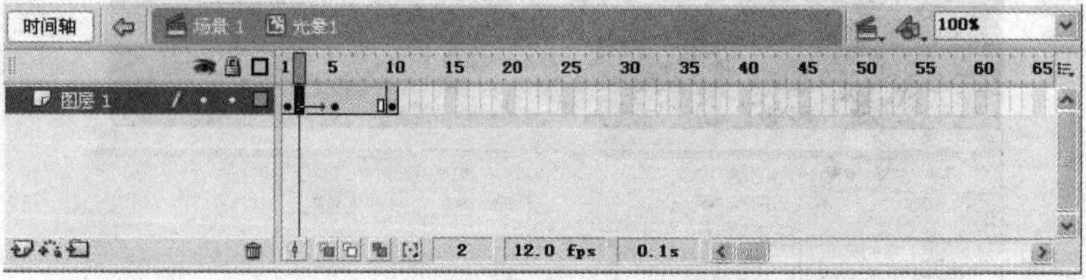

图 10.3.16 创建运动补间动画

（24）重复步骤（23）的操作，在第 5 帧和第 10 帧之间创建运动补间动画。

（25）单击时间轴面板中的“插入图层”按钮，插入“光晕 1”层，并选中第 25 帧，按“F6”键插入关键帧。

（26）从库面板中拖动“光晕 1”元件到舞台中，并对其进行复制及排列，如图 10.3.17 所示。

图 10.3.17 复制并排列“光晕 1”实例

（27）拖动“光晕 1”层至“文本 1”层的下面，如图 10.3.18 所示。

（28）单击时间轴面板中的“插入图层”按钮两次，插入名为“光晕 2”和“文本 2”的层，并选中它们的第 30 帧，按“F6”键插入关键帧，如图 10.3.19 所示。

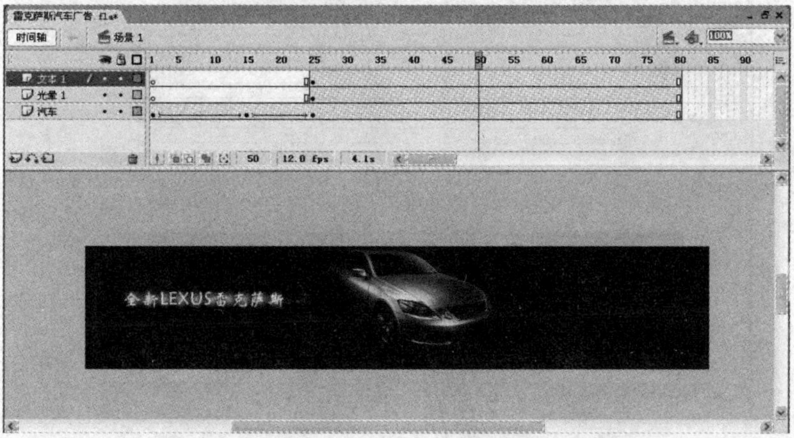

图 10.3.18　改变层的顺序

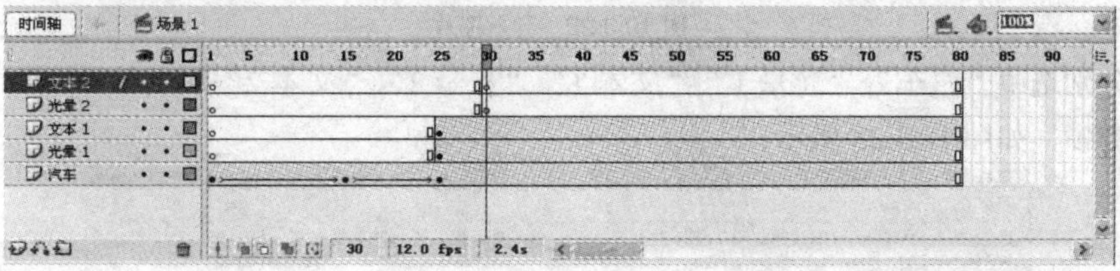

图 10.3.19　插入层及关键帧

（29）重复第（18）步的操作，在“文本 2”层的第 30 帧中输入文本“GS 系列隆重推出”，如图 10.3.20 所示。

图 10.3.20　“文本 2”层中的文本效果

（30）重复第（26）步的操作，在“光晕 2”层的第 30 帧中拖入“光晕 1”元件，并进行复制及排列，如图 10.3.21 所示。

图 10.3.21　“光晕 2”层中的光晕效果

（31）选中“文本 2”层，单击时间轴面板中的“插入图层”按钮，插入一个名为“商标”的层。

（32）选中“商标”层的第 50 帧，按“F6”键插入关键帧。

（33）选择 文件(F) → 导入(I) → 导入到舞台(I)... Ctrl+R 命令，弹出 导入 对话框，导入图片“as3.jpg”，如图 10.3.22 所示。

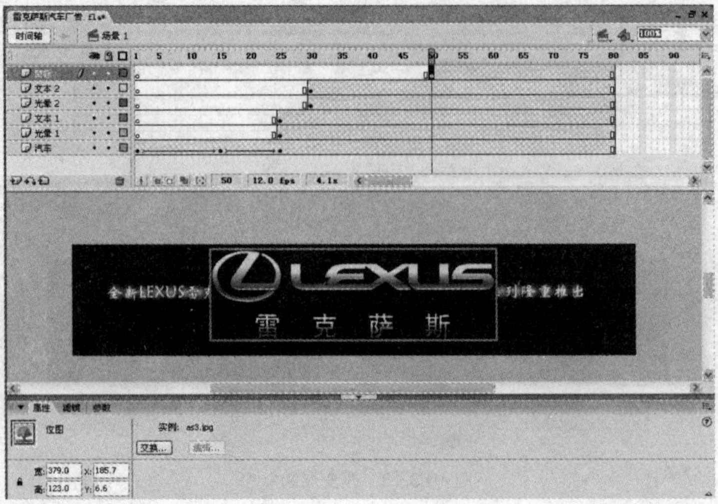

图 10.3.22　导入图片

（34）分别选中“汽车”、“光晕 1”、“文本 1”、“光晕 2”、“文本 2”层的第 50 帧，按“F7”键插入空白关键帧，如图 10.3.23 所示。

图 10.3.23　插入空白关键帧

（35）按“Ctrl+Enter”键预览，效果如图 10.3.1 所示。

本章小结

本章介绍了 3 个广告动画的制作，从而充分体现了 Flash 在广告设计行业的应用，希望用户通过练习掌握创作技巧，并能制作出自己满意的广告作品。

习 题 十

1．制作“网购在线”网站的广告，最终效果如题图 10.1 所示。

题图 10.1　效果图

2．制作音乐网站广告，最终效果如题图 10.2 所示。

题图 10.2　效果图

3．制作阁瑞斯汽车的广告，最终效果如题图 10.3 所示。

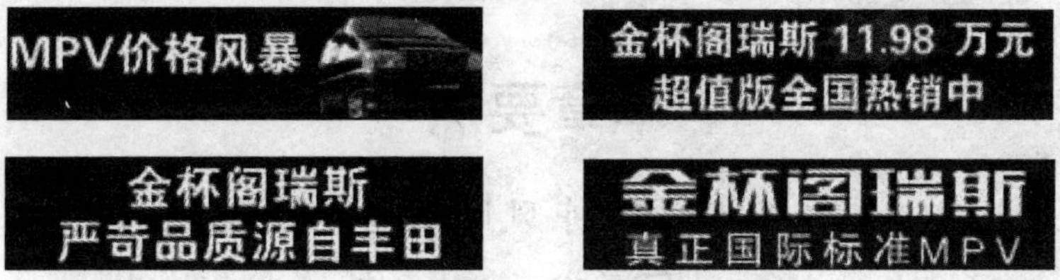

题图 10.3　效果图

第十一章 片头制作行业应用实例

本章要点

- ☑ 东风悦达汽车网站片头
- ☑ Flash 动画教学光盘片头
- ☑ 快乐购物频道片头

学习目标

使用 Flash 强大的动画编辑功能和 ActionScript 的互动功能，能够制作出非常精美的片头，即网站、多媒体作品、影片等的开篇动画。通过本章的学习，用户应掌握片头的制作方法，会使用 Flash 制作各种片头。

实例 1　东风悦达汽车网站片头

实现目标

本例制作“东风悦达汽车网站片头”，效果如图 11.1.1 所示。

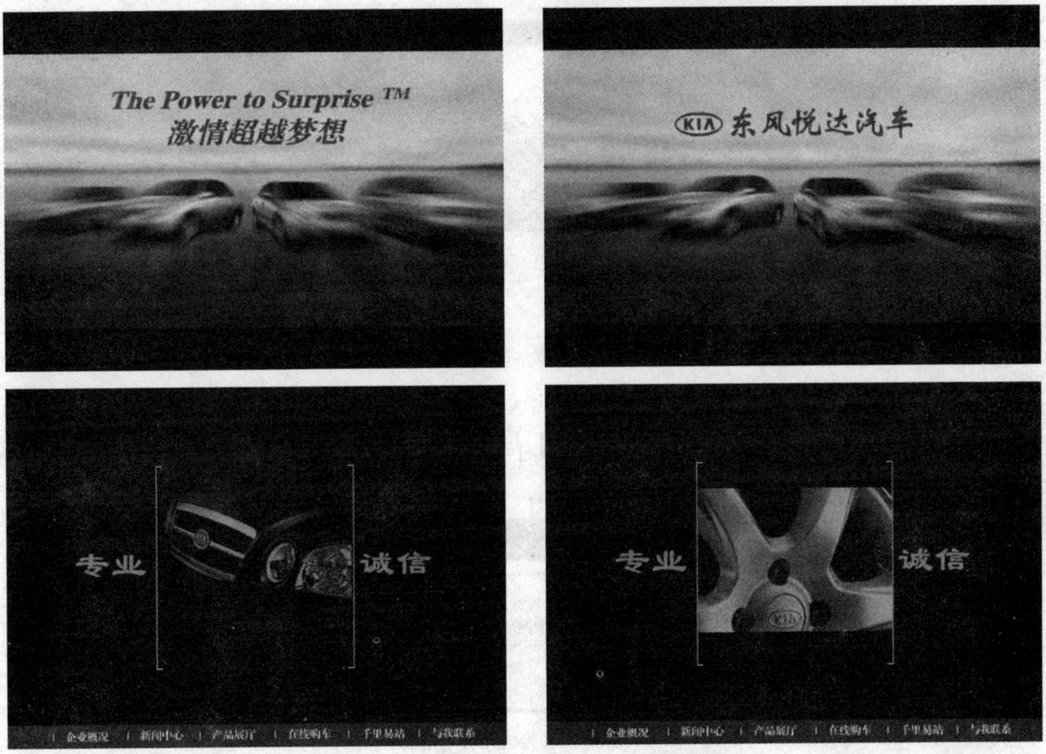

图 11.1.1　最终效果图

设计思路

最终的动画中首先出现汽车奔驰的动感效果，然后出现汽车的品牌名称，最后出现它的网站主页。

操作步骤

（1）启动 Flash 8 软件，新建一个文件。

（2）按“Ctrl+J”键，弹出文档属性对话框，设置尺寸(I):为“550 px×400 px”，背景颜色(B):为“黑色”，帧频(F):为“12”，单击确定按钮。

（3）更改“图层 1”的名称为“汽车”，如图 11.1.2 所示。

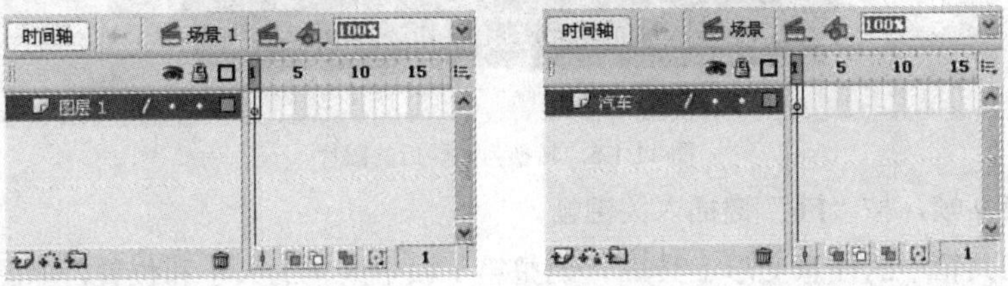

图 11.1.2　更改层名

（4）选择文件(F)→导入(I)→导入到舞台(I)... Ctrl+R命令，弹出导入对话框，导入图片“qwwr.jpg”，并调整它的大小和位置，如图 11.1.3 所示。

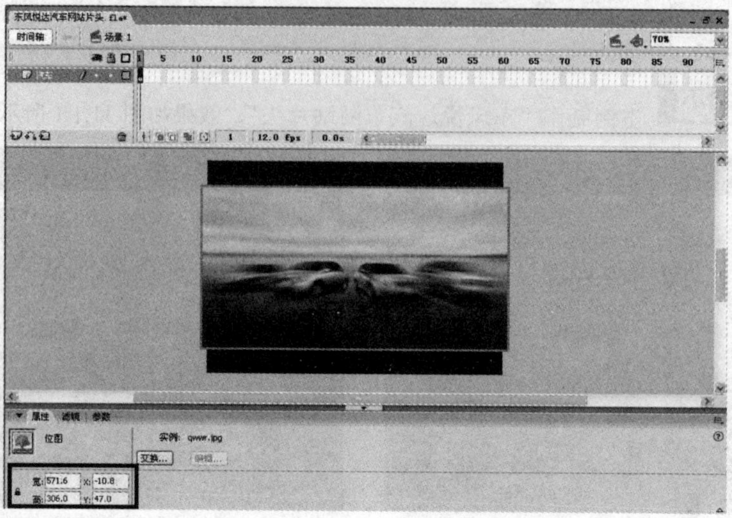

图 11.1.3　导入并调整图片

（5）选中图片，按“F8”键，弹出转换为元件对话框，在名称(N):文本框中输入“汽车”，在类型(T):选项区中选中◉图形单选按钮，如图 11.1.4 所示。

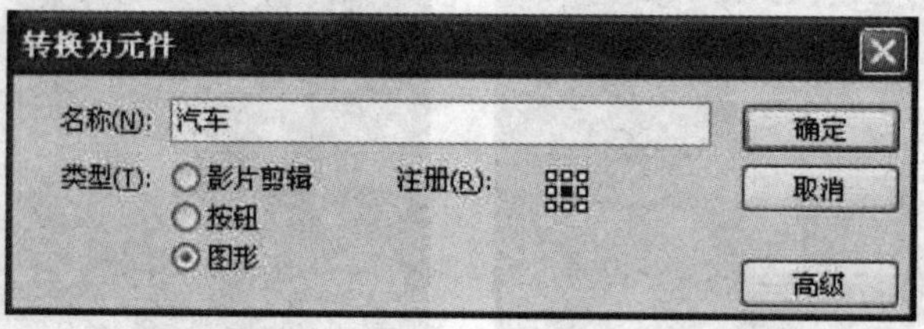

图 11.1.4　“转换为元件”对话框

（6）单击确定按钮关闭对话框，此时，该图片将变为“汽车”元件的一个实例，如图 11.1.5 所示。

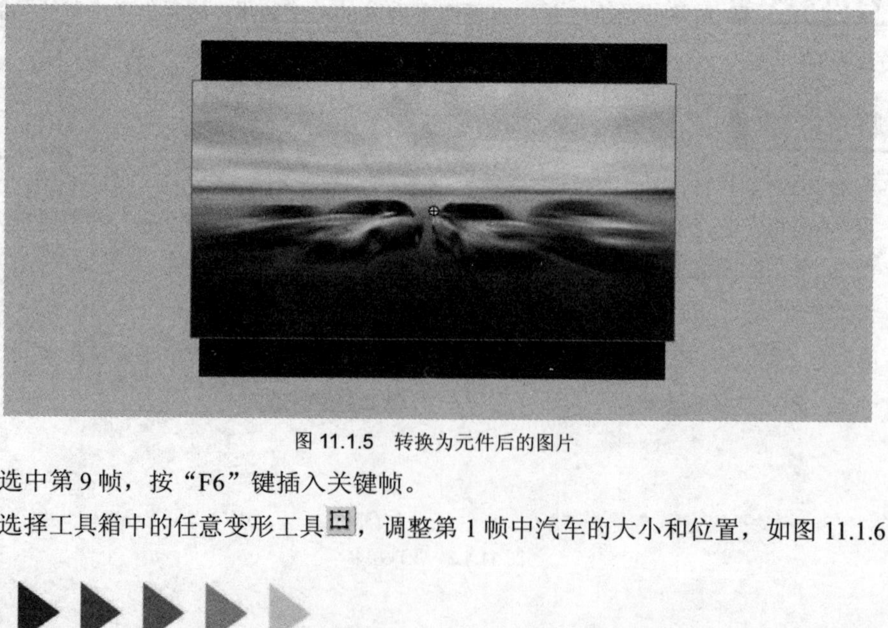

图 11.1.5　转换为元件后的图片

（7）选中第 9 帧，按“F6”键插入关键帧。

（8）选择工具箱中的任意变形工具，调整第 1 帧中汽车的大小和位置，如图 11.1.6 所示。

图 11.1.6　调整第 1 帧中汽车的大小和位置

（9）选中第 1 帧，在属性面板的 补间: 下拉列表中选择“动画”选项，创建一段运动补间动画，如图 11.1.7 所示。

（10）选中第 103 帧，按“F5”键插入帧，如图 11.1.8 所示。

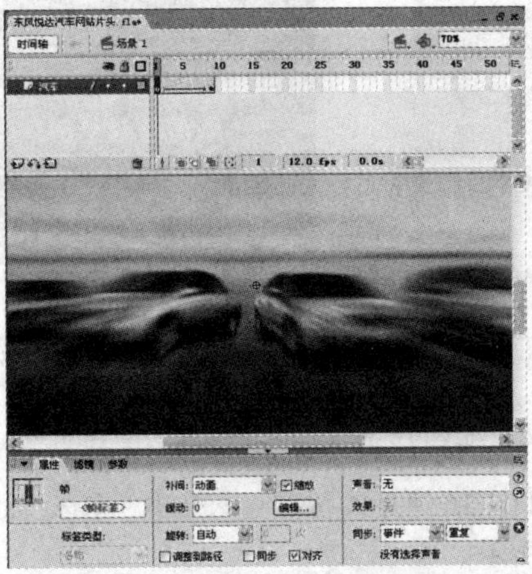

图 11.1.7　创建运动补间动画

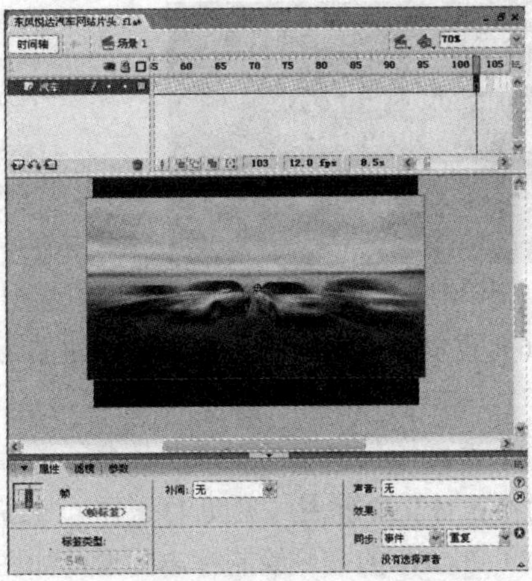

图 11.1.8　插入帧

（11）按“Ctrl+F8”键，弹出 创建新元件 对话框，在 名称(N): 文本框中输入“文本 1”，在 类型(T): 选项区中选中 ◎图形 单选按钮，如图 11.1.9 所示。

图 11.1.9　“创建新元件”对话框

（12）单击 确定 按钮，进入元件的编辑窗口，选择工具箱中的文本工具 A，在属性面板中设置字体为“方正小标宋简体”，字体大小为“30”，文本颜色为“白色”，单击“切换粗体”按钮 B，然后在舞台中输入文本“The Power to Surprise TM 激情超越梦想”，如图 11.1.10 所示。

（13）选中“TM”，在属性面板的 A 下拉列表中选择“上标”选项，改变它的位置，如图 11.1.11 所示。

图 11.1.10　输入文本

图 11.1.11　改变“TM”的位置

（14）选择工具箱中的选择工具，选中文本，如图 11.1.12 所示。

（15）按“Ctrl+T”键打开变形面板，选中 倾斜 按钮，在 文本框中输入“15”（见图 11.1.13），按“Enter”键，将文本在水平方向上进行倾斜，如图 11.1.14 所示。

图 11.1.12　选中文本

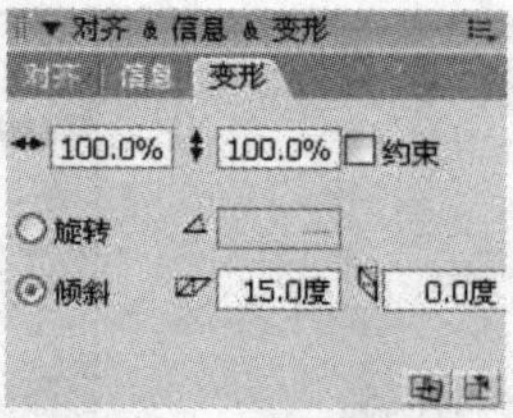

图 11.1.13　设置倾斜属性

图 11.1.14　倾斜文本

（16）重复第（11）步的操作，创建名为“文本 2”的元件，单击 确定 按钮，进入该元件的编辑窗口。

（17）选择工具箱中的文本工具，在属性面板中更改字体为“华文新魏”，字体大小为“40”，单击“切换粗体”按钮（见图 11.1.15），然后在如图 11.1.16 所示的位置输入文本“东风悦达汽车”。

（18）在文本的左侧绘制标志图形，如图 11.1.17 所示。

图 11.1.15　更改文本工具的属性

图 11.1.16　输入文本

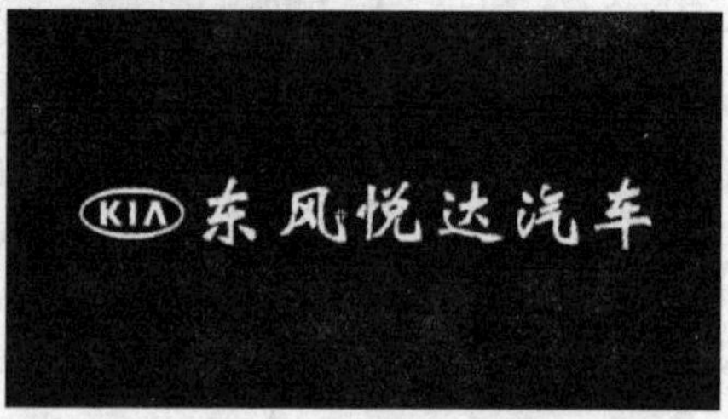

图 11.1.17　绘制标志图形

（19）重复第（11）步的操作，创建名为“遮罩”的元件，单击 确定 按钮，进入该元件的编辑窗口。

（20）选择工具箱中的矩形工具，在属性面板中设置笔触颜色为“无”，填充颜色为“白色”，在舞台的中心位置绘制一个矩形，如图 11.1.18 所示。

（21）选择工具箱中的选择工具，调整矩形的形状，如图 11.1.19 所示。

图 11.1.18　绘制矩形

图 11.1.19　调整矩形的形状

（22）选择 窗口(W) → 混色器(X) Shift+F9 命令，打开混色器面板，在 类型: 下拉列表中选择“线性”选项，如图 11.1.20 所示。

（23）在渐变色编辑栏上增加两个色标，并设置所有色标的颜色为“白色”，如图 11.1.21 所示。

（24）设置两端色标的颜色为“白色”，Alpha: 为“0”，如图 11.1.22 所示。

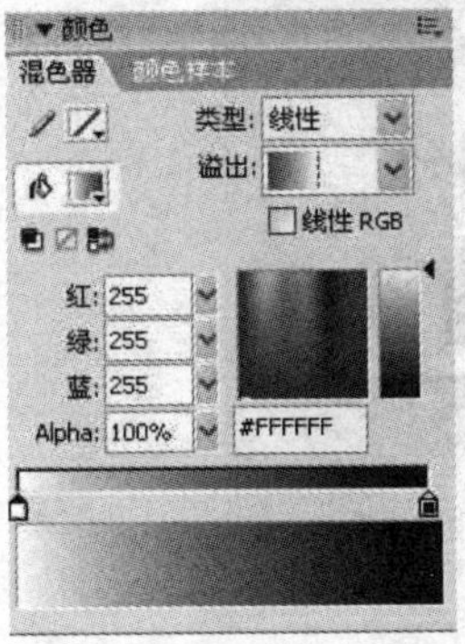

图 11.1.20　选择“线性”选项

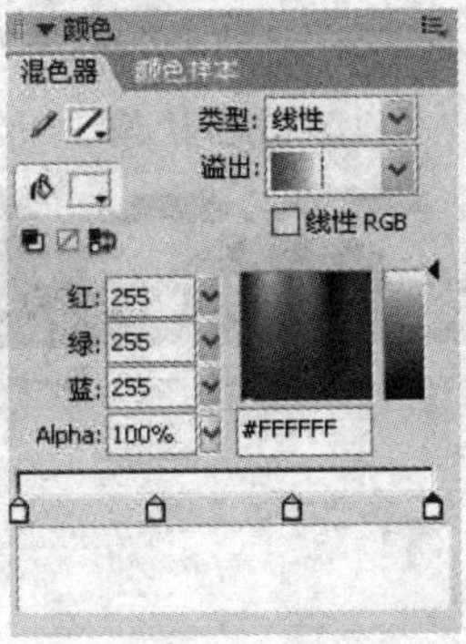

图 11.1.21　增加并设置色标的颜色

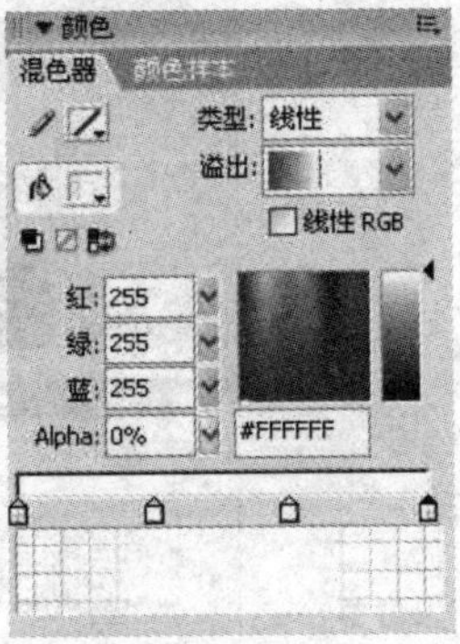

图 11.1.22　设置色标的透明度

（25）选择工具箱中的颜料桶工具，填充调整后的矩形，如图 11.1.23 所示。

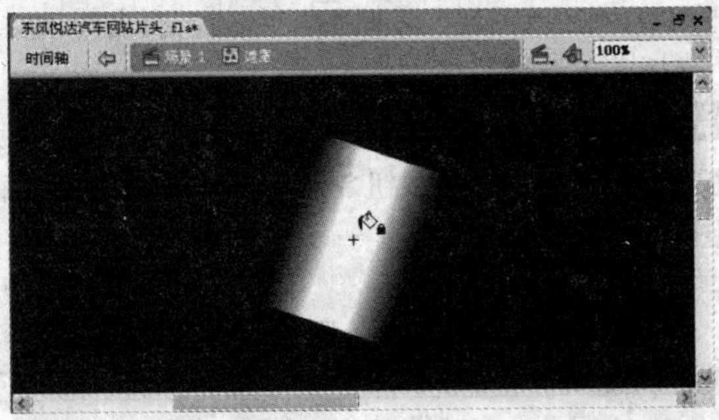

图 11.1.23　填充调整后的矩形

（26）单击 场景 1 图标，返回到主场景。单击时间轴面板中的“插入图层”按钮，插入一个名为“文本 1”的层。

（27）选中“文本 1”层的第 13 帧，按“F6”键插入关键帧，然后从库面板中拖动“文本 1”元件到如图 11.1.24 所示的位置。

图 11.1.24 拖入“文本 1”元件

（28）选中“文本 1”实例，在属性面板的颜色:下拉列表中选择“色调”选项，设置色彩为“红色”，色彩数量为“100%”，更改其颜色属性，如图 11.1.25 所示。

图 11.1.25 更改“文本 1”实例的颜色属性

（29）按“Ctrl+C”键，复制“文本 1”实例。

（30）单击时间轴面板中的“插入图层”按钮，插入一个名为“文本 1 副本”的层，并选中该层的第 13 帧，按“F6”键插入关键帧。

（31）选择编辑(E)→粘贴到当前位置(P) Ctrl+Shift+V命令，粘贴复制的“文本 1”实例。

（32）单击时间轴面板中的“插入图层”按钮，插入一个名为“遮罩”的层，并将其移至“文本 1 副本”层的下面，如图 11.1.26 所示。

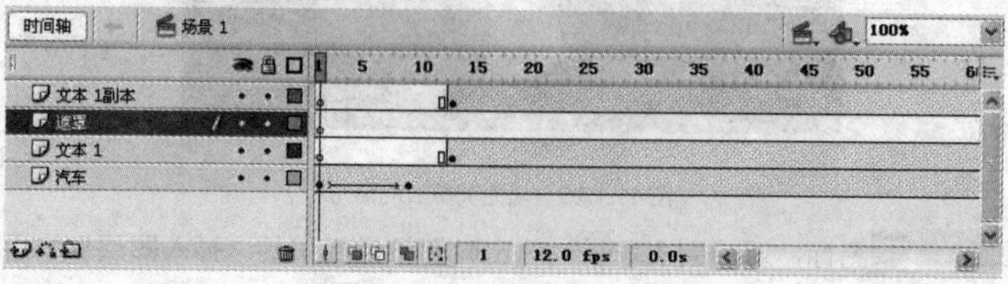

图 11.1.26 插入并调整层的顺序

（33）选中“遮罩”层的第 13 帧，按“F6”键插入关键帧，然后从库面板中拖动“遮罩”元件到如图 11.1.27 所示的位置。

（34）选中该层的第 33 帧和第 54 帧，按“F6”键插入关键帧。

（35）调整第 33 帧中“遮罩”实例的位置，如图 11.1.28 所示。

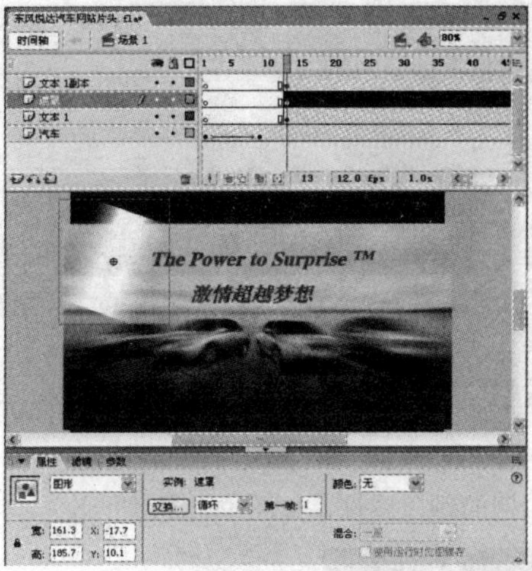

图 11.1.27　拖入“遮罩”元件

图 11.1.28　调整“遮罩”的位置

（36）分别选中第 13 帧和第 33 帧，在属性面板的补间:下拉列表中选择“动画”选项，创建两段运动补间动画，如图 11.1.29 所示。

（37）选中“文本 1 副本”的层名区，单击鼠标右键，在弹出的快捷菜单中选择遮罩层命令，添加遮罩效果，如图 11.1.30 所示。

图 11.1.29　创建运动补间动画

图 11.1.30　添加遮罩效果

（38）分别选中“文本 1”、“遮罩”、“文本 1 副本”层的第 64 帧，按“F7”键插入空白关键帧，如图 11.1.31 所示。

（39）单击时间轴面板中的“插入图层”按钮，插入一个名为“文本 2”的层。

（40）选中该层的第 64 帧，按“F6”键插入关键帧，并从库面板中拖动“文本 2”元件到如图 11.1.32 所示的位置。

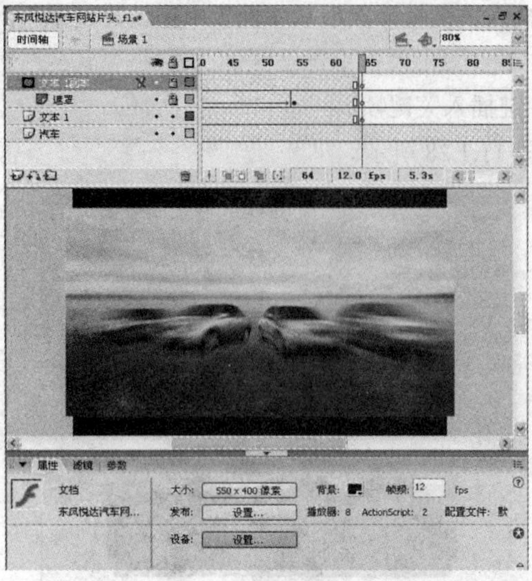

图 11.1.31　插入空白关键帧

图 11.1.32　拖入“文本 2”元件

（41）重复第（28）步的操作，更改“文本 2”实例的颜色属性，如图 11.1.33 所示。

图 11.1.33　更改“文本 2”实例的颜色属性

（42）选中第 78 帧，按“F6”键插入关键帧。

（43）选择工具箱中的任意变形工具，调整第 64 帧中“文本 2”实例的大小和位置，如图 11.1.34 所示。

图 11.1.34　第 64 帧中“文本 2”实例的大小和位置

（44）选中第 64 帧，在属性面板的 补间: 下拉列表中选择“动画”选项，创建一段运动补间动画，如图 11.1.35 所示。

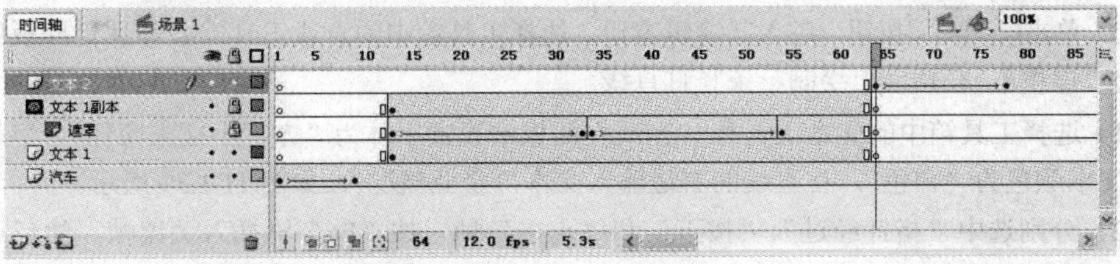

图 11.1.35　创建运动补间动画

（45）单击时间轴面板中的“插入图层”按钮，插入一个名为“声音”的层。

（46）选择 文件(F) → 导入(I) → 导入到舞台(I)... Ctrl+R 命令，弹出 导入 对话框，导入声音文件“aa.wav”。

（47）选中“声音”层的第 1 帧，在属性面板的 声音: 下拉列表中选择该声音文件，将其添加到动画中，如图 11.1.36 所示。

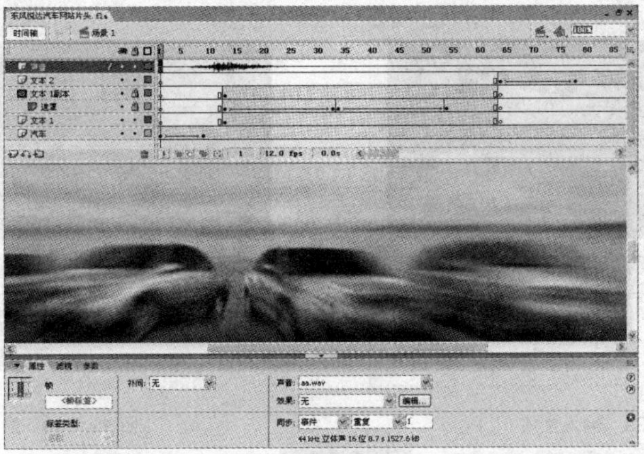

图 11.1.36　选择导入的声音文件

（48）选择 窗口(W) → 其它面板(R) → 场景(S) Shift+F2 命令，打开如图 11.1.37 所示的场景面板，单击“添加场景”按钮 + ，添加“场景 2”，此时，在 Flash 8 的工作界面中将显示场景 2 的编辑窗口。

图 11.1.37　场景面板

（49）按“Ctrl+F8”键，弹出 创建新元件 对话框，在 名称(N): 文本框中输入“企业概况”，在 类型(T): 选项区中选中 ⊙按钮 单选按钮，如图 11.1.38 所示。

图 11.1.38　“创建新元件”对话框

（50）单击确定按钮，进入其编辑窗口，选择工具箱中的直线工具，在属性面板中设置笔触颜色为“白色”，在舞台上绘制一条竖直直线。

（51）选择工具箱中的文本工具A，在属性面板中设置字体为“方正小标宋简体”，字体大小为“12”，文本颜色为“白色”，在直线的右边输入文本“企业概况”，如图 11.1.39 所示。

（52）分别选中“指针经过”、“按下”和“点击”帧，按“F6”键插入关键帧，然后更改“指针经过”、“按下”帧中对象的颜色为“红色”，并将“指针经过”帧中的对象向左上角稍微移动一些。

（53）选中“点击”帧，选择工具箱中的矩形工具，在属性面板中设置笔触颜色为“#CCCCCC”，填充颜色为“#333333”，在舞台上绘制一个矩形，使其能够覆盖直线和文本，如图 11.1.40 所示。

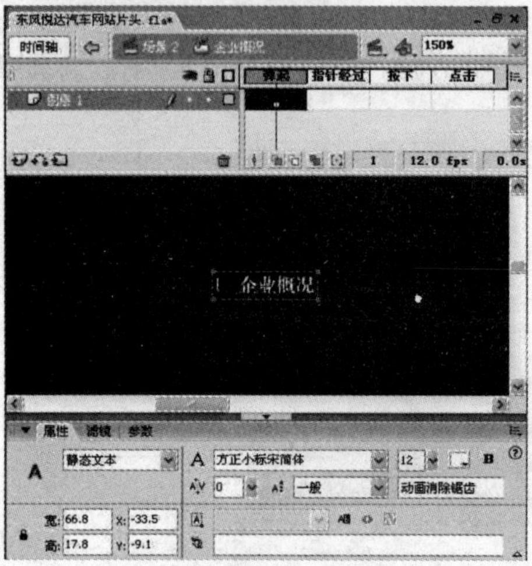

图 11.1.39　输入文本

图 11.1.40　绘制矩形

（54）选中矩形，按“F8”键，弹出转换为元件对话框，在名称(N):文本框中输入“矩形”，在类型(T):选项区中选中⊙图形单选按钮（见图 11.1.41），单击确定按钮，关闭对话框。

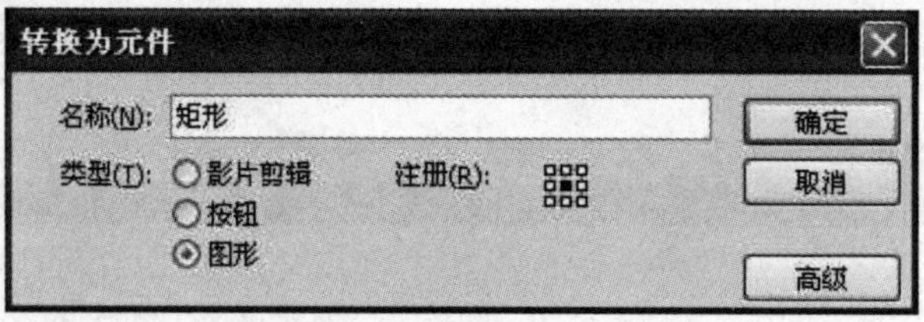

图 11.1.41　“转换为元件”对话框

（55）在库面板中选中“企业概况”元件，单击鼠标右键，在弹出的快捷菜单中选择直接复制命令，弹出直接复制元件对话框，在名称(N):文本框中输入“新闻中心”，如图 11.1.42 所示。

图 11.1.42　“直接复制元件”对话框

（56）单击确定按钮，关闭对话框，在库面板中双击“新闻中心”元件，进入其编辑窗口，如图 11.1.43 所示。

（57）更改“弹起”、“指针经过”和“按下”帧中的文本为“新闻中心”，如图 11.1.44 所示。

图 11.1.43　“新闻中心”元件的编辑窗口

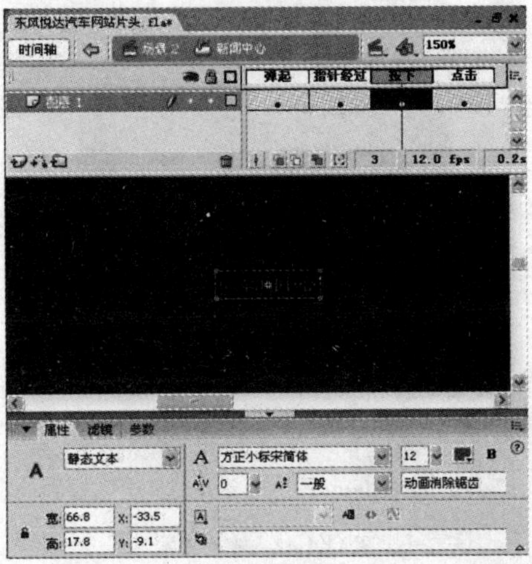

图 11.1.44　更改文本

（58）重复第（55）～（57）步的操作，复制“产品展厅”、“在线购车”、“千里易站”和“与我联系”元件，并相应更改其中的文本。

（59）单击场景 2图标，返回到场景 2 的编辑窗口，更改“图层 1”的名称为“按钮”。

（60）选择工具箱中的矩形工具，在属性面板中设置笔触颜色为“无”，填充颜色为“#663300”，在舞台的底部绘制一个矩形，如图 11.1.45 所示。

（61）从库面板中依次拖入“企业概况”、“新闻中心”、“产品展厅”、“在线购车”、“千里易站”和“与我联系”元件，并排列它们的位置，如图 11.1.46 所示。

图 11.1.45　绘制矩形

图 11.1.46　拖入各按钮元件

（62）单击时间轴面板中的“插入图层”按钮，插入一个名为“展示”的层。

（63）选择工具箱中的文本工具，在属性面板中设置字体为“隶书”，字体大小为“40”，文本颜色为“#FF9900”，单击“切换粗体”按钮，然后在如图 11.1.47 所示的位置输入文本“专业”和“诚信”。

（64）选中文本，按“F8”键，弹出转换为元件对话框，在名称(N):文本框中输入“影片”，在类型(T):选项区中选中⊙影片剪辑单选按钮，单击确定按钮，将其转换为元件，如图 11.1.48 所示。

（65）在舞台上双击该元件，进入元件编辑模式，然后选中第 76 帧，按“F6”键插入关键帧，如图 11.1.49 所示。

（66）单击时间轴面板中的“插入图层”按钮，插入“图层 2”，选择工具箱中的直线工具，在舞台上绘制如图 11.1.50 所示的图形。

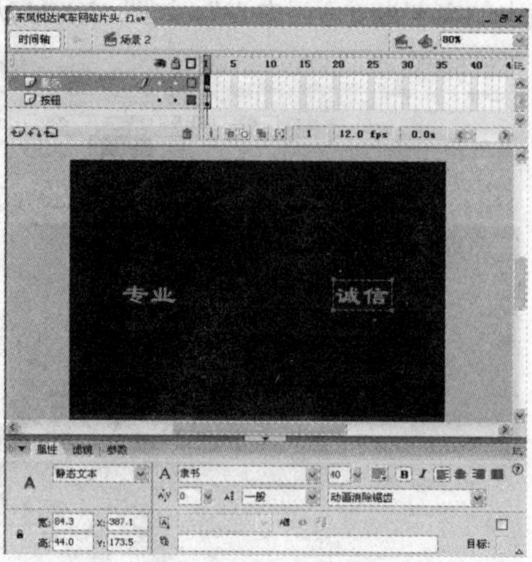

图 11.1.47　输入文本

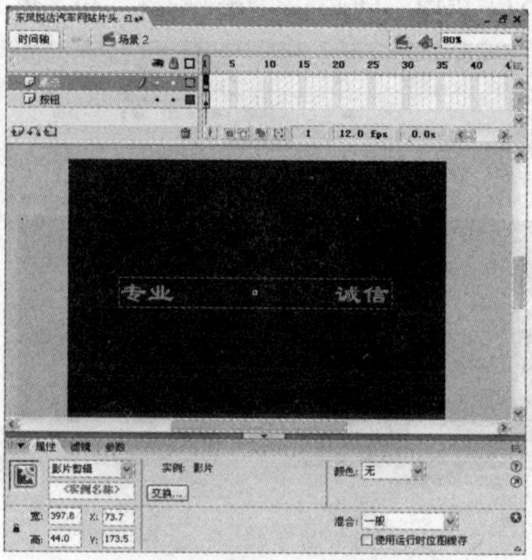

图 11.1.48　转换为元件后的文本

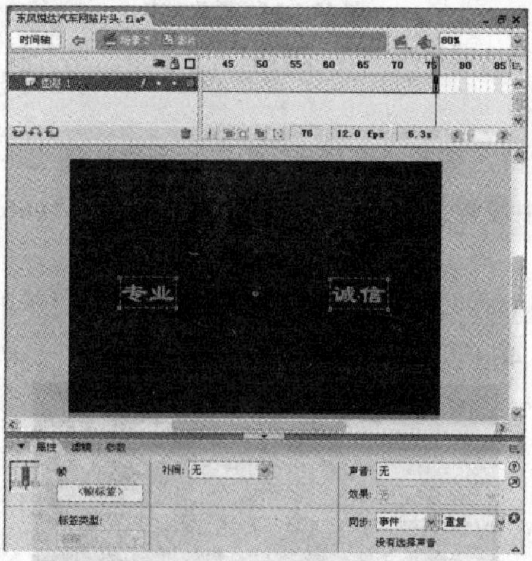

图 11.1.49　插入帧

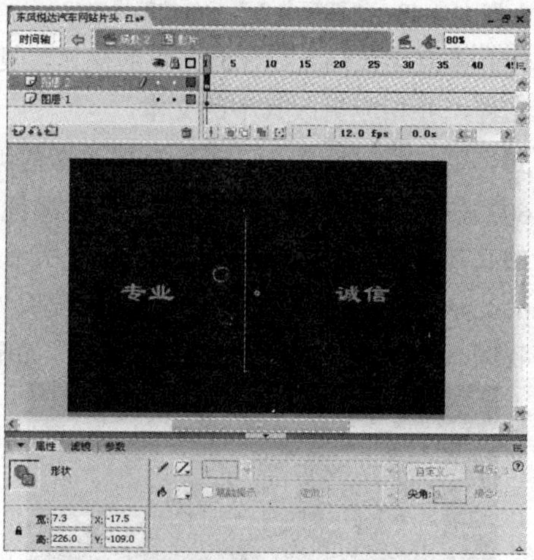

图 11.1.50　绘制图形

（67）选中图形，按“F8”键，弹出**转换为元件**对话框，在名称(N):文本框中输入“展示线”，在类型(T):选项区中选中◉图形单选按钮，单击 确定 按钮，将其转换为元件。

（68）单击时间轴面板中的“插入图层”按钮，插入“图层 3”。

（69）拖动“展示线”元件到“图层 3”中，并选择 修改(M) → 变形(T) → 水平翻转(H) 命令，将其水平翻转，如图 11.1.51 所示。

（70）单击时间轴面板中的“插入图层”按钮，插入“图层 4”，然后选择第 7 帧，按“F6”键插入关键帧。

（71）选择 文件(F) → 导入(I) → 导入到舞台(I)... Ctrl+R 命令，弹出**导入**对话框，导入图片“a1.jpg”到如图 11.1.52 所示的位置。

（72）选中图片，按“F8”键，弹出**转换为元件**对话框，在名称(N):文本框中输入“图 1”，在类型(T):选项区中选中◉图形单选按钮，单击 确定 按钮，将其转换为元件。

（73）分别选中“图层 2”和“图层 3”的第 7 帧，按“F6”键插入关键帧，并调整其中“展示线”实例的位置，如图 11.1.53 所示。

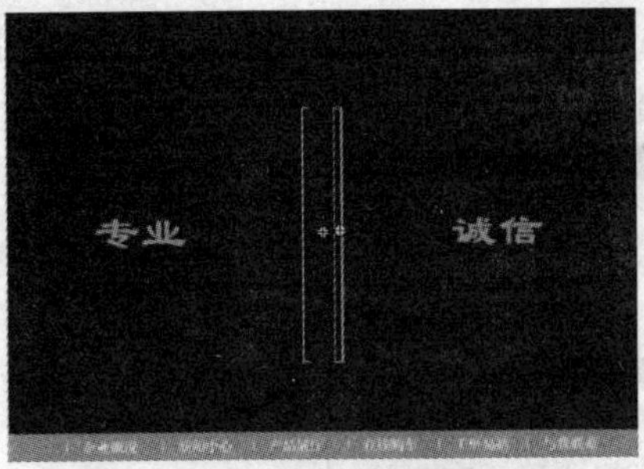

图 11.1.51　水平翻转“展示线”实例

图 11.1.52　导入图片“a1.jpg”

（74）分别选中“图层 2”和“图层 3”的第 1 帧，在属性面板的 补间: 下拉列表中选择“动画”选项，创建两段运动补间动画。

（75）在库面板中选中“图 1”元件，单击鼠标右键，在弹出的快捷菜单中选择 直接复制 命令，弹出 直接复制元件 对话框，在 名称(N): 文本框中输入“图 2”，单击 确定 按钮，关闭对话框。

（76）在库面板中双击“图 2”元件，进入其编辑窗口，删除其中的图片，然后选择 文件(F) → 导入(I) → 导入到舞台(I)... Ctrl+R 命令，弹出 导入 对话框，导入图片“a2.jpg”，如图 11.1.54 所示。

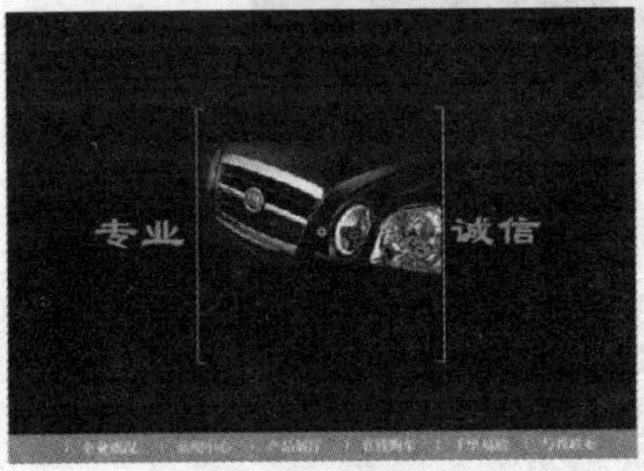

图 11.1.53　调整展示线的位置

图 11.1.54　“图 2”元件中的图片

（77）重复第（75）步和第（76）步的操作，复制“图 3”、“图 4”和“图 5”元件，并相应更改其中的图片为“a3.jpg”，“a4.jpg”和“a5.jpg”。

（78）在库面板中双击“影片”元件，进入其编辑窗口，分别选中“图层 4”的第 21，35，49，63 帧，按“F6”键插入关键帧，如图 11.1.55 所示。

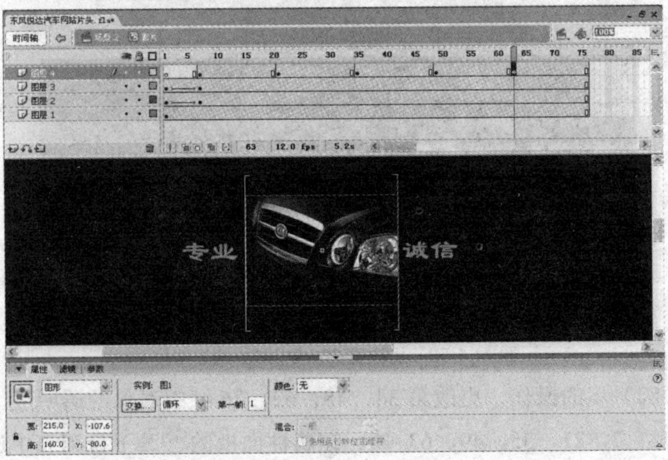

图 11.1.55　插入关键帧

（79）选中第 21 帧中的对象，单击属性面板中的交换...按钮，在弹出的交换元件对话框中选择“图 2”元件（见图 11.1.56），单击确定按钮进行替换，如图 11.1.57 所示。

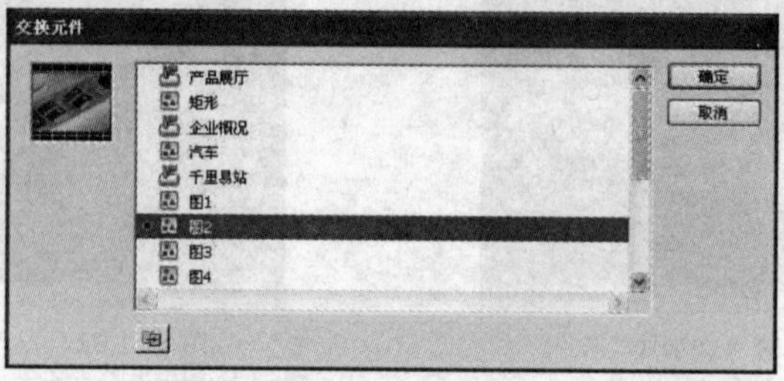

图 11.1.56 “交换元件”对话框

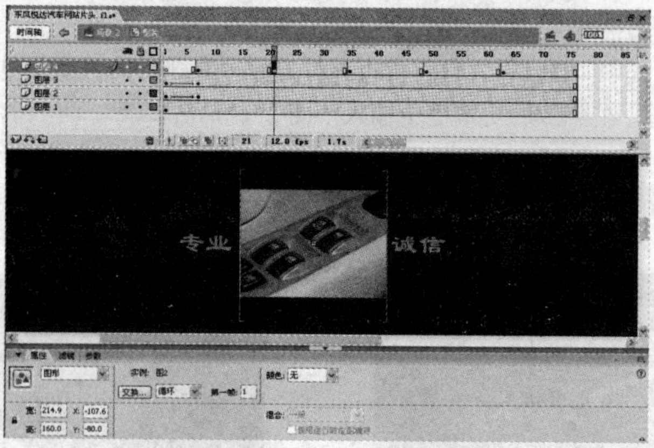

图 11.1.57 第 21 帧中对象的替换效果

（80）重复第（79）步的操作，依次替换第 35，49，63 帧中的对象为“图 3”、“图 4”、“图 5”元件。

（81）分别选中“图层 4”的第 20，34，48，62，76 帧，按“F6”键插入关键帧。

（82）选中第 20 帧中的对象，在属性面板的颜色:下拉列表中选择“Alpha”选项，在“Alpha 数量”框中输入“0”，更改其透明度，如图 11.1.58 所示。

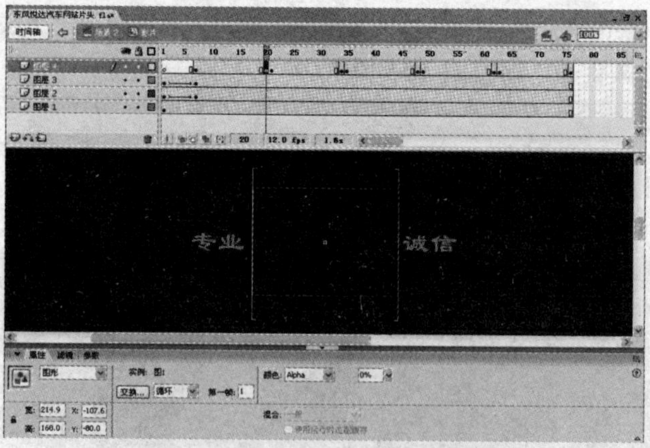

图 11.1.58 更改第 20 帧中对象的透明度

（83）重复第（82）步的操作，更改第 34，48，62，76 帧中对象的透明度。

（84）分别选中第 7，21，35，49，63 帧，在属性面板的补间:下拉列表中选择“动画”选项，创建 5 段运动补间动画，如图 11.1.59 所示。

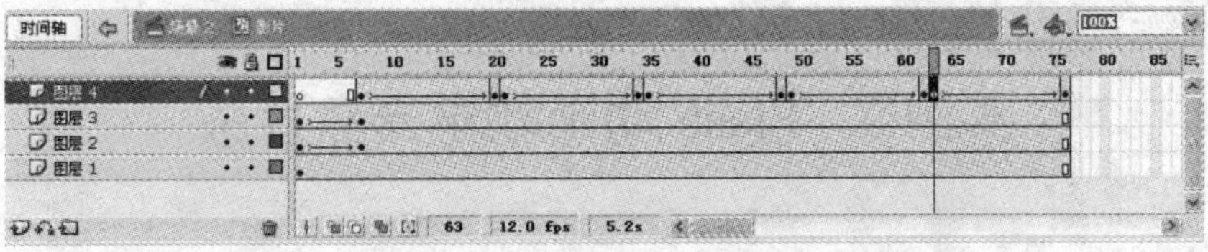

图 11.1.59　创建 5 段运动补间动画

（85）选择窗口(W)→动作(A) F9命令，打开动作面板，如图 11.1.60 所示。

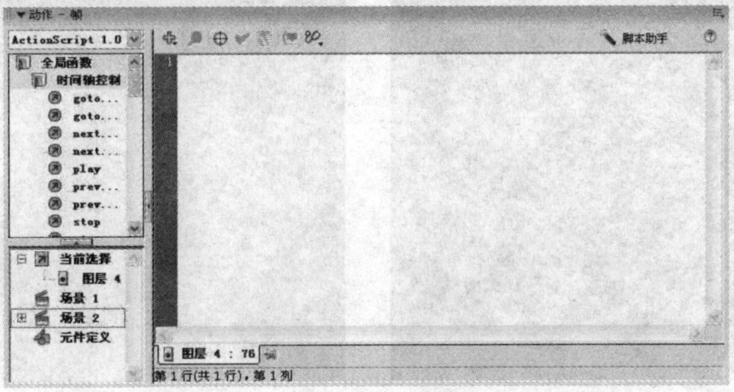

图 11.1.60　动作面板

（86）选中“图层 4”的第 76 帧，在动作面板中输入以下代码：

```
gotoAndPlay(7);
```

（87）单击时间轴面板中的“插入图层”按钮，插入“图层 5”。

（88）选择文件(F)→导入(I)→导入到舞台(I)... Ctrl+R命令，弹出导入对话框，导入声音文件“sa.wav”。

（89）选中该层的第 1 帧，在属性面板的声音:下拉列表中选择导入的声音文件，并设置其循环播放，如图 11.1.61 所示。

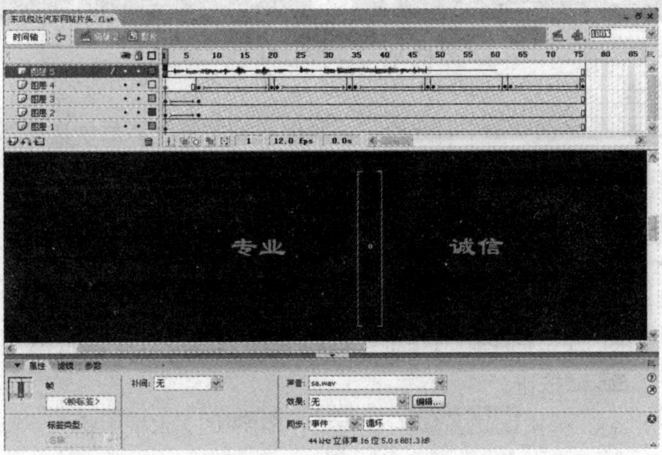

图 11.1.61　添加声音文件

（90）单击场景 2图标，返回到场景 2 的编辑窗口。

（91）选中“展示”层的第 1 帧，在动作面板中输入以下代码：

```
stop();
```

（92）按“Ctrl+Enter”键，测试动画，最终效果如图 11.1.1 所示。

实例 2　Flash 动画教学光盘片头

实现目标

本例制作“Flash 动画教学光盘片头”，效果如图 11.2.1 所示。

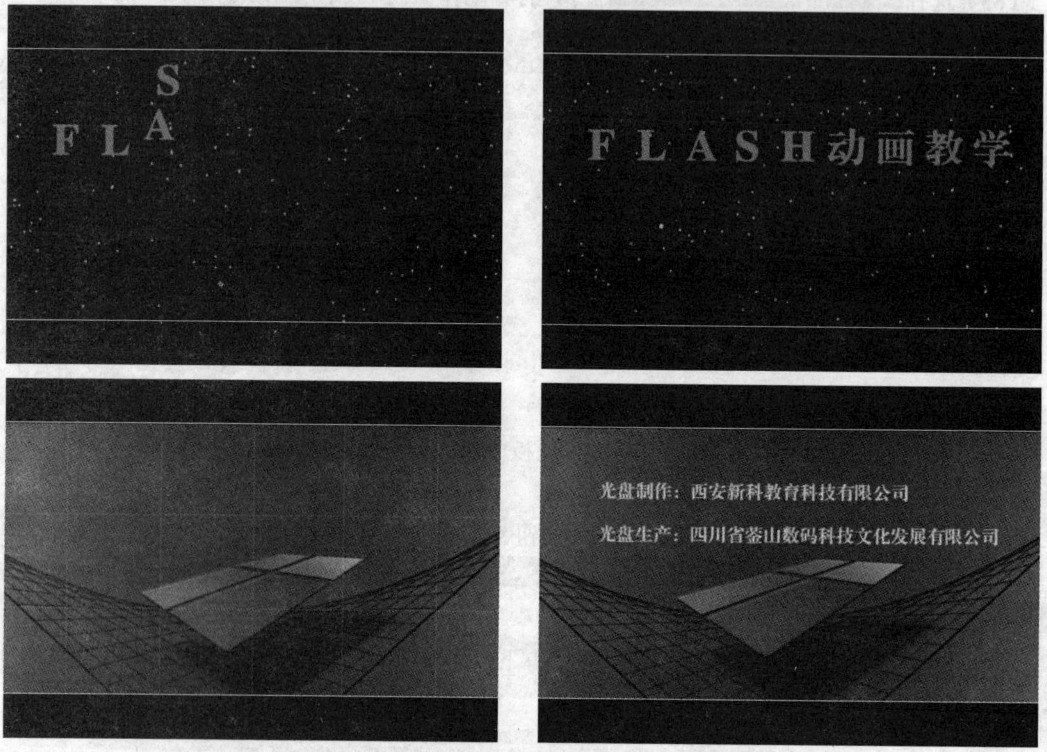

图 11.2.1　最终效果图

设计思路

最终的动画中首先出现运动的星空背景，然后依次出现“Flash 动画教学”文本，最后出现光盘制作商和生产商的名称。

操作步骤

（1）启动 Flash 8 软件，新建一个文件。

（2）按“Ctrl+J”键，弹出文档属性对话框，设置尺寸(I):为“550 px×400 px”，背景颜色(B):为“黑色”，帧频(F):为“12”，单击确定按钮。

（3）按“Ctrl+F8”键，弹出创建新元件对话框，在名称(N):文本框中输入“背景”，在类型(T):选项区中选中◉图形单选按钮，如图 11.2.2 所示。

图 11.2.2　“创建新元件”对话框

（4）单击 确定 按钮，进入元件的编辑窗口，选择工具箱中的矩形工具，在属性面板中设置笔触颜色为“#66CC00”，填充颜色为“无”，在舞台上绘制一个矩形。

（5）选中矩形，在属性面板中设置 宽: 为“2 000”，高: 为“300”，X: 为“-1 000”，Y: 为“-150”，更改它的大小和位置，如图 11.2.3 所示。

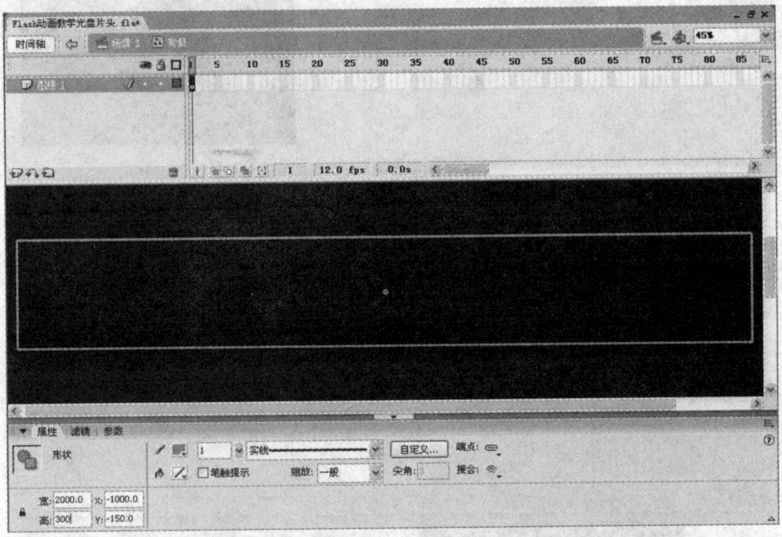

图 11.2.3　更改矩形的大小和位置

（6）单击时间轴面板中的“插入图层”按钮，插入一个“图层 2”。

（7）选择工具箱中的刷子工具，在属性面板中设置填充颜色为“白色”，然后在矩形上多次单击，绘制若干个点，形成星星效果，如图 11.2.4 所示。

图 11.2.4　绘制星星效果

（8）单击 场景 1 图标，返回到主场景，更改“图层 1”的名称为“运动的背景”。

（9）选择 窗口(W) → 库(L) Ctrl+L 命令，打开库面板，从中拖动“背景”元件到舞台中，并调整其左边缘与舞台的左边缘对齐，如图 11.2.5 所示。

图 11.2.5　拖入“背景”元件

（10）选中第 68 帧，按“F6”键插入关键帧，并调整该帧中对象的右边缘与舞台的右边缘对齐，如图 11.2.6 所示。

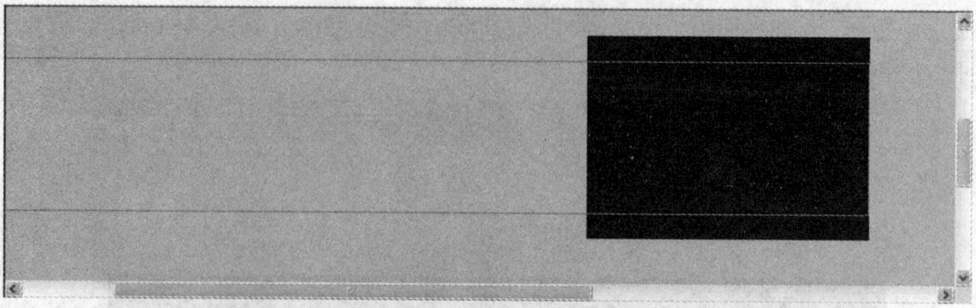

图 11.2.6　移动第 68 帧中的对象

（11）选中第 1 帧，在属性面板的补间:下拉列表中选择“动画”选项，创建一段运动补间动画，如图 11.2.7 所示。

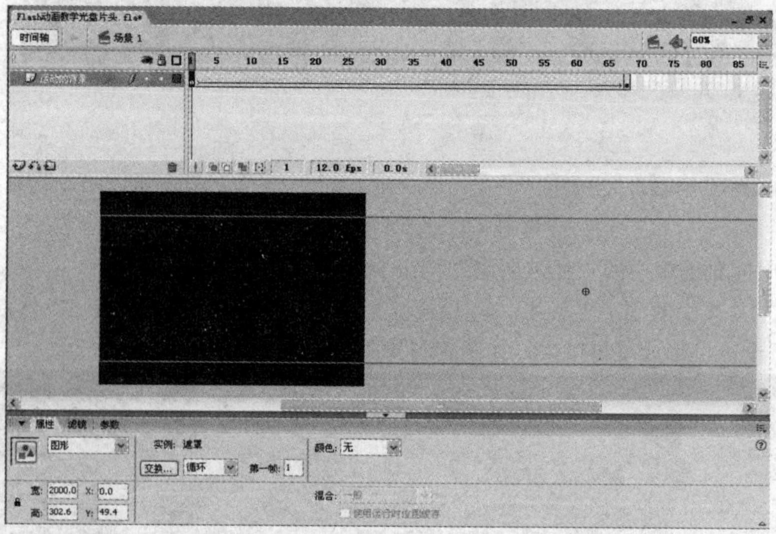

图 11.2.7　创建运动补间动画

（12）单击时间轴面板中的“插入图层”按钮，插入一个名为“遮罩”的层，选择工具箱中的矩形工具，在属性面板中设置笔触颜色为“无”，填充颜色为“灰色”，在舞台上绘制一个矩形。

（13）选中矩形，在属性面板中设置 宽: 为“550”，高: 为“300”，X: 为“0”，Y: 为“50”，更改它的大小和位置，如图 11.2.8 所示。

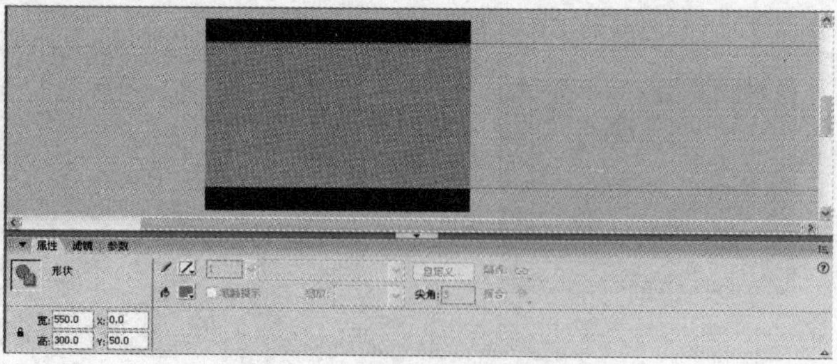

图 11.2.8　更改矩形的大小和位置

（14）选中“运动的背景”和“遮罩”层的第 140 帧，按“F5”键插入帧，选中“运动的背景”层的第 69 帧，按“F6”键插入关键帧。

（15）选择 文件(F) → 导入(I) → 导入到舞台(I)... Ctrl+R 命令，弹出 导入 对话框，导入图片“xpbz0067.jpg”，并调整它到如图 11.2.9 所示的位置。

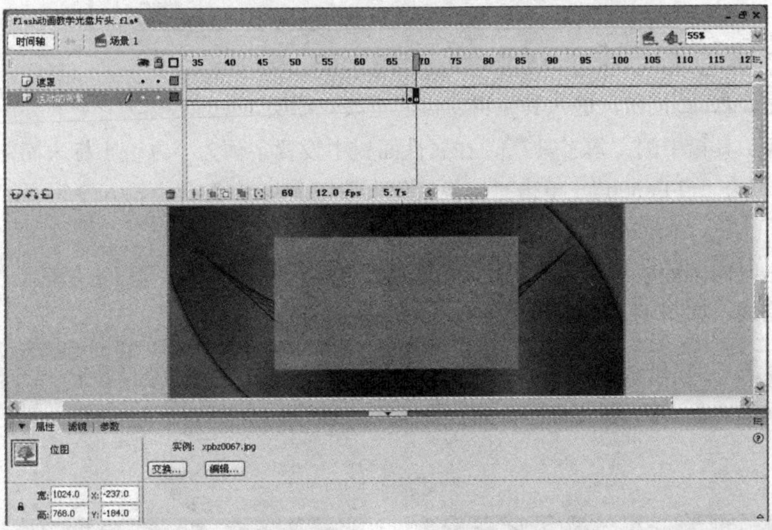

图 11.2.9 导入并调整图片

（16）选中“遮罩”层的层名区，单击鼠标右键，在弹出的快捷菜单中选择 遮罩层 命令，添加遮罩效果，如图 11.2.10 所示。

（17）单击时间轴面板中的“插入图层”按钮，插入一个名为“线条”的层，然后选择工具箱中的直线工具，在如图 11.2.11 所示的位置绘制两条水平直线。

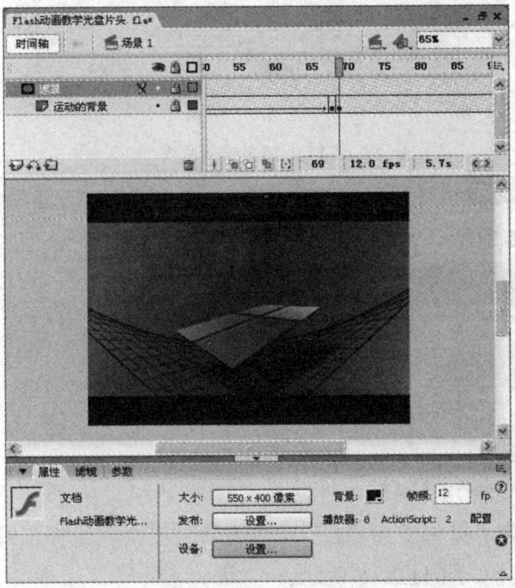

图 11.2.10 添加遮罩效果

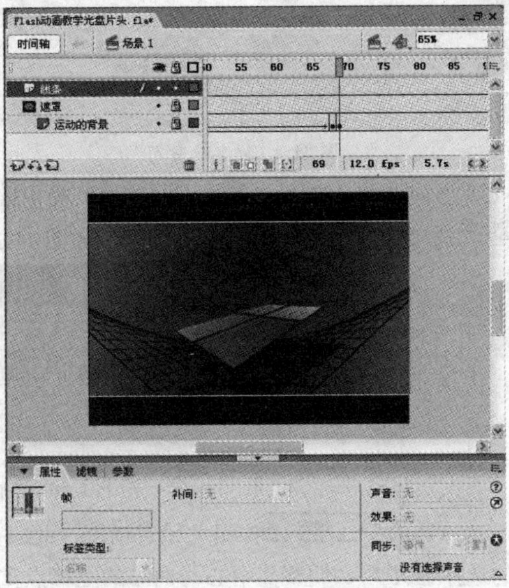

图 11.2.11 绘制直线

（18）按“Ctrl+F8”键，弹出 创建新元件 对话框，在 名称(N): 文本框中输入“文本 1”，在 类型(T): 选项区中选中 ⦿影片剪辑 单选按钮，如图 11.2.12 所示。

图 11.2.12　“创建新元件”对话框

（19）单击 确定 按钮，进入其编辑窗口，更改“图层 1”的名称为“F”。

（20）选择工具箱中的文本工具 A，在属性面板中设置字体为“方正小标宋简体”，字体大小为“40”，文本颜色为“#FF6600”，单击“切换粗体”按钮 B，在舞台上输入字符“F”，如图 11.2.13 所示。

（21）单击时间轴面板中的“添加运动引导层”按钮，为“F”层添加运动引导层，然后在其中绘制一条曲线，如图 11.2.14 所示。

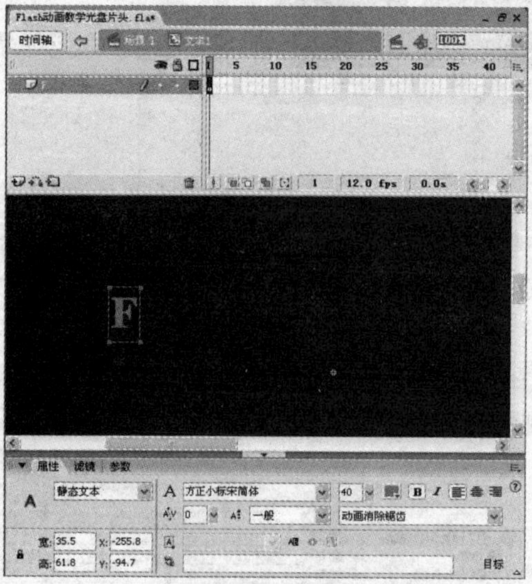

图 11.2.13　输入字符

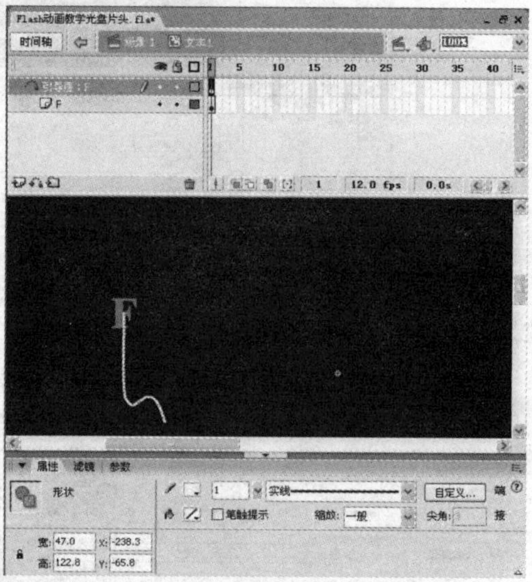

图 11.2.14　绘制曲线

（22）选中字符“F”，按“F8”键，弹出 转换为元件 对话框，在 名称(N): 文本框中输入“F”，在 类型(T): 选项区中选中 ⊙图形 单选按钮，如图 11.2.15 所示。

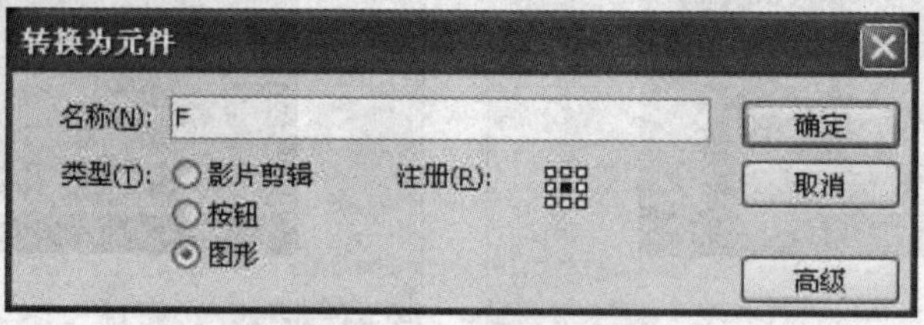

图 11.2.15　“转换为元件”对话框

（23）单击 确定 按钮关闭对话框，此时，该字符将变为“F”元件的一个实例，选择工具箱中的选择工具，调整其中心与曲线的上端点重合，如图 11.2.16 所示。

（24）创建“L”、“A”、“S”、“H”，“动”、“画”、“教”、“学”层及它们的运动引导层，如图 11.2.17 所示。

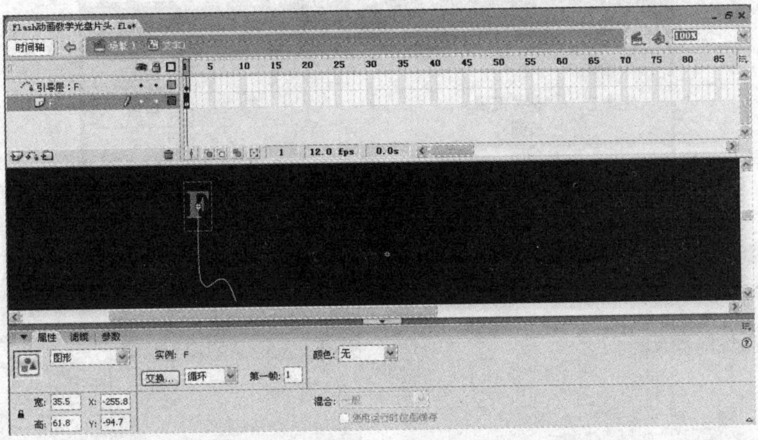

图 11.2.16　调整“F”实例的位置

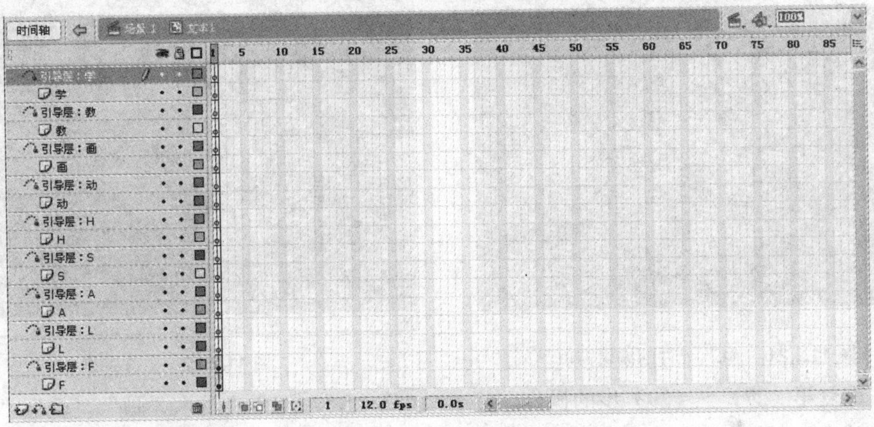

图 11.2.17　创建层及其引导层

（25）复制曲线到“L”层的引导层中，并移动它到如图 11.2.18 所示的位置。

（26）同样，依次复制曲线到“A”、“S”、“H”，“动”、“画”、“教”、“学”层的引导层中，并从左向右排列曲线，如图 11.2.19 所示。

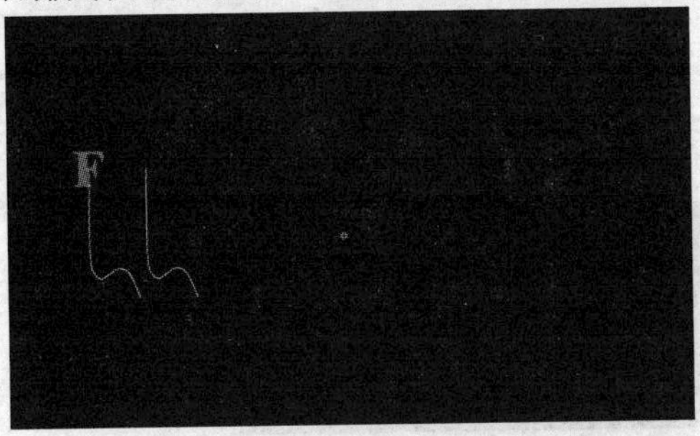

图 11.2.18　“L”引导层中的曲线

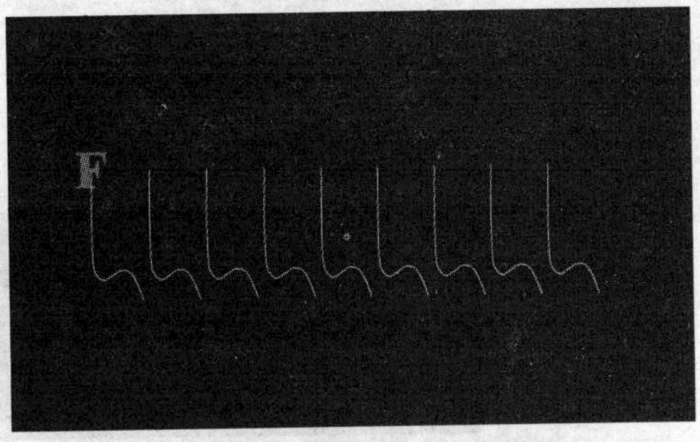

图 11.2.19　其他引导层中的曲线

（27）在库面板中选中“F”元件，单击鼠标右键，在弹出的快捷菜单中选择直接复制命令，弹出直接复制元件对话框，在名称(N):文本框中输入“L”，如图 11.2.20 所示。

（28）单击确定按钮，关闭对话框，在库面板中双击“L”元件，进入其编辑窗口，如图 11.2.21 所示。

（29）更改其中的字符为“L”，如图 11.2.22 所示。

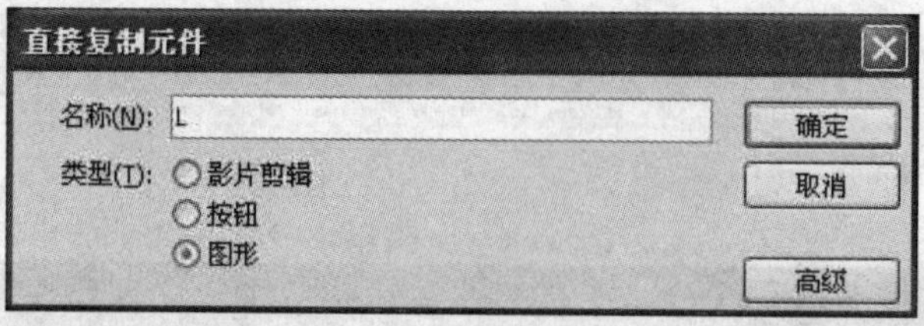

图 11.2.20　“直接复制元件”对话框

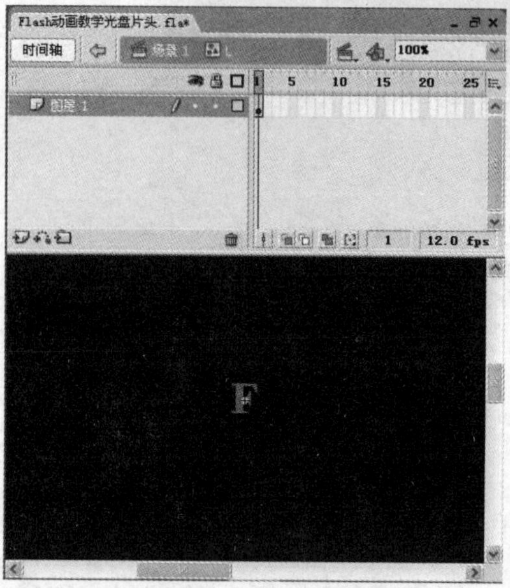

图 11.2.21　“L”元件的编辑窗口

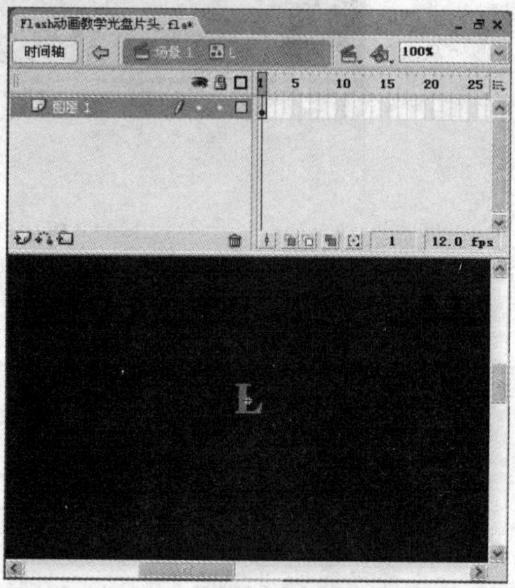

图 11.2.22　更改字符

（30）重复第（27）～（29）步的操作，复制“A”、“S”、“H”，“动”、“画”、“教”、“学”元件，并相应更改其中的字符。

（31）在库面板中双击“文本 1”元件，进入其编辑窗口，如图 11.2.23 所示。

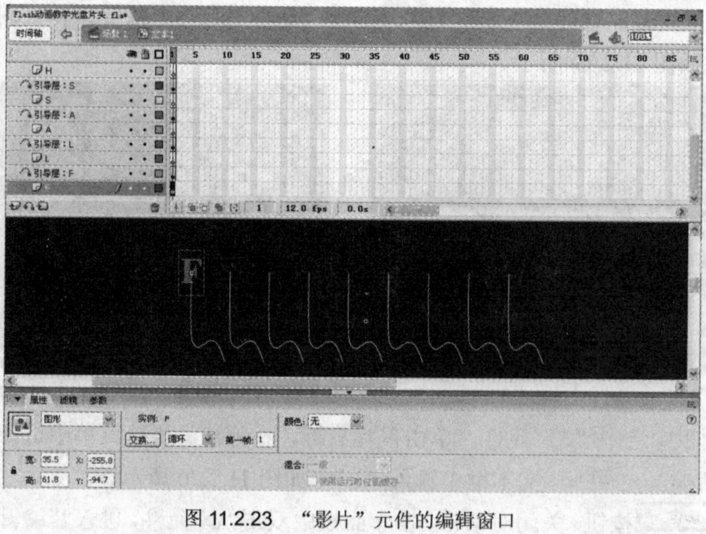

图 11.2.23　“影片”元件的编辑窗口

（32）分别在“L”、“A”、“S”、“H”，“动”、“画”、“教”、“学”层中拖入相应元件，并调整它们的中心与相应曲线的上端点重合，如图 11.2.24 所示。

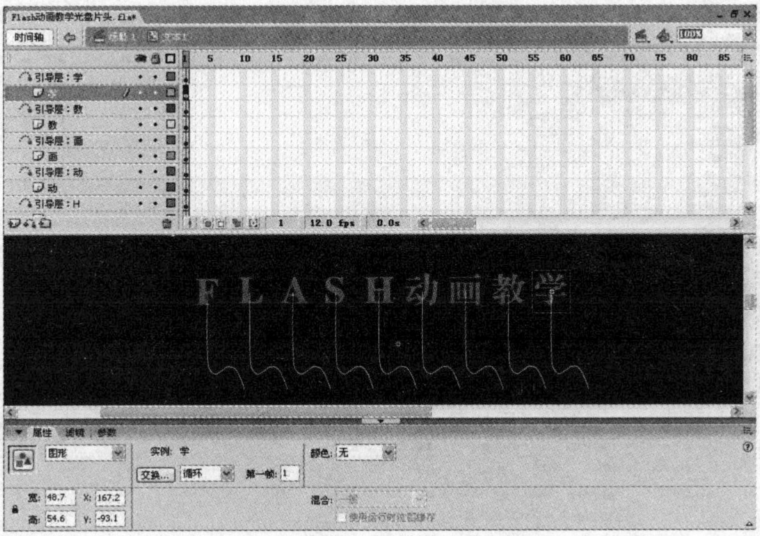

图 11.2.24　拖入并调整元件

（33）选中所有引导层的第 10 帧，按“F5”键插入帧，选中“F”、“L”、“A”、“S”、“H”，“动”、“画”、“教”、“学”层的第 10 帧，按“F6”键插入关键帧，如图 11.2.25 所示。

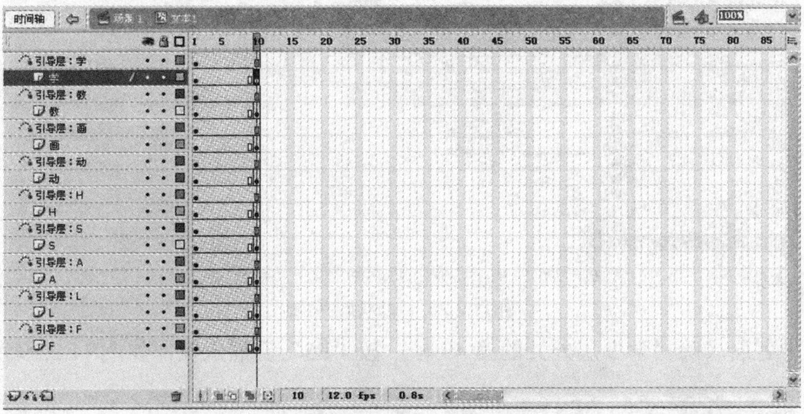

图 11.2.25　插入帧及关键帧

（34）调整“F”、“L”、“A”、“S”、“H”，“动”、“画”、“教”、“学”层第 10 帧中对象的中心与相应曲线的另一端重合，如图 11.2.26 所示。

图 11.2.26　调整第 10 帧中对象的位置

（35）分别选中“F”、“L”、“A”、“S”、“H”，“动”、“画”、“教”、“学”层的第 1 帧，在属性面板的补间:下拉列表中选择“动画”选项，创建 9 段运动补间动画，如图 11.2.27 所示。

（36）向右移动帧，如图 11.2.28 所示。

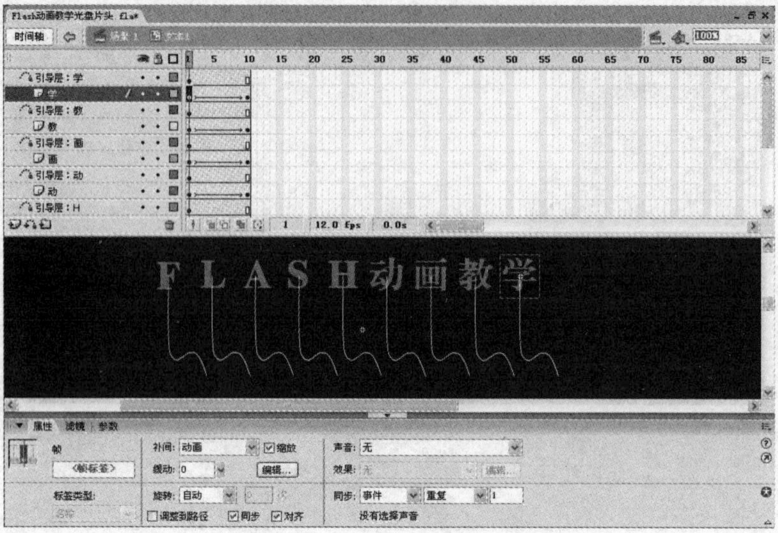

图 11.2.27　创建 9 段运动补间动画

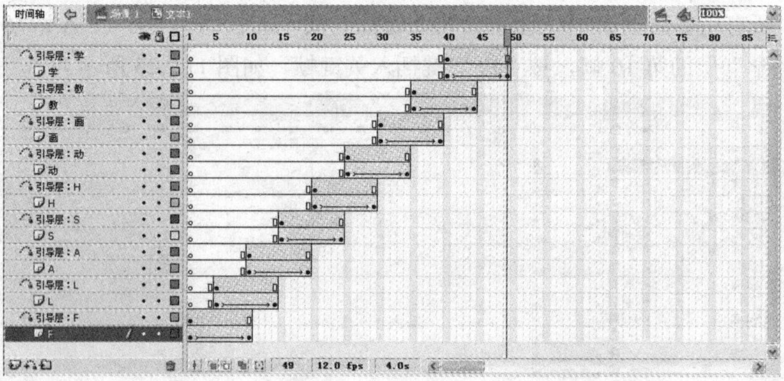

图 11.2.28　调整帧的位置

（37）选中各层（除“学”层外）的第 49 帧，按“F5”键插入帧，如图 11.2.29 所示。

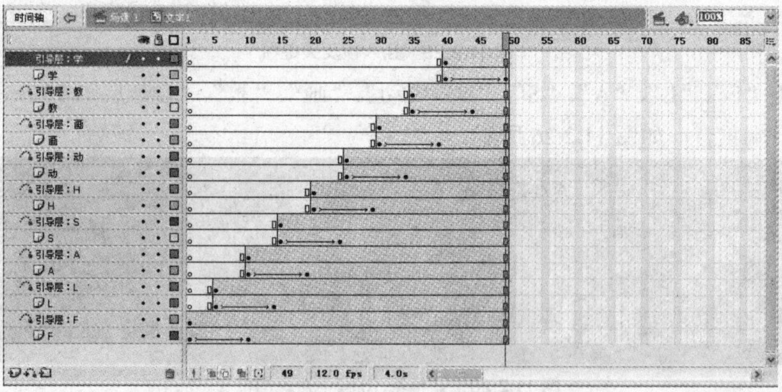

图 11.2.29　插入帧

（38）选择 窗口(W) → 动作(A)　F9 命令，打开动作面板，如图 11.2.30 所示。

（39）选中“学”层的第 49 帧，在动作面板中输入以下代码：

```
stop();
```

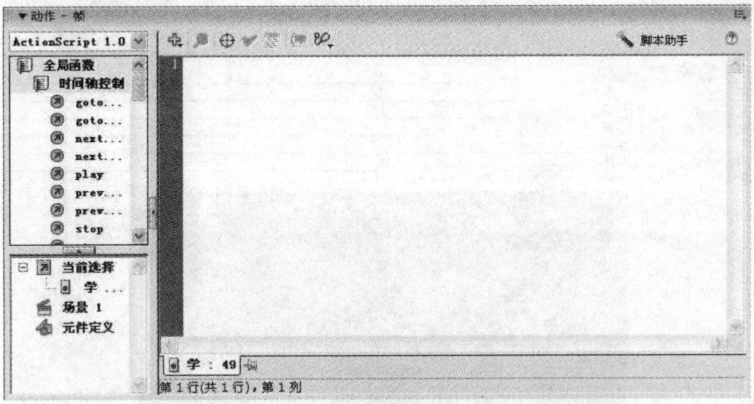

图 11.2.30　动作面板

（40）单击场景 1图标，返回到主场景，选中“线条”层，单击时间轴面板中的“插入图层”按钮，插入一个名为“文本 1”的层。

（41）选中该层的第 20 帧，按“F6”键插入关键帧，然后从库面板中拖动“文本 1”元件到如图 11.2.31 所示的位置。

（42）选中该层的第 69 帧，按“F7”键插入空白关键帧。

（43）单击时间轴面板中的“插入图层”按钮，插入一个名为“网格”的层，然后选中该层的第 69 帧，按“F6”键插入关键帧。

（44）选择工具箱中的直线工具，在属性面板中设置笔触颜色为“白色”，Alpha:为“20%”，然后在舞台上绘制如图 11.2.32 所示的网格。

图 11.2.31　拖入“文本 1”元件

图 11.2.32　绘制网格

（45）单击时间轴面板中的“插入图层”按钮，插入一个名为“文本 2”的层，选中第 84 帧，按“F6”键插入关键帧。

（46）选择工具箱中的文本工具，在属性面板中设置字体为“方正小标宋简体”，字体大小为“20”，文本颜色为“黄色”，单击“切换粗体”按钮，在舞台上输入文本“光盘制作：西安新科教育科技有限公司”，如图 11.2.33 所示。

（47）选中文本，按“F8”键，弹出转换为元件对话框，在名称(N):文本框中输入“文本 2”，在类型(T):选项区中选中◉图形单选按钮（见图 11.2.34），单击确定按钮关闭对话框，此时，该文本将变为“文本 2”元件的一个实例。

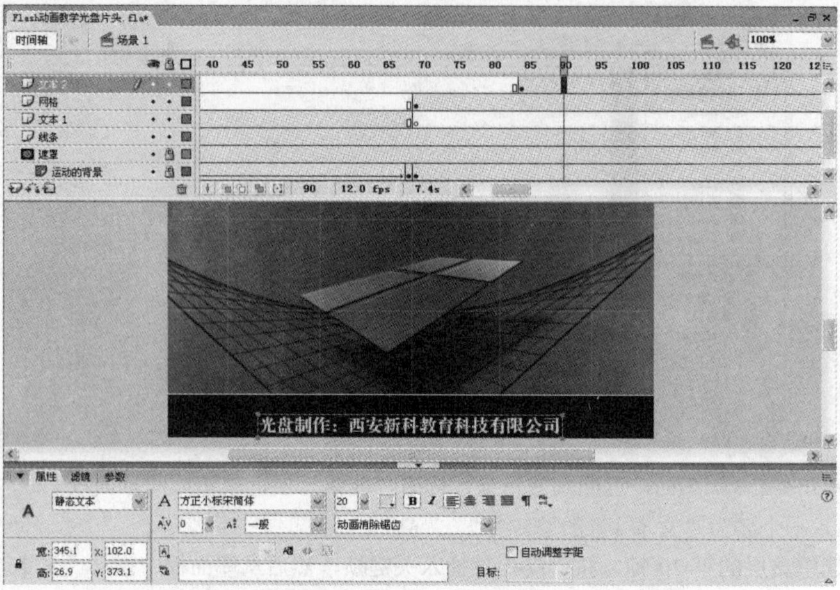

图 11.2.33　输入文本

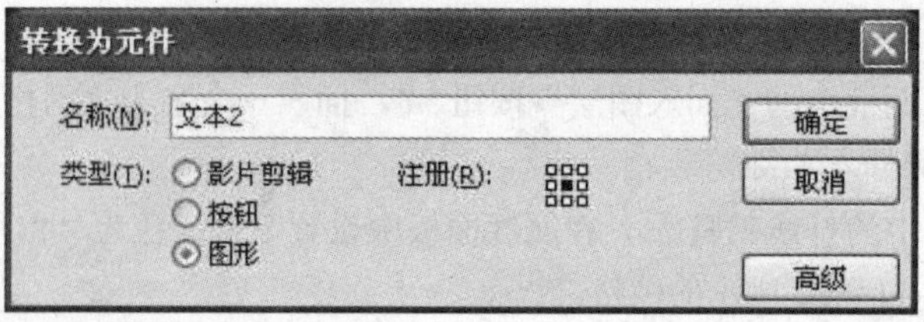

图 11.2.34　“转换为元件”对话框

（48）选中“文本 2”层的第 90 帧，按“F6”键插入关键帧，然后移动该帧中的文本到如图 11.2.35 所示的位置。

（49）选中第 84 帧中的“文本 2”实例，在属性面板的颜色:下拉列表中选择“Alpha”选项，在“Alpha 数量”框中输入“20%”，更改其透明度，如图 11.2.36 所示。

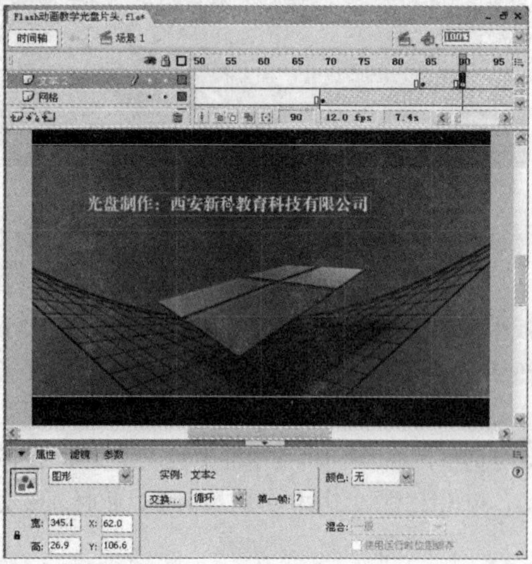

图 11.2.35　移动第 90 帧中的文本

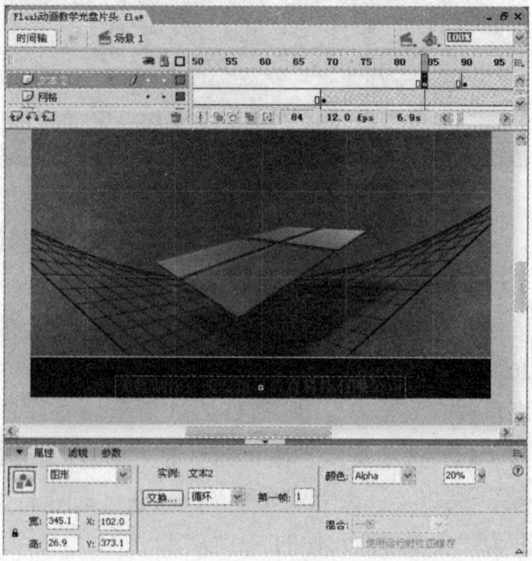

图 11.2.36　更改第 84 帧中对象的透明度

（50）单击时间轴面板中的“插入图层”按钮，插入一个名为“文本 3”的层，选中第 90 帧，按“F6”键插入关键帧。

（51）重复第（46）步的操作，在舞台上输入文本“光盘生产：四川省蓥山数码科技文化发展有限公司”，如图 11.2.37 所示。

（52）重复第（47）步的操作，将该文本转换为“文本 3”元件。

（53）选中“文本 3”层的第 96 帧，按“F6”键插入关键帧，然后移动该帧中的文本到如图 11.2.38 所示的位置。

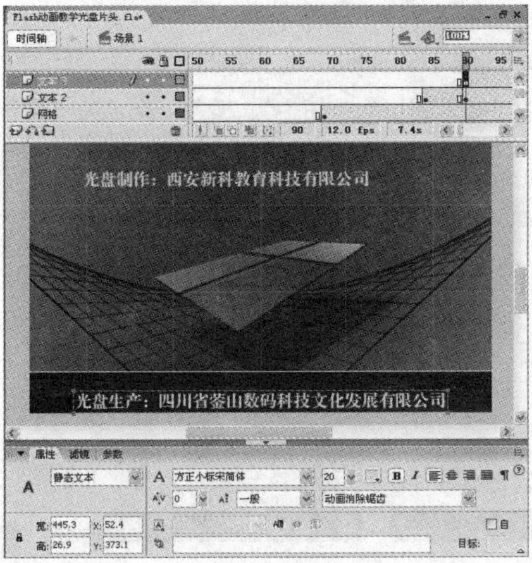

图 11.2.37　输入文本

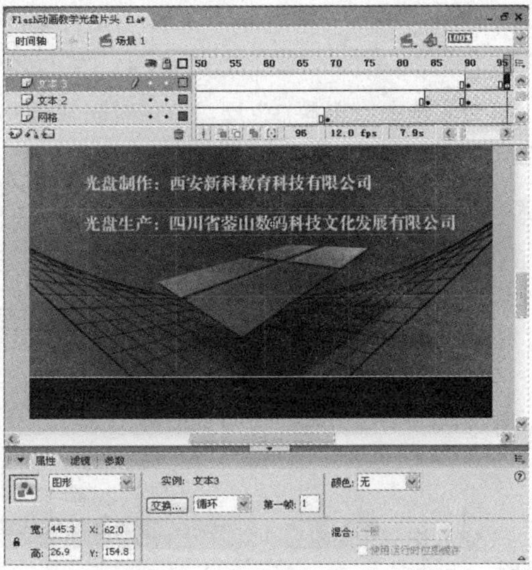

图 11.2.38　移动第 96 帧中的文本

（54）选中第 90 帧中的“文本 3”实例，在属性面板的颜色:下拉列表中选择“Alpha”选项，在“Alpha 数量”框中输入“20%”，更改其透明度，如图 11.2.39 所示。

（55）选中“文本 2”层的第 84 帧，在属性面板的补间:下拉列表中选择“动画”选项，创建一段运动补间动画，如图 11.2.40 所示。

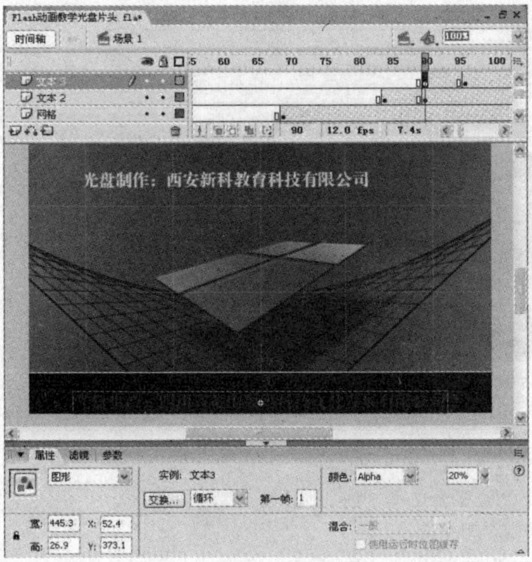

图 11.2.39　更改第 84 帧中对象的透明度

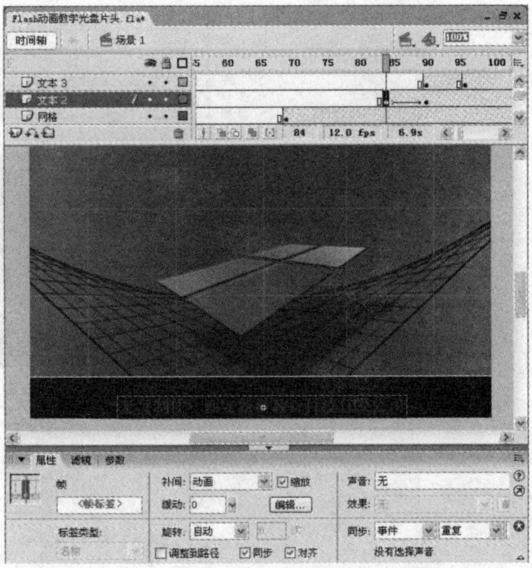

图 11.2.40　创建运动补间动画

（56）重复第（55）步的操作，在“文本 3”层上创建运动补间动画，如图 11.2.41 所示。

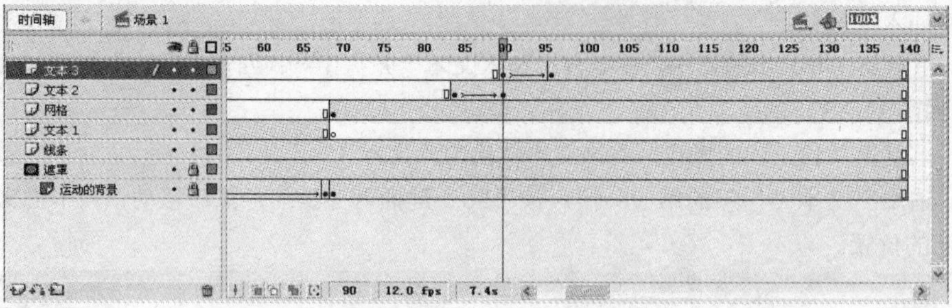

图 11.2.41　在“文本 3”层上创建运动补间动画

（57）选中“文本 3”层，单击时间轴面板中的“插入图层”按钮，插入一个名为“声音”的层，如图 11.2.42 所示。

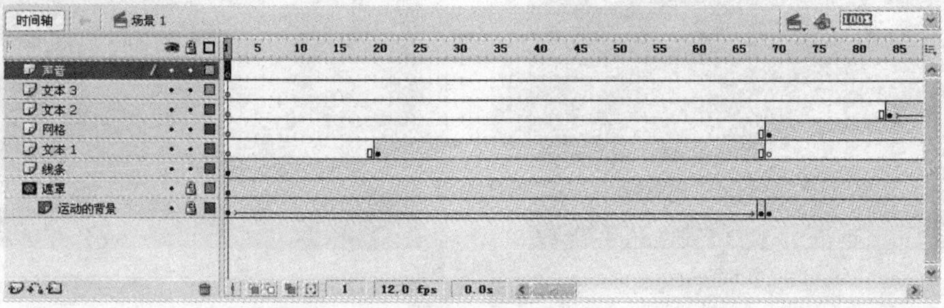

图 11.2.42　插入图层

（58）选择 文件(F) → 导入(I) → 导入到舞台(I)... Ctrl+R 命令，弹出 导入 对话框，导入声音文件“sw.wav”。

（59）选中该层的第 1 帧，在属性面板的 声音: 下拉列表中选择导入的声音文件，为动画添加声音，如图 11.2.43 所示。

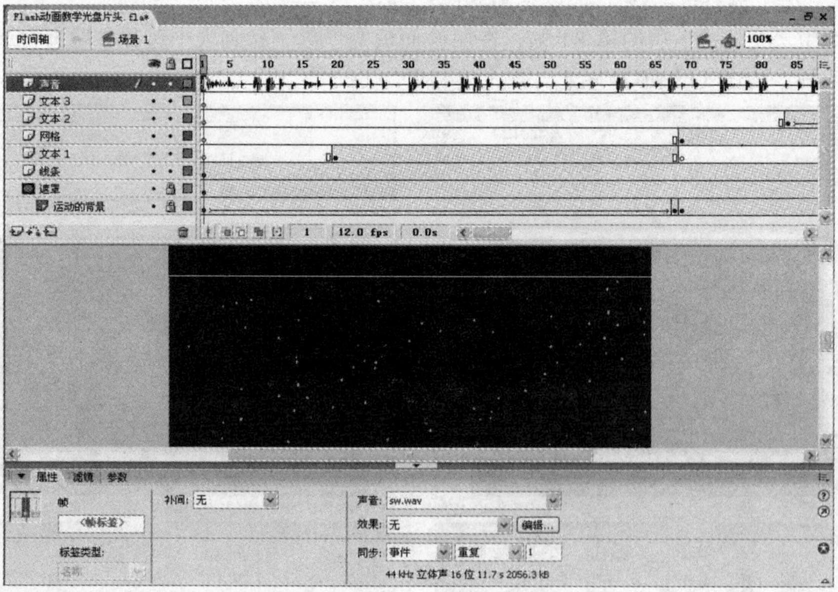

图 11.2.43　为动画添加声音

（60）按“Ctrl+Enter”键，测试动画，最终效果如图 11.2.1 所示。

实例 3　快乐购物频道片头

实现目标

本例制作“快乐购物频道片头”，效果如图 11.3.1 所示。

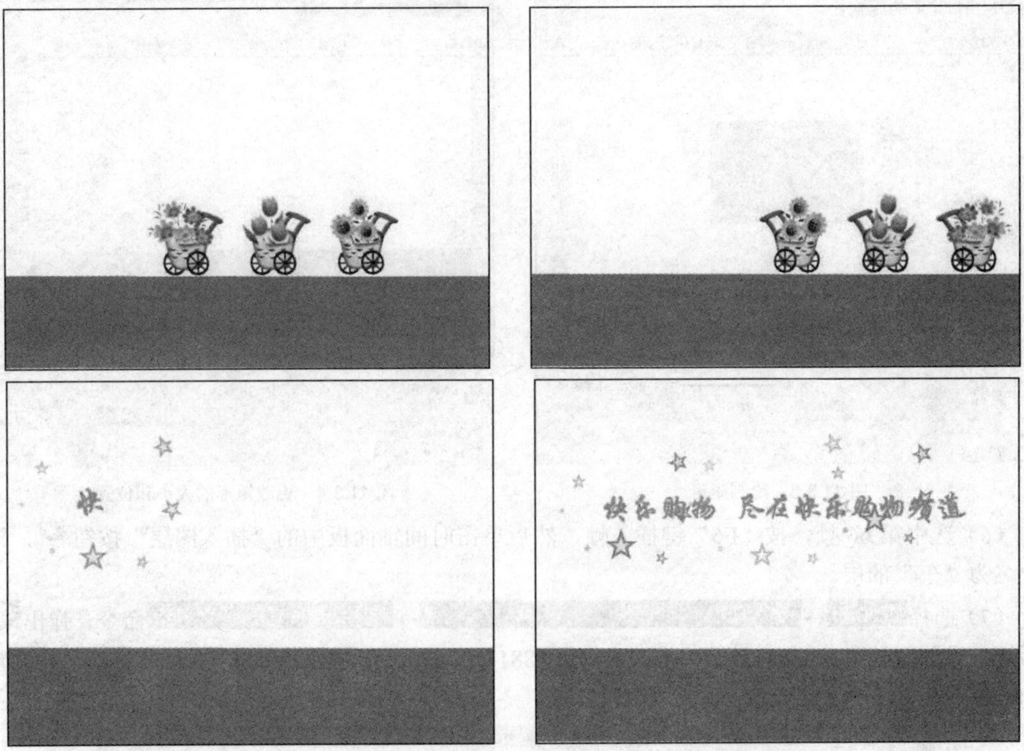

图 11.3.1　最终效果图

设计思路

最终的动画中首先出现三个购物车来回奔跑，然后出现快乐购物频道的广告语，并伴随闪烁的星光背景。

操作步骤

（1）启动 Flash 8 软件，新建一个文件。

（2）按“Ctrl+J”键，弹出文档属性对话框，设置尺寸(I):为“550 px×400 px”，背景颜色(B):为“白色”，帧频(F):为“12”，单击确定按钮。

（3）更改“图层 1”的名称为“背景”，如图 11.3.2 所示。

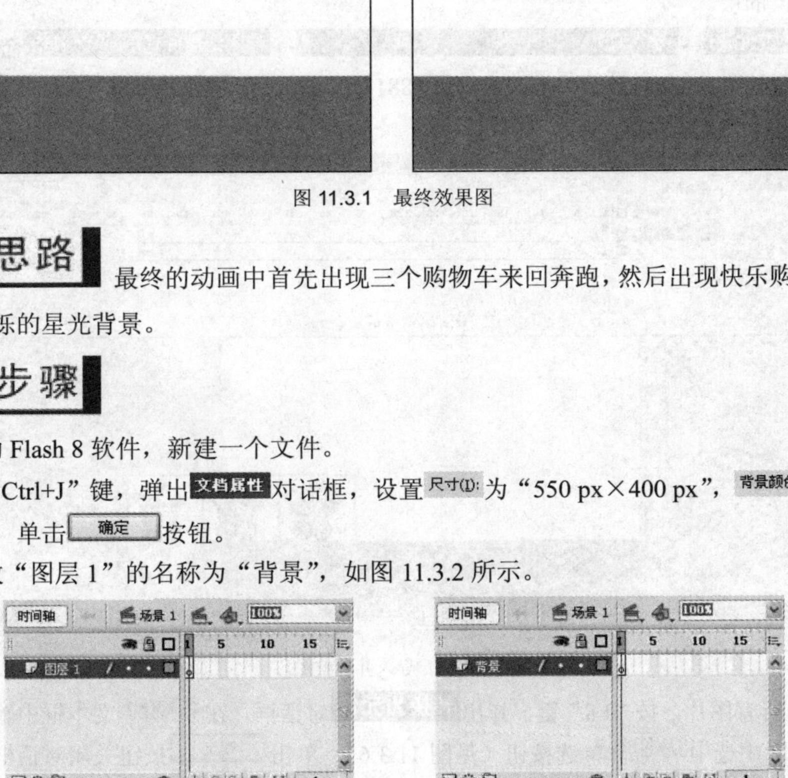

图 11.3.2　更改层名

（4）选择工具箱中的矩形工具，在属性面板中设置笔触颜色为“无”，填充颜色为“#E37700”，在舞台上绘制一个矩形，如图 11.3.3 所示。

（5）选中矩形，在属性面板中设置 宽: 为“550”，高: 为“105”，X: 为“0”，Y: 为“295”，更改它的大小和位置，如图 11.3.4 所示。

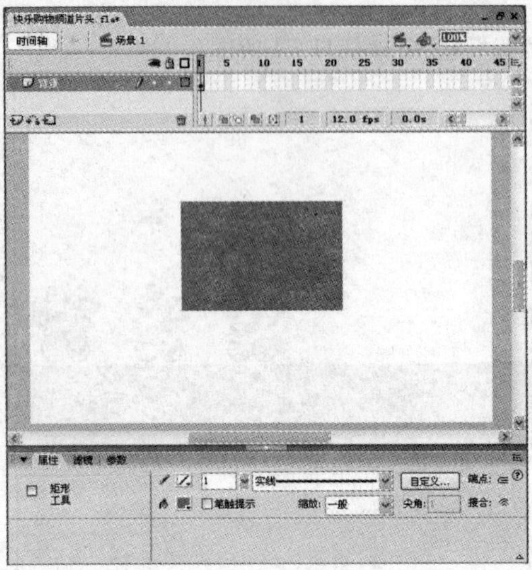

图 11.3.3　绘制矩形

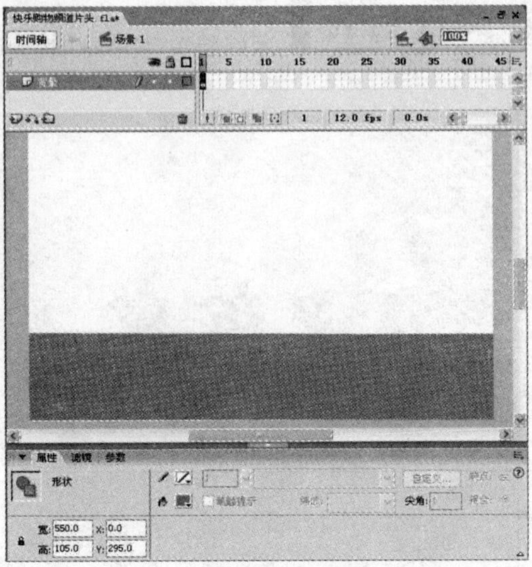

图 11.3.4　更改矩形的大小和位置

（6）选中第 66 帧，按“F5”键插入帧，然后单击时间轴面板中的“插入图层”按钮，插入一个名为“车”的层。

（7）选择 文件(F) → 导入(I) → 导入到舞台(I)... Ctrl+R 命令，弹出 导入 对话框，导入图片“2005881712306.jpg”、“2005881712292.jpg”和“2005881712294.jpg”，并调整它们的位置，如图 11.3.5 所示。

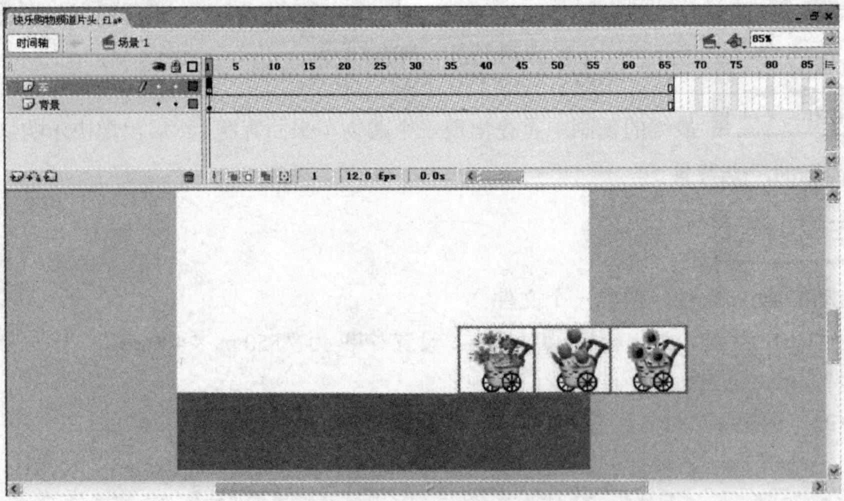

图 11.3.5　导入并调整图片

（8）选中所有图片，按“F8”键，弹出 转换为元件 对话框，在 名称(N): 文本框中输入“购物车”，在 类型(T): 选项区中选中 图形 单选按钮（见图 11.3.6），单击 确定 按钮关闭对话框，此时，图片将变为“购物车”元件的一个实例，如图 11.3.7 所示。

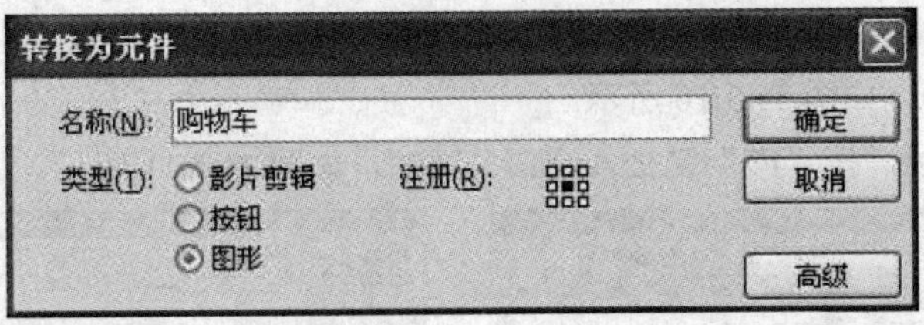

图 11.3.6 “转换为元件”对话框

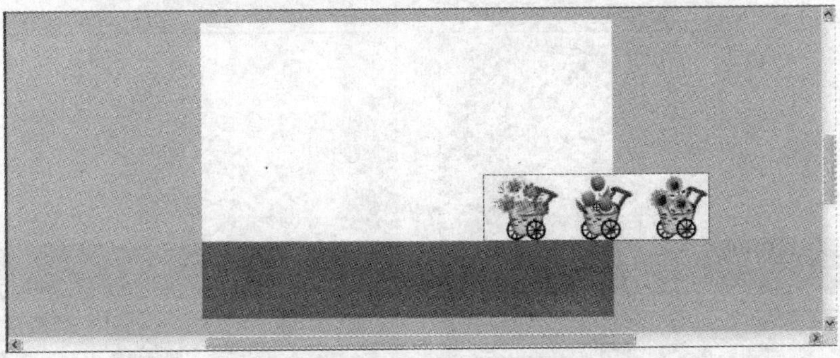

图 11.3.7 转换为元件后的图片

（9）选中“车”层的第 10 帧，按“F6”键插入关键帧，并移动该帧中的对象到如图 11.3.8 所示的位置。

图 11.3.8 移动第 10 帧中的对象

（10）选中“车”层的第 15 帧，按“F6”键插入关键帧，然后选择该帧中的对象，选择修改(M)→变形(T)→水平翻转(H)命令，将其水平翻转。

（11）在第 25 帧中插入关键帧，并移动该帧中的对象到如图 11.3.9 所示的位置。

图 11.3.9 移动第 25 帧中的对象

（12）分别选中“车”层的第 1 帧和第 15 帧，在属性面板的补间:下拉列表中选择“动画”选项，创建两段运动补间动画，如图 11.3.10 所示。

（13）选中第 26 帧，按“F7”键插入空白关键帧，如图 11.3.11 所示。

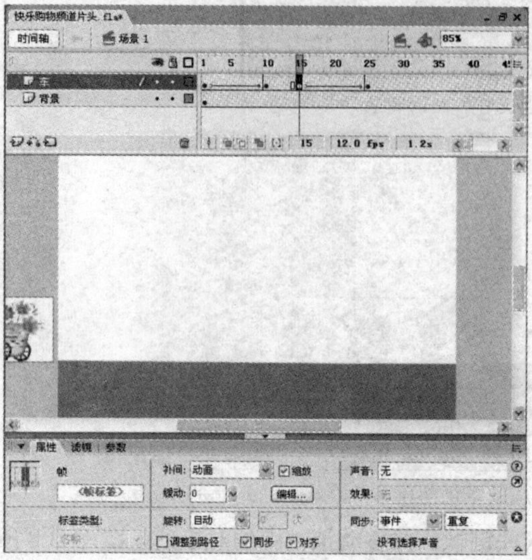

图 11.3.10　创建运动补间动画

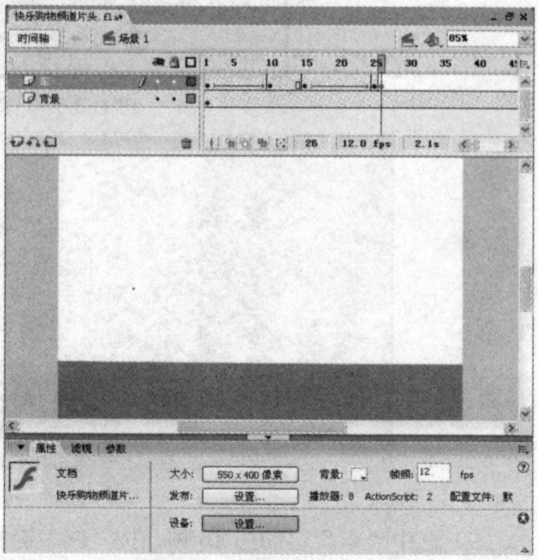

图 11.3.11　插入空白关键帧

（14）按“Ctrl+F8”键，弹出创建新元件对话框，在名称(N):文本框中输入“快”，在类型(T):选项区中选中◉图形单选按钮（见图 11.3.12），单击确定按钮，进入元件的编辑窗口。

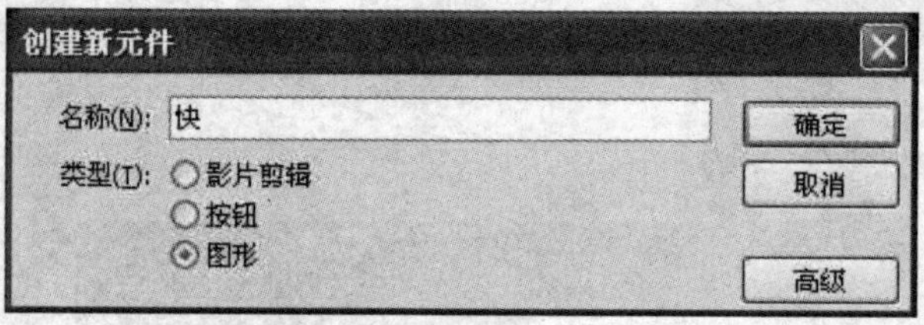

图 11.3.12　“创建新元件”对话框

（15）选择工具箱中的文本工具A，在属性面板中设置字体为“华文行楷”，字体大小为“35”，文本颜色为“#FF9900”，单击“切换粗体”按钮B，在舞台上输入文本“快”，如图 11.3.13 所示。

（16）分别选中第 3 帧和第 5 帧，按“F6”键插入关键帧。

（17）选择工具箱中的任意变形工具，旋转第 1 帧中的文本如图 11.3.14 所示，旋转第 3 帧中的文本如图 11.3.15 所示。

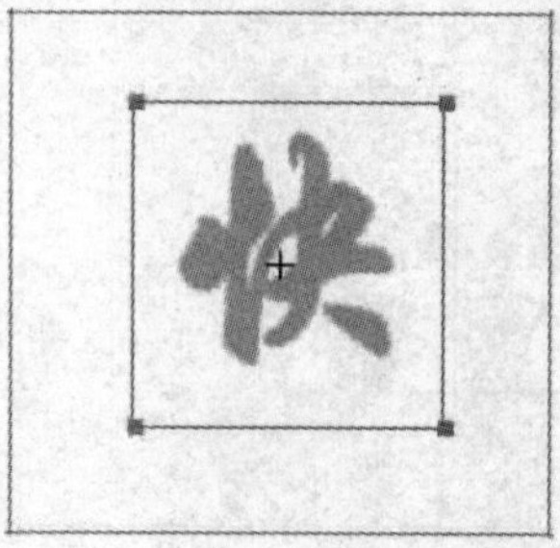

图 11.3.13　输入文本

图 11.3.14　旋转第 1 帧中的文本

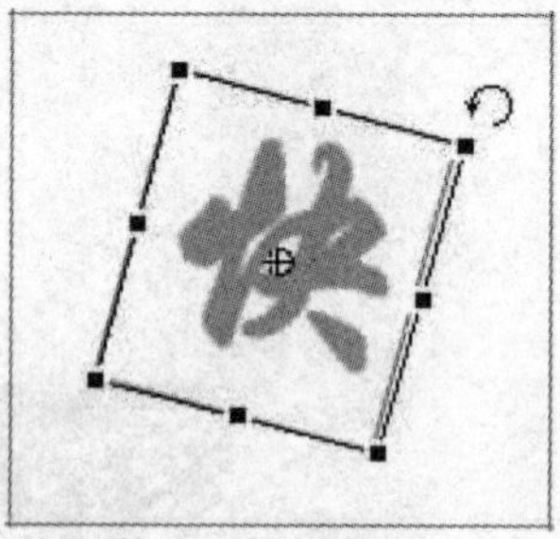

图 11.3.15　旋转第 3 帧中的文本

（18）选择窗口(W)→库(L) Ctrl+L命令，打开库面板，选中“快”元件，单击鼠标右键，在弹出的快捷菜单中选择直接复制命令，弹出直接复制元件对话框，在名称(N):文本框中输入“乐”（见图 11.3.16），单击确定按钮，关闭对话框。

图 11.3.16　“直接复制元件”对话框

（19）在库面板中双击“乐”元件，进入其编辑窗口，如图 11.3.17 所示。

（20）更改第 1，3，5 帧中的文本为“乐”，如图 11.3.18 所示。

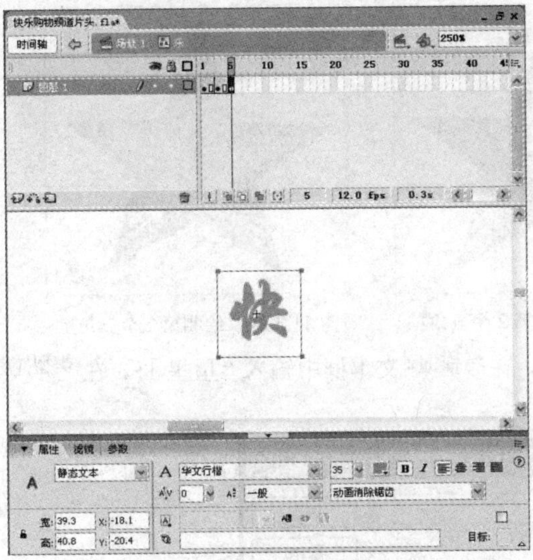

图 11.3.17　“乐”元件的编辑窗口

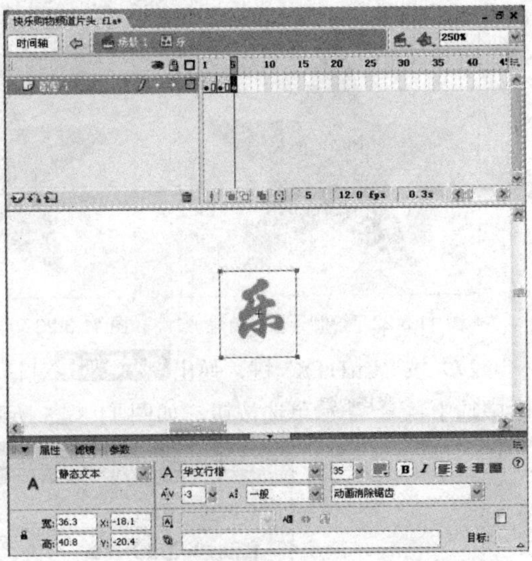

图 11.3.18　更改文本

（21）重复第（18）～（20）步的操作，复制“购”、“物”、“尽”、“在”、“频”和“道”元件，并相应更改其中的文本。

（22）重复第（14）步的操作，创建一个名为“星星”的元件，单击确定按钮，进入其编辑窗口。

（23）在工具箱的矩形工具上按住鼠标左键不放，在弹出的下拉菜单中选择多角星形工具选项，选择多角星形工具，属性面板如图 11.3.19 所示。

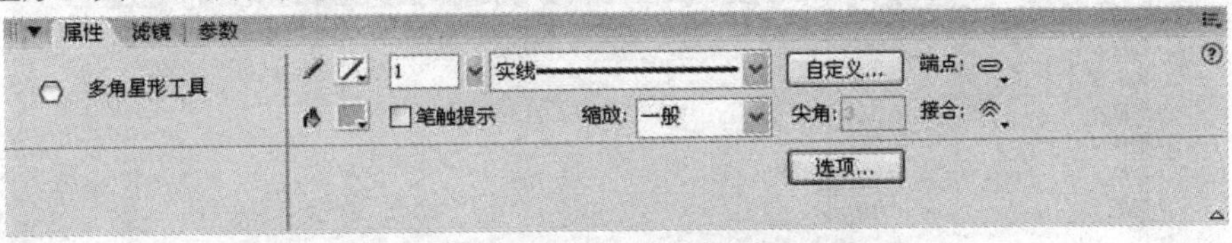

图 11.3.19　“多角星形工具”属性面板

（24）单击属性面板中的选项...按钮，弹出工具设置对话框（见图 11.3.20），在样式:下拉列表中选择“星形”选项，其他参数采用默认（见图 11.3.21），然后单击确定按钮关闭对话框。

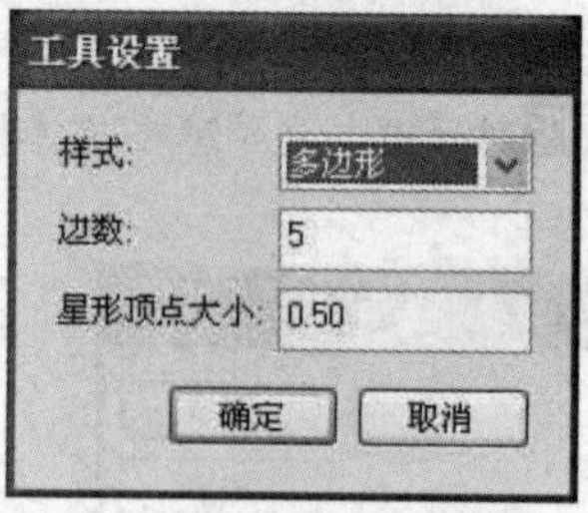

图 11.3.20 “工具设置”对话框

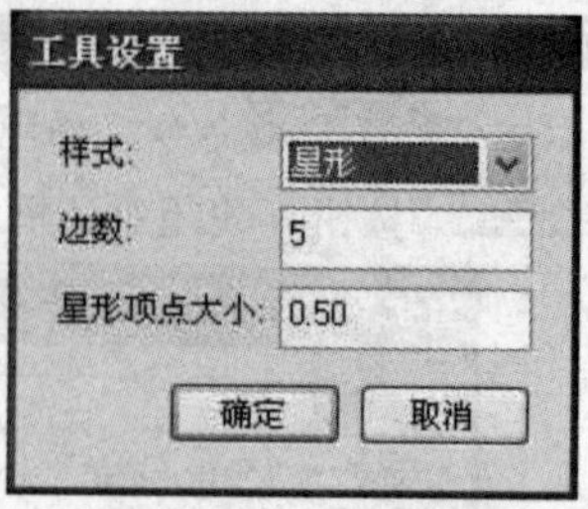

图 11.3.21 设置样式

（25）在属性面板中设置笔触颜色为“无”，填充颜色为“#FF6600”，在舞台的中心位置绘制一个五角星，如图 11.3.22 所示。

（26）在如图 11.3.23 所示的位置绘制一个颜色为“#FF9900”的五角星，在如图 11.3.24 所示的位置绘制一个颜色为“#FFCC00”的五角星。

图 11.3.22 绘制一个五角星

图 11.3.23 绘制第 2 个五角星

图 11.3.24 绘制第三个五角星

（27）按“Ctrl+F8”键，弹出创建新元件对话框，在名称(N):文本框中输入“星星 1”，在类型(T):选项区中选中⊙影片剪辑单选按钮，如图 11.3.25 所示。

图 11.3.25 “创建新元件”对话框

（28）单击确定按钮，进入其编辑窗口，单击时间轴面板中的“插入图层”按钮 6 次，插入“图层 2”～“图层 7”，如图 11.3.26 所示。

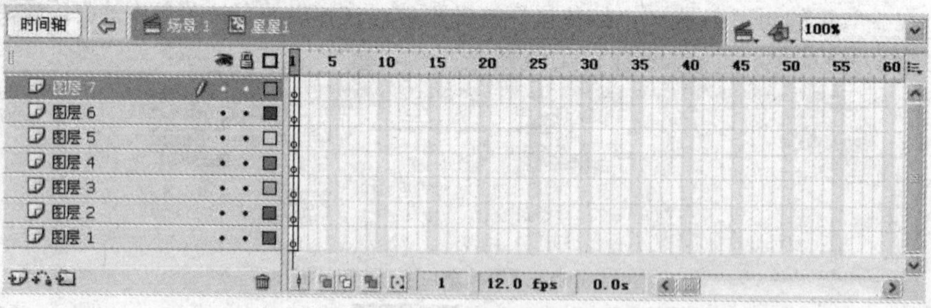

图 11.3.26 插入 6 个图层

（29）分别选中“图层 1”～“图层 7”的第 1 帧，从库面板中拖动“星星”元件到舞台中，并调整它们的大小和位置，如图 11.3.27 所示。

（30）分别选中“图层 1”～“图层 7”的第 4 帧和第 8 帧，按“F6”键插入关键帧，然后调整第 4 帧中对象的大小和位置如图 11.3.28 所示，第 8 帧中对象的大小和位置如图 11.3.29 所示。

图 11.3.27 拖入并调整星星

图 11.3.28 调整第 4 帧中的对象

图 11.3.29 调整第 8 帧中的对象

（31）选中“图层 1”～“图层 7”第 8 帧中的对象，在属性面板的颜色:下拉列表中选择“Alpha”选项，在“Alpha 数量”框中输入“0”，更改它们的透明度，如图 11.3.30 所示。

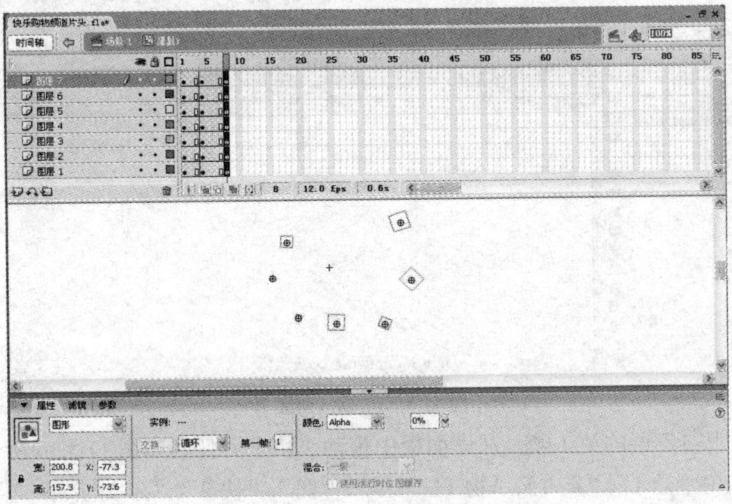

图 11.3.30 更改第 8 帧中对象的透明度

（32）分别选中“图层 1”～“图层 7”的第 1 帧和第 8 帧，在属性面板的补间:下拉列表中选择“动画”选项，创建 14 段运动补间动画，如图 11.3.31 所示。

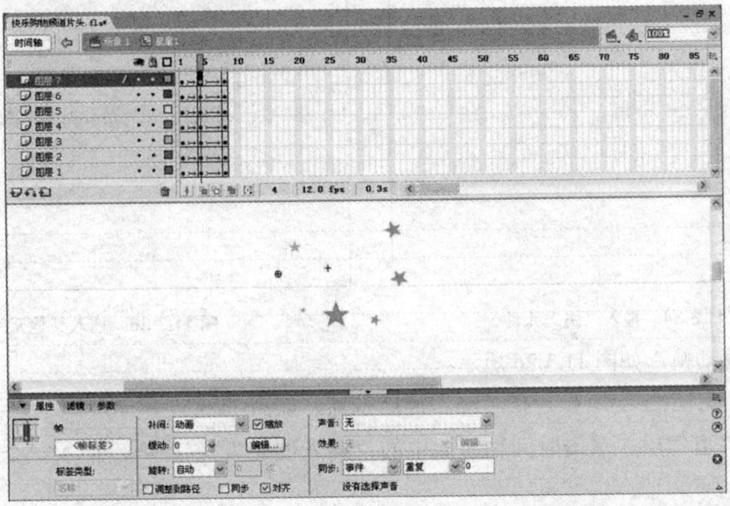

图 11.3.31 创建 14 段运动补间动画

（33）选中“图层 1”～“图层 7”的第 9 帧，按“F5”键插入帧。

（34）按“Ctrl+F8”键，弹出创建新元件对话框，在名称(N):文本框中输入“文本”，在类型(T):选项区中选中⊙影片剪辑单选按钮，如图 11.3.32 所示。

图 11.3.32 “创建新元件”对话框

（35）单击确定按钮，进入其编辑窗口，更改“图层 1”的名称为“快 1”，然后单击时间轴面板中的“插入图层”按钮 11 次，插入名为“乐 1”、“购 1”、“物 1”、“尽”、“在”、“快 2”、“乐 2”、“购 2”、“物 2”、“频”、“道”层，如图 11.3.33 所示。

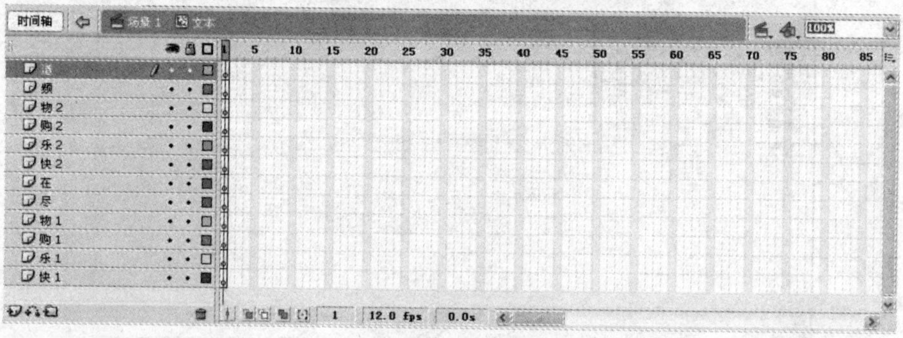

图 11.3.33 插入图层

（36）选中“快 1”层的第 1 帧，从库面板中拖动“快”元件到如图 11.3.34 所示的位置。

（37）分别选中“乐 1”、“购 1”、“物 1”、“尽”、“在”、“快 2”、“乐 2”、“购 2”、“物 2”、“频”、“道”层的第 1 帧，依次拖入相应元件，并调整它们的位置，如图 11.3.35 所示。

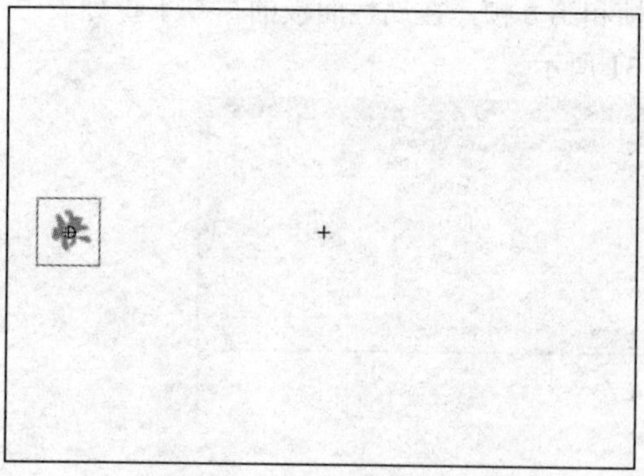

图 11.3.34 拖入“快”元件

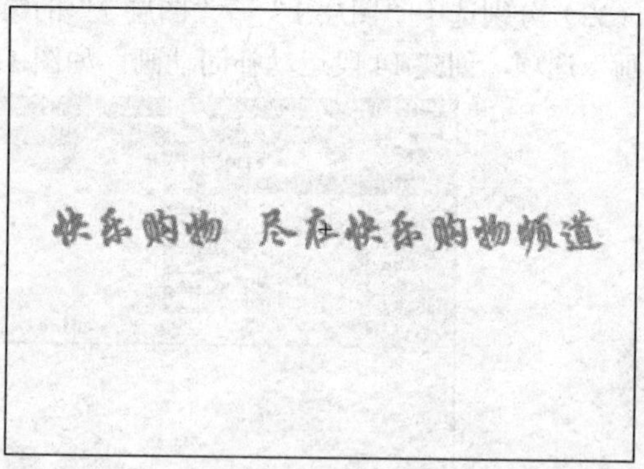

图 11.3.35 拖入其他元件

（38）向右移动帧，如图 11.3.36 所示。

（39）选中所有层的第 40 帧，按“F5”键插入帧，如图 11.3.37 所示。

（40）选中“道”层，单击时间轴面板中的“插入图层”按钮，插入一个名为“星星”的图层。

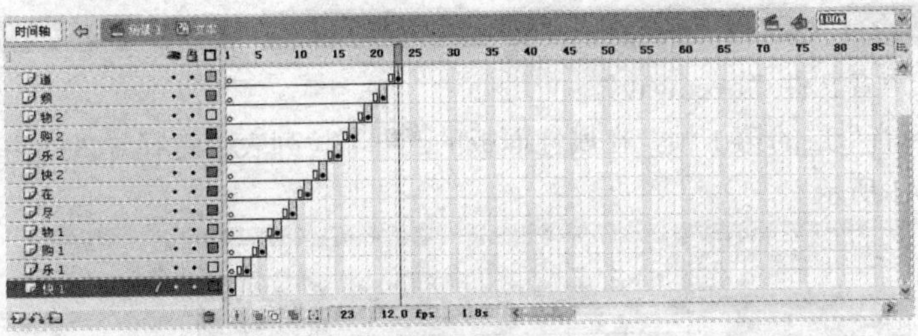

图 11.3.36　调整帧的位置

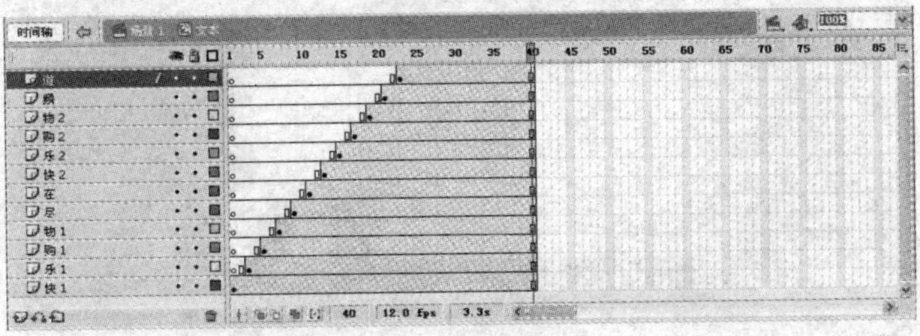

图 11.3.37　插入帧

（41）选中“星星”层的第 1 帧，从库面板中拖动“星星 1”元件到如图 11.3.38 所示的位置。

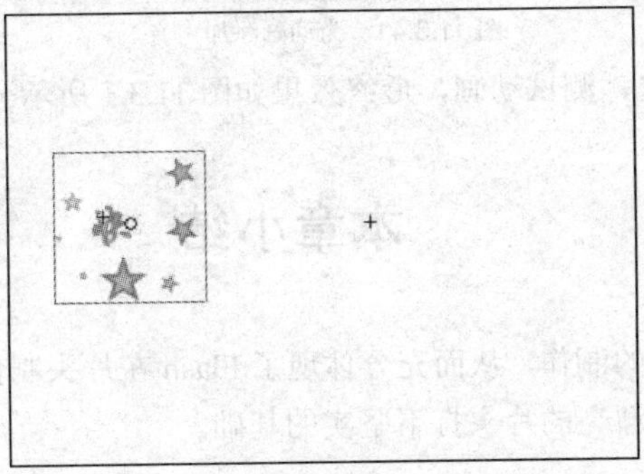

图 11.3.38　在第 1 帧中拖入“星星 1”元件

（42）选中第 9 帧，按“F6”键插入关键帧，然后拖动“星星 1”元件到如图 11.3.39 所示的位置，选中第 17 帧，按“F6”键插入关键帧，然后拖动“星星 1”元件到如图 11.3.40 所示的位置。

图 11.3.39　在第 9 帧中拖入“星星 1”元件

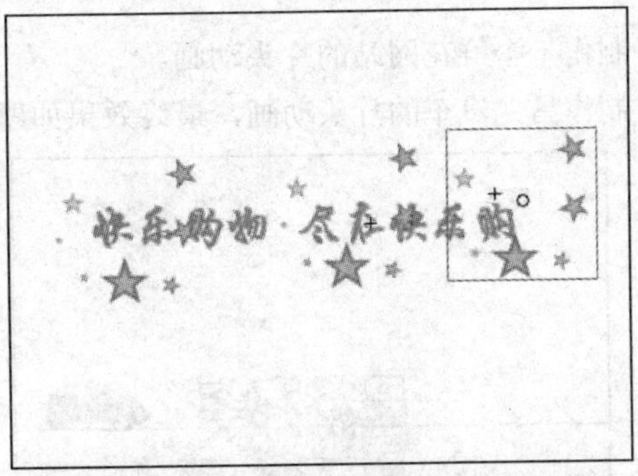

图 11.3.40　在第 17 帧中拖入“星星 1”元件

（43）单击 场景 1 图标，返回到主场景，单击时间轴面板中的“插入图层”按钮，插入一个名为“文本”的层。

（44）选中该层的第 26 帧，按“F6”键插入关键帧，并从库面板中拖动“文本”元件到舞台中。

（45）单击时间轴面板中的“插入图层”按钮，插入一个名为“声音”的层。

（46）选择 文件(F) → 导入(I) → 导入到舞台(I)... Ctrl+R 命令，弹出 导入 对话框，导入声音文件“over.wav”。

（47）选中“声音”层的第 1 帧，在属性面板的 声音: 下拉列表中选择导入的声音文件，为动画添加声音，如图 11.3.41 所示。

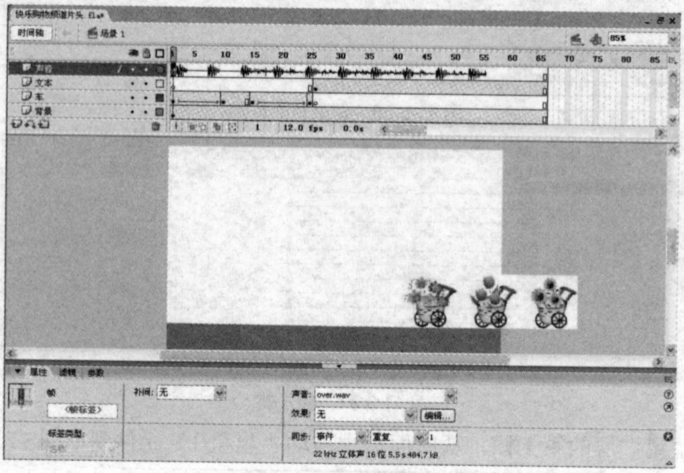

图 11.3.41　为动画添加声音

（48）按“Ctrl+Enter”键，测试动画，最终效果如图 11.3.1 所示。

本章小结

本章介绍了 3 个片头动画的制作，从而充分体现了 Flash 在片头制作行业的应用，希望用户通过练习掌握创作技巧，为制作更漂亮的片头打下坚实的基础。

习题十一

1．制作一个鲜花网站的片头动画。

2．制作昌龙汽车的片头动画，最终效果如题图 11.1 所示。

题图 11.1　效果图

第十二章 教学课件行业应用实例

本章要点

- ☑ 电解水课件
- ☑ 检验氢气课件
- ☑ 收集氧气课件

学习目标

对于教师们来说，Flash 是一个教学好帮手，由它开发的教学课件操作简单、文件小、交互性强，非常有利于教学的互动。通过本章的学习，用户应掌握课件的制作方法，会使用 Flash 制作各种课件。

实例 1　电解水课件

实现目标

本例制作“电解水课件”，效果如图 12.1.1 所示。

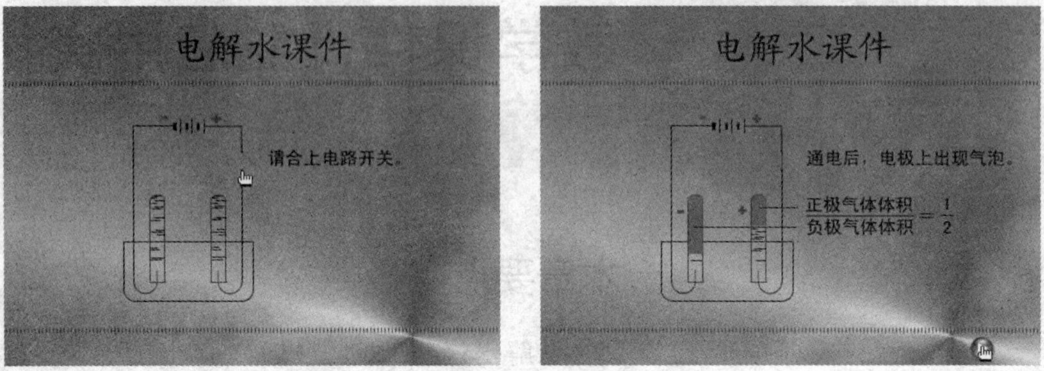

图 12.1.1　最终效果图

设计思路

首先制作电解水的试验装置，其次制作开关，最后制作通电时的效果。

操作步骤

（1）启动 Flash 8 软件，新建一个文件。

（2）按“Ctrl+J”键，弹出文档属性对话框，设置尺寸(I):为“550 px×400 px”，背景颜色(B):为“白色”，帧频(F):为“12”，单击确定按钮。

（3）更改“图层 1”的名称为“背景”，如图 12.1.2 所示。

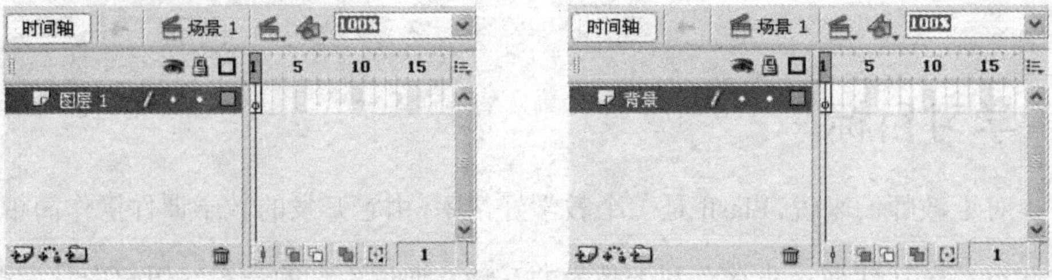

图 12.1.2　更改层名

（4）选择文件(F)→导入(I)→导入到舞台(I)... Ctrl+R命令，弹出导入对话框，导入图片“xpbz0095.jpg”，如图 12.1.3 所示。

（5）单击时间轴面板中的“插入图层”按钮，插入一个名为“线条”的层。

（6）选择工具箱中的直线工具，在属性面板中设置笔触颜色为“#663300”，笔触高度为“5”，笔触样式为，在舞台上绘制两条水平直线，如图 12.1.4 所示。

（7）选中“线条”层，单击时间轴面板中的“插入图层”按钮，插入一个名为“课件名称”的层。

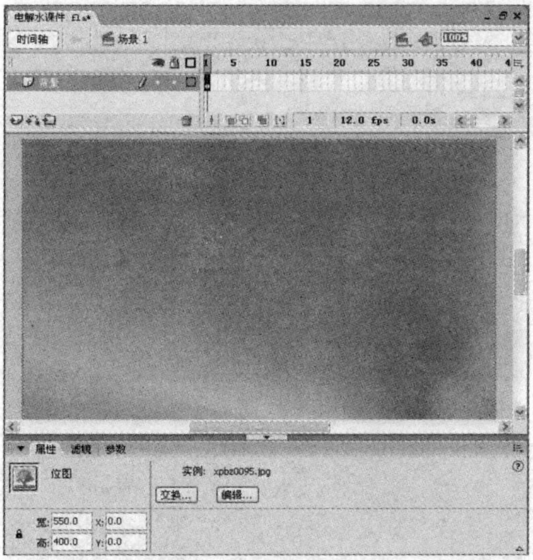

图 12.1.3　导入图片

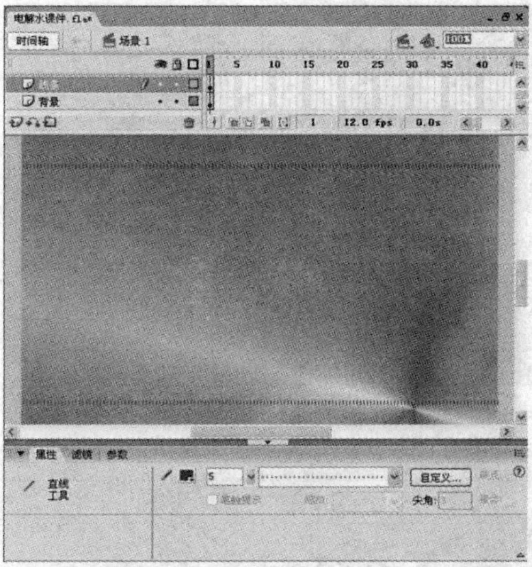

图 12.1.4　绘制直线

（8）选择工具箱中的文本工具，在属性面板中设置字体为“楷体_GB2312”，字体大小为“40”，文本颜色为“黑色”，在舞台上输入文本“电解水课件”，如图 12.1.5 所示。

（9）选中所有层的第 61 帧，按“F5”键插入帧，如图 12.1.6 所示。

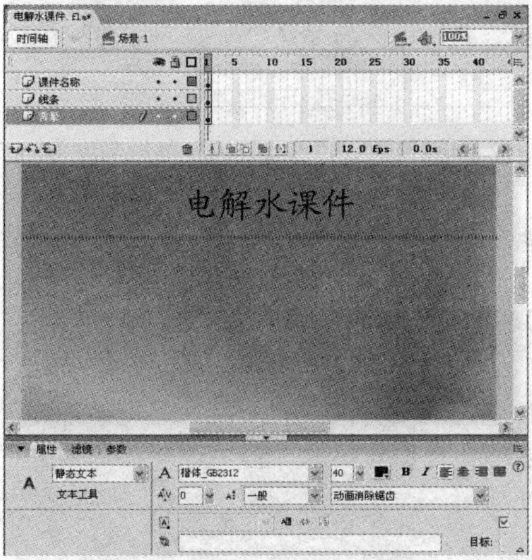

图 12.1.5　输入文本

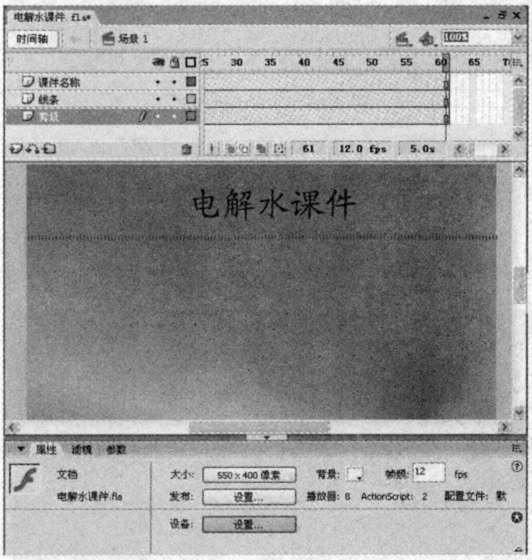

图 12.1.6　插入帧

（10）单击时间轴面板中的“插入图层”按钮 两次，插入名为“水槽”和“试管”的层。

（11）选择工具箱中的铅笔工具，在属性面板中设置笔触颜色为“黑色”，笔触高度为“1”，在“水槽”层中绘制水槽，如图 12.1.7 所示。

（12）在“试管”层中绘制两个相同的试管，如图 12.1.8 所示。

（13）单击时间轴面板中的“插入图层”按钮，插入一个名为“电极”的层，然后在该层中绘制电路，如图 12.1.9 所示。

（14）选择工具箱中的矩形工具，在属性面板中设置笔触颜色为“无”，填充颜色为“黑色”，在如图 12.1.10 所示的位置绘制 3 个小矩形。

图 12.1.7　绘制水槽

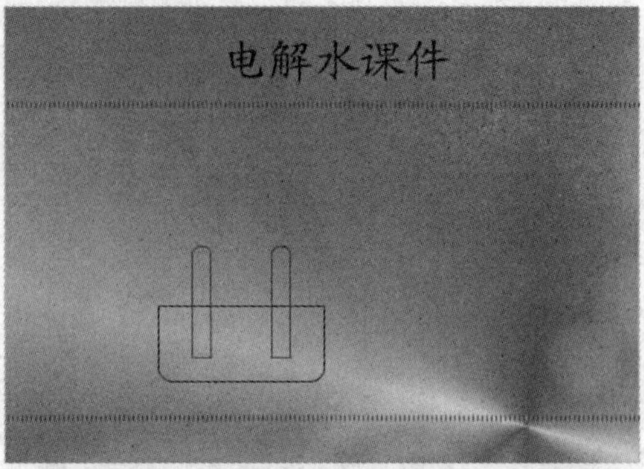

图 12.1.8　绘制试管

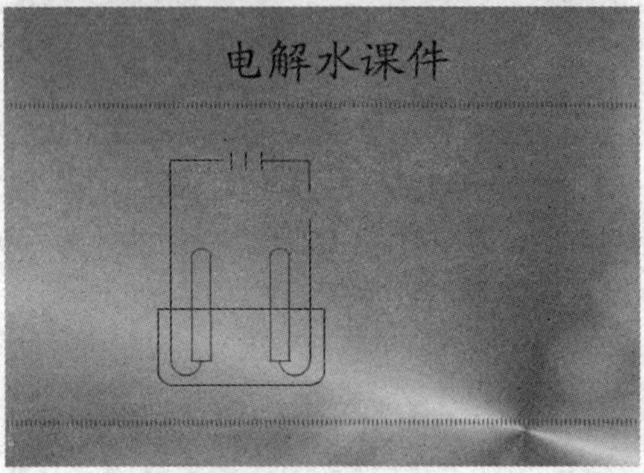

图 12.1.9　绘制电路

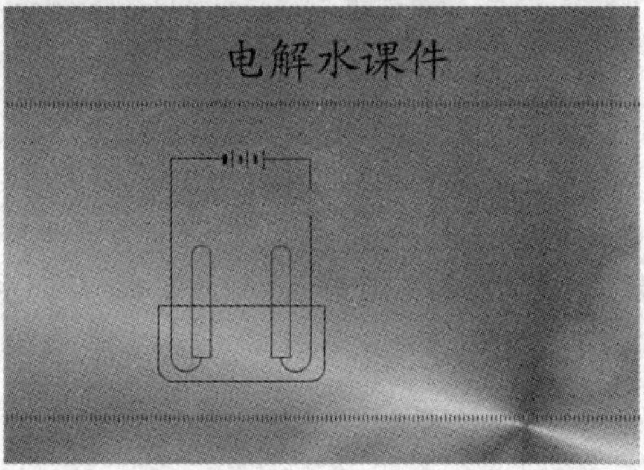

图 12.1.10　绘制矩形

（15）选择工具箱中的铅笔工具，在属性面板中设置笔触颜色为“#CC6600”，笔触高度为“1.5”，在试管的底部绘制两条导线，如图 12.1.11 所示。

（16）更改笔触高度为“6”，在电路的顶部绘制“-”和“+”两个符号，并更改“-”的颜色为“蓝色”，“+”的颜色为“红色”，如图 12.1.12 所示。

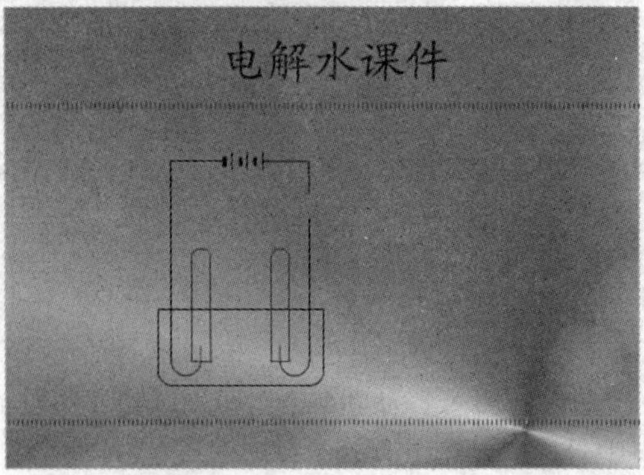

图 12.1.11　绘制导线

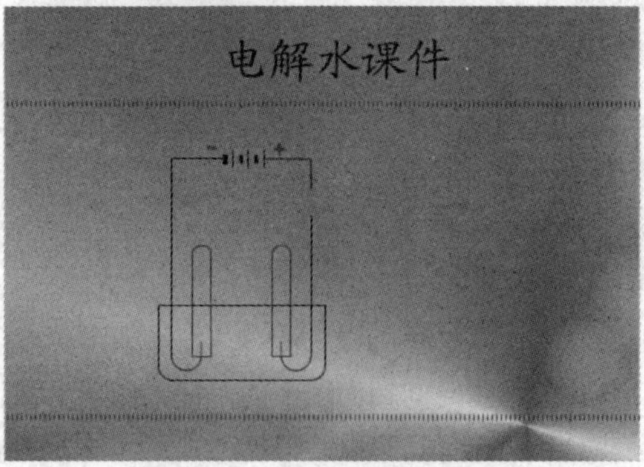

图 12.1.12　绘制符号

（17）单击时间轴面板中的“插入图层”按钮，插入一个名为“开关”的层，然后在该层中绘制两个黑点，作为开关闭合时的接触点，如图 12.1.13 所示。

（18）更改笔触颜色为“红色”，笔触高度为“1”，绘制一条如图 12.1.14 所示的斜线，作为电路的开关。

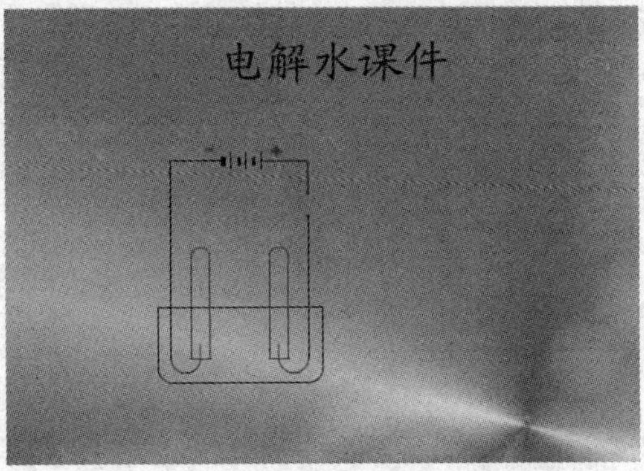

图 12.1.13　绘制黑点

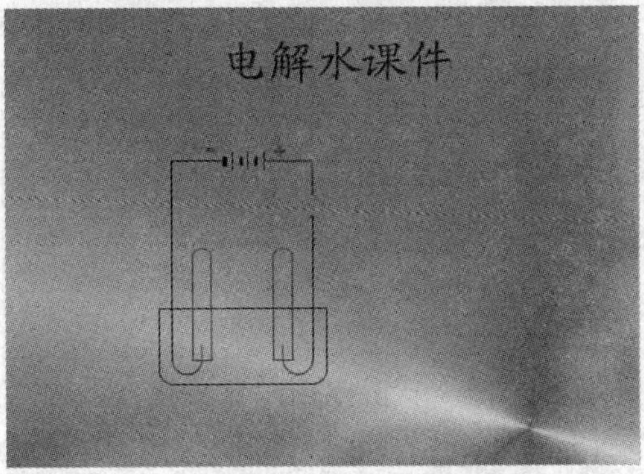

图 12.1.14　绘制斜线

（19）选中第（17）步和第（18）步绘制的黑点和斜线，按“F8”键，弹出转换为元件对话框，在名称(N):文本框中输入“开关”，在类型(T):选项区中选中◉影片剪辑单选按钮（见图 12.1.15），单击确定按钮，将其转换为元件。

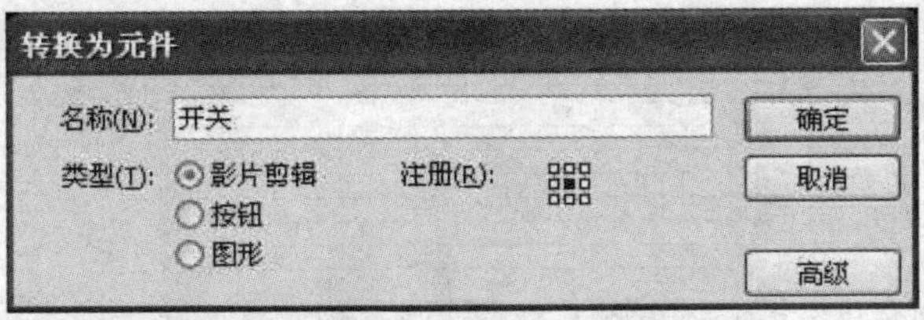

图 12.1.15　“转换为元件”对话框

（20）选择窗口(W)→库(L) Ctrl+L命令，打开库面板，双击“开关”元件，进入其编辑窗口，单击时间轴面板中的“插入图层”按钮，插入“图层 2”。

（21）选择窗口(W)→动作(A) F9命令，打开动作面板，如图 12.1.16 所示。

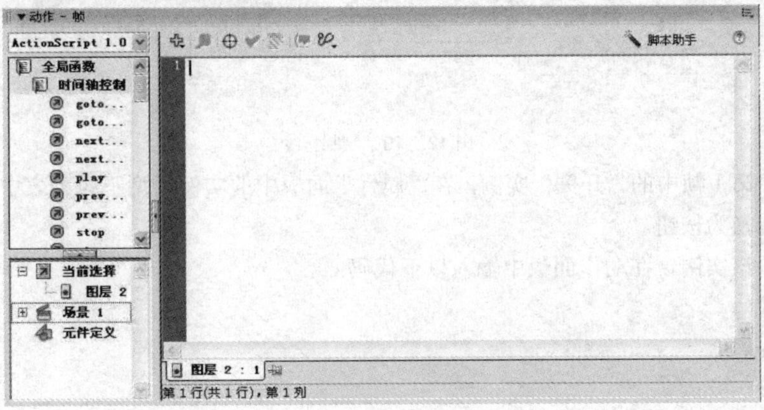

图 12.1.16　动作面板

（22）选中“图层 2”的第 1 帧，在动作面板中输入以下代码：

```
stop();
```

（23）选中斜线，按“F8”键，弹出转换为元件对话框，在名称(N):文本框中输入“电闸”，在类型(T):选项区中选中◉影片剪辑单选按钮，单击确定按钮，将其转换为元件。

（24）选择工具箱中的任意变形工具，单击“电闸”实例，使其上出现变形控制点，如图 12.1.17 所示。

（25）按住并拖动圆形控制点到如图 12.1.18 所示的位置，调整“电闸”实例的变形中心。

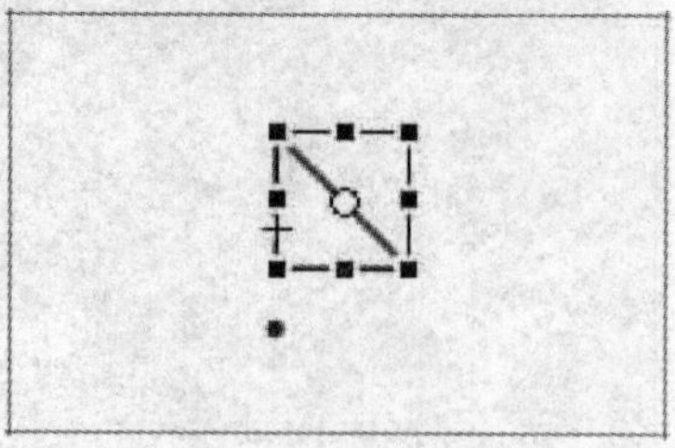

图 12.1.17　显示变形控制点

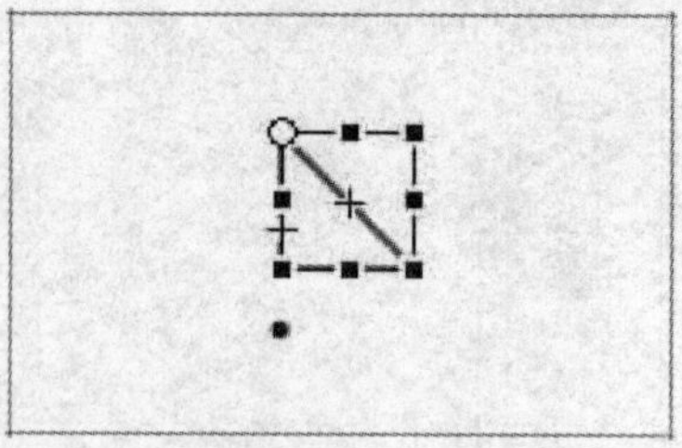

图 12.1.18　调整变形中心的位置

（26）按“Ctrl+C”键复制两个黑点，然后单击场景 1图标，返回到主场景。

（27）选中“开关”层的第 2 帧，按“F7”键插入空白关键帧，然后按“Ctrl+Shift+V”键将其粘贴在相同位置。

（28）选择工具箱中的铅笔工具，在属性面板中设置笔触颜色为“红色”，笔触高度为“1”，绘制一条如图 12.1.19 所示的直线。

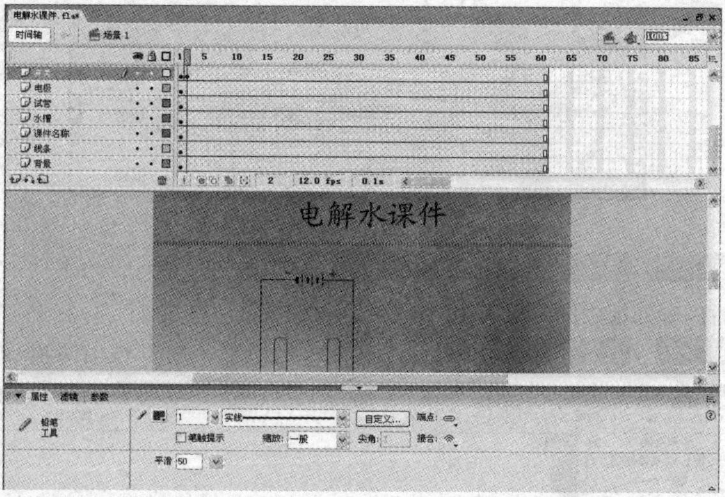

图 12.1.19　绘制直线

（29）选中第 1 帧中的“开关”实例，在“属性”面板中的实例类型下拉列表中选择“按钮”选项，将该实例转换为按钮。

（30）选中该实例，在动作面板中输入以下代码：

```
on (release) {
gotoAndPlay(2);
}
```

（31）单击时间轴面板中的“插入图层”按钮，插入一个名为“气泡”的层，然后选中该层的第 2 帧，按“F6”键插入关键帧。

（32）选择工具箱中的椭圆工具，在属性面板中设置笔触颜色为“黑色”，填充颜色为“白色”，Alpha 值为“50%”，在第 2 帧中绘制一个圆形，如图 12.1.20 所示。

（33）选中圆形，按“F8”键，弹出转换为元件对话框，在名称(N):文本框中输入“气泡 1”，在类型(T):选项区中选中影片剪辑单选按钮，单击确定按钮，将其转换为元件。

（34）双击“气泡 1”实例，进入实例编辑模式对其进行编辑。此时，舞台中除圆形外的对象将以淡色显示，即处于不可编辑状态。

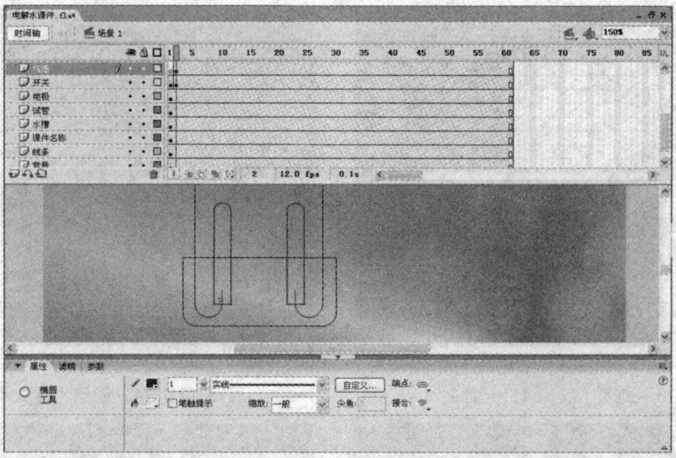

图 12.1.20　绘制圆形

（35）再次选中圆形，按“F8”键，弹出转换为元件对话框，在名称(N):文本框中输入“气泡”，在类型(T):选项区中选中⊙图形单选按钮，单击确定按钮，将其转换为元件。

（36）单击“添加运动引导层”按钮，为“图层 1”添加引导层，然后选择工具箱中的铅笔工具，在该层中绘制气泡上升时的路径，如图 12.1.21 所示。

（37）选中“图层 1”的第 15 帧，按“F6”键插入关键帧，选中引导层的第 15 帧，按“F5”键插入帧。

（38）选中“图层 1”第 15 帧中的气泡，将其拖动至路径的另一端，如图 12.1.22 所示。

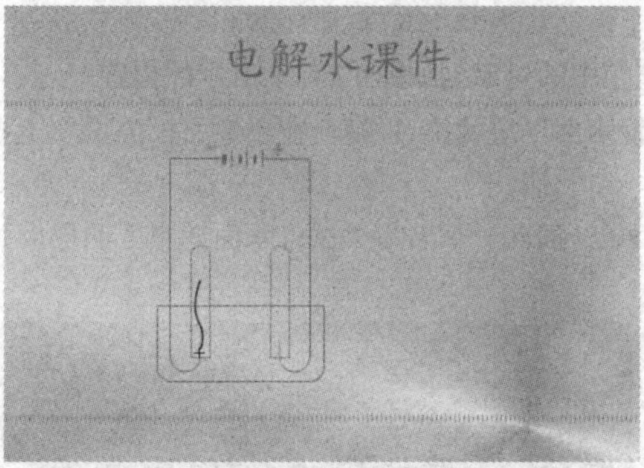

图 12.1.21　绘制路径

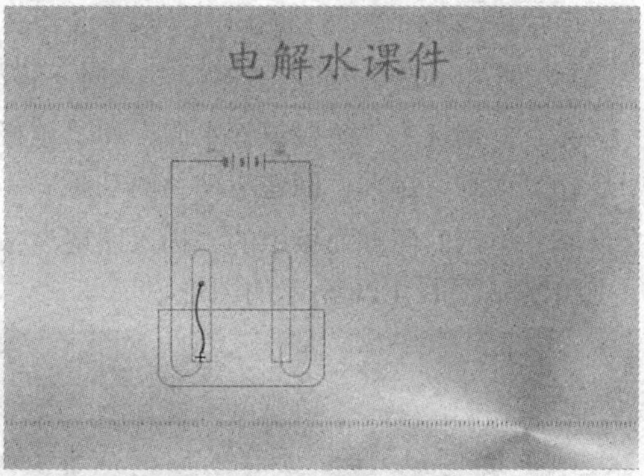

图 12.1.22　拖动气泡至路径的另一端

（39）选中“图层 1”的第 1 帧，在属性面板的补间:下拉列表中选择“动画”选项，创建一段运动补间动画。

（40）在舞台中除气泡和路径外的位置双击鼠标左键，返回至场景编辑模式，然后选中“气泡”层，从库面板中拖动“气泡 1”元件到另一个试管内，如图 12.1.23 所示。

（41）单击时间轴面板中的“插入图层”按钮，插入一个名为“负极试管水面”的层，然后在该层中绘制若干直线，并将它们转换为“试管水面”元件，如图 12.1.24 所示。

（42）选中“负极试管水面”的第 60 帧，按“F6”键插入关键帧，并将该帧中的“试管水面”向下移动一段距离，如图 12.1.25 所示。

（43）单击时间轴面板中的“插入图层”按钮，插入一个名为“正极试管水面”的层，然后从库面板中拖动“试管水面”元件到如图 12.1.26 所示的位置。

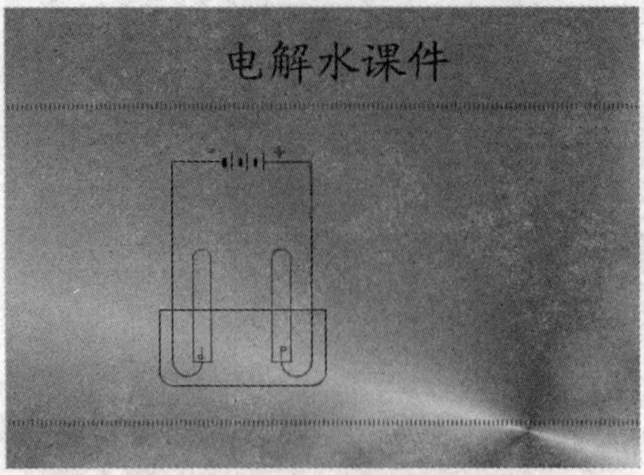

图 12.1.23　拖入“气泡 1”元件

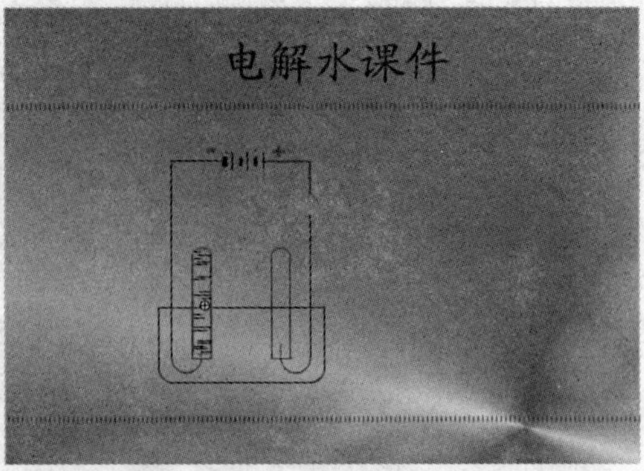

图 12.1.24　创建“试管水面”元件

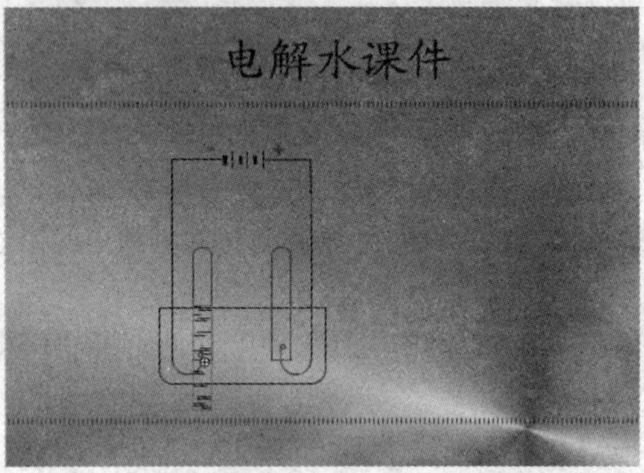

图 12.1.25　移动“试管水面”实例

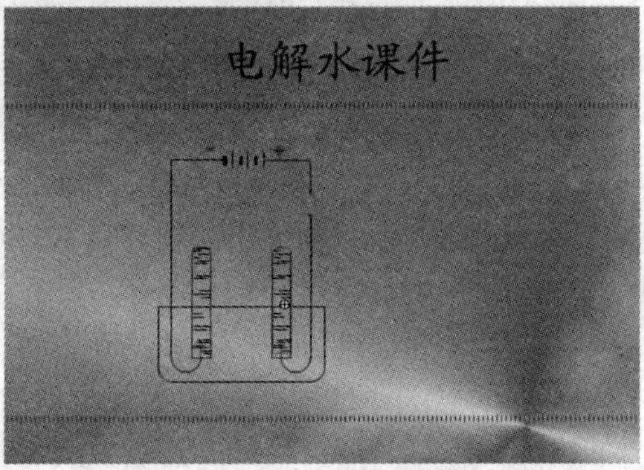

图 12.1.26　拖入“试管水面”元件

（44）在第 60 帧中插入关键帧，并向下移动该帧中的对象到如图 12.1.27 所示的位置。

（45）分别选中“负极试管水面”和“正极试管水面”层的第 1 帧，在属性面板的补间:下拉列表中选择“动画”选项，创建运动补间动画。

（46）单击时间轴面板中的“插入图层”按钮，插入一个名为“试管水面遮罩”的层，并在该层中绘制如图 12.1.28 所示的图形。

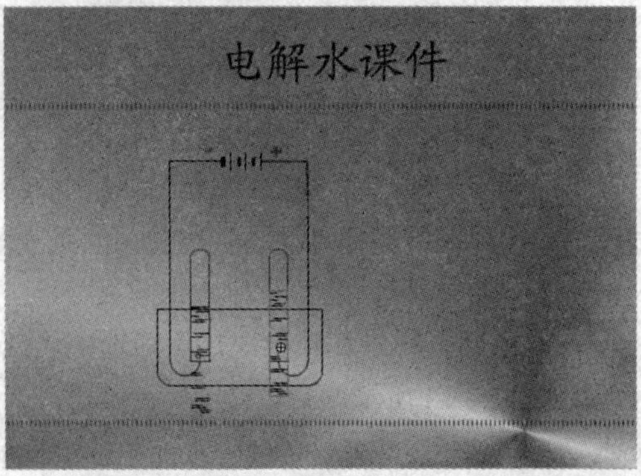

图 12.1.27　移动“试管水面”实例

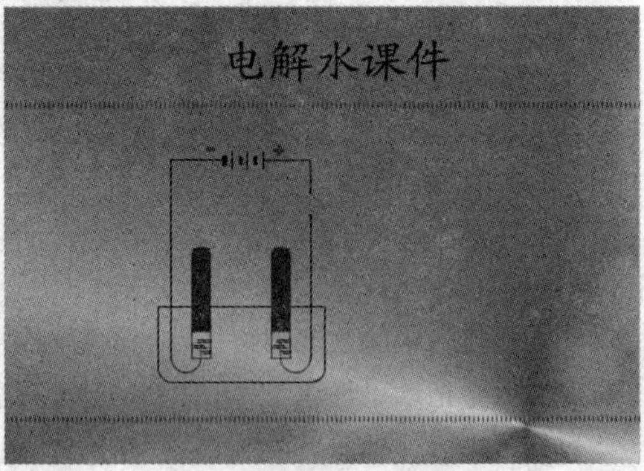

图 12.1.28　绘制图形

（47）将鼠标指针置于“试管水面遮罩”的层名区，单击鼠标右键，在弹出的快捷菜单中选择遮罩层命令，添加遮罩效果，如图 12.1.29 所示。

（48）将鼠标指针置于“负极试管水面”的层名区，单击鼠标右键，在弹出的快捷菜单中选择属性...

命令，弹出图层属性对话框。

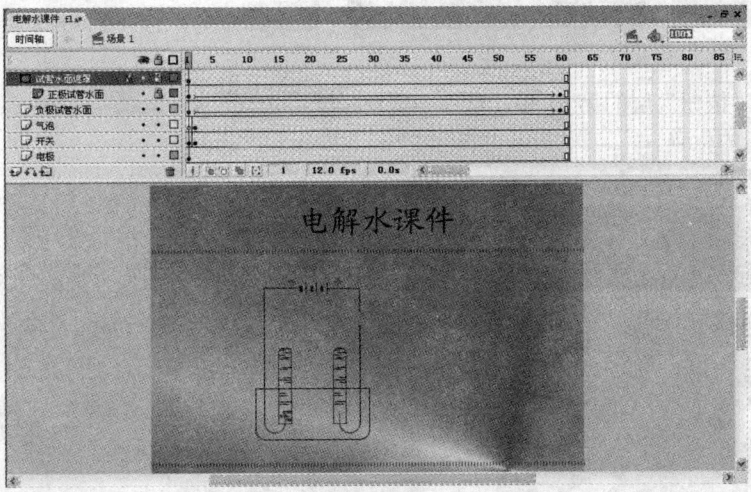

图 12.1.29 添加遮罩效果

（49）选中 被遮罩 单选按钮（见图 12.1.30），单击 确定 按钮，将该层转换为被遮罩层。

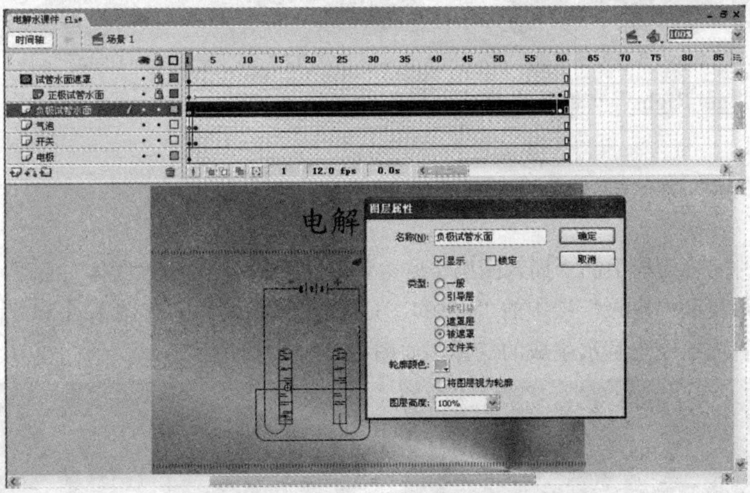

图 12.1.30 设置“负极试管水面”层的属性

（50）单击该层与“锁定/解除锁定所有图层”按钮交叉的图标，将其锁定，如图 12.1.31 所示。

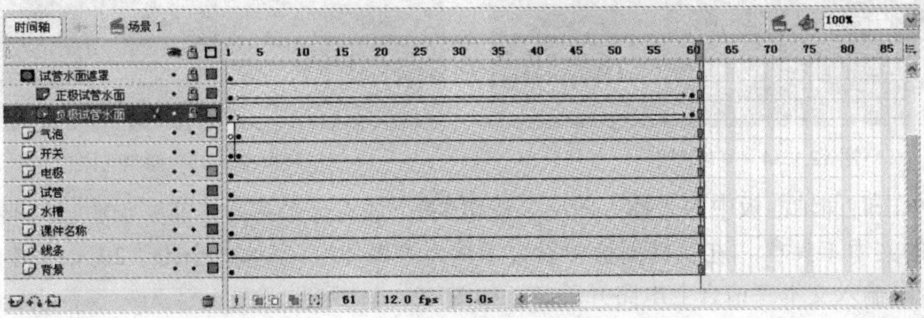

图 12.1.31 锁定“负极试管水面”层

（51）选中“试管水面遮罩”层，单击时间轴面板中的“插入图层”按钮，插入一个名为“按钮”的层，并在该层的第 61 帧中插入关键帧。

（52）选择 窗口(W) → 公用库(B) → 按钮 命令，打开 Flash 8 自带的按钮库，如图 12.1.32 所示。

（53）选中“按钮”层的第 61 帧，从库中拖动 classic buttons → Playback → gel Right 元件到如图 12.1.33 所示的位置。

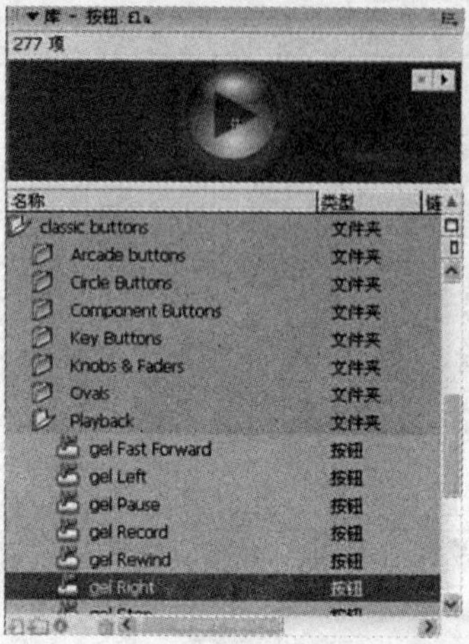

图 12.1.32　Flash 8 自带的按钮库

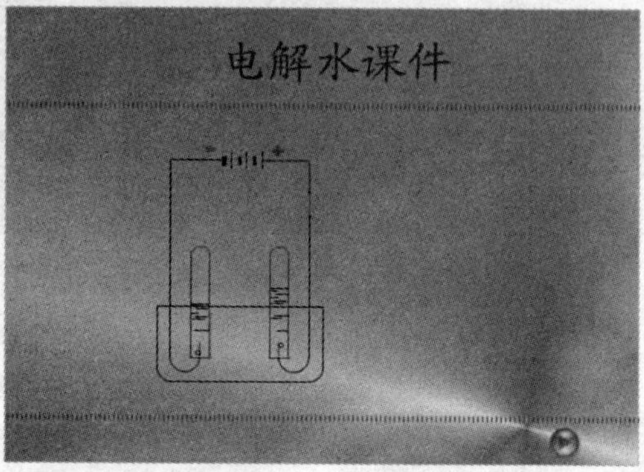

图 12.1.33　拖入“gel Right”元件

（54）选中“gel Right”实例，在动作面板中输入以下代码：

```
on (release) {
gotoAndPlay(1);
}
```

（55）单击时间轴面板中的“插入图层”按钮，插入一个名为“气体”的层，并在第 61 帧中插入关键帧，然后复制“电极”层中的“-”和“+”符号到该帧中，如图 12.1.34 所示。

（56）在试管内绘制电解水生成的气体，如图 12.1.35 所示。

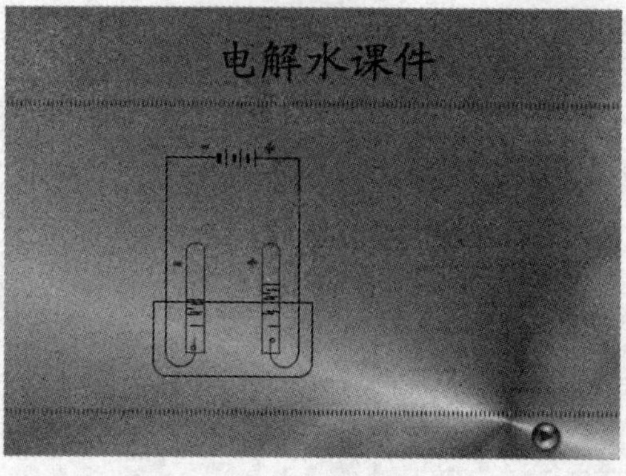

图 12.1.34　复制符号

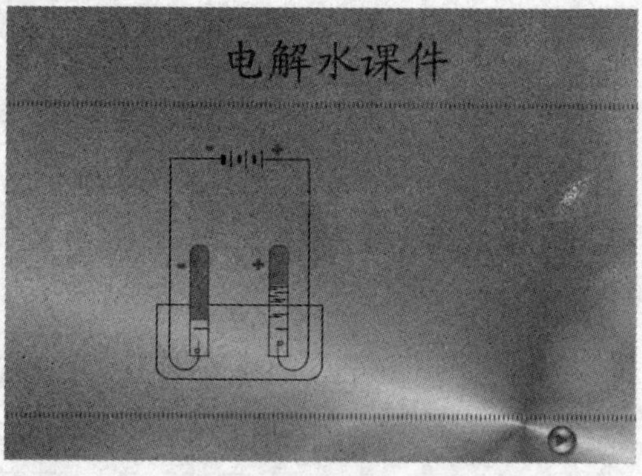

图 12.1.35　绘制气体

（57）单击时间轴面板中的“插入图层”按钮，插入一个名为“文字说明 1”的层，然后选择工具箱中的文本工具，在属性面板中设置字体为“黑体”，字体大小为“20”，文本颜色为“黑色”，在舞台中输入文本“请合上电路开关。”，如图 12.1.36 所示。

（58）选中该层的第 2 帧，按“F6”键插入关键帧，并更改其中的文本为“通电后，电极上出现气泡。”，如图 12.1.37 所示。

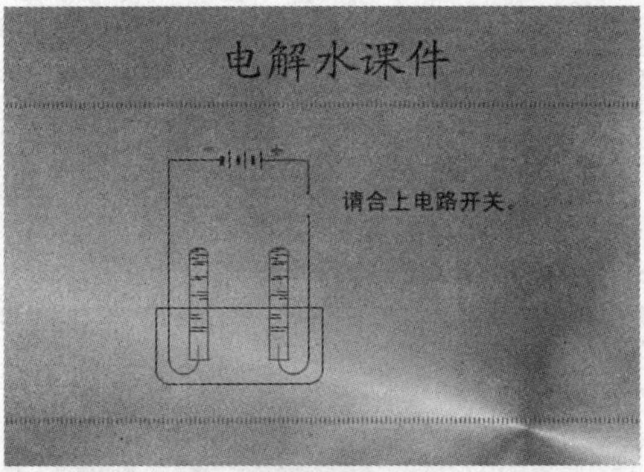

图 12.1.36　输入文本

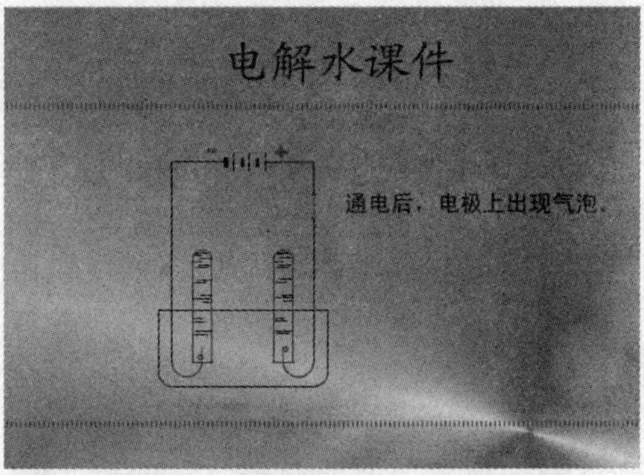

图 12.1.37　更改文本

（59）单击时间轴面板中的“插入图层”按钮，插入一个名为“文字说明 2”的层，在该层的第 61 帧中插入关键帧，并输入如图 12.1.38 所示的公式。

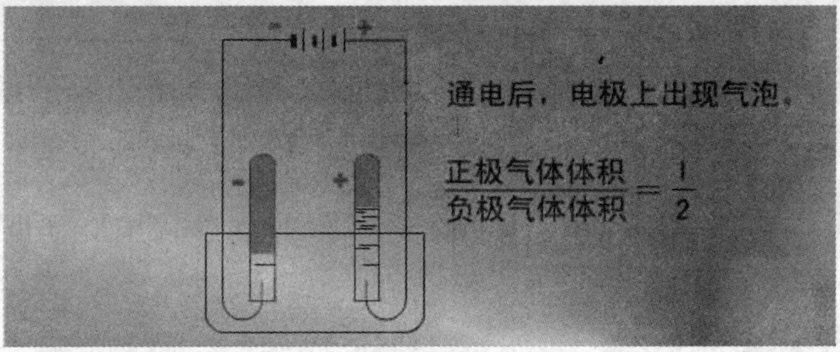

图 12.1.38　输入公式

（60）选择工具箱中的直线工具，在属性面板中设置笔触颜色为“黑色”，笔触高度为“1”，绘制两条水平直线，如图 12.1.39 所示。

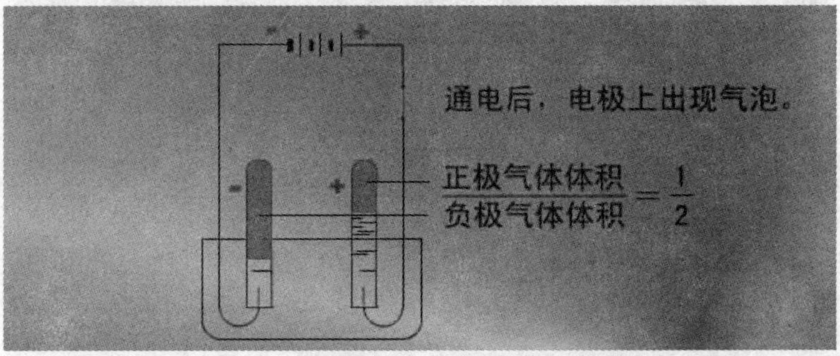

图 12.1.39　绘制直线

（61）选中“气泡”层的第 61 帧，单击鼠标右键，在弹出的快捷菜单中选择删除帧命令，删除该帧。

（62）单击时间轴面板中的“插入图层”按钮，插入一个名为“动作”的层，然后在该层的第 61 帧中插入关键帧。

（63）分别选中“动作”层的第 1 帧和第 61 帧，在动作面板中输入以下代码：

```
stop();
```

（64）按“Ctrl+Enter”键，测试动画，最终效果如图 12.1.1 所示。

实例 2　检验氢气课件

实现目标

本例制作“检验氢气课件”，效果如图 12.2.1 所示。

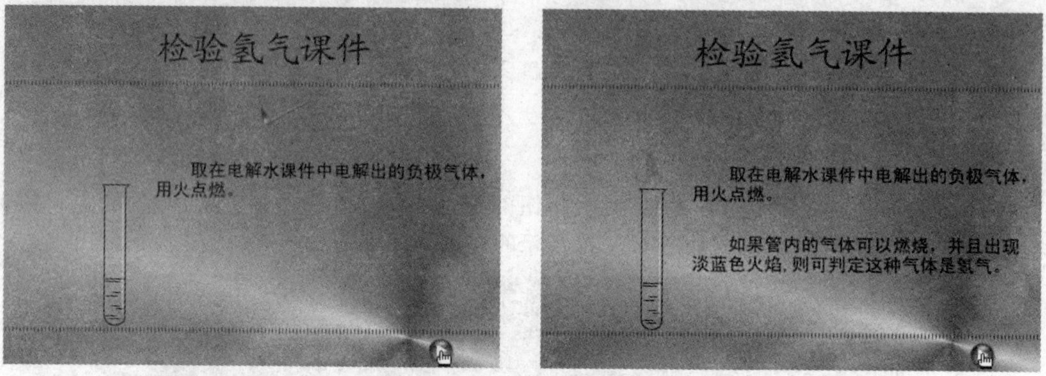

图 12.2.1　最终效果图

设计思路

首先制作检验氢气用的装置，然后制作火柴和点燃火柴后出现的效果，最后制作控制按钮。

操作步骤

（1）重复“实例 1 电解水课件”中第（1）～（7）步的操作，创建“背景”、“线条”和“课件名称”层，如图 12.2.2 所示。

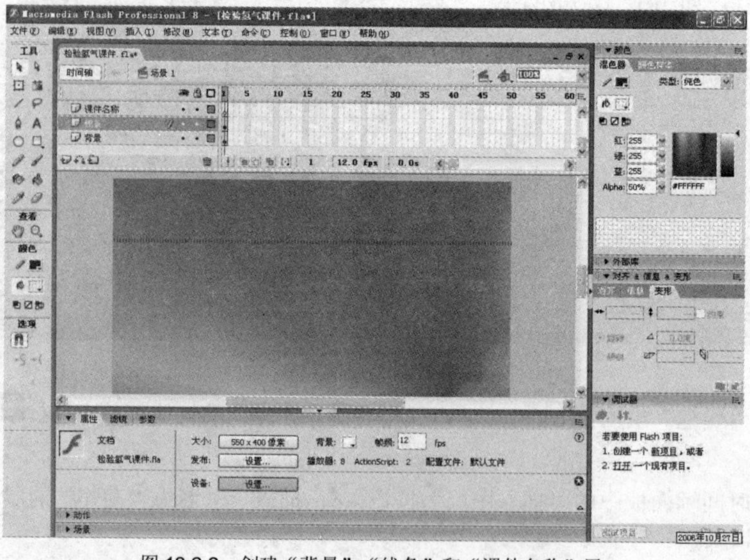

图 12.2.2　创建“背景”、“线条”和“课件名称”层

（2）选择工具箱中的文本工具，在属性面板中设置字体为“楷体_GB2312”，字体大小为“40”，文本颜色为“黑色”，在舞台上输入“检验氢气课件”，如图 12.2.3 所示。

（3）选中所有层的第 56 帧，按“F5”键插入帧，如图 12.2.4 所示。

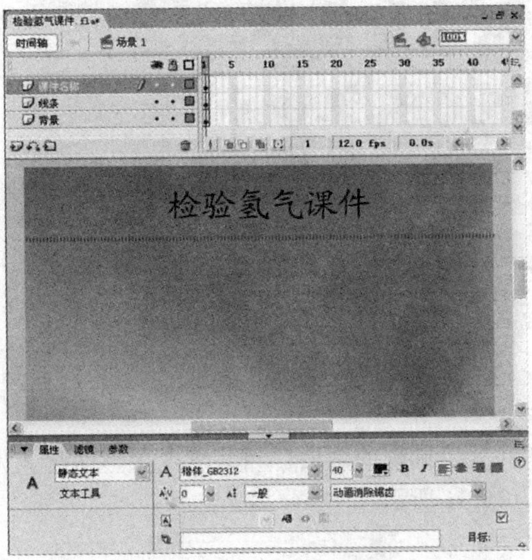

图 12.2.3　输入文本

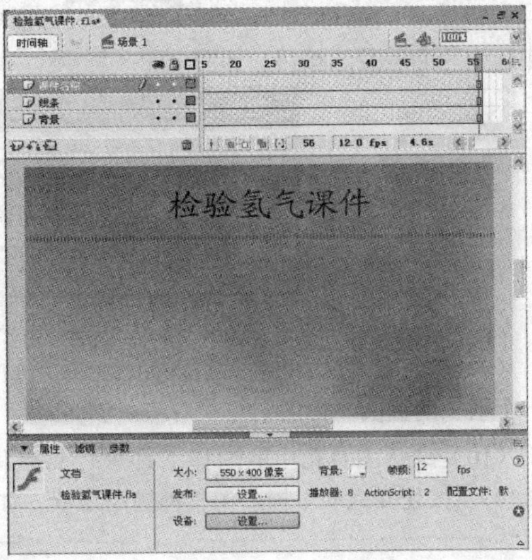

图 12.2.4　插入帧

（4）单击时间轴面板中的“插入图层”按钮，插入一个名为“文本说明 1”的层。

（5）选择工具箱中的文本工具，在属性面板中设置字体为“黑体”，字体大小为“20”，文本颜色为“黑色”，在舞台上输入如图 12.2.5 所示的文本。

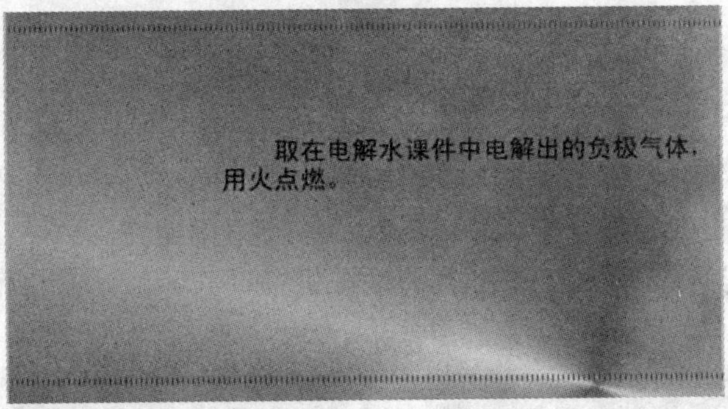

图 12.2.5　输入文本

（6）单击时间轴面板中的“插入图层”按钮 两次，插入名为“试管”和“水”的层。

（7）选择工具箱中的铅笔工具，在“试管”层中绘制如图 12.2.6 所示的试管，在“水”层中绘制如图 12.2.7 所示的水面。

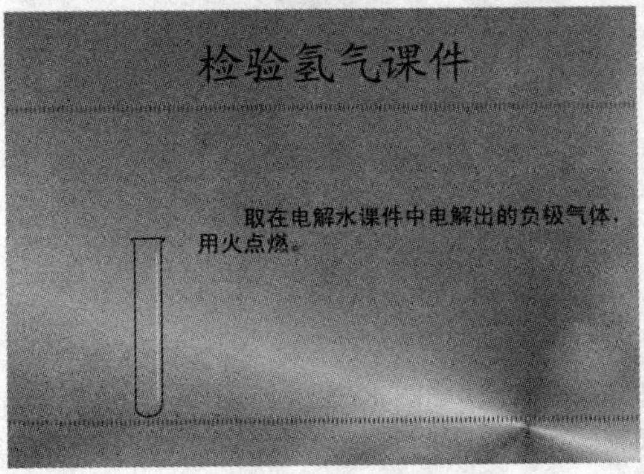

图 12.2.6　绘制试管

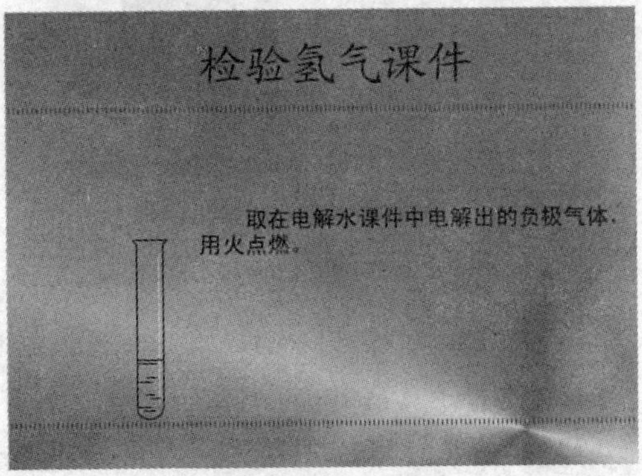

图 12.2.7　绘制水面

（8）按“Ctrl+F8”键，弹出创建新元件对话框，在名称(N):文本框中输入“火焰”，在类型(T):选项区中选中◉图形单选按钮，如图 12.2.8 所示。

图 12.2.8 “创建新元件”对话框

（9）单击确定按钮，进入元件的编辑窗口，选择工具箱中的椭圆工具，在舞台的中心绘制一个细长的椭圆，如图 12.2.9 所示。

（10）选择工具箱中的选择工具，将鼠标指针置于椭圆的附近，当其呈现形状时（见图 12.2.10），按住并拖动鼠标，调整椭圆的形状，如图 12.2.11 所示。

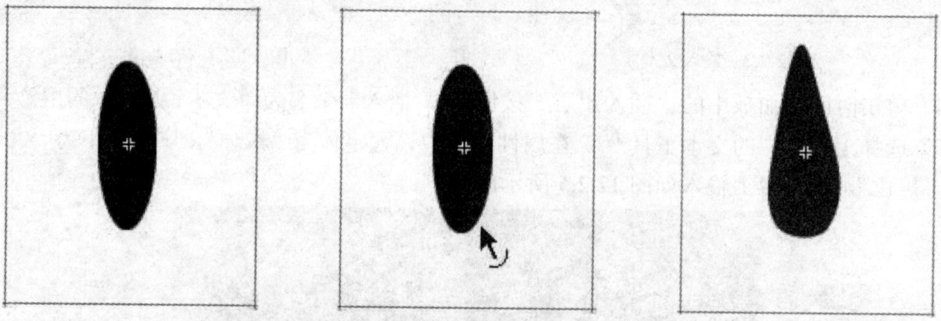

图 12.2.9 绘制椭圆　　图 12.2.10 鼠标指针改变形状　　图 12.2.11 调整椭圆的形状

（11）选择窗口(W)→混色器(X) Shift+F9命令，打开混色器面板，在类型:下拉列表中选择“放射状”选项（见图 12.2.12），然后设置左侧色标的颜色为“#FFFF00”，右侧色标的颜色为“#FF0000”，如图 12.2.13 所示。

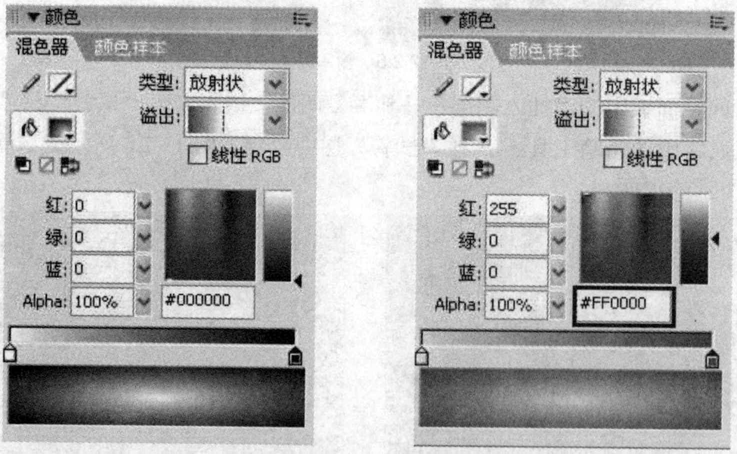

图 12.2.12 选择“放射状”选项时的混色器面板　　图 12.2.13 设置色标的颜色

（12）选择工具箱中的颜料桶工具，单击图形进行填充，如图 12.2.14 所示。

（13）选择工具箱中的填充变形工具，单击图形，使其显示填充变形手柄，如图 12.2.15 所示。

（14）拖动变形手柄，调整图形的填充效果，如图 12.2.16 所示。

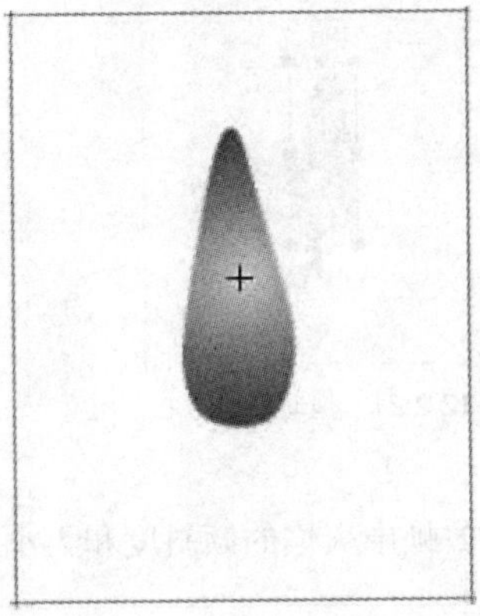

图 12.2.14　填充图形

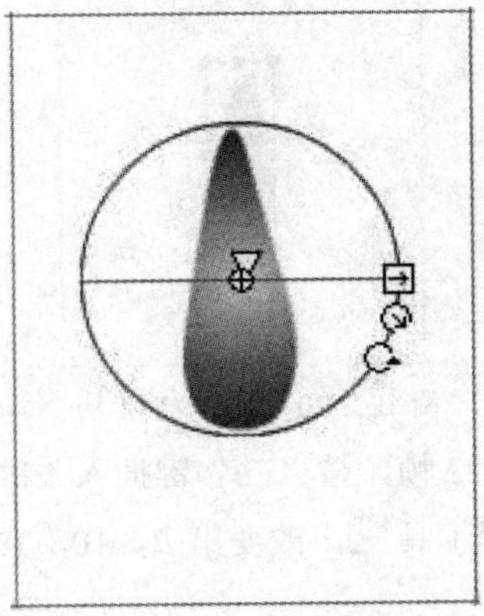

图 12.2.15　显示填充变形手柄

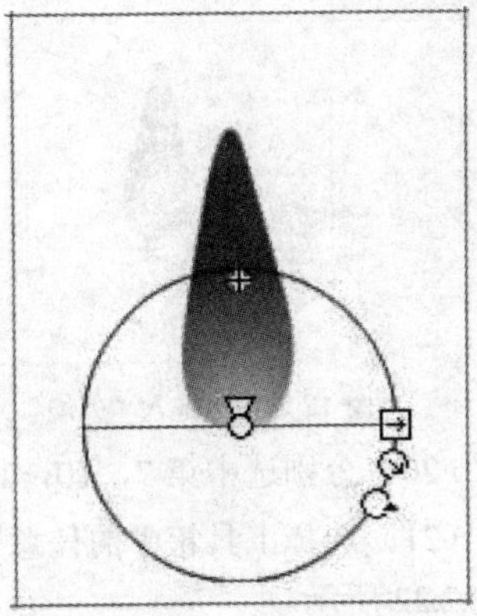

图 12.2.16　调整填充效果

（15）重复第（10）～（14）步的操作，绘制一个稍小的火焰形状，并将它移动到如图 12.2.17 所示的位置。

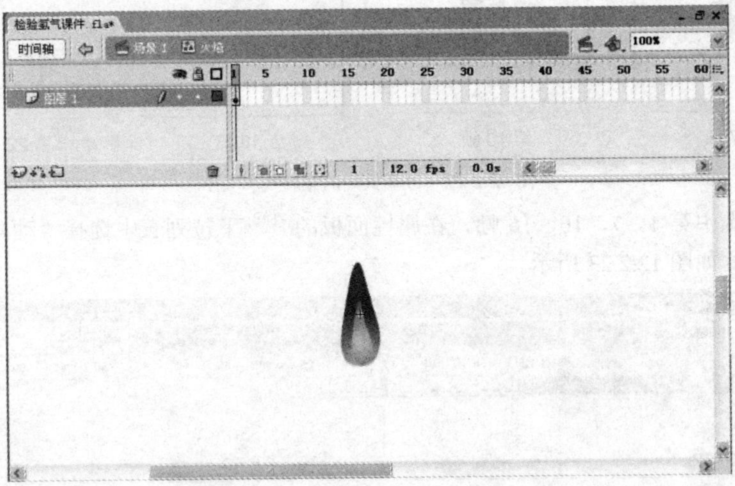

图 12.2.17　绘制并移动另一火焰形状

（16）按“Ctrl+F8”键，弹出创建新元件对话框，在名称(N):文本框中输入“火焰 1”，在类型(T):选项区中选中影片剪辑单选按钮，如图 12.2.18 所示。

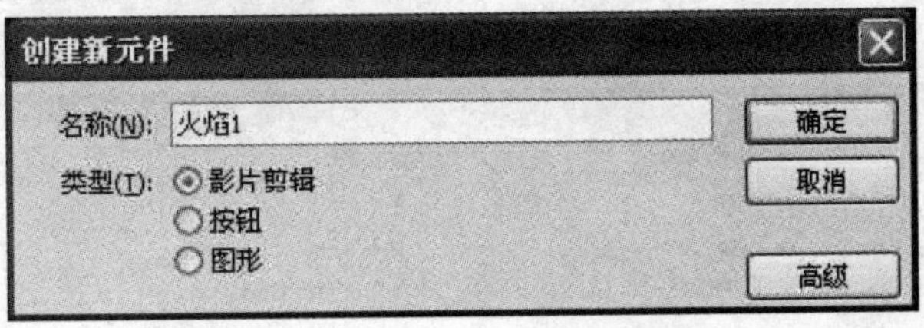

图 12.2.18　“创建新元件”对话框

（17）单击确定按钮，进入元件的编辑窗口，选择窗口(W)→库(L)　Ctrl+L命令，打开库面板，从中拖动“火焰”元件到如图 12.2.19 所示的位置。

（18）选择工具箱中的任意变形工具，单击图形，使其显示变形手柄，如图 12.2.20 所示。

（19）拖动图形的变形中心到如图 12.2.21 所示的位置。

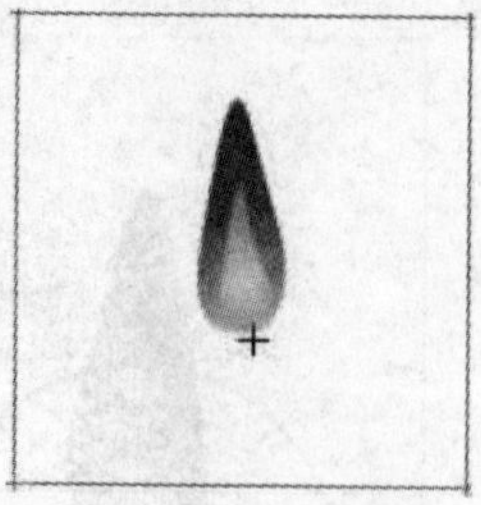

图 12.2.19　拖入“火焰”元件

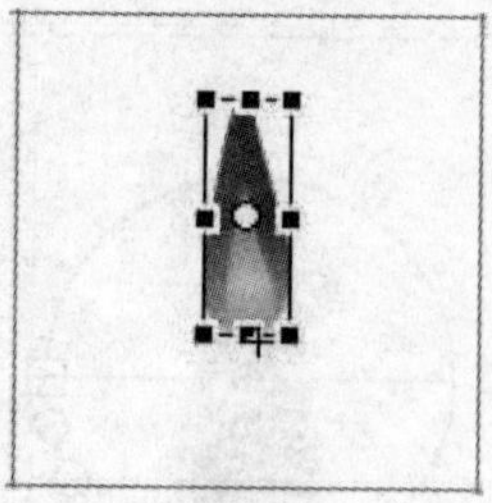

图 12.2.20　显示变形手柄

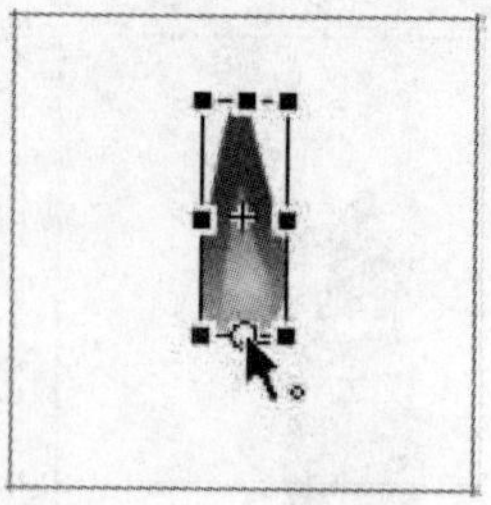

图 12.2.21　拖动变形中心

（20）分别选中第 7，10，16，22 帧，按“F6”键插入关键帧。

（21）选择工具箱中的任意变形工具，改变第 7，10，16，22 帧中火焰的倾斜度和大小，如图 12.2.22 所示。

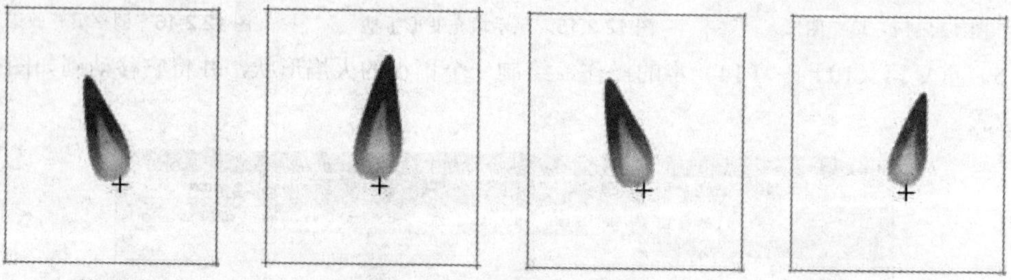

第 7 帧　　第 10 帧　　第 16 帧　　第 22 帧

图 12.2.22　改变火焰的倾斜度和大小

（22）分别选中第 1，7，10，16 帧，在属性面板的补间:下拉列表中选择“动画”选项，创建 4 段运动补间动画，如图 12.2.23 所示。

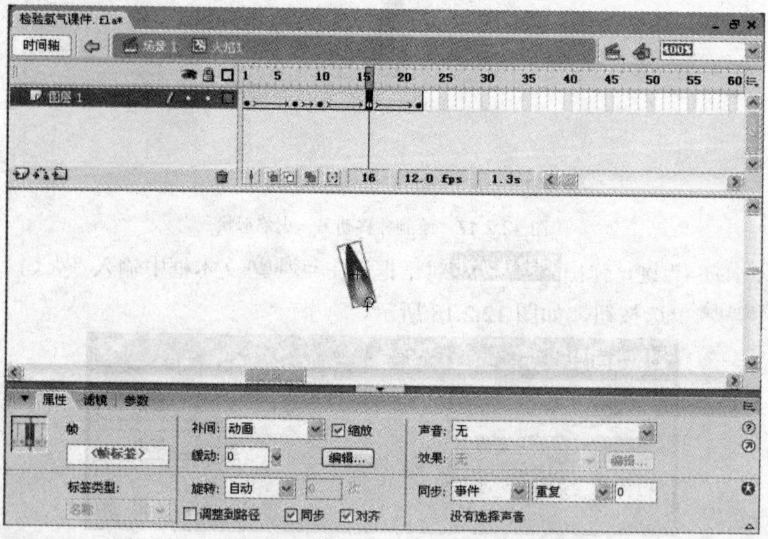

图 12.2.23　创建 4 段运动补间动画

（23）重复第（16）步的操作，创建一个名为“火柴”的元件，单击确定按钮，进入其编辑窗口，从库面板中拖动“火焰 1”元件到舞台中，如图 12.2.24 所示。

（24）单击时间轴面板中的“插入图层”按钮，插入“图层 2”，然后选择工具箱中的直线工具，绘制一条斜线作为火柴棒，如图 12.2.25 所示。

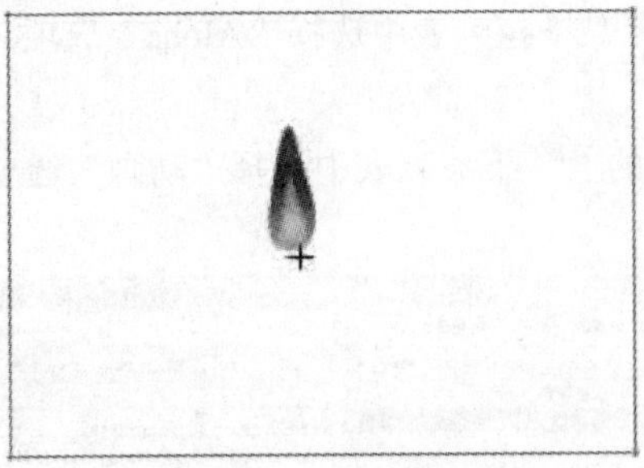

图 12.2.24　拖入“火焰 1”元件

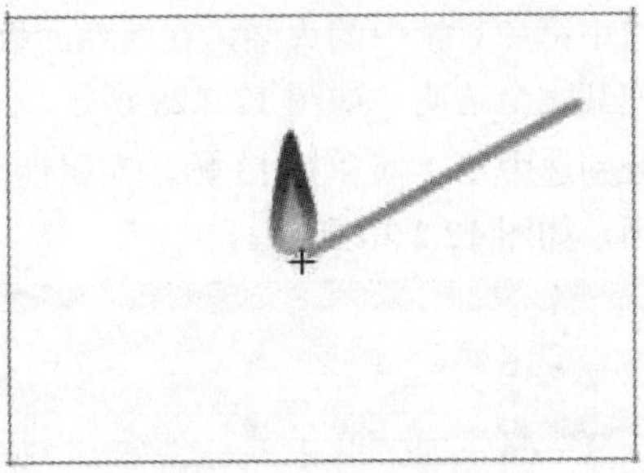

图 12.2.25　绘制火柴棒

（25）单击“场景 1”图标，返回到主场景。

（26）选中“水”层，单击时间轴面板中的“插入图层”按钮，插入一个名为“火柴”的层，然后从库面板中拖动“火柴”元件到如图 12.2.26 所示的位置。

（27）单击时间轴面板中的“添加运动引导层”按钮，为“火柴”层添加引导层，并在其中绘制如图 12.2.27 所示的直线。

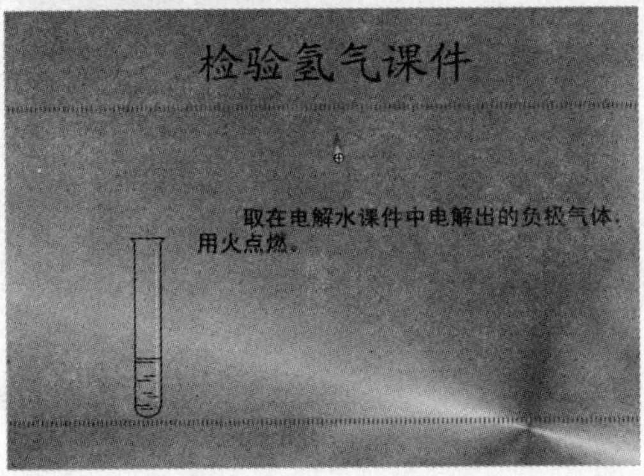

图 12.2.26　拖入“火柴”元件

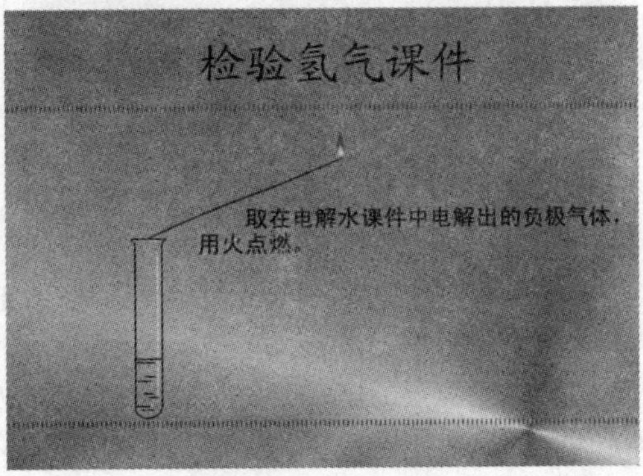

图 12.2.27　绘制引导线

（28）分别选中“火柴”层的第 2，13，23 帧，按“F6”键插入关键帧。

（29）选中第 13 帧，移动该帧中的火柴到直线的另一端，如图 12.2.28 所示。

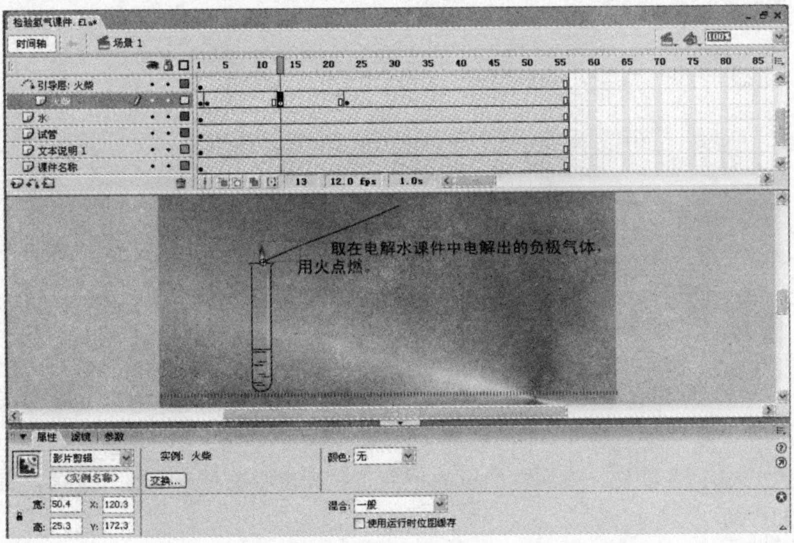

图 12.2.28　移动第 13 帧中的火柴

（30）选中第 23 帧中的火柴，在属性面板的颜色:下拉列表中选择“Alpha”选项，设置 Alpha 值为“0”，使其完全透明，如图 12.2.29 所示。

（31）分别选中第 2 帧和第 13 帧，在属性面板的补间:下拉列表中选择“动画”选项，创建两段运动补间动画，如图 12.2.30 所示。

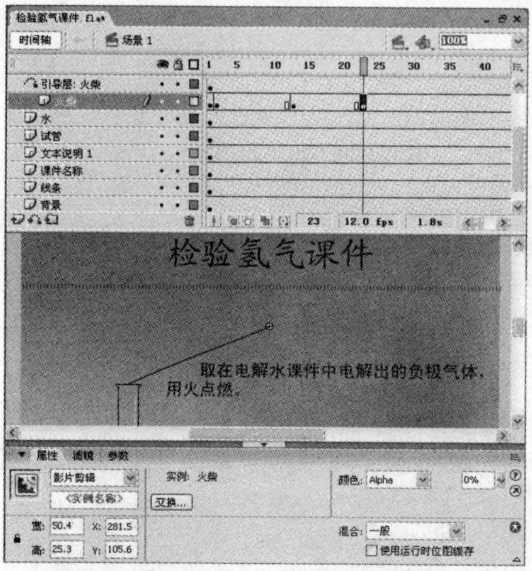

图 12.2.29　改变火柴的透明度

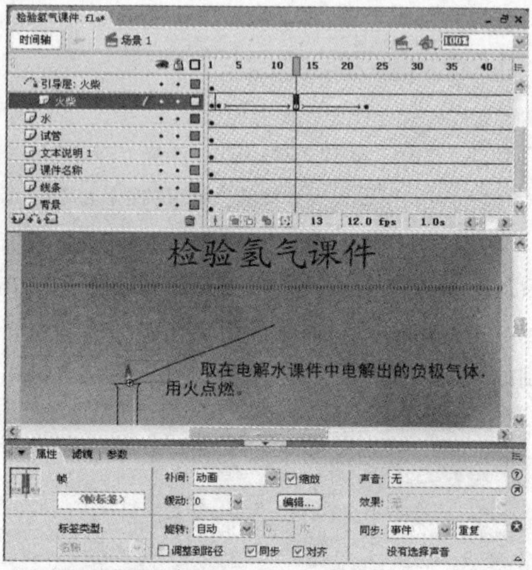

图 12.2.30　创建运动补间动画

（32）选中“火柴”层的引导层，单击时间轴面板中的“插入图层”按钮，插入一个名为“蓝色火焰”的层。

（33）选中该层的第 13 帧，按“F6”键插入关键帧，然后从库面板中拖动“火焰 1”元件到舞台中，并调整其大小和位置，如图 12.2.31 所示。

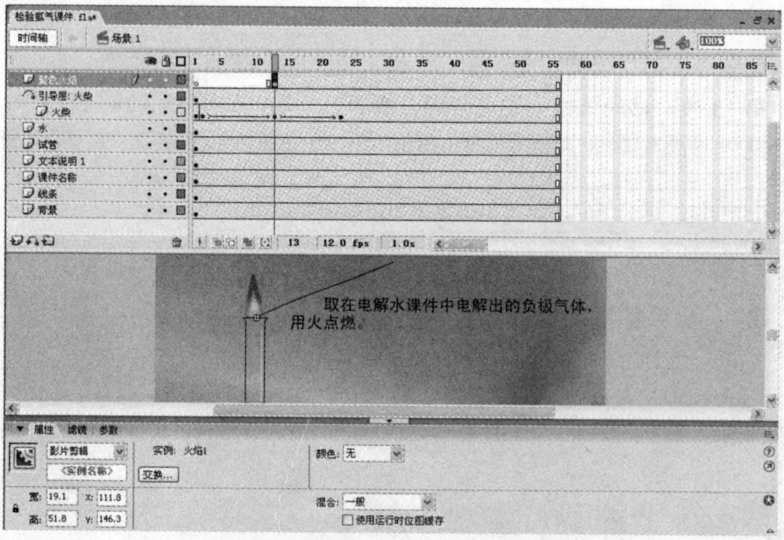

图 12.2.31　拖入并调整“火焰 1”元件

（34）选中“火焰 1”实例，在属性面板的颜色:下拉列表中选择“高级”选项，属性面板发生改变，如图 12.2.32 所示。

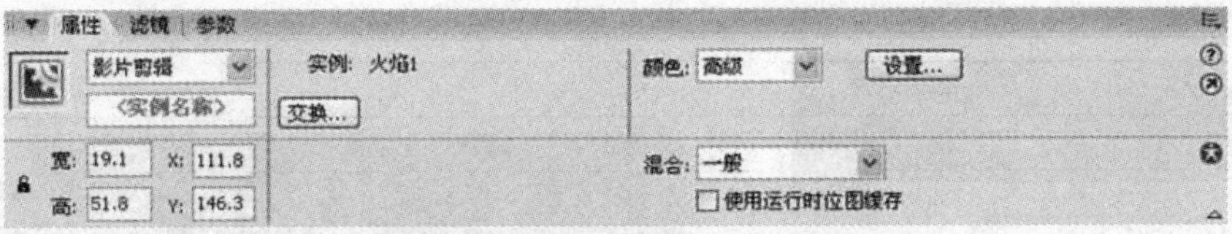

图 12.2.32 选择“高级”选项时的属性面板

（35）单击设置...按钮，弹出高级效果对话框，设置参数如图 12.2.33 所示，然后单击确定按钮，更改“火焰 1”实例的颜色，如图 12.2.34 所示。

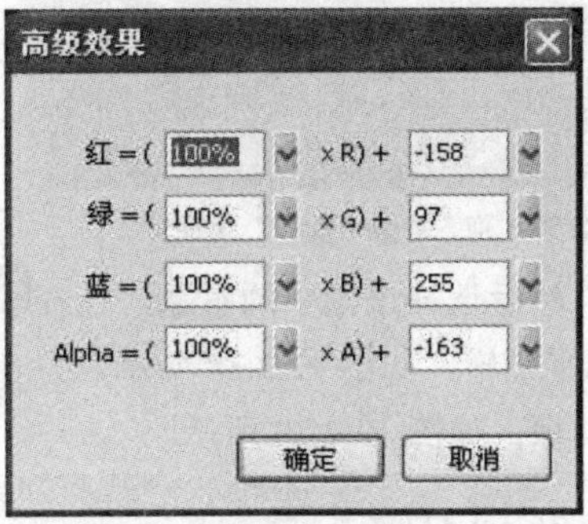

图 12.2.33 设置颜色参数

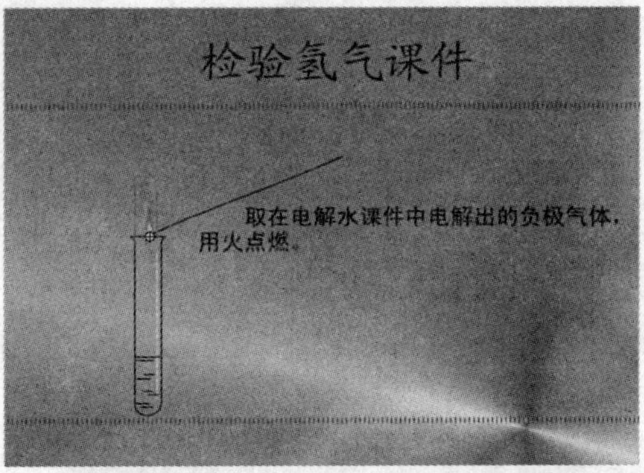

图 12.2.34 更改“火焰 1”实例的颜色

（36）选中“蓝色火焰”层，单击时间轴面板中的“插入图层”按钮 两次，插入名为“文本说明 2”和“按钮”的层。

（37）选中“文本说明 2”层的第 20 帧，按“F6”键插入关键帧，并在舞台上输入如图 12.2.35 所示的文本。

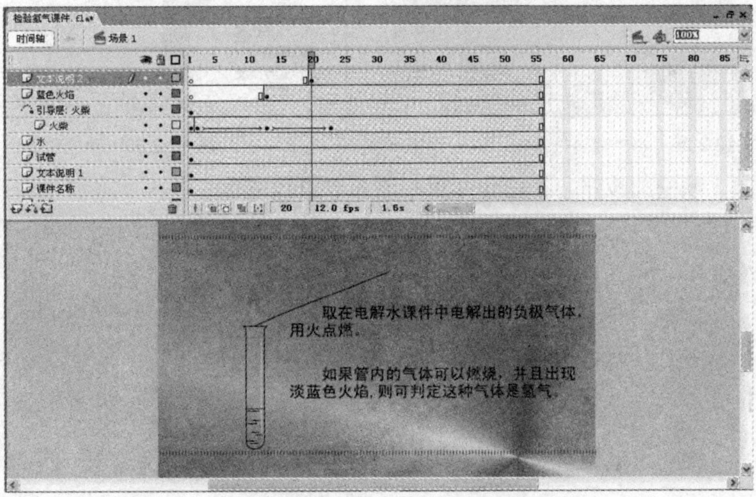

图 12.2.35 输入文本

（38）选择窗口(W) → 公用库(B) → 按钮命令，打开 Flash 8 自带的按钮库，如图 12.2.36 所示。

（39）选中“按钮”层的第 1 帧，从按钮库中拖动 classic buttons → Playback → gel Right 元件到如图 12.2.37 所示的位置。

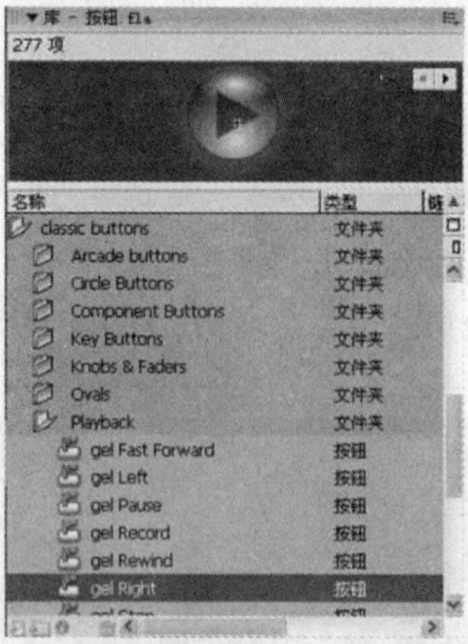

图 12.2.36　Flash 8 自带的按钮库

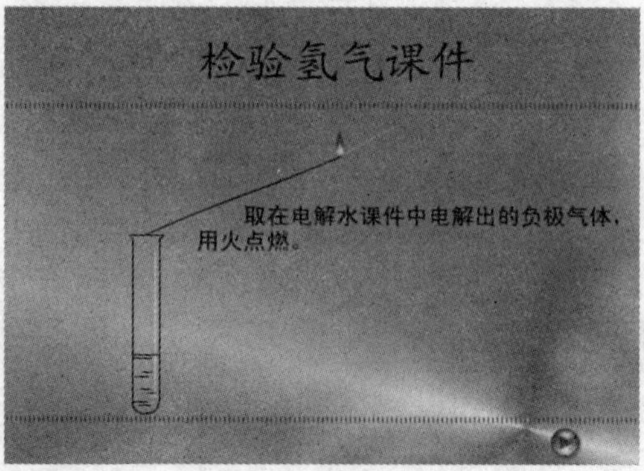

图 12.2.37　拖入“gel Right”元件

（40）选中该层的第 25 帧，按“F6”键插入关键帧，然后选择该帧中的对象，选择 修改(M) → 变形(T) → 水平翻转(H) 命令，将其水平翻转，如图 12.2.38 所示。

（41）选择 窗口(W) → 动作(A) F9 命令，打开动作面板，如图 12.2.39 所示。

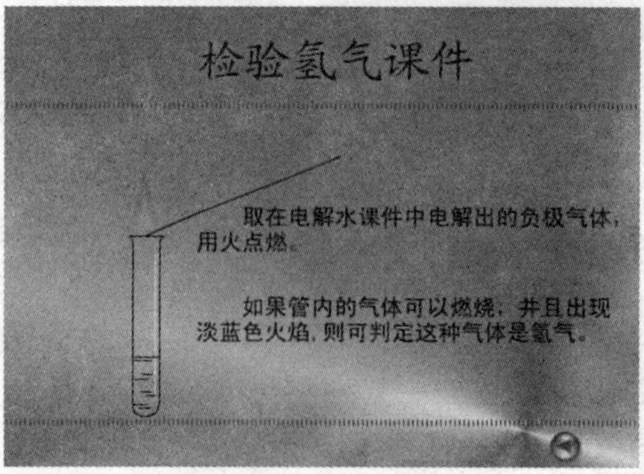

图 12.2.38　水平翻转按钮

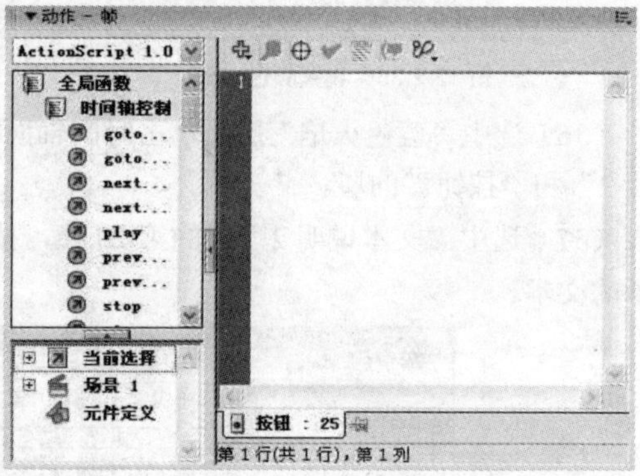

图 12.2.39　动作面板

（42）选中第 1 帧中的按钮，在动作面板中输入以下代码：

```
on (release) {
gotoAndPlay(2);
}
```

（43）选中第 25 帧中的按钮，在动作面板中输入以下代码：

```
on (release) {
gotoAndPlay(1);
}
```

（44）单击时间轴面板中的“插入图层”按钮，插入一个名为“动作”的层。

（45）分别选中“动作”层的第 24 帧和第 56 帧，按“F6”键插入关键帧。

（46）分别选中“动作”层的第 1，24，56 帧，在动作面板中输入以下代码：

```
stop();
```

（47）按“Ctrl+Enter”键，测试动画，最终效果如图 12.2.1 所示。

实例 3　收集氧气课件

实现目标

本例制作“收集氧气课件”，效果如图 12.3.1 所示。

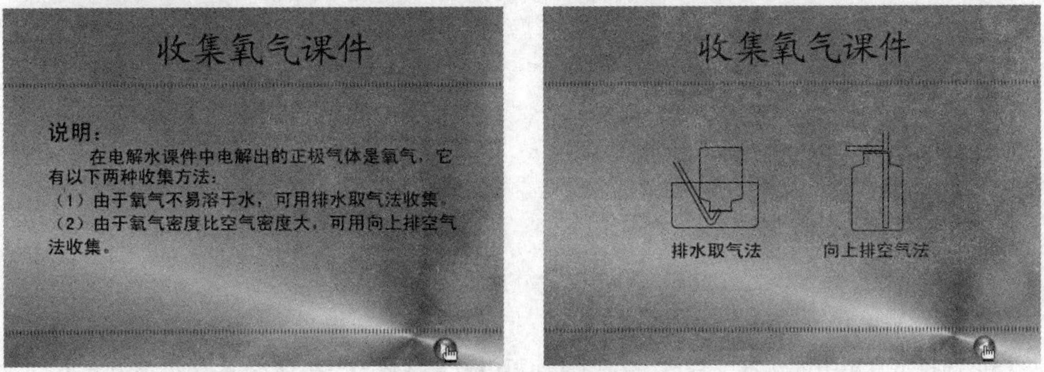

图 12.3.1　最终效果图

设计思路

首先说明氧气的两种收集方法，然后分别用示意图表示。

操作步骤

（1）重复“实例 1 电解水课件”中第（1）～（7）步的操作，创建“背景”、“线条”和“课件名称”层，如图 12.3.2 所示。

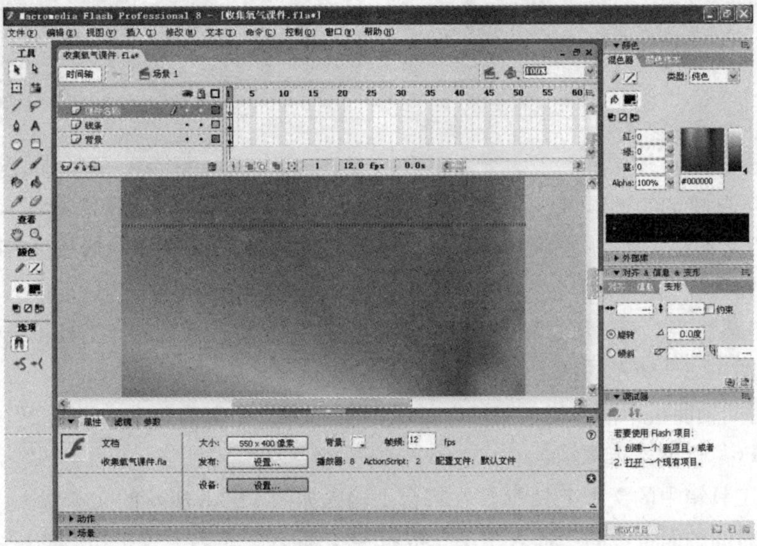

图 12.3.2　创建“背景”、“线条”和“课件名称”层

（2）选择工具箱中的文本工具 A，在属性面板中设置字体为“楷体_GB2312”，字体大小为“40”，文本颜色为“黑色”，在舞台上输入“收集氧气课件”，如图 12.3.3 所示。

（3）选中所有层的第 2 帧，按“F5”键插入帧，如图 12.3.4 所示。

（4）单击时间轴面板中的“插入图层”按钮，插入一个名为“文本说明 1”的层。

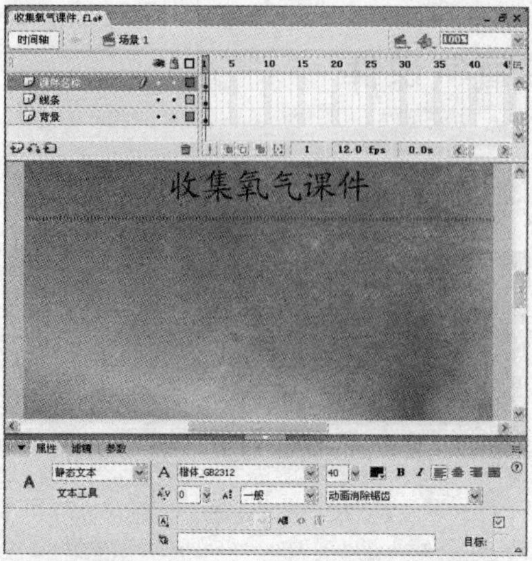

图 12.3.3　输入文本

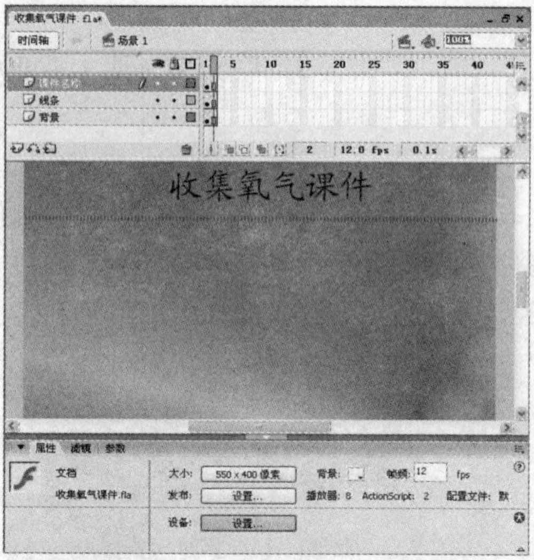

图 12.3.4　插入帧

（5）选择工具箱中的文本工具，在属性面板中设置字体为“黑体”，字体大小为“20”，文本颜色为“黑色”，在舞台上输入如图 12.3.5 所示的文本。

（6）选中“说明：”，在属性面板中更改其大小为“25”，如图 12.3.6 所示。

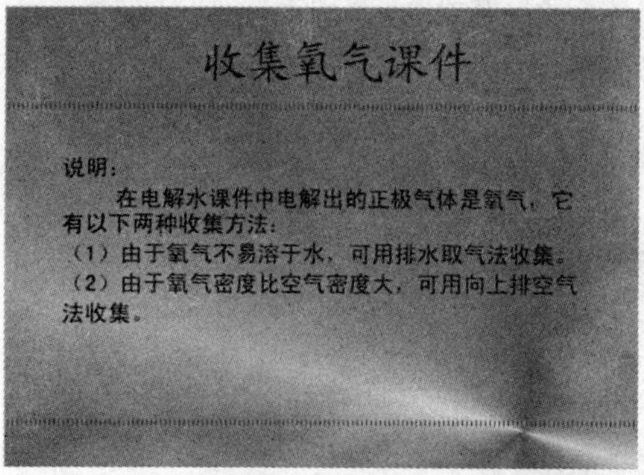

图 12.3.5　输入文本

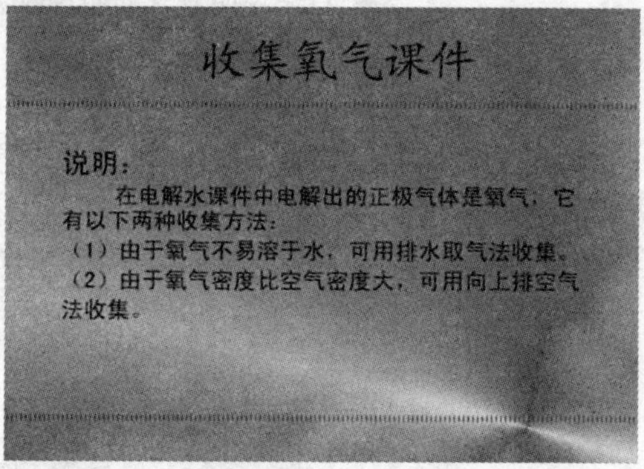

图 12.3.6　更改文本的大小

（7）选中“文本说明 1”层的第 2 帧，按“F7”键插入空白关键帧，然后单击时间轴面板中的“插入图层”按钮，插入一个名为“装置图”的层。

（8）选中“装置图”层的第 2 帧，按“F6”键插入关键帧，然后选择工具箱中的铅笔工具，在舞台上绘制如图 12.3.7 所示的图形。

（9）单击时间轴面板中的“插入图层”按钮，插入一个名为“文本说明 2”的层，选中该层的第 2 帧，按“F6”键插入关键帧。

（10）选择工具箱中的文本工具，在舞台上输入如图 12.3.8 所示的文本。

（11）单击时间轴面板中的“插入图层”按钮，插入一个名为“按钮”的层。

（12）选择 窗口(W) → 公用库(B) → 按钮 命令，打开 Flash 8 自带的按钮库，如图 12.3.9 所示。

（13）选中“按钮”层的第 1 帧，从按钮库中拖动 classic buttons → Playback → gel Right 元件到如图 12.3.10 所示的位置。

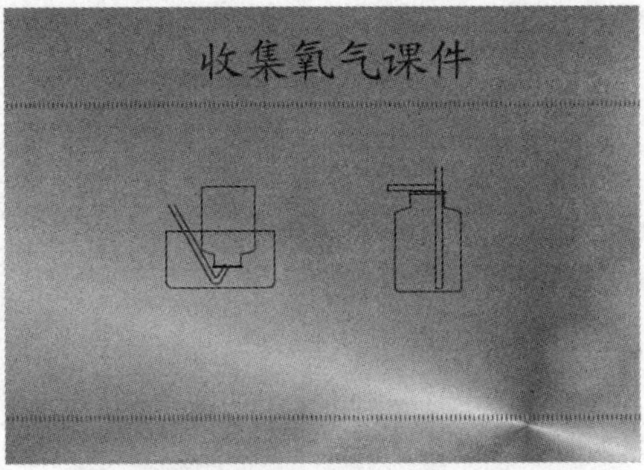

图 12.3.7 绘制图形

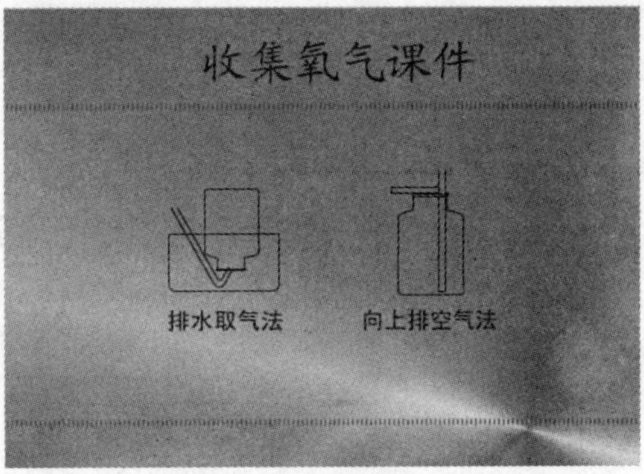

图 12.3.8 输入文本

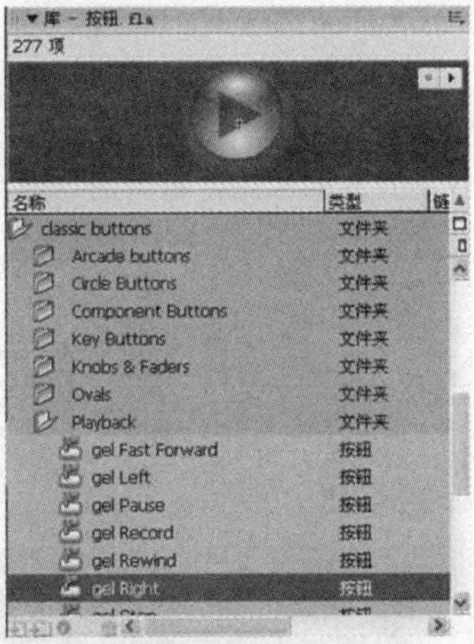

图 12.3.9 Flash 8 自带的按钮库

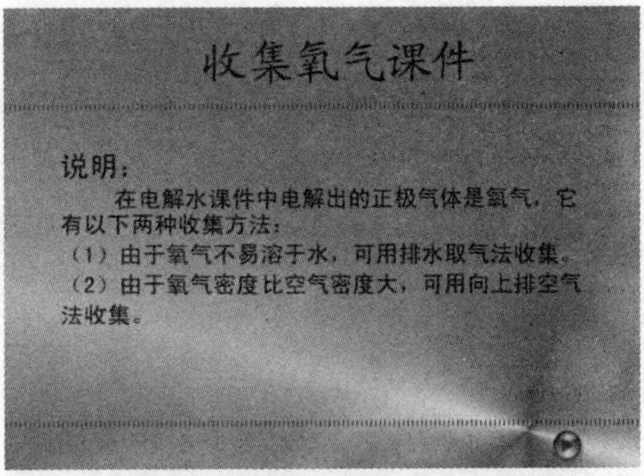

图 12.3.10 拖入“gel Right”元件

（14）选中“按钮”层的第 2 帧，按“F6”键插入关键帧，然后选择该帧中的按钮，选择 修改(M) → 变形(T) → 水平翻转(H) 命令，将其水平翻转。

（15）选择 窗口(W) → 动作(A) F9 命令，打开动作面板，如图 12.3.11 所示。

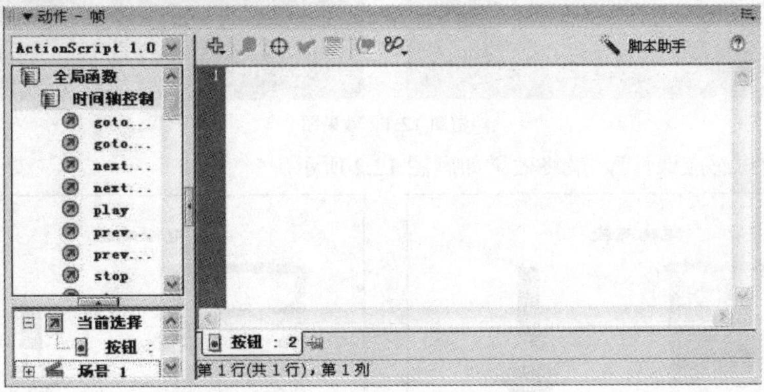

图 12.3.11 动作面板

（16）选中第 1 帧中的按钮，在动作面板中输入以下代码：

```
on (release) {
gotoAndPlay(2);
}
```

（17）选中第 2 帧中的按钮，在动作面板中输入以下代码：

```
on (release) {
gotoAndPlay(1);
}
```

（18）单击时间轴面板中的“插入图层”按钮，插入一个名为“动作”的层。

（19）选中“动作”层的第 2 帧，按“F6”键插入关键帧。

（20）分别选中“动作”层的第 1 帧和第 2 帧，在动作面板中输入以下代码：

```
stop();
```

（21）按“Ctrl+Enter”键，测试动画，最终效果如图 12.3.1 所示。

本章小结

本章介绍了 3 个课件的制作，从而充分体现了 Flash 在教学方面的应用，希望用户通过练习掌握制作技巧，能自己动手制作课件。

习题十二

1．制作“光的折射课件”，最终效果如题图 12.1 所示。

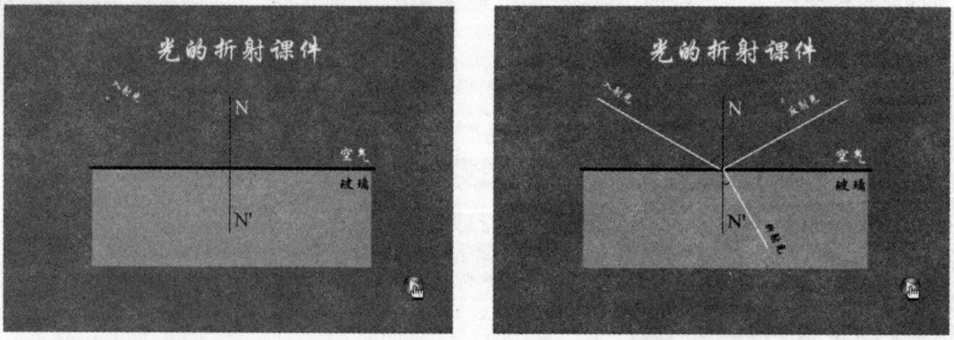

题图 12.1　效果图

2．制作“电磁感应课件”，最终效果如题图 12.2 所示。

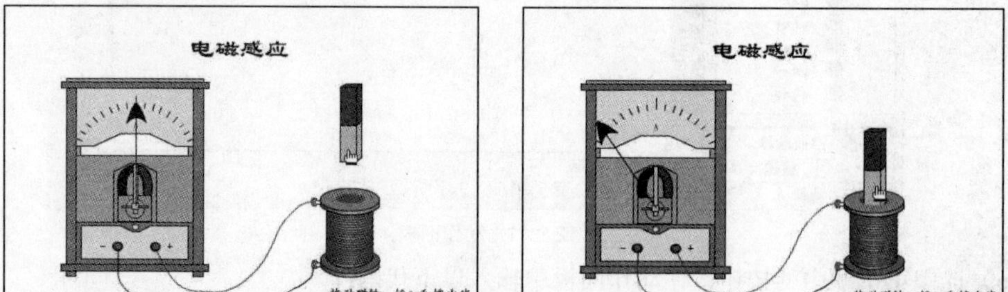

题图 12.2　效果图

第十三章 游戏开发行业应用实例

本章要点

- ☑ 猜密码游戏
- ☑ 空战游戏

学习目标

游戏可以为我们的生活增添乐趣，通过在 Flash 中进行 ActionScript 编程，可以制作出小巧有趣的游戏。通过本章的学习，用户应掌握游戏的制作方法，会使用 Flash 制作各种游戏。

实例 1　猜密码游戏

实现目标

本例制作“猜密码游戏”，效果如图 13.1.1 所示。

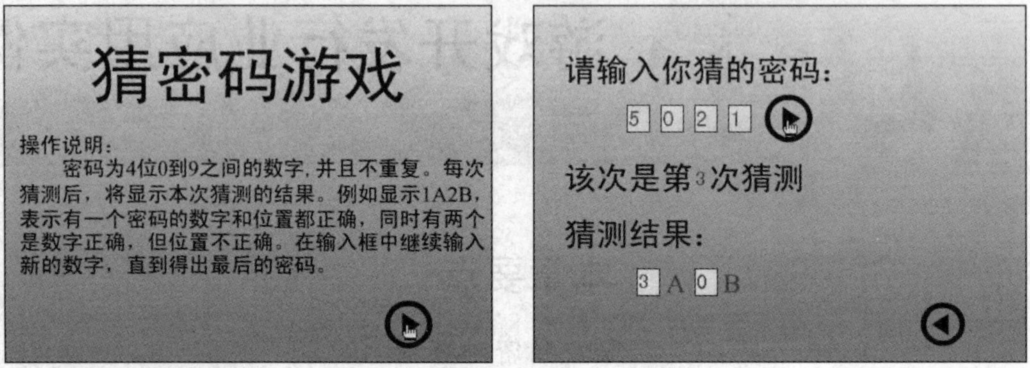

图 13.1.1　最终效果图

设计思路

首先出现“猜密码游戏”开始界面，对相关操作进行说明，然后单击按钮进入游戏，如果猜测成功，则出现猜测成功界面。

操作步骤

（1）启动 Flash 8 软件，新建一个文件。

（2）按“Ctrl+J”键，弹出文档属性对话框，设置尺寸(I):为“550 px×400 px”，背景颜色(B):为“白色”，帧频(F):为“12”，单击确定按钮。

（3）更改“图层 1”的名称为“背景”，然后选择工具箱中的矩形工具，在属性面板中设置笔触颜色为“无”，填充颜色为“白色至黑色的线性渐变色”，绘制一个恰好覆盖舞台的矩形，如图 13.1.2 所示。

图 13.1.2　绘制矩形

（4）选择工具箱中的填充变形工具，单击矩形，显示其填充变形手柄，如图 13.1.3 所示。

（5）拖动变形手柄，调整矩形的填充效果，如图 13.1.4 所示。

图 13.1.3　显示填充变形手柄

图 13.1.4　调整填充效果

（6）选择 窗口(W) → 混色器(X) Shift+F9 命令，打开混色器面板（见图 13.1.5），设置左侧色标的颜色为“#46B3F2”，右侧色标的颜色为“#FFFFFF”，更改矩形的填充颜色，如图 13.1.6 所示。

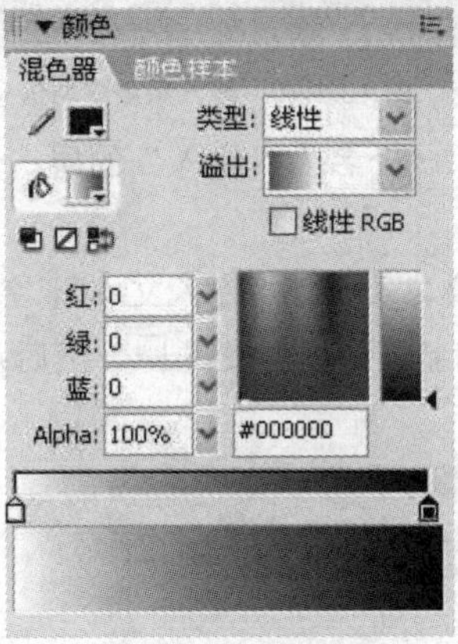

图 13.1.5　混色器面板

图 13.1.6　更改矩形的填充颜色

（7）选中第 3 帧，按“F5”键插入帧，然后单击时间轴面板中的“插入图层”按钮，插入一个名为“游戏名称和操作说明”的层。

（8）选择工具箱中的文本工具，在属性面板中设置字体为“黑体”，字体大小为“72”，文本颜色为“黑色”，在舞台上输入游戏的名称，如图 13.1.7 所示。

（9）更改字体大小为“24”，在舞台上输入游戏的操作说明，如图 13.1.8 所示。

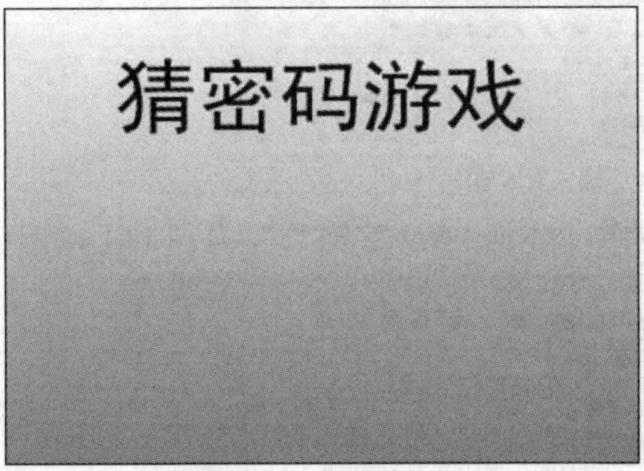

图 13.1.7　输入游戏的名称

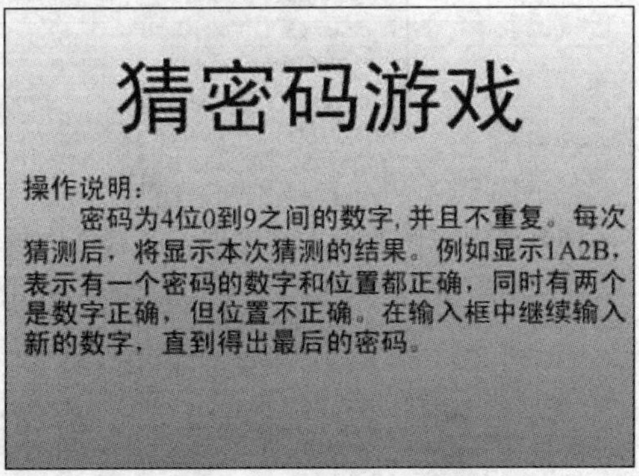

图 13.1.8　输入游戏的操作说明

（10）选中该层的第 2 帧，按“F7”键插入空白关键帧。

（11）单击时间轴面板中的“插入图层”按钮，插入一个名为“文本说明”的层，然后选中第 2 帧，按“F6”键插入关键帧。

（12）更改字体大小为“36”，在舞台上输入猜测提示，如图 13.1.9 所示。

（13）选中第 3 帧，按“F7”键插入空白关键帧，并输入猜测成功信息，如图 13.1.10 所示。

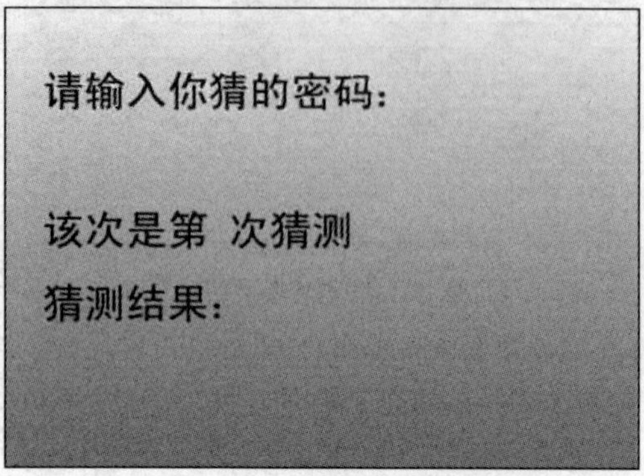

图 13.1.9 输入猜测提示

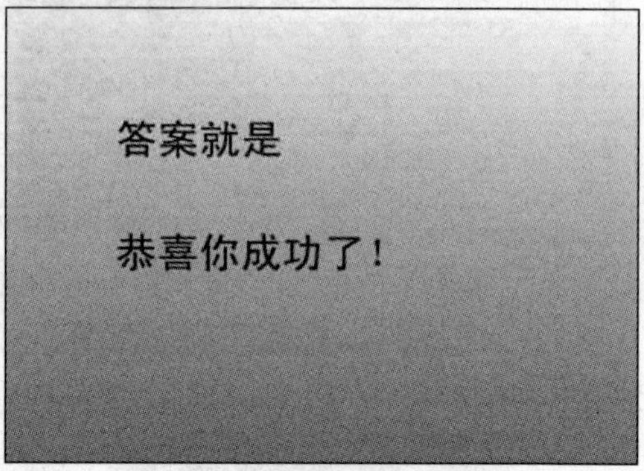

图 13.1.10 输入猜测成功信息

（14）单击时间轴面板中的“插入图层”按钮，插入一个名为“输入”的层，然后选中第 2 帧，按“F6”键插入关键帧。

（15）选择工具箱中的文本工具，在属性面板中设置文本类型为“输入文本”，字体为“黑体”，字体大小为“30”，文本颜色为“红色”，并单击“在文本周围显示边框”按钮，然后在如图 13.1.11 所示的位置拖出 4 个输入文本框。

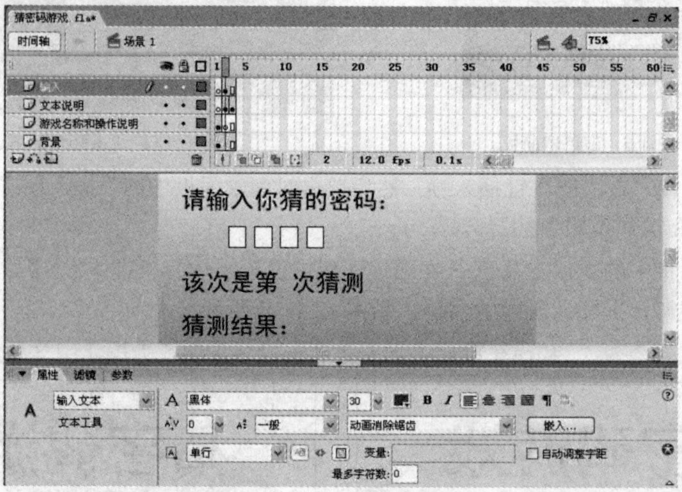

图 13.1.11 拖出 4 个输入文本框

（16）选中左侧的输入文本框，在属性面板的变量:文本框中输入字符“i”，如图 13.1.12 所示。

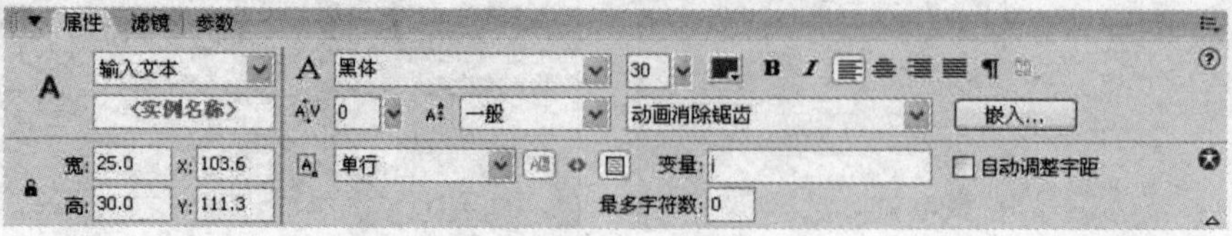

图 13.1.12 设置变量

（17）重复第（16）步的操作，依次设置其他 3 个文本框的变量为“j”，“k”和“m”。

（18）选中“输入”层的第 3 帧，按“F7”键插入空白关键帧。

（19）单击时间轴面板中的“插入图层”按钮，插入一个名为“结果”的层，然后选中第 2 帧，按“F6”键插入关键帧。

（20）选择工具箱中的文本工具，在属性面板中设置文本类型为“静态文本”，字体为“Times New Roman”，字体大小为“30”，文本颜色为“红色”，在如图 13.1.13 所示的位置输入“A”和“B”。

（21）更改文本类型为“动态文本”，字体为“黑体”，单击“在文本周围显示边框”按钮，在如图 13.1.14 所示的位置拖出两个动态文本框。

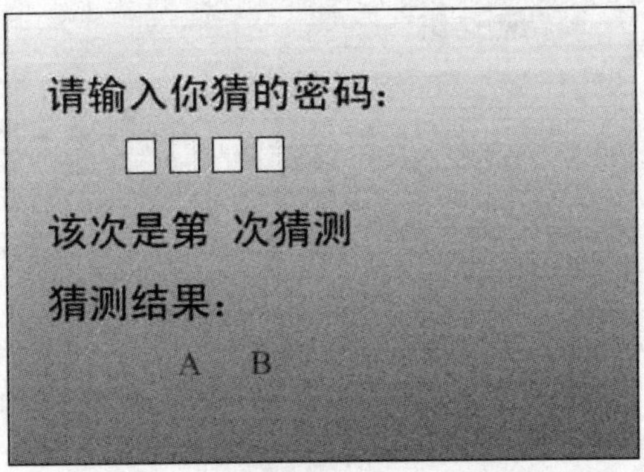

图 13.1.13　输入文本

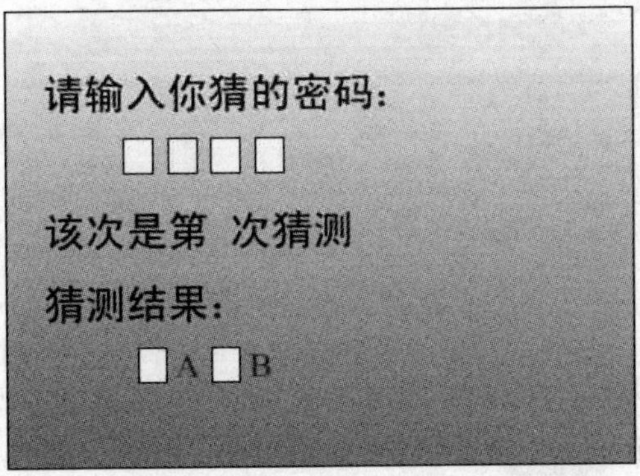

图 13.1.14　拖出两个动态文本框

（22）选中左侧的动态文本框，在属性面板的变量:文本框中输入字符“p”，如图 13.1.15 所示。

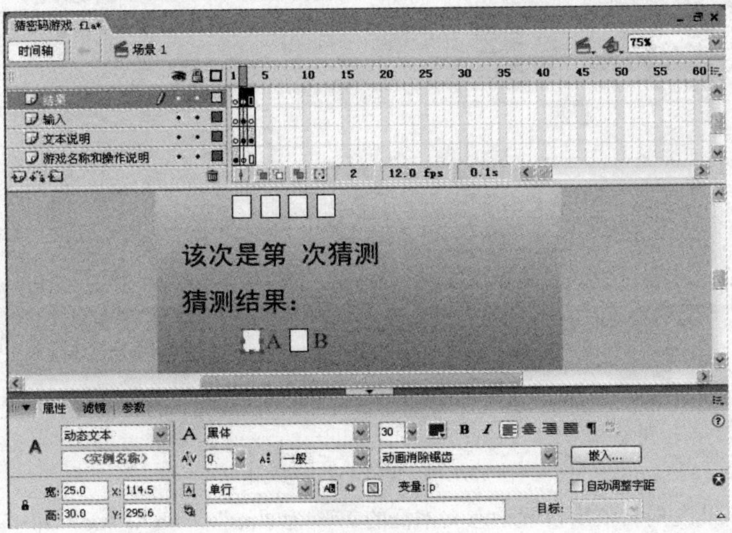

图 13.1.15　设置变量

（23）重复第（22）步的操作，设置右侧文本框的变量为“q”。

（24）再次单击“在文本周围显示边框”按钮，使其处于未选中状态，然后在如图 13.1.16 所示的位置拖出一个动态文本框。

（25）选中该动态文本框，在属性面板的变量:文本框中输入字符“num”，如图 13.1.17 所示。

（26）选中第 3 帧，按“F7”键插入空白关键帧。

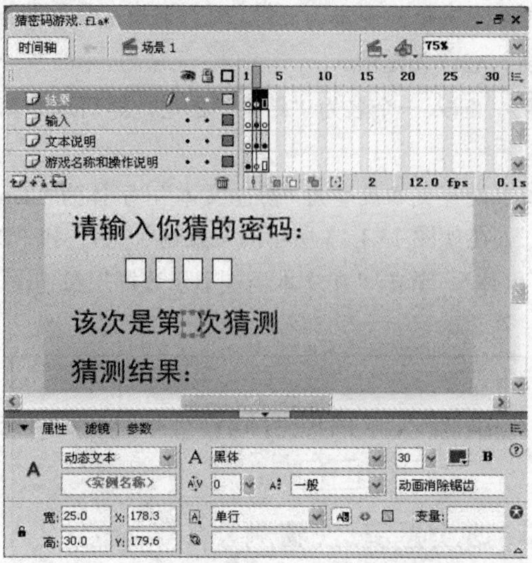

图 13.1.16　拖出一个动态文本框

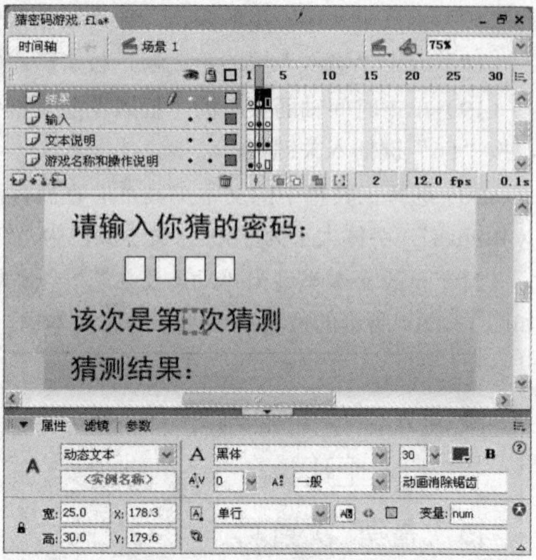

图 13.1.17　设置变量

（27）选择工具箱中的文本工具A，在属性面板中设置文本类型为“动态文本”，字体为“黑体”，字体大小为“30”，文本颜色为“红色”，并单击“在文本周围显示边框”按钮，然后在如图 13.1.18 所示的位置拖出 4 个动态文本框。

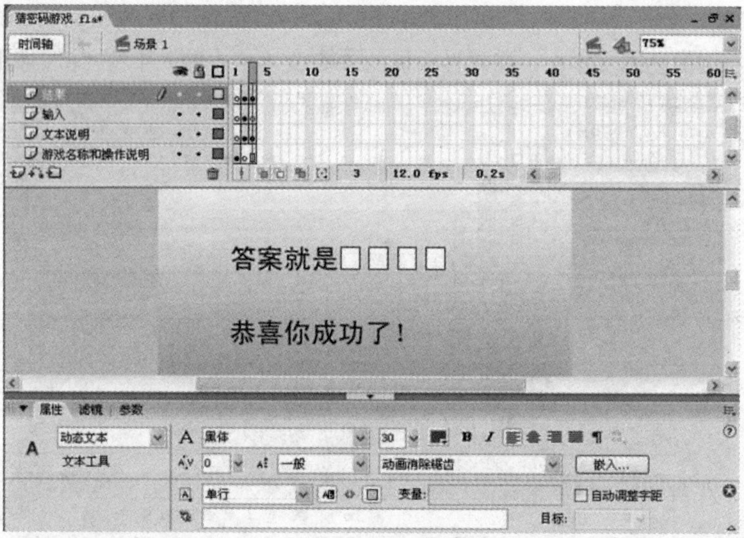

图 13.1.18　拖出 4 个动态文本框

（28）同样，从左向右依次设置动态文本框的变量：为“aa”，“bb”，“cc”和“dd”。

（29）单击时间轴面板中的“插入图层”按钮，插入一个名为“按钮”的层。

（30）选择窗口(W)→公用库(B)→按钮命令，打开 Flash 8 自带的按钮库，如图 13.1.19 所示。

（31）选中“按钮”层的第 1 帧，从库中拖动 classic buttons→Circle Buttons→circle button - next 元件到如图 13.1.20 所示的位置。

（32）选中该层的第 2 帧和第 3 帧，按“F6”键插入关键帧。

图 13.1.19　Flash 8 自带的按钮库

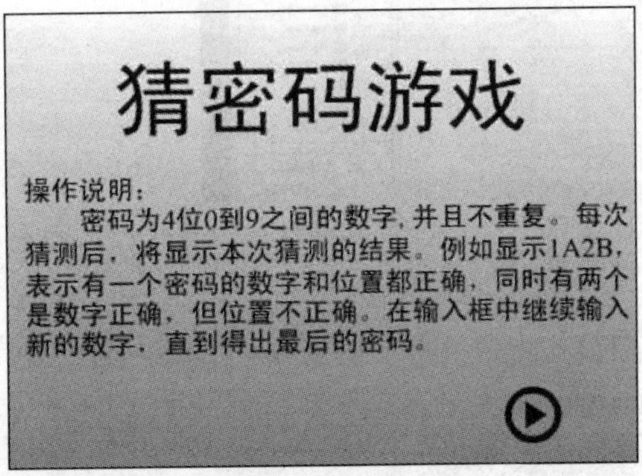

图 13.1.20　拖入"circle button－next"元件

（33）选中第 2 帧中的按钮，选择修改(M)→变形(T)→水平翻转(H)命令，将其水平翻转，如图 13.1.21 所示。

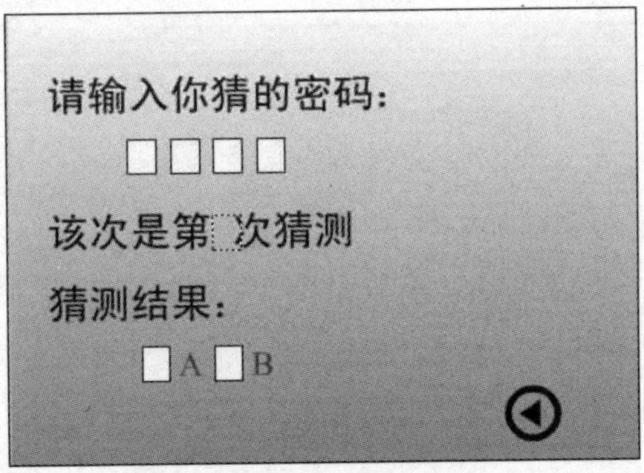

图 13.1.21　水平翻转第 2 帧中的按钮

（34）重复第（33）步的操作，将第 3 帧中的按钮水平翻转，如图 13.1.22 所示。

（35）选中第 2 帧，从库面板中拖动"circle button－next"元件到如图 13.1.23 所示的位置。

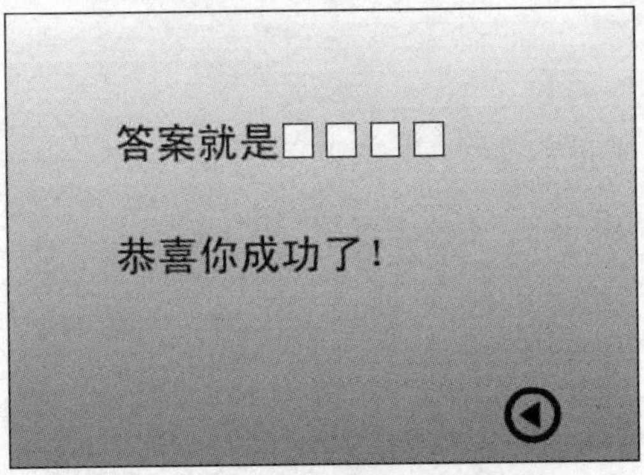

图 13.1.22　水平翻转第 3 帧中的按钮

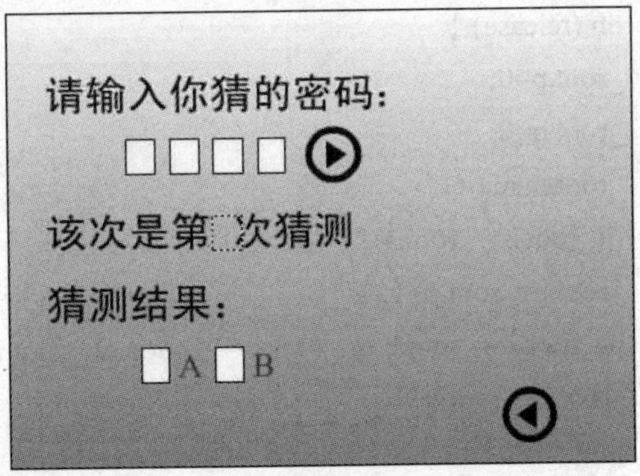

图 13.1.23　拖入"circle button－next"元件

（36）选择窗口(W)→动作(A)　F9 命令，打开动作面板，如图 13.1.24 所示。

图 13.1.24　动作面板

（37）选中第 1 帧中的按钮，在动作面板中输入以下代码：

```
on (release) {
a=random(10);
b=random(10);
while(b==a){
b=random(10);
}
c=random(10);
while(c==b or c==a){
c=random(10);
}
d=random(10);
while(d==c or d==b or d==a){
d=random(10);
}
gotoAndStop (2);
}
```

（38）选中第 2 帧中位于上面的按钮，在动作面板中输入以下代码：

```
on (release) {
_root.p=0;
_root.q=0;
_root.num+=1;
if(_root.i==_root.a){
_root.p=_root.p+1; }
if(_root.i==_root.b or _root.i==_root.c or _root.i==_root.d){
_root.q=_root.q+1;
}
if(_root.j==_root.b){
_root.p=_root.p+1; }
if(_root.j==_root.a or _root.j==_root.c or _root.j==_root.d){
```

```
_root.q=_root.q+1;
}
if(_root.k==_root.c){
_root.p=_root.p+1; }
if(_root.k==_root.b or _root.k==_root.a or _root.k==_root.d){
_root.q=_root.q+1;
}
if(_root.m==_root.d){
_root.p=_root.p+1; }
if(_root.m==_root.b or _root.m==_root.c or _root.m==_root.a){
_root.q=_root.q+1;
}
if(p==4){
gotoAndStop(3);
}
}
```

（39）选中第 2 帧中位于下面的按钮，在动作面板中输入以下代码：

```
on (release) {
gotoAndStop (1);
}
```

（40）为第 3 帧中的按钮添加与第（39）步相同的代码。

（41）单击时间轴面板中的“插入图层”按钮，插入一个名为“动作”的层。

（42）分别选中第 2 帧和第 3 帧，按“F6”键插入关键帧。

（43）选中第 1 帧，在动作面板中输入以下代码：

```
stop ();
```

（44）选中第 2 帧，在动作面板中输入以下代码：

```
_root.num=0;
_root.p=0;
_root.q=0;
_root.i=0;
_root.j=0;
_root.k=0;
_root.m=0;
```

（45）选中第 3 帧，在动作面板中输入以下代码：

```
_root.aa=_root.a;
_root.bb=_root.b;
_root.cc=_root.c;
_root.dd=_root.d;
```

（46）按“Ctrl+Enter”键，测试动画，最终效果如图 13.1.1 所示。

实例 2　空战游戏

实现目标

本例制作“空战游戏”，效果如图 13.2.1 所示。

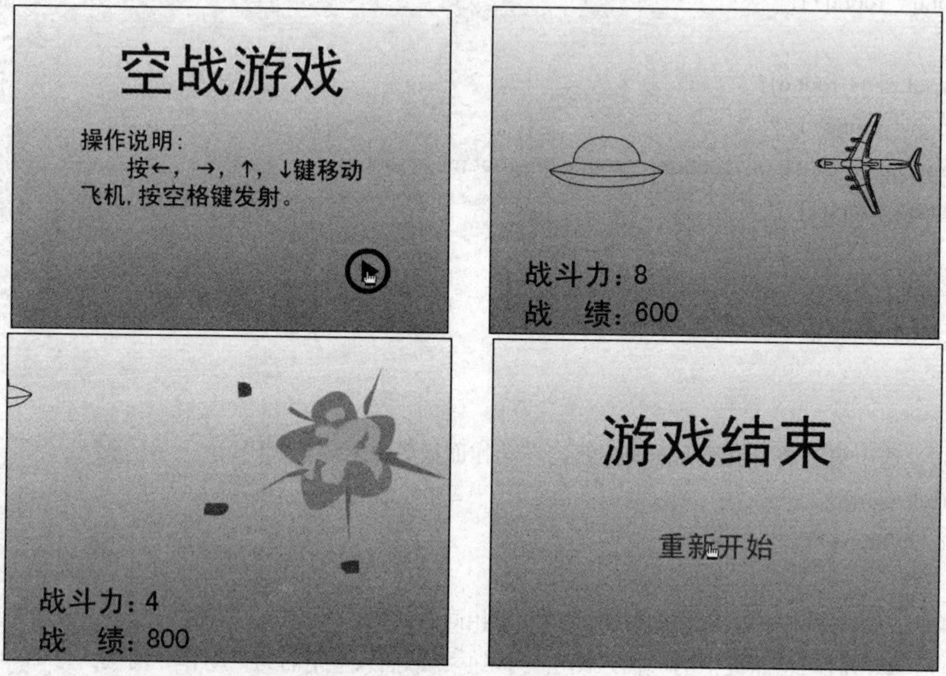

图 13.2.1　最终效果图

设计思路

首先出现“空战游戏”开始界面，对相关操作进行说明，然后单击按钮进入游戏，当战斗力为 0（即所有飞机都被炸毁）时，游戏结束。

操作步骤

（1）启动 Flash 8 软件，新建一个文件。

（2）按“Ctrl+J”键，弹出文档属性对话框，设置尺寸(I):为“550 px×400 px”，背景颜色(B):为“白色”，帧频(F):为“12”，单击确定按钮。

（3）更改“图层 1”的名称为“背景”，如图 13.2.2 所示。

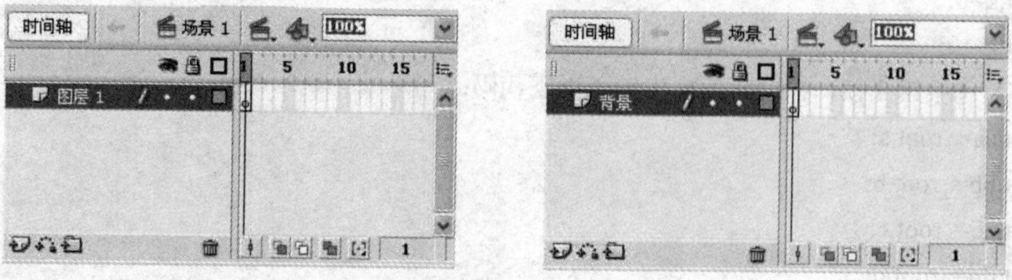

图 13.2.2　更改层名

（4）选择工具箱中的矩形工具，在属性面板中设置笔触颜色为“无”，填充颜色为“白色至黑色的线性渐变色”，绘制一个恰好覆盖舞台的矩形，如图 13.2.3 所示。

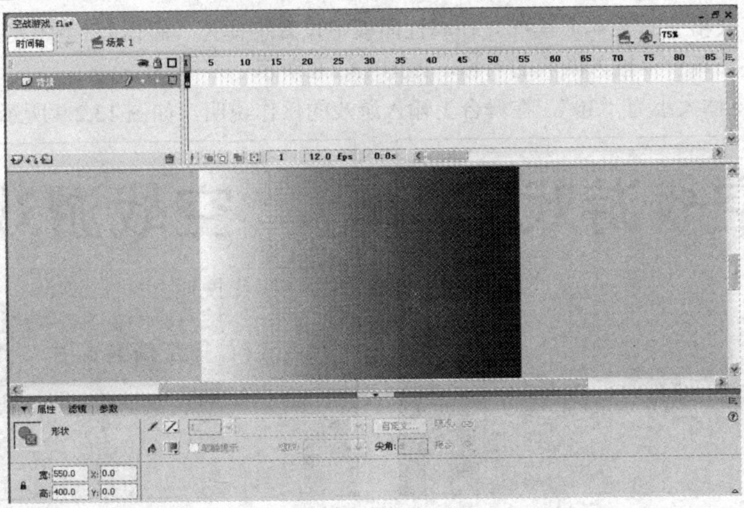

图 13.2.3　绘制矩形

（5）选择工具箱中的填充变形工具，单击矩形，显示其填充变形手柄，如图 13.2.4 所示。

（6）拖动变形手柄，调整矩形的填充效果，如图 13.2.5 所示。

图 13.2.4　显示填充变形手柄

图 13.2.5　调整填充效果

（7）选择 窗口(W) → 混色器(X) Shift+F9 命令，打开混色器面板（见图 13.2.6），设置左侧色标的颜色为“#46B3F2”，右侧色标的颜色为“#FFFFFF”，更改矩形的填充颜色，如图 13.2.7 所示。

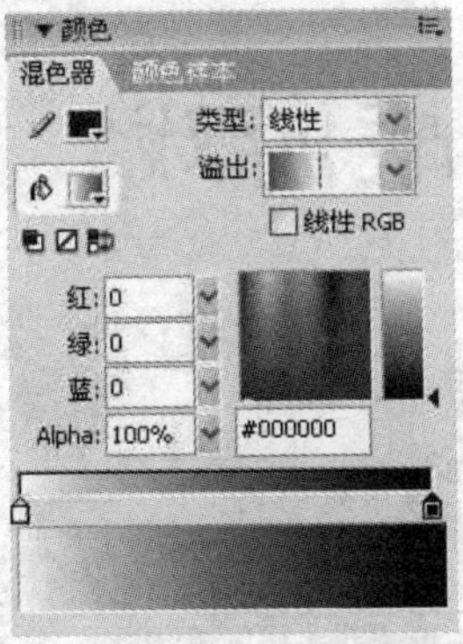

图 13.2.6　混色器面板

图 13.2.7　更改矩形的填充颜色

（8）选中第 20 帧，按“F5”键插入帧，然后单击时间轴面板中的“插入图层”按钮，插入一个名为“游戏名称和操作说明”的层。

（9）选择工具箱中的文本工具，在属性面板中设置字体为“黑体”，字体大小为“72”，文本颜色为“黑色”，在舞台上输入游戏的名称，如图 13.2.8 所示。

（10）更改字体大小为“30”，在舞台上输入游戏的操作说明，如图 13.2.9 所示。

图 13.2.8　输入游戏的名称

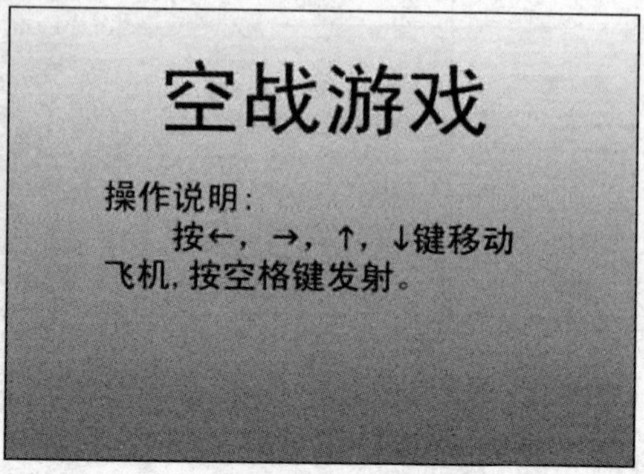

图 13.2.9　输入游戏的操作说明

提示　在 Flash 8 中，“←”，“→”，“↑”和“↓”的输入方法与文本、字母和数字的不同，需要在选择文本工具后，在属性面板中设置字体为“Wingdings 3”（见图 13.2.10），然后在舞台上输入“f”，“g”，“h”和“i”。

图 13.2.10　设置文本属性

（11）单击时间轴面板中的“插入图层”按钮，插入一个名为“按钮”的层。

（12）选择 窗口(W) → 公用库(B) → 按钮 命令，打开 Flash 8 自带的按钮库，如图 13.2.11 所示。

（13）选中“按钮”层的第 1 帧，从库中拖动 classic buttons → Circle Buttons → circle button - next 元件到如图 13.2.12 所示的位置。

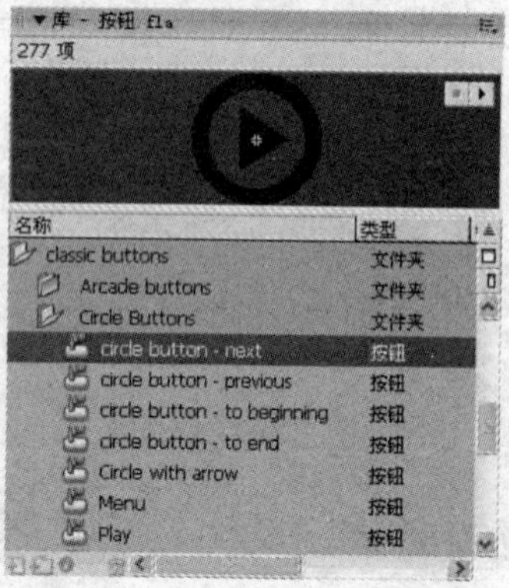

图 13.2.11　Flash 8 自带的按钮库

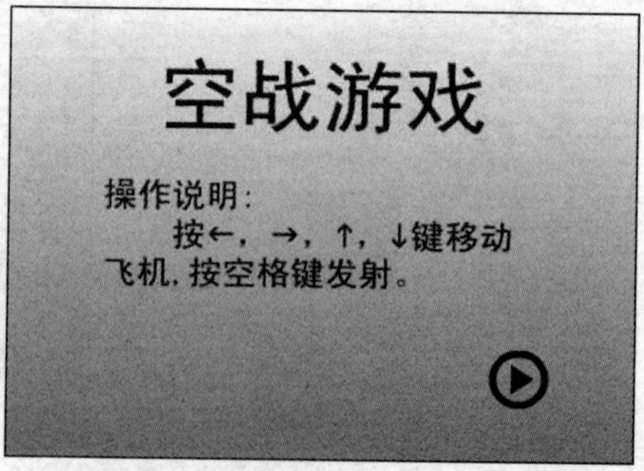

图 13.2.12　拖入“circle button - next”元件

（14）选择窗口(W)→动作(A)　F9命令，打开动作面板，如图 13.2.13 所示。

图 13.2.13　动作面板

（15）选中按钮，在动作面板中输入以下代码：

```
on(release){
_root.play();
}
```

（16）分别选中“游戏名称和操作说明”层和“按钮”层的第 2 帧，按“F7”键插入空白关键帧。

（17）按“Ctrl+F8”键，弹出创建新元件对话框，在名称(N):文本框中输入“飞机”，在类型(T):选项区中选中◉图形单选按钮，如图 13.2.14 所示。

图 13.2.14　“创建新元件”对话框

（18）单击确定按钮，进入元件的编辑窗口，选择工具箱中的铅笔工具，在舞台上绘制如图 13.2.15 所示的飞机图形，其具体绘制过程，这里不再赘述。

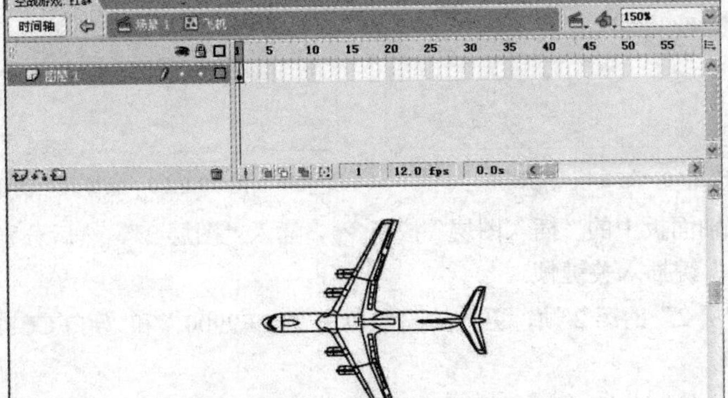

图 13.2.15　绘制飞机图形

（19）按“Ctrl+F8”键，弹出创建新元件对话框，在名称(N):文本框中输入“飞机爆炸的效果”，在类型(T):选项区中选中⊙影片剪辑单选按钮，如图 13.2.16 所示。

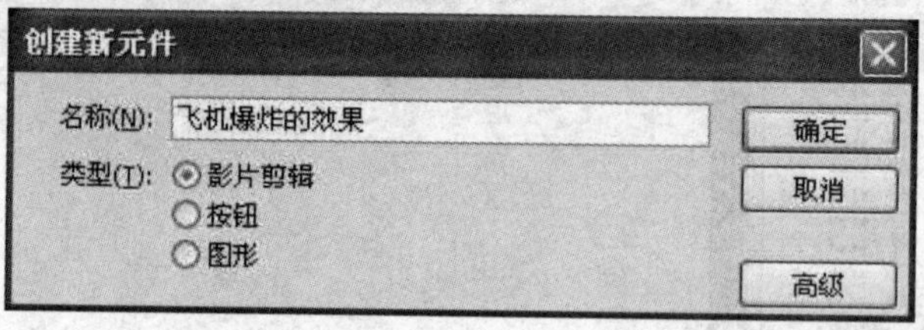

图 13.2.16 “创建新元件”对话框

（20）单击确定按钮，进入元件的编辑窗口，选择窗口(W)→库(L) Ctrl+L命令，打开库面板，从中拖动“飞机”元件到舞台的中心位置，如图 13.2.17 所示。

（21）分别选中第 2，3，4 帧，按“F7”键插入空白关键帧。

（22）选择工具箱中的刷子工具，在属性面板中设置填充颜色为“#999999”和“#666666”，然后在舞台中绘制如图 13.2.18 所示的图形。

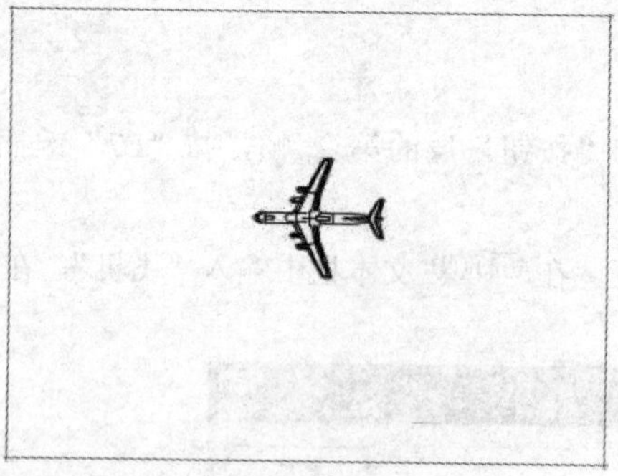

图 13.2.17 拖入“飞机”元件

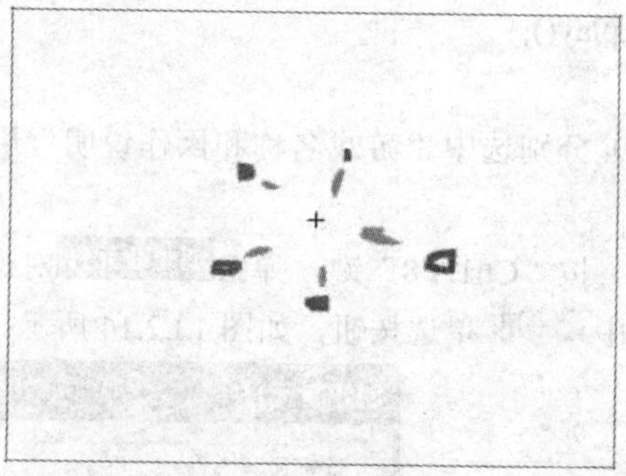

图 13.2.18 第 2 帧中的图形

（23）在第 3 帧中绘制如图 13.2.19 所示的图形，在第 4 帧中绘制如图 13.2.20 所示的图形。

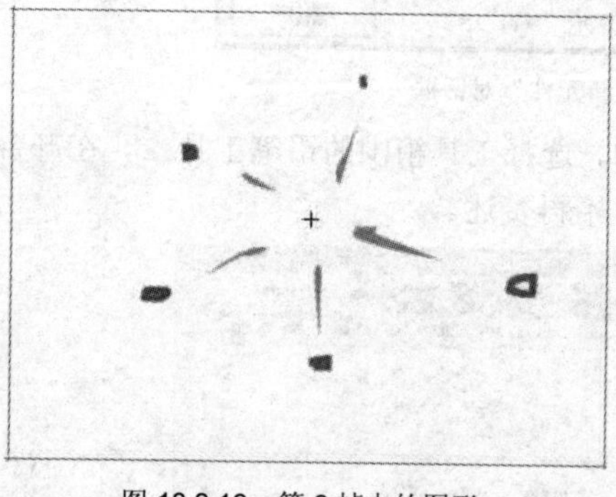

图 13.2.19 第 3 帧中的图形

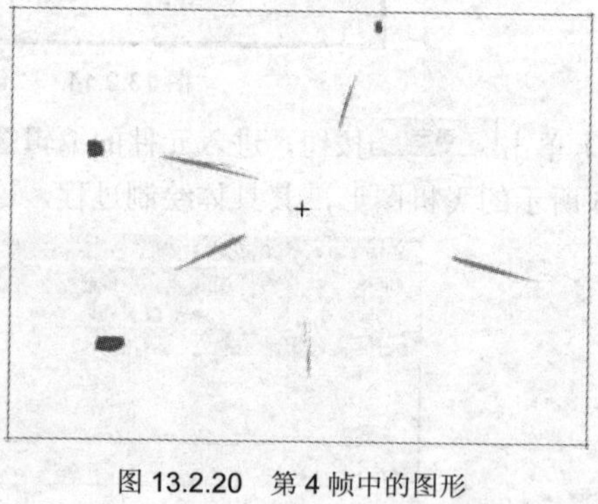

图 13.2.20 第 4 帧中的图形

（24）单击时间轴面板中的“插入图层”按钮，插入“图层 2”，然后分别选中该层的第 2，3，4，5，6 帧，按“F6”键插入关键帧。

（25）选中“图层 2”的第 2 帧，更改填充颜色为“#FF9900”和“#FFCC33”，在舞台中绘制如图 13.2.21 所示的图形。

（26）在第 3 帧中绘制如图 13.2.22 所示的图形，在第 4 帧中绘制如图 13.2.23 所示的图形，在第 5 帧中绘制如图 13.2.24 所示的图形。

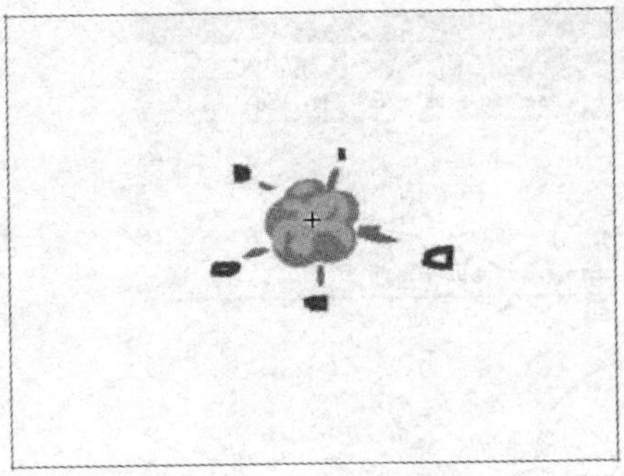

图 13.2.21 第 2 帧中的图形

图 13.2.22 第 3 帧中的图形

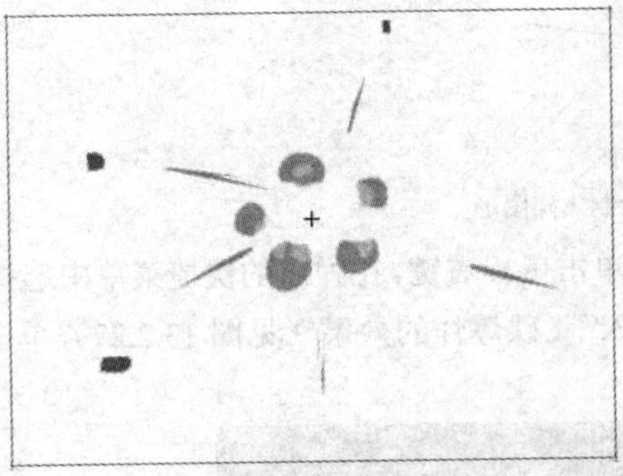

图 13.2.23 第 4 帧中的图形

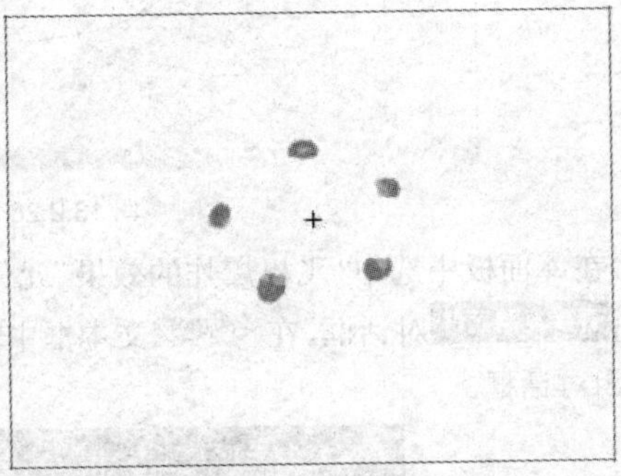

图 13.2.24 第 5 帧中的图形

（27）单击时间轴面板中的“插入图层”按钮，插入“图层 3”，然后选中该层的第 6 帧，按“F6”键插入关键帧。

（28）选中该层的第 1 帧，在动作面板中输入以下代码：

```
stop();
```

（29）选中该层的第 6 帧，在动作面板中输入以下代码：

```
_root.life-=1
if(_root.life<=0){
stop();
_root.play();
}
```

（30）按“Ctrl+F8”键，弹出创建新元件对话框，在名称(N):文本框中输入“飞碟”，在类型(T):选项区中选中图形单选按钮，如图 13.2.25 所示。

图 13.2.25 “创建新元件”对话框

（31）单击确定按钮，进入元件的编辑窗口，选择工具箱中的铅笔工具，在舞台上绘制如图 13.2.26 所示的飞碟图形。

图 13.2.26　绘制飞碟图形

（32）在库面板中选中“飞机爆炸的效果”元件，单击鼠标右键，在弹出的快捷菜单中选择**直接复制**命令，弹出**直接复制元件**对话框，在**名称(N):**文本框中输入“飞碟爆炸的效果”（见图 13.2.27），单击**确定**按钮，关闭对话框。

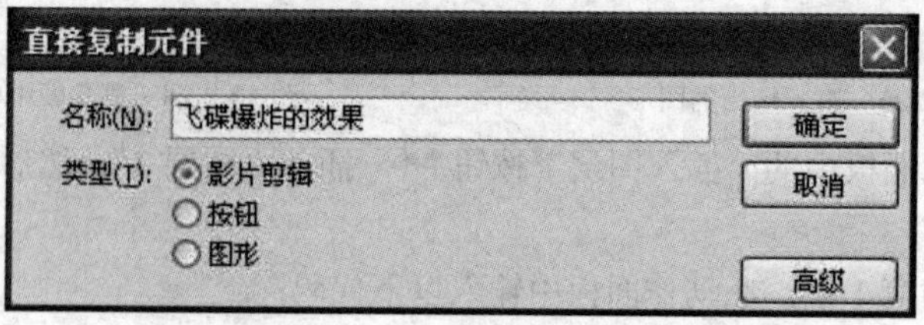

图 13.2.27　“直接复制元件”对话框

（33）在库面板中双击“飞碟爆炸的效果”元件，进入其编辑窗口，如图 13.2.28 所示。

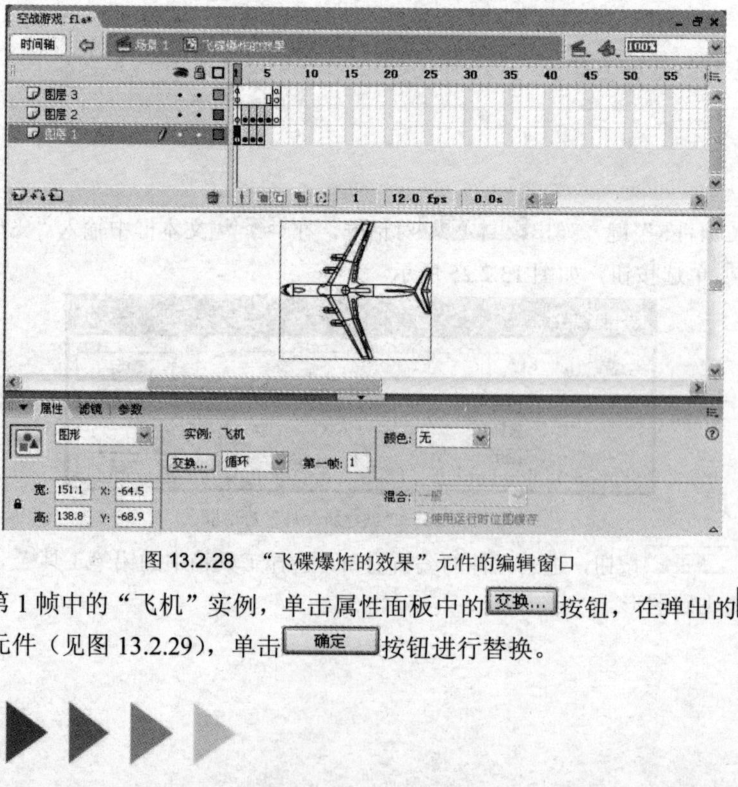

图 13.2.28　“飞碟爆炸的效果”元件的编辑窗口

（34）选中第 1 帧中的“飞机”实例，单击属性面板中的**交换...**按钮，在弹出的**交换元件**对话框中选择“飞碟”元件（见图 13.2.29），单击**确定**按钮进行替换。

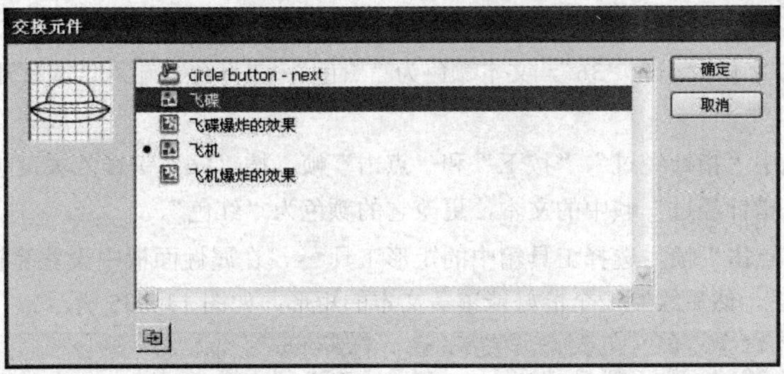

图 13.2.29 “交换元件”对话框

（35）选中“图层 3”的第 6 帧，在动作面板中将代码做以下更改：

```
_root.score+=100;
_root.enemy._x=-100;
_root.enemy._y=random(300)+20;
```

（36）按“Ctrl+F8”键，弹出创建新元件对话框，在名称(N):文本框中输入“导弹”，在类型(T):选项区中选中影片剪辑单选按钮，如图 13.2.30 所示。

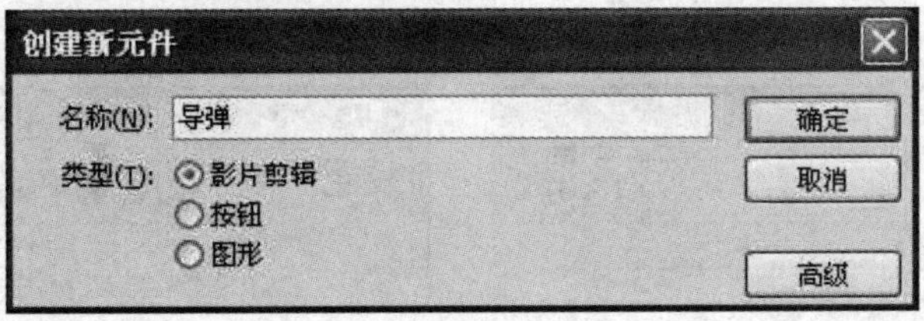

图 13.2.30 “创建新元件”对话框

（37）单击确定按钮，进入元件的编辑窗口，选择工具箱中的椭圆工具，在属性面板中设置笔触颜色为“无”，填充颜色为“#FF6600”，在舞台的中心绘制一个椭圆，如图 13.2.31 所示。

（38）选择工具箱中的选择工具，调整椭圆的形状如图 13.2.32 所示。

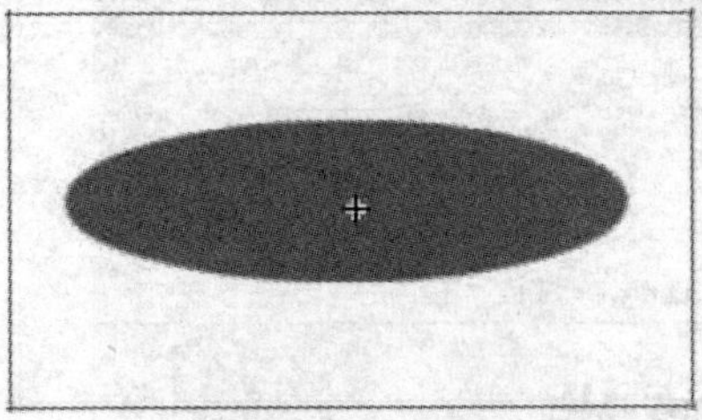

图 13.2.31 绘制椭圆

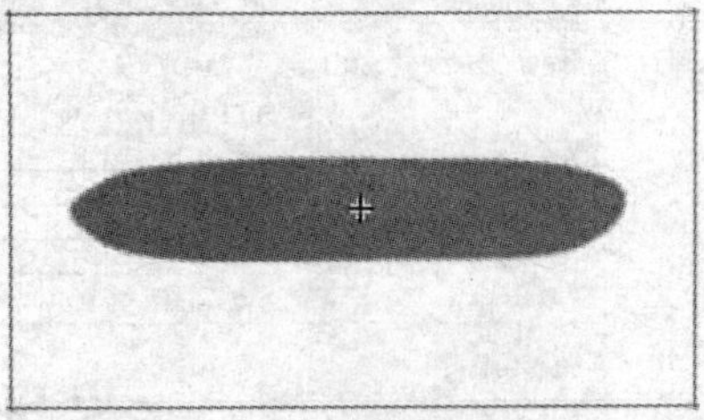

图 13.2.32 调整椭圆的形状

（39）按“Ctrl+F8”键，弹出创建新元件对话框，在名称(N):文本框中输入“重新开始”，在类型(T):选项区中选中按钮单选按钮，如图 13.2.33 所示。

图 13.2.33 “创建新元件”对话框

（40）单击确定按钮，进入元件的编辑窗口，选择工具箱中的文本工具，在属性面板中设置字体为“黑体”，字体大小为“36”，文本颜色为“黑色”，在舞台上输入“重新开始”，如图 13.2.34 所示。

（41）分别选中“指针经过”、“按下”和“点击”帧，按“F6”键插入关键帧。

（42）选中“指针经过”帧中的文本，更改它的颜色为“红色”。

（43）选中“点击”帧，选择工具箱中的矩形工具，在属性面板中设置笔触颜色为“黑色”，填充颜色为“红色”，然后绘制一个恰好能覆盖文本的矩形，如图 13.2.35 所示。

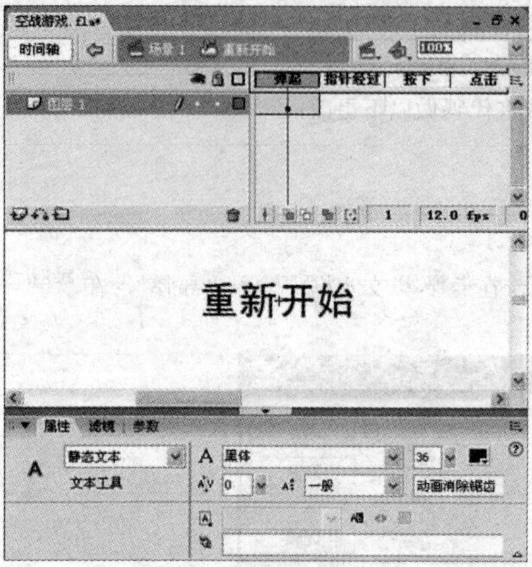

图 13.2.34　输入文本

图 13.2.35　绘制矩形

（44）单击场景 1图标，返回到主场景。

（45）选中“按钮”层，单击时间轴面板中的“插入图层”按钮，插入一个名为“飞机”的层，如图 13.2.36 所示。

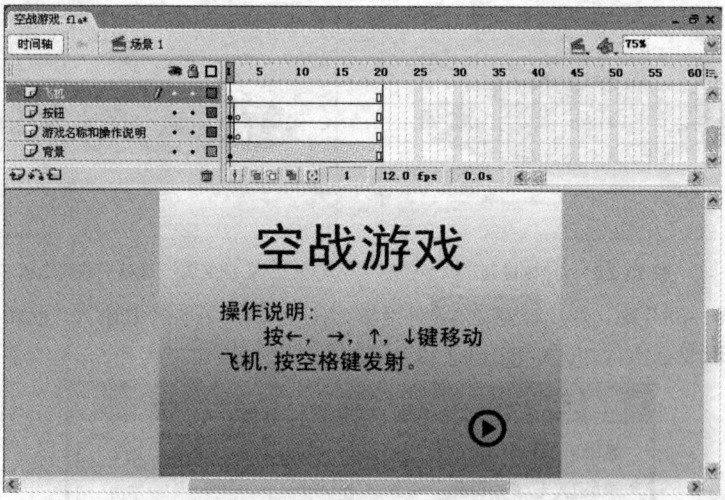

图 13.2.36　插入层

（46）选中该层的第 2 帧，按“F6”键插入关键帧，然后从库面板中拖动“飞机爆炸的效果”元件到如图 13.2.37 所示的位置。

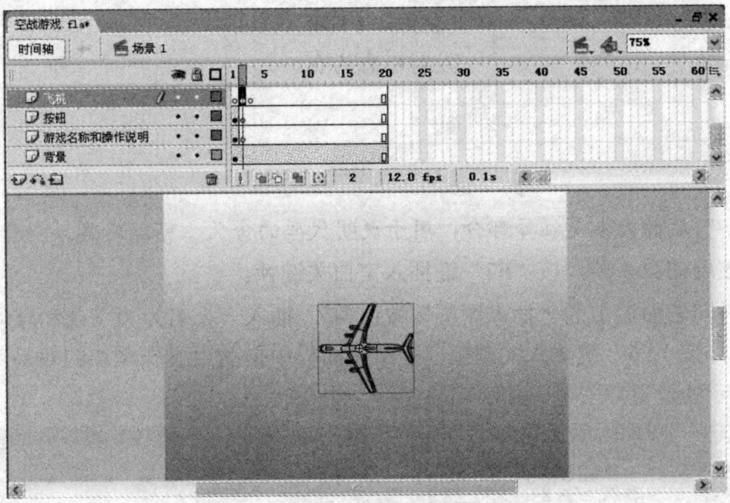

图 13.2.37　拖入“飞机爆炸的效果”元件

（47）选中“飞机爆炸的效果”实例，在属性面板的“实例名称”文本框中输入“pp”，如图 13.2.38 所示。

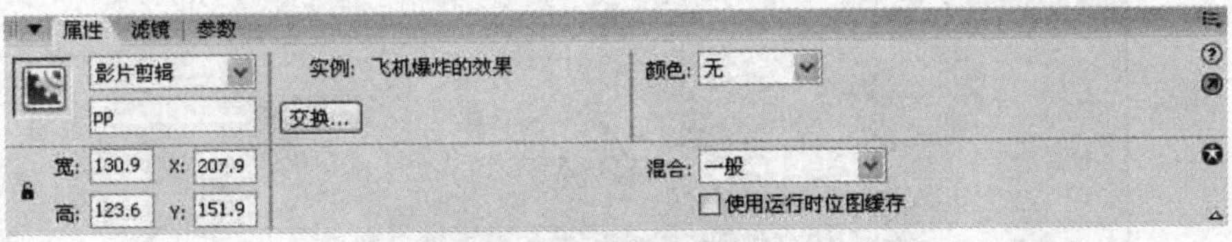

图 13.2.38　设置实例名称

（48）选中“飞机爆炸的效果”实例，在动作面板中输入以下代码：

```
onClipEvent(enterFrame){                //进入帧检测
if(Key.isDown(Key.UP)){                 //若按上移键
if(_root.pp._y>50){                     //若飞机没到顶
this._y-=9;                             //上移
}
}else if(Key.isDown(Key.DOWN)){         //下移键
if(_root.pp._y<300){
this._y+=9;
}
}if(Key.isDown(Key.LEFT)){              //左移键
if(this._x>90){
this._x-=9;
}
}else if(Key.isDown(Key.RIGHT)){        //右移键
if(this._x<470){
this._x+=9;
}
}if(Key.isDown(Key.SPACE)){             //空格键
```

```
if(!_root.pause){                    //若没有导弹正在发射
_root.firing=true;                   //发射标志为真
}}
}
```

提示 “//” 后的文本是注释部分，用于说明代码的含义，可以省略。

（49）选中该层的第 3 帧，按“F7”键插入空白关键帧。

（50）单击时间轴面板中的“插入图层”按钮，插入一个名为“飞碟和导弹”的层，然后选中该层的第 2 帧，按“F6”键插入关键帧，并从库面板中拖动“飞碟爆炸的效果”和“导弹”元件到如图 13.2.39 所示的位置。

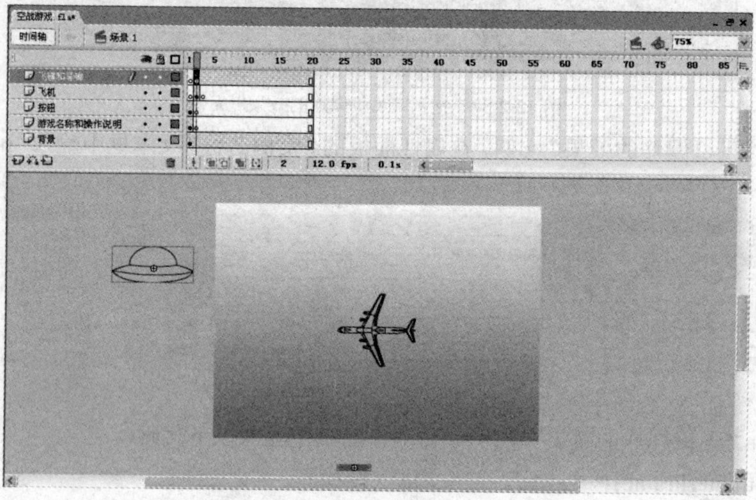

图 13.2.39 拖入“飞碟爆炸的效果”和“导弹”元件

（51）重复第（47）步的操作，设置“飞碟爆炸的效果”实例的名称为“enemy”，“导弹”实例的名称为“misl”。

（52）选中该层的第 3 帧，按“F7”键插入空白关键帧。

（53）单击时间轴面板中的“插入图层”按钮，插入一个名为“结束提示”的层，然后选中该层的第 3 帧，按“F6”键插入关键帧。

（54）选择工具箱中的文本工具，在属性面板中设置字体为“黑体”，字体大小为“72”，文本颜色为“黑色”，在舞台上输入“游戏结束”，如图 13.2.40 所示。

（55）从库面板中拖动“重新开始”元件到如图 13.2.41 所示的位置。

（56）选中“重新开始”实例，在动作面板中输入以下代码：

```
on(release){
_root.life=10;
_root.score=0;
_root.gotoAndPlay(2);
}
```

（57）单击时间轴面板中的“插入图层”按钮，插入一个名为“战斗力和战绩”的层，然后选中该层的第 2 帧，按“F6”键插入关键帧。

图 13.2.40 输入文本

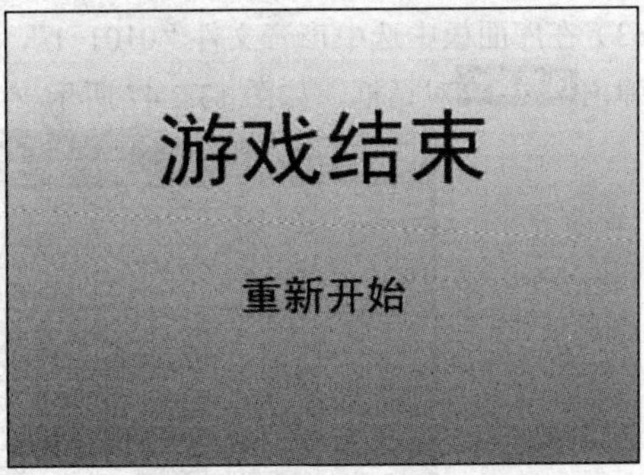

图 13.2.41 拖入“重新开始”元件

（58）选择工具箱中的文本工具A，在属性面板中设置字体为“黑体”，字体大小为“36”，文本颜色为“黑色”，在舞台上输入如图 13.2.42 所示的文本。

（59）更改文本类型为“动态文本”，在文本的右侧拖出两个动态文本框，如图 13.2.43 所示。

图 13.2.42 输入文本

图 13.2.43 拖出两个动态文本框

（60）选中上面的动态文本框，在属性面板的变量:文本框中输入字符“life”，如图 13.2.44 所示。

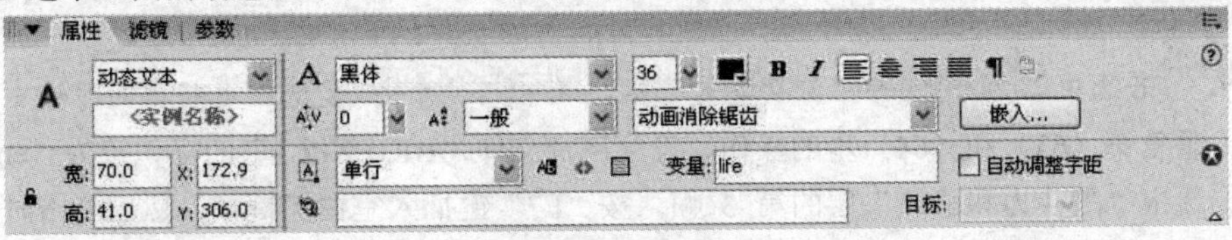

图 13.2.44 设置变量

（61）重复第（60）步的操作，设置另一个动态文本框的变量:为“score”。

（62）选择文件(F)→导入(I)→导入到库(L)...命令，弹出导入到库对话框（见图 13.2.45），导入声音文件“0101-1”和“BIGEXPL1”，它将显示在库面板中，如图 13.2.46 所示。

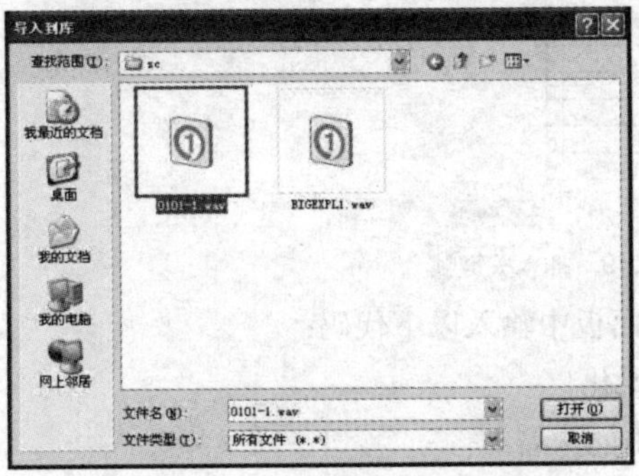

图 13.2.45 “导入到库”对话框

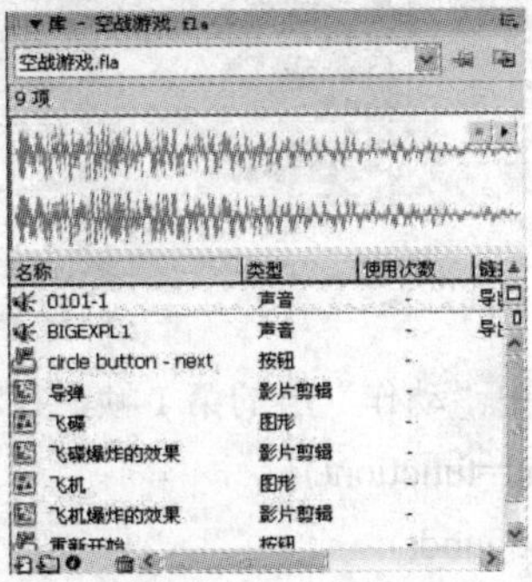

图 13.2.46 库面板

（63）在库面板中选中声音文件“0101-1”，单击鼠标右键，在弹出的快捷菜单中选择链接...命令，将弹出链接属性对话框，如图 13.2.47 所示。

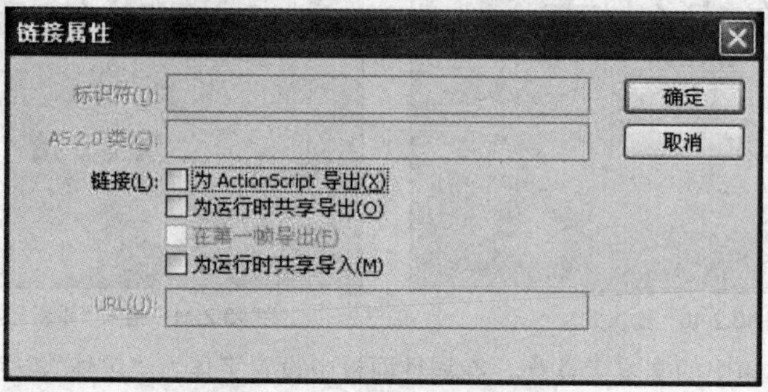

图 13.2.47 “链接属性”对话框

（64）选中☑为 ActionScript 导出(X)复选框，使标识符(I):文本框处于可编辑状态，然后在其中输入字符“shot”（见图 13.2.48），单击确定按钮关闭对话框。

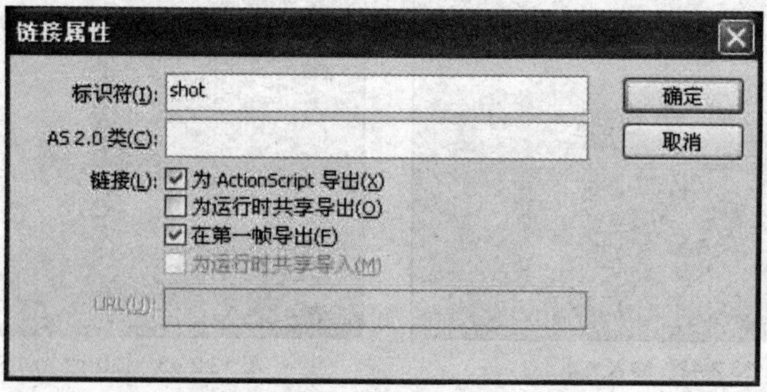

图 13.2.48 设置标识符

注意 若选中☑为 ActionScript 导出(X)复选框，☑在第一帧导出(F)复选框也将被同时选中。

（65）重复第（63）和（64）步的操作，设置声音文件“BIGEXPL1”的标识符为“ene”。

（66）选中“战斗力和战绩”层的第 3 帧，按“F7”键插入空白关键帧，然后单击时间轴面板中的“插入图层”按钮，插入一个名为“动作”的层。

（67）分别选中该层的第 2 帧和第 19 帧，按“F6”键插入关键帧，如图 13.2.49 所示。

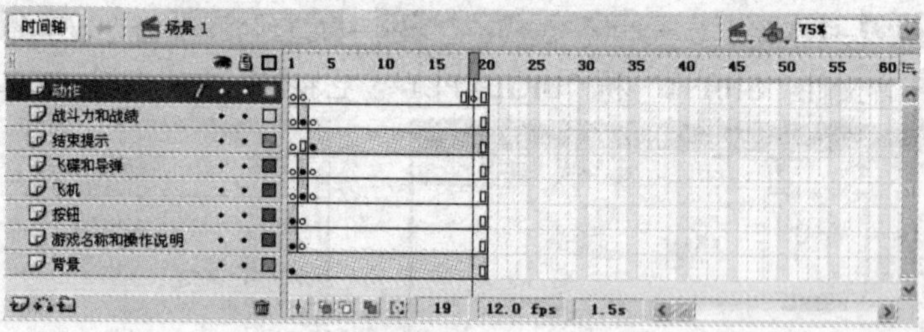

图 13.2.49 插入关键帧

（68）选中“动作”层的第 1 帧，在动作面板中输入以下代码：

```
this.onLoad=function(){                    //初始化
shot=new Sound();                          //射击的声音
shot.attachSound('shot');
```

```
hit=new Sound();                          //爆炸的声音
hit.attachSound('ene');
score=0;
life=10;                                  //战斗力
firing=false;                             //发射命令
pause=false;                              //导弹发射
}
this.onEnterFrame=function(){             //每帧都检测
if(pp.hitTest(enemy)){                    //若飞机与飞碟碰撞
enemy._x=-100;                            //飞碟重回屏幕左
enemy._y=random(300)+20;                  //垂直位置随机变化
pp.play();                                //飞机爆炸动画
hit.start();                              //爆炸声
}else{
if(enemy._x<560){enemy._x+=30}else{enemy._x=-80;enemy._y=random(300)+20};
                                  //飞碟向右飞行，出屏幕后返左，垂直位置随机变化
}
if(pause){                                //若导弹已经准备好
misl._x-=80;                              //导弹向左发射
if(!done){                                //若发射声不是正在响
shot.start();                             //发声
done=true;                                //置发声标志
}
if(misl._x<-200){firing=false;pause=false;done=false}
                                          //若导弹飞出屏幕
}
if(firing&&!pause){                       //准备发射导弹
misl._y=pp._y;misl._x=pp._x-60;pause=true
}
if(misl.hitTest(enemy)){                  //若导弹命中飞碟
enemy.play();                             //飞碟爆炸
hit.start();                              //发声
}
}
stop();
```

（69）分别选中第 2 和 19 帧，在动作面板中输入以下代码：

```
stop();
```

（70）按“Ctrl+Enter”键，测试动画，最终效果如图 13.2.1 所示。

本章小结

本章介绍了两个游戏的制作，从而充分体现了 Flash 在游戏开发行业的应用，希望用户通过练习掌握制作技巧，为制作更好的游戏奠定基础。

习题十三

1．制作射击游戏，最终效果如题图 13.1 所示。

题图 13.1　效果图

2．制作赛车游戏，最终效果如题图 13.2 所示。

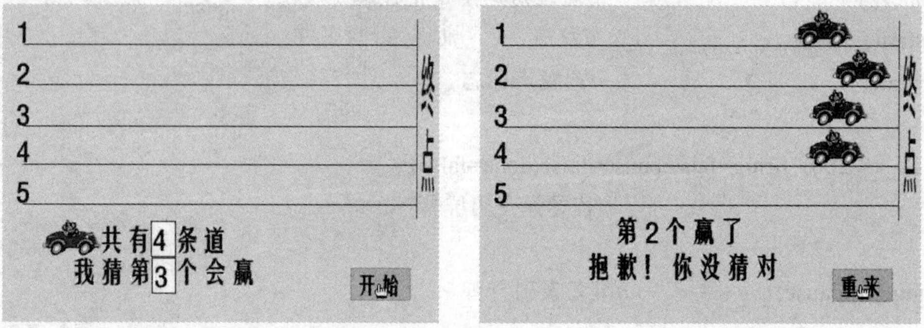

图 13.2　效果图